Ionenimplantation

Von Dr.-Ing. Heiner Ryssel
Institut für Festkörper-Technologie
der Fraunhofer-Gesellschaft, München

und Dr.-Ing. Ingolf Ruge
o. Professor an der Technischen Universität München
sowie Institut für Festkörper-Technologie
der Fraunhofer-Gesellschaft, München

Mit 304 Figuren und 50 Tabellen

  B. G. Teubner Stuttgart 1978

Dr.-Ing. Heiner Ryssel

1941 geboren in Plaue; 1967 Dipl.-Ing. der Fachrichtung Elektrotechnik an der Technischen Hochschule München, anschließend wissenschaftlicher Mitarbeiter am Institut für Technische Elektronik; 1973 Promotion an der Technischen Universität München; 1973 bis 1974 wissenschaftlicher Mitarbeiter am Lehrstuhl für Integrierte Schaltungen, seitdem Abteilungsleiter am Institut für Festkörper-Technologie der Fraunhofer-Gesellschaft, München.
Arbeitsgebiete: Halbleitertechnologie, Halbleiterbauelemente, Ionenimplantation

Prof. Dr.-Ing. Ingolf Ruge

1934 geboren in Schweidnitz; 1959 Dipl.-Ing. der Fachrichtung Elektrotechnik (Nachrichtentechnik) an der Technischen Hochschule München; 1964 Promotion an der Technischen Hochschule München; 1967 Habilitation (Lehrbefugnis: Elektronik); 1969 Professor und Abteilungsvorsteher am Institut für Technische Elektronik der Technischen Universität München; 1972 o. Professor, Inhaber des Lehrstuhls für Integrierte Schaltungen der Technischen Universität München; 1974 Leiter des Instituts für Festkörper-Technologie der Fraunhofer-Gesellschaft, München.
Arbeitsgebiete: Festkörpertechnologie, Halbleitermeßtechnik, Schaltungselektronik, digitale und analoge Integrierte Schaltungen, medizinische Elektronik

CIP-Kurztitelaufnahme der Deutschen Bibliothek

Ryssel, Heiner
Ionenimplantation / von Heiner Ryssel u. Ingolf
Ruge. – 1. Aufl. - Stuttgart : Teubner, 1978.
   ISBN 978-3-519-03206-9   ISBN 978-3-663-05668-3 (eBook)
   DOI 10.1007/978-3-663-05668-3
NE: Ruge, Ingolf:

Das Werk ist urheberrechtlich geschützt. Die dadurch begründeten Rechte, besonders die der Übersetzung, des Nachdrucks, der Bildentnahme, der Funksendung, der Wiedergabe auf photomechanischem oder ähnlichem Wege, der Speicherung und Auswertung in Datenverarbeitungsanlagen, bleiben, auch bei Verwertung von Teilen des Werkes, dem Verlag vorbehalten.
Bei gewerblichen Zwecken dienender Vervielfältigung ist an den Verlag gemäß § 54 UrhG eine Vergütung zu zahlen, deren Höhe mit dem Verlag zu vereinbaren ist.
© B. G. Teubner, Stuttgart 1978
Softcover reprint of the hardcover 1st edition 1978

Binderei: F. Wochner KG, Horb/Neckar
Umschlaggestaltung: W. Koch, Sindelfingen

Vorwort

In den letzten Jahren erschienen bereits mehrere Bücher zum Thema Ionenimplantation, die sich fast ausschließlich an auf dem Gebiet der Ionenimplantation tätige Wissenschaftler wenden und deshalb der Theorie einen sehr breiten Raum einräumen.

Im Gegensatz hierzu wendet sich das vorliegende Werk weniger an den Implantationsfachmann, sondern mehr an Forscher und Entwickler in Industrie, Forschungslaboratorien und Hochschulen, die an der Ionenimplantation als neuem Hilfsmittel zur Veränderung von Materialeigenschaften interessiert sind und wissen wollen, ob die Ionenimplantation für ihr Problem anwendbar ist.

Bei einer solchen Ausrichtung muß deshalb nach unserer Meinung neben einem kurzen Abriß der theoretischen Grundlagen vor allem die Behandlung von Problemen bei der Anwendung der Implantation im Vordergrund der Darstellung stehen, wovon hier zum Beispiel genannt seien die elektrische Aktivierung implantierter Ionen, Diffusionseffekte sowie die Diskussion der hauptsächlich verwendeten Meßmethoden zur Untersuchung implantierter Schichten, die apparativen Anforderungen an Beschleunigungssysteme und natürlich zahlreiche Beispiele zur Anwendung der Ionenimplantation.

Die Schwerpunkte des Buches liegen bei der Dotierung von Halbleitern durch Ionenimplantation, da dies zur Zeit und wahrscheinlich noch sehr lange ihre Hauptanwendung sein wird; dennoch wird von Fall zu Fall auf die weiteren Möglichkeiten der Implantation eingegangen.

Um die Anwendung der Gleichungen zu erleichtern, wurden SI- oder daraus abgeleitete Einheiten verwendet. Eine Ausnahme bildet das zweite Kapitel über die Grundlagen der Ionenimplantation, in dem aus historischen Gründen darauf verzichtet wurde, die Gleichungen umzuschreiben. Dies erschien uns gerechtfertigt, da das Werk ja nicht als Hilfsmittel für theoretische Arbeiten zur Abbremsung von Ionen in Festkörpern, sondern zur praktischen Anwendung der Ionenimplantation gedacht ist.

Danken möchten wir besonders den Herren Betz, Eichinger, Kranz und Wiedeburg für die tatkräftige Unterstützung bei der Abfassung des Manuskriptes durch Diskussionen, Durchführung von Berechnungen und kritische Durchsicht der Arbeit. Herr Eichinger hat überdies dankenswerter Weise bei der Abfassung einiger Abschnitte des fünften Kapitels mitgeholfen. Danken möchten wir weiterhin Frl. Schmiedt, Frl. Schenk, Frl. Traumüller und Frl. Zeller, sowie Frau Podstowka und Herrn Bleier für die technische Unterstützung bei Messungen und der Abfassung des Manuskriptes.

München, im Herbst 1977　　　　　　　　　　　　　　　　　　H. Ryssel, I. Ruge

Inhalt

1 Einleitung
  1.1 Eigenschaften und Möglichkeiten der Ionenimplantation 11
  1.2 Historischer Rückblick 13

2 Grundlagen der Ionenimplantation
  2.1 Reichweite von Ionen in Festkörpern 15
    2.1.1 Abbremsung durch Kernstöße 18
    2.1.2 Elektronische Abbremsung 21
    2.1.3 Reichweiteverteilung 22
  2.2 Strahlenschäden in Festkörpern 25
    2.2.1 Struktur von Defekten 26
    2.2.2 Anzahl der versetzten Atome 27
    2.2.3 Reichweiteverteilung von Strahlenschäden 28
    2.2.4 Bildung von amorphen Schichten 32
  2.3 Der Channeling-Effekt 33
    2.3.1 Kritischer Winkel 34
    2.3.2 Channeling-Profile 35

3 Probleme bei der Implantation in reale Festkörper
  3.1 Wirkung und Ausheilen von Strahlenschäden 41
    3.1.1 Erzeugung von Defekten 42
    3.1.2 Veränderung von Materialeigenschaften 46
    3.1.3 Rekristallisation von Strahlenschäden 48
  3.2 Elektrische Aktivierung implantierter Ionen 56
    3.2.1 Isochronales Ausheilen 57
    3.2.2 Isothermisches Ausheilen 60
  3.3 Reichweiteverteilung in Zweischichtstrukturen 62
  3.4 Maskierungsschichten 63
    3.4.1 Kontaktmaskierung 63
    3.4.2 Projektionsmaskierung 68
    3.4.3 Randeffekte 68
  3.5 Laterale Streuung 69
  3.6 Passivierungsschichten 71
    3.6.1 Passivierung während der Implantation 71
    3.6.2 Sekundärimplantation 73
    3.6.3 Passivierung gegen Ausdiffusion 76
  3.7 Ionenzerstäubung während der Implantation 79

6   Inhalt

      3.7.1 Zerstäubungsrate 79
      3.7.2 Profilveränderung durch Ionenzerstäubung 82
  3.8 Diffusion 84
      3.8.1 Thermische Diffusion 85
      3.8.2 Temperung in oxidierender Atmosphäre 92
      3.8.3 Strahlungsbeschleunigte Diffusion 96
      3.8.4 Andere Diffusionseffekte 100
  3.9 Probenerwärmung 101

4 Ionenimplantationsapparaturen
  4.1 Ionenquellen 104
      4.1.1 Glühkathodenquellen 106
      4.1.2 Hochfrequenzionenquellen 108
      4.1.3 Penning-Quellen 109
      4.1.4 Andere Ionenquellen 109
      4.1.5 Der Betrieb von Ionenquellen 110
  4.2 Beschleunigung und Fokussierung 113
      4.2.1 Beschleunigung 113
      4.2.2 Fokussierung 114
      4.2.3 Feinfokussysteme 115
      4.2.4 Beispiele von Ionenbeschleunigern 117
  4.3 Strahlanalyse 120
      4.3.1 Magnetische Separation 121
      4.3.2 Wienfilter 122
      4.3.3 Auflösungsvermögen 123
  4.4 Strahlablenkung und Homogenität 124
  4.5 Probenkammer 128
      4.5.1 Strommessung 128
      4.5.2 Probenorientierung 129
      4.5.3 Heizung und Kühlung 130
      4.5.4 Beispiele von Implantationskammern 131
  4.6 Vakuum 135

5 Meßmethoden zur Untersuchung ionenimplantierter Schichten
  5.1 Anätzen von pn-Übergängen 138
  5.2 Bestimmung des Leitungstyps 139
  5.3 Kapazität-Spannung-Messung 140
      5.3.1 Grenzen der Methode 141
      5.3.2 Meßverfahren 146
  5.4 Schichtwiderstandsmessungen 147
      5.4.1 Vierspitzenmessung 148
      5.4.2 Widerstandsstrukturen 152
  5.5 Halleffektmessungen 152

5.5.1 Van-der-Pauw-Struktur 153
5.5.2 Profilmessung 156
5.5.3 Schichtabtragetechnik 158
5.6 Messung des Ausbreitungswiderstandes 161
5.7 Strom-Spannung-Messung 163
    5.7.1 pn-Charakteristik 163
    5.7.2 Bestimmung der Minoritätsträgerlebensdauer 167
5.8 Analyse implantierter Schichten mit energiereichen, leichten Ionen . 167
    5.8.1 Rutherford-Rückstreuung 169
    5.8.2 Channeling und Gitterplatzlokalisierung 171
    5.8.3 Ionenindiuzierte Röntgenstrahlung 174
    5.8.4 Ionenindiuzierte Kernreaktion 177
5.9 Aktivierungsanalyse 182
5.10 Sekundärionen-Massenspektroskopie 187
5.11 Weitere Meßverfahren 188
5.12 Vergleich der verschiedenen Meßmethoden 189

6 Eigenschaften ionenimplantierter Halbleiterschichten
6.1 Implantation in Silicium 194
    6.1.1 Aluminium 195
    6.1.2 Antimon 197
    6.1.3 Arsen 199
    6.1.4 Bor 207
    6.1.5 Gallium 217
    6.1.6 Indium 218
    6.1.7 Phosphor 219
    6.1.8 Implantation anderer Elemente 224
    6.1.9 Getterung 224
    6.1.10 Oxidation von implantiertem Silicium 225
6.2 Implantation in Germanium 227
6.3 III-V-Halbleiter 232
    6.3.1 Galliumarsenid 232
    6.3.2 Andere III-V-Halbleiter 244
    6.3.3 Isolation durch Ionenbeschuß 247
6.4 Implantation in II-VI- und IV-VI-Halbleiter 249
6.5 Siliciumkarbid 251

7 Bauelemente
7.1 MOS-Bauelemente 254
    7.1.1 Selbstjustierendes Gate 254
    7.1.2 Absenkung der Einsatzspannung 256
    7.1.3 Verarmungstransistoren 259
    7.1.4 Komplementäre MOS-Transistoren 261
    7.1.5 Ladungsgekoppelte Bauelemente 263

8 Inhalt

    7.2 Widerstände 265
        7.2.1 Widerstandsbereich 265
        7.2.2 Temperaturkoeffizient 267
        7.2.3 Linearität 268
    7.3 Dioden 268
        7.3.1 Kapazitätsdioden 268
        7.3.2 IMPATT-Dioden 269
        7.3.3 Silicium-Multidioden-Target 270
        7.3.4 Solarelemente 271
        7.3.5 Kernstrahlungsdetektoren 272
        7.3.6 Photodioden 273
        7.3.7 Lumineszenz- und Laserdioden 276
    7.4 Bipolare Transistoren 278
    7.5 Feldeffekttransistoren 281
    7.6 Verschiedene Halbleiterbauelemente 283

8 Implantation in Nichthalbleiter
    8.1 Implantation in Metalle 285
        8.1.1 Korrosion 286
        8.1.2 Untersuchung von Reaktormaterialien 288
        8.1.3 Veränderung mechanischer Oberflächeneigenschaften . 292
        8.1.4 Herstellung supraleitender Verbindungen 293
    8.2 Implantation in optische Materialien 296
    8.3 Weitere Anwendungen der Implantation auf Nichthalbleiter 298

9 Anhang
    9.1 Daten von Halbleitern und Isolatoren 301
    9.2 Diffusionskoeffizienten 301
    9.3 Löslichkeiten von Elementen in Silicium und Germanium 303
    9.4 Reichweitetabellen 304
    9.5 Häufigkeit der Isotope 305
    9.6 Dampfdruck 307
    9.7 Fehlerfunktion 308

10 Literatur
    Bücher und Übersichtsartikel 344
    Bibliographien 344
    Konferenzberichte 344
    Fachartikel 345

Sachverzeichnis 361

Liste häufig verwendeter Symbole

(Nur einmalig verwendete Symbole sind an den entsprechenden Stellen im Text erläutert.)

A	Fläche, Atomgewicht		tionsstromdichte, Ges für Gesamtstromdichte)
a	Länge, Abstand, Abschirmparameter	K	Konstante
a_0	Bohr-Radius ($a_0 \approx 0{,}053$ nm)	k	Boltzmann-Konstante ($k = 1{,}38 \times 10^{-23}$ J/K $= 8{,}625 \times 10^{-5}$ eV/K)
B	magnetische Induktion		
C	Konzentration (Index V für Leerstellen); Kapazität	M	Masse (Index für Kennzeichnung des Ions bzw. Atoms)
C_{ox}	spezifische Oxidkapazität	m	Masse leichter Ionen; Segregationskoeffizient
c_0	Lichtgeschwindigkeit ($c_0 = 2{,}998 \times 10^8$ m s^{-1})	m_a	atomare Masseneinheit ($m_a = 1{,}66 \times 10^{-27}$ kg)
D	Diffusionskoeffizient (Index i für intrinsisch, V für Leerstellen, n für Elektronen, p für Löcher); Durchmesser	m_e	Ruhemasse des Elektrons ($m_e = 9{,}11 \times 10^{-31}$ kg)
d	Dicke, Abstand	m^*	eff. Masse
d_{ox}	Oxiddicke	N	Konzentration, atomare Dichte
d_F	Feldbeschleunigungsterm	$N(x)$	Konzentration
d_V	Leerstellenbeschleunigungsterm	N_A	Akzeptorkonzentration
E	Energie, Beschleunigungsenergie (Index a für Aktivierungsenergie)	N_B	Grunddotierung
		N_D	Donatorkonzentration
E	Feldstärke	N_S	Flächenladungsträgerkonzentration (Index eff für effektive Flächenladungsträgerkonzentration)
E_G	Bandabstand		
E_t	Trapniveau		
E_i	Intrinsic-Ferminiveau	N_c	Zustandsdichte des Leitungsbandes
E_d	Versetzungsenergie		
E_R	Rydberg-Energie ($E_R = 13{,}6$ eV)	N_d	Anzahl der versetzten Atome
f	Frequenz	N_t	Trap-Konzentration
g	Generationsrate; Entartungsfaktor	$N_\square$	Dosis (Index a für amorphisierende, c für kritische Dosis)
h	Planck-Konstante ($h = 6{,}626 \times 10^{-34}$ Js)	n	Elektronenkonzentration
		n_{eff}	effektive Ladungsträgerkonzentration
h_{FE}	Stromverstärkung		
I	Strom	n_i	Eigenleitungsträgerdichte
j	Stromdichte (Index Diff für Diffusionsstromdichte, S für Sättigungsstromdichte, Rek für Rekombina-	P	Leistung
		p	Stoßparameter
		Q	Ladung

Liste häufig verwendeter Symbole

Q_B	Raumladung pro Flächeneinheit; integrale Basisdotierung	x	Weg
		x_j	Tiefe eines pn-Übergangs
Q_{SS}	Flächenladung der Grenzschicht	Z	Ordnungszahl
q	Elementarladung ($q = 1{,}602 \times 10^{-19}$ As)		
R	Reichweite; Widerstand; Radius	Δ	Differenz
ΔR	Reichweitestreuung	ε	normierte Energie; Emissionsfaktor
R_H	Hallkoeffizient (Index S für Schichthallkoeffizient)	ε_0	absolute Dielektrizitätskonstante ($\varepsilon_0 = 8{,}854 \times 10^{-12}$ F/m)
R_p	mittlere projizierte Reichweite		
ΔR_p	mittlere projizierte Reichweitestreuung ($\hat{=}$ Standardabweichung; Index L für laterale Streuung)	ε_r	rel. Dielektrizitätskonstante
		λ_0	Lichtwellenlänge
		μ	Beweglichkeit (Index C für Drift-, H für Hallbeweglichkeit)
r	Abstand stoßender Teilchen		
S	Zerstäubungsausbeute; Bremsquerschnitt (Index e für elektronische, n für Kernstöße)	μ_s	Schichtbeweglichkeit
		ψ	Winkel; Potential
		φ	Winkel
s	Ordnung von Potenzpotentialen; Rekombinationsgeschwindigkeit; Abstand	$\varphi(a/r)$	Abschirmfunktion
		Φ	Potential; Barrierenhöhe; Ablenkwinkel im Schwerpunktsystem
T	Temperatur (Index A für Ausheil-, I für Implantationstemperatur)	ϱ	normierte Reichweite; Dichte; spezifischer Widerstand
T	übertragene Energie (Index e für elektronische, m für maximale, n für Kernwechselwirkung)	ϱ_s	Schichtwiderstand
		$\Delta\varrho$	normierte Reichweitestreuung
		σ	Wirkungsquerschnitt; Standardabweichung
t	Zeit; normierter Streuparameter		
U	Spannung; Potential (Index D für Diffusionsspannung, G für Gate-Spannung, H für Hallspannung, th für Einsatzspannung)	σ	Strahlungskonstante des Schwarzen Körpers ($\sigma = 5{,}67 \times 10^{-12}$ W cm^{-2} K^{-4})
		σ	Einfangquerschnitt (Index n für Elektronen, p für Löcher)
V	Wechselwirkungspotential		
v	Geschwindigkeit (Index th für thermische Geschwindigkeit)	σ_s	Schichtleitfähigkeit
		τ	Lebensdauer (Index V für Leerstellen; n, p Minoritätsträgerlebensdauer von Elektronen, Löchern)
w	Weite der Raumladungszone		
X_D	Mittlere Strahlenschädenreichweite		
		τ_R	Relaxationszeit
ΔX_D	Standardabweichung der Strahlenschädenkonzentration	Θ	Streuwinkel
		ω	Kreisfrequenz

1 Einleitung

1.1 Eigenschaften und Möglichkeiten der Ionenimplantation

Bei dem Verfahren der Ionenimplantation werden Atome oder Moleküle ionisiert, in einem elektrostatischen Feld beschleunigt und in einen Festkörper geschossen (implantiert). Dabei sind beliebige Ion-Substrat-Kombinationen (z. B. Bor in Silicium, Silicium in Silicium, Tellur in Galliumarsenid, Platin in Eisen) möglich. Die Beschleunigungsenergie kann zwischen einigen Kiloelektronenvolt (keV) und einigen Millionen Elektronenvolt (MeV) liegen. Die Eindringtiefe der Ionen hängt außer von der Energie auch von der Masse der Ionen und der Masse der Atome des Festkörpers ab. So beträgt etwa die mittlere Reichweite von 10 keV Phosphorionen in Silicium 14 nm und von 1 MeV Borionen 1756 nm. Durch einen solchen Ionenbeschuß ist es möglich, praktisch alle Eigenschaften der Festkörperoberfläche bzw. der oberflächennahen Schicht des Festkörpers zu verändern.

In den letzten Jahren ist die Ionenimplantation als neues Verfahren zur Dotierung von Halbleiterkristallen entwickelt worden. Die bisher gebräuchlichsten Verfahren sind die Dotierung während des Kristallwachstums (Epitaxie), die Diffusion und das Legieren. Bei der Epitaxie läßt man Schichten mit der gewünschten Dotierung auf einem Ausgangskristall aufwachsen, beim Diffusionsverfahren diffundieren Dotierungsatome von der Oberfläche aus in den Halbleiter. Schließlich wird bei der Legierung die oberflächennahe Halbleiterschicht angelöst und bei der Rekristallisation dotiert.

Das Implantationsverfahren ist seinem Wesen nach zunächst unabhängig von chemischen Löslichkeitsgrenzen, der Temperatur während der Implantation und der Konzentration des Dotierstoffes an der Oberfläche des Halbleiters. Die eingebrachten Dotierungsatome haben ein Konzentrationsprofil, das im allgemeinen durch eine gaußförmige Verteilung mit einer mittleren projizierten Reichweite R_p und einer Standardabweichung ΔR_p beschrieben wird.

Die Implantation hat eine Reihe technologischer und für den Entwurf von elektronischen Bauelementen wichtiger Vorzüge:
1. Schnelligkeit, Homogenität und Reproduzierbarkeit des Dotierungsvorganges,
2. exakte Kontrollierbarkeit der Menge der eingebrachten Dotierungsatome durch einfache Stromintegration, was besonders für niedrige Konzentrationen wesentlich ist (z. B. Verschiebung der Einsatzspannung bei MOS-Transistoren),

3. geringere Anforderungen an die Reinheit der Dotierstoffe, da sie nach ihrer Masse separiert werden,

4. Vermeiden hoher Prozeß-Temperaturen während der Implantation,

5. einfache Maskierungsverfahren, z. B. durch Verwendung dicker Oxid-, Nitrid-, Metall- oder Photolackschichten,

6. Möglichkeit der Dotierung durch dünne passivierende Schichten (z. B. SiO_2, Si_3N_4),

7. geringe Eindringtiefe der Ionen (im allgemeinen kleiner als einige µm); es ist die Dotierung schmaler, oberflächennaher Schichten mit sehr steilen Dotierungsgradienten möglich (z. B. IMPATT-Dioden, Mikrowellentransistoren),

8. Mehrfachimplantation durch Veränderung der Beschleunigungsspannung während der Implantation ermöglichen eine relativ freie Wahl der Dotierungsprofile, wodurch man nicht auf die gaußsche Form festgelegt ist (z. B. Varaktordioden, Transistoren).

9. Durch die geringe laterale Streuung ist es möglich, Bauelemente mit sehr kleinen Dimensionen herzustellen und parasitäre Kapazitäten niedrig zu halten (z. B. selbstjustierendes Gate bei MOS-Transistoren).

Jedoch hat die Ionenimplantation auch eine Reihe von Nachteilen, die ihren Anwendungsbereich einschränken.

1. Durch den Beschuß mit schweren Teilchen werden Strahlenschäden erzeugt, die wegen der Veränderung der elektrischen Eigenschaften von Halbleitern im allgemeinen unerwünscht sind; außerdem kommen die Dotierungsatome nach der Implantation zum großen Teil nicht auf regulären Gitterplätzen zur Ruhe und sind deshalb elektrisch nicht aktiv. Durch eine geeignete Temperaturbehandlung (Temperung, Ausheilen) ist es deshalb nötig, einmal das Kristallgitter zu restaurieren und zum anderen die eingebrachten Atome auf elektrisch aktive Gitterplätze zu bringen.

2. Die Dotierung durch Implantation ist auf oberflächennahe Schichten begrenzt. Durch höhere Beschleunigungsspannungen werden zwar größere Eindringtiefen erreicht, die elektrischen Eigenschaften der erzielten Schichten sind aber bis jetzt noch nicht befriedigend.

3. Aufgrund zusätzlicher Effekte während oder nach der Implantation (z. B. Channeling, Diffusion) ist es im allgemeinen nicht möglich, die theoretisch vorausgesagten Profile zu erreichen. Meist äußern sich solche Effekte in einem tieferen Eindringen der Dotierungsatome.

Die wichtigsten Fragen, die deshalb zu beantworten sind, betreffen das Ausheilen der Strahlenschäden, die elektrische Aktivierung eingebrachter Dotierungsatome, die Gestalt der Dotierungsprofile und den Einfluß der Implantation auf die elektrisch wichtigen Materialparameter, also Beweglichkeit und Lebensdauer.

Nicht nur auf dem Halbleitersektor findet die Ionenimplantation Anwendung, langsam erschließen sich ihr – vorläufig noch im Forschungsstadium – andere Gebiete der Festkörperphysik und -chemie. Durch die Entwicklung von Hochstromimplantationsmaschinen war es möglich, nicht nur Halbleiter zu dotieren, sondern auch chemische, mechanische und optische Eigenschaften von Festkörpern zu verändern. Bei Implantationen mit hoher Dosis ($\geqslant 10^{17}$ cm^{-2}) ist eine Umwandlung der oberflächennahen Schicht in eine andere chemische Verbindung möglich, etwa Silicium durch Kohlenstoffimplantation in Siliciumkarbid. Bei einer Reihe von Metallen ist eine elektrochemische Oberflächenpassivierung durch Ionenbeschuß möglich. Einige andere Anwendungsgebiete sind Supraleitung (Erhöhung der Sprungtemperatur), Härtung von Metallen, Herstellung von Lichtleitern durch Implantation in Quarz und GaAs und kernphysikalische Untersuchungen. Damit hat sich ein weites neues Feld für die Anwendung der Implantation aufgetan, das jedoch im Rahmen dieses Buches nur gestreift werden kann.

1.2 Historischer Rückblick

Die Anfänge der Ionenimplantation reichen nun bereits mehr als 20 Jahre zurück. Lange vorher waren schon Festkörper mit Ionen beschossen worden, es gab auch Theorien zur Reichweite der eindringenden Teilchen [92], [93] und Arbeiten zur Strahlenschädigung von Festkörpern und sogar von Halbleitern [179]. An eine gezielte Veränderung von Materialeigenschaften durch die Implantation von Ionen dachte jedoch niemand, bis Ohl 1952 Punktkontaktdioden mit Helium beschoß und eine Verbesserung der Sperrkennlinie erzielte [546]. Später versuchte Cussins [166] Germanium durch die Implantation verschiedener Ionen zu dotieren, jedoch verhinderten die gleichzeitig erzeugten Strahlenschäden einen Erfolg.

Im Jahre 1957 erhielt Shockley [673] das erste Patent zur Ionenimplantationstechnik. Hierin wurde zum ersten Mal auf die Notwendigkeit einer Temperung nach der Implantation zur Rekristallisierung des Kristallgitters hingewiesen. Dieses Patent umfaßt praktisch alle Aspekte der Implantation.

Von da an wurden mehr und mehr Arbeiten zur Implantation veröffentlicht. 1962 wurden die ersten Kernstrahlungsdetektoren durch Phosphorimplantation in Silicium hergestellt [37]. Bei Ion Physics in Massachusetts begannen bereits 1963 Arbeiten zur Implantation von Solarelementen [411].

Gleichzeitig wurden in Dänemark die theoretischen Grundlagen zur Reichweiteverteilung niederenergetischer Ionen in Festkörpern durch Lindhard, Scharff und Schiøtt [443], [442] aufbauend auf den Arbeiten von Bohr [92] gelegt.

Das unterschiedliche Eindringverhalten von Ionen in amorphe Festkörper und in Einkristalle (Channeling) wurde ebenfalls ab etwa 1963 untersucht [594], [536].

Der endgültige Durchbruch begann Mitte der 60iger Jahre, als zahlreiche Kernforschungszentren (Chalk River Nuclear Laboratories, Oak Ridge National Laboratories, AERE Harwell) anfingen, sich für diese neue Technologie zu interessieren.

Auf dem Gebiet der MOS-Transistoren hat sich die Implantation in der Anwendung durchgesetzt, es werden fast keine integrierten MOS-Schaltkreise mehr ohne Verwendung eines oder mehrerer Implantationsschritte hergestellt. Auf dem Gebiet bipolarer Transistoren ist die Implantation an der Schwelle der Anwendung, bei Spezialbauelementen wird sie bereits als Standardtechnologie eingesetzt. Viel Forschungsarbeit ist noch bis zur Anwendung bei III-V- und anderen exotischen Halbleitern notwendig.

Seit 1967 sind eine Reihe von Konferenzen über Ionenimplantation gehalten worden. Nach der "Conference on Applications of Ion Beams to Semiconductor Technology" (Grenoble 1967) [19] wurde 1970 die "First International Conference on Ion Implantation in Semiconductors" in Thousand Oaks, USA, abgehalten, die erste Konferenz einer Serie, die 1971 in Garmisch, 1972 in Yorktown Heights, USA, 1974 in Osaka, Japan, und 1976 in Boulder, USA, fortgesetzt wurde [21], [22], [23], [24], [25]. Dazwischen lagen zwei europäische Konferenzen über Ionenimplantation 1971 in Reading [20] und 1975 in Warwick [30] sowie ein amerikanisch-japanisches Seminar 1971 in Kyoto, Japan [26]. Zu erwähnen sind weiterhin zwei Implantationskonferenzen 1974 in Lublin, Polen [27] und 1975 in Budapest, Ungarn [28]. Bei zahlreichen weiteren Konferenzen gab es spezielle Sitzungen über Ionenimplantation oder ionenimplantierte Bauelemente.

Außer den Konferenzberichten wurden bisher 3 Bücher ausschließlich über Ionenimplantation geschrieben. Das erste Buch, das sehr stark auf grundlegende Untersuchungen eingeht, wurde von Mayer, Eriksson und Davies [9] verfaßt, ein neueres Werk, das die maschinentechnische Seite stärker betont, stammt von Dearneley, Freeman, Nelson und Stephen [2]. Das Buch von Wilson und Brewer [13] konzentriert sich fast ausschließlich auf maschinentechnische Aspekte. Auch eine Reihe von speziellen Bibliographien wurden über das Thema Ionenimplantation veröffentlicht [14], [15], [16], [17], [18].

2 Grundlagen der Ionenimplantation

Die theoretischen Grundlagen der Ionenimplantation wurden in den letzten Jahren fußend auf den Arbeiten von Bohr [92], [93] und Rutherford [604] entwickelt. Es handelt sich um Theorien zur Reichweiteverteilung implantierter Ionen, zur Energieabgabe der Ionen während der Implantation bzw. zur Verteilung der erzeugten Strahlenschädigung durch diesen Beschuß und Theorien zum unterschiedlichen Verhalten im Eindringen von Ionen in amorphe und kristalline Festkörper (Channeling-Effekt).

In diesem Kapitel wird auf die Grundzüge der wichtigsten Theorien eingegangen und zur Erläuterung eine Anzahl von Messungen diskutiert. Ausführlichere Darstellungen findet man in der speziellen Literatur, wie z. B. [2], [6], [9], [442], [443], die auch umfangreiche Literaturzitate aufweisen.

2.1 Reichweite von Ionen in Festkörpern

Die ersten Untersuchungen über die Reichweite und Streuung geladener Teilchen in Festkörpern wurden um 1900 von Lenard und von Rutherford vorgenommen, die damit gleichzeitig erste Aufschlüsse über den Aufbau der Atome aus Kern und Hülle erhielten.

Später berechnete Bohr [92], [93] auf klassischem Weg den Energieverlust pro Weglänge für schwere geladene Teilchen auf Grund von Stößen zwischen Teilchen und gebundenen Elektronen. Er erhielt für den Energieverlust

$$-\frac{dE}{dx} = \frac{4\pi z_1^2 q^4 N Z_2}{m_e v^2} \left[\ln \frac{1{,}123 M_1 m_e v^3}{\bar{\omega} Z_1 q^2 (M_1 + m_e)} - \ln(1-\beta^2) - \beta^2 \right] \quad (2.1)$$

mit z_1, v Ladungszahl bzw. Geschwindigkeit des Ions; Z_2, N Ordnungszahl bzw. Zahl der Atome pro Volumen des Targets; m_e, q Elektronenmasse bzw. -ladung; $\ln \bar{\omega} = \sum f_i \ln \omega_i$ mit f_i, ω_i Oszillatorstärke bzw. Frequenz des i-ten Elektrons. $\beta = v/c_0$ mit c_0 Lichtgeschwindigkeit.

Die letzten beiden Terme beinhalten eine relativistische Korrektur. Die klassische Betrachtung ist nur zulässig für

16   2 Grundlagen der Ionenimplantation

$$\frac{z_1}{137\beta} \gg 1 \qquad (2.2)$$

137β ist die Ionengeschwindigkeit in Einheiten der Umlaufgeschwindigkeit des Elektrons im Wasserstoffatom. Weitere Einschränkungen für Gl. (2.1) findet man in [755].

Durch quantenmechanische Betrachtungen kamen später Bethe und Bloch [74], [75], [84] zu Ausdrücken, die die Bindungsverhältnisse der Elektronen realistischer beschreiben.

Es würde im Rahmen dieses Buches zu weit führen, näher auf diese Theorien und ihre verschiedenen Verbesserungen und Modifikationen [76], [84], [91] und ihre Gültigkeitsbereiche [755], [776] einzugehen. Gemeinsam ist diesen Arbeiten jedoch, daß sie nur elektronische Abbremsung durch Stöße mit Elektronen betrachten.

Grundsätzlich gibt es jedoch eine ganze Reihe Effekte, die beim Beschuß von Festkörpern mit schweren geladenen Teilchen auftreten und diese abbremsen oder streuen. Es sind, etwas pauschal klassifiziert [701]:

1. Unelastische Stöße mit gebundenen Elektronen des abbremsenden Mediums. Der Energieverlust bei solchen Stößen erfolgt durch Anregung oder Ionisation von Atomen oder Molekülen.
2. Unelastische Stöße mit Kernen. Sie führen zu Bremsstrahlung, Kernanregung oder zu Kernreaktionen.
3. Elastische Stöße mit gebundenen Elektronen.
4. Elastische Stöße mit Kernen oder ganzen Atomen, dabei wird ein Teil der kinetischen Energie auf das gestoßene Teilchen übertragen.
5. Cerenkov-Strahlung. Sie wird erzeugt durch Teilchen, die schneller als mit der Phasengeschwindigkeit des Lichtes das Medium passieren.

Unelastische Kernstöße und elastische Stöße mit Elektronen spielen kaum eine Rolle bei der Abbremsung von Teilchen gegenüber unelastischen Stößen mit Elektronen (elektronische Abbremsung) und elastischen Kernstößen.

Diese beiden Mechanismen sollen deshalb im weiteren ausschließlich Berücksichtigung finden. Welcher der beiden Effekte überwiegt, hängt ab von der Energie und Masse der beschleunigten Teilchen und Masse und Ordnungszahl des Mediums. In dem für die Ionenimplantation wichtigen Energiebereich sind beide Anteile zu betrachten. Zur Berechnung der Abbremsung definiert man Bremsquerschnitte

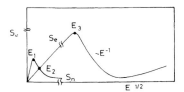

Fig. 2.1
Prinzipieller Verlauf der Bremsquerschnitte S_e und S_n abhängig von der Energie

für elektronische und Kernabbremsung $S_{e,n}$ zu

$$S_{e,n} = -\frac{1}{N}\left(\frac{dE}{dx}\right)_{e,n} \qquad (2.3)$$

In Fig. 2.1 ist der prinzipielle Verlauf der beiden Bremsquerschnitte abhängig von der Energie aufgetragen. Werte der Energien E_1, E_2, E_3 von Fig. 2.1 für verschiedene Massen sind in Tab. 2.1 [9] angeführt. Die Energien der Ionenimplantation liegen unter einem MeV, also stets im Bereich unter E_3. E_3 wird durch die Bedingung Gl. (2.2) festgelegt. Jenseits E_3 erstreckt sich der Gültigkeitsbereich der Bethe- und Bloch-Theorie, der ansteigende Verlauf bei sehr großen Energien ergibt sich durch eine relativistische Korrektur.

Tab. 2.1 Energien E_1, E_2 und E_3 von Fig. 2.1 [9] für Silicium, Germanium und Zinn

Ion	E_1 (keV)			E_2 (keV)			E_3 (keV)
	in Si	in Ge	in Sn	in Si	in Ge	in Sn	
B	3	7	12	17	13	10	3×10^3
P	17	29	45	140	140	130	3×10^4
As	73	103	140	800	800	800	3×10^5
Sb	180	230	290	2000	2000	2000	3×10^5
Bi	530	600	700	6000	6000	6000	3×10^6

Der energetische Bereich der Ionenimplantation hat erst in jüngerer Zeit Interesse gefunden und wurde zuerst von Lindhard und Scharff [443] und von Lindhard, Scharff und Schiøtt [442] theoretisch behandelt. Nach diesen Autoren spricht man allgemein von der LSS-Theorie. Nach dieser Theorie haben die Ionen eine gaußförmige Reichweiteverteilung um eine mittlere projizierte Reichweite R_p mit einer Standardabweichung ΔR_p. Schiøtt diskutierte in einer weiteren Arbeit [622] detailliert die Berechnung der projizierten Reichweite. Eine für die mathematische Behandlung besser geeignete Formulierung wurde von Sanders [615] gefunden.

Abweichende Berechnungen der Reichweiteparameter wurden von Brice [104] und Furukawa [266] durchgeführt. Sie verwenden als Ausgangspunkt die LSS-Argumente, berechnen aber anstatt integraler Ausdrücke für Reichweiteverteilung und Standardabweichung die Energieverteilungsfunktionen während des Abbremsvorganges der Ionen. Dadurch sind diese Theorien besser zur Berechnung von Reichweiteverteilungen in Mehrschichtstrukturen geeignet und setzen kein gaußsches Reichweiteprofil voraus.

Gemeinsam ist allen diesen Theorien die Beschränkung auf ein amorphes Medium, was für Halbleiter sicher nicht allgemein zutrifft, und die Vernachlässigung sekundärer Effekte wie Diffusion. Außerdem betrachten sie nur die Abbremsung der Teilchen und nicht die Auswirkungen der Abbremsung auf das Targetmaterial. Diese unter dem etwas pauschalen Begriff Strahlenschäden zusammengefaßten Veränderungen äußern sich in einer mehr oder minder großen Umordnung des Gefüges bzw. bei Kristallen in einer Zerstörung des Gitters. Sie machen sich besonders durch ihre Wirkung auf elektrische Parameter bemerkbar, obwohl sich auch viele andere Materialeigenschaften (Dichte, Elastizität, usw.) verändern können. Bei den elektrischen Parametern wirken sie sich besonders auf die Beweglichkeit, die Lebensdauer und unter Umständen auf die Konzentration der Ladungsträger aus.

Strahlenschäden haben eine Verteilung im Festkörper, die im allgemeinen von der Verteilung der Ionen abweicht, da der Ort der maximalen Energieabgabe an die Targetatome nicht der Ort ist, an dem die Ionen auch zur Ruhe kommen. Man wird deshalb erwarten, daß das Maximum der Strahlenschädenverteilung näher zur Oberfläche liegt als das der Ionenverteilung. Theoretisch behandelt wurden Probleme der Strahlenschädenverteilung von Brice [101], Sigmund und Sanders [685], Pavlov [558] und Furukawa [268a], die entweder die Energieabgabe in Form von Kernstößen pro Wegeinheit oder die Leerstellenkonzentration berechneten.

Im folgenden sollen nun die Grundzüge der wesentlichen Theorien für die Abbremsung und Verteilung der Ionen und die Verteilung der Strahlenschäden behandelt werden.

Wie bereits erwähnt, sind bei niedrigen Energien zwei Energieverlustmechanismen zu betrachten, einmal Stöße der Ionen mit freien und gebundenen Elektronen, zum anderen Stöße mit Atomkernen. Mit der Annahme, daß beide Prozesse voneinander unabhängig sind, ergibt sich für den Energieverlust pro Wegeinheit

$$-\frac{dE}{dx} = N\left[S_n(E) + S_e(E)\right] \qquad (2.4)$$

Bei bekannten $S_n(E)$ und $S_e(E)$ kann Gl. (2.4) integriert werden, und man erhält

$$R = \frac{1}{N}\int_0^E \frac{dE}{S_n(E) + S_e(E)} \qquad (2.5)$$

R ist die mittlere Gesamtweglänge eines Teilchens der Anfangsenergie E in einem amorphen Medium.

2.1.1 Abbremsung durch Kernstöße

Der Energieverlust dE eines Ions durch elastische Kernwechselwirkung in einer Schicht dx ist proportional der atomaren Dichte N und der Summe aller im Einzelstoß übertragenen Energie T_n, also

$$S_n(E) = -\left(\frac{dE}{dx}\right)_n = N\int_0^\infty T_n(E,p)\, 2\pi p\, dp = N\int_0^{T_m} T_n\, d\sigma(E, T_n) \qquad (2.6)$$

$d\sigma$ ist der differentielle Wirkungsquerschnitt, ($d\sigma = 2\pi p\, dp$), p der Stoßparameter.

2.1 Reichweite von Ionen in Festkörpern

T_m ist die maximal übertragbare Energie bei zentralem Stoß. In Fig. 2.2 ist ein typischer Streuprozeß zwischen einem Ion und einem Atom wiedergegeben. Das einfallende Ion wird um den Winkel Θ_1 abgelenkt und überträgt die Energie T_n auf das gestoßene Atom, das unter dem Winkel Θ_2 seine ursprüngliche Position verläßt. Für Werte von p zwischen ∞ und 0 ergeben sich Werte für $T_n(E,p)$ zwischen 0 und T_m. T_m ergibt sich zu

$$T_m = 4 \frac{M_1 M_2}{(M_1 + M_2)^2} E \qquad (2.7)$$

M_1 und M_2 sind Masse von Ion und Target.

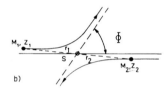

Fig. 2.2
Zweikörperstreuung zwischen Teilchen der Masse M_1 und M_2, Stoßparameter p, Streuwinkel Θ_1 und Θ_2 bzw. Φ im Laborsystem (a) und im Schwerpunktsystem (b)

Die Berechnung von $T_n(E,p)$ ist ein bekanntes Problem der klassischen Mechanik. Es gilt [116]

$$T_n(E,p) = E \frac{2 M_1 M_2}{(M_1 + M_2)^2} (1 - \cos \Phi) \qquad (2.8)$$

wobei Φ der Ablenkwinkel im Schwerpunktsystem ist und nach [296] berechnet wird zu

$$\Phi = \pi - 2p \int_0^{u_{max}} \frac{du}{(1 - V(u)/E_r - p^2 u^2)^{1/2}} \qquad (2.9)$$

hierbei ist $u = 1/r$, $r = r_1 + r_2$ (s. Fig. 2.2) der Abstand der Teilchen im Schwerpunktsystem, $V(u)$ das Wechselwirkungspotential, $E_r = E M_2/(M_1 + M_2)$ Energie des Ions im Schwerpunktsystem, u_{max} ist der reziproke Wert des Minimalabstandes der Teilchen.

Um Gl. (2.9) auswerten zu können, ist die Kenntnis von $V(u)$ nötig. Würde man den Abschirmeffekt der Elektronen vernachlässigen, so hätte man den klassischen Fall von Rutherford für die Streuung von α-Teilchen und $V(u)$ ließe sich direkt als Coulombpotential schreiben.

Für schwere Teilchen geringer Geschwindigkeit und bei relativ fernen Stößen ist der Abschirmeffekt der Elektronen nicht vernachlässigbar, und man schreibt

2 Grundlagen der Ionenimplantation

$$V(r) = \frac{Z_1 Z_2 q^2}{r} \varphi\left(\frac{r}{a}\right) \qquad (2.10)$$

wobei $\varphi(r/a)$ eine geeignete Abschirmfunktion und a ein Abschirmparameter (von der Größenordnung des Bohrradius) ist. Wegen der Verwendung des cgs-Systems bei allen zitierten klassischen Ableitungen fehlt in Gl. (2.10) der Faktor $4\pi\varepsilon_0$ vor r.

Analytische Lösungen lassen sich für Potenzpotentiale angeben (Lindhard und Scharff [441])

$$V(r) = \frac{Z_1 Z_2 q^2}{r} \cdot \frac{1}{s}\left(\frac{a}{r}\right)^{s-1} \qquad (2.11)$$

Praktisch jedoch geht die einfache analytische Form für andere Werte von s als 1 und 2 verloren. Die Näherung $s=1$ ist realistisch für Stöße mit großer Energieübertragung, $s=2$ für Stöße mit geringer Energieübertragung (Lindhard und Scharff [441]).

Die beste Übereinstimmung mit dem Experiment ergibt sich bei der Verwendung des statistischen Atommodells nach Thomas-Fermi [240], [725], aus dem die Abschirmfunktion als Lösung der Differentialgleichung

$$\varphi''(x) = \varphi^{3/2}(x) x^{-1/2} \qquad (2.12)$$

gewonnen werden kann. a ergibt sich in diesem Fall zu

$$a = \frac{1}{2}\left(\frac{3}{4}\pi\right)^{2/3} a_0 (Z_1^{2/3} + Z_2^{2/3})^{-1/2} \qquad (2.13)$$

wobei a_0 der Bohrradius ist ($a_0 \approx 0{,}053$ nm). Mittels dieses Potentials berechneten LSS den differentiellen Wirkungsquerschnitt für Kernbremsung. Unter Verwendung einer geeigneten Normierung für Reichweite, Energie und Streuparameter

$$\begin{aligned}\varrho &= C_R R = 4\pi\, a^2 N \frac{A_1 A_2}{(A_1 + A_2)^2} R \\ \varepsilon &= C_E E = \frac{a}{q^2} \frac{A_2}{Z_1 Z_2 (A_1 + A_2)} E \\ t &= \varepsilon^2 \sin^2(\Phi/2)\end{aligned} \qquad (2.14)$$

($A_{1,2}$ Atomgewicht von Ion und Target) gelang es ihnen, eine allgemein gültige Abhängigkeit des Bremsvermögens S_n von der Energie für alle Ion-Target-Kombinationen anzugeben, die in den verwendeten Einheiten dimensionslos ist.

Der differentielle Wirkungsquerschnitt für Streuung an Kernen ergibt sich durch die Näherungsformel

2.1 Reichweite von Ionen in Festkörpern 21

$$\frac{d\sigma}{dt} = 2\pi a^2 t^{3/2} f(t^{1/2}) \tag{2.15}$$

Werte für die universelle Streufunktion $f(t^{1/2})$ wurden von LSS tabelliert angegeben. Eine numerische Berechnung des normierten Bremsvermögens $(d\varepsilon/d\varrho)_n$ ist in Fig. 2.3 zusammen mit Werten für die elektronische Abbremsung wiedergegeben.

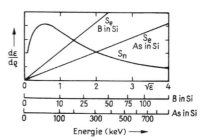

Fig. 2.3
S_n und S_e in normierter Darstellung für Bor und Arsen in Silicium

2.1.2 Elektronische Abbremsung

Bei hohen Energien im Gültigkeitsbereich der Bethe-Theorie nimmt die elektronische Abbremsung mit abnehmender Teilchengeschwindigkeit zu, vgl. Fig. 2.1. Der Bereich niedriger Energien wurde zuerst von Lindhard und Winter [438] betrachtet. Sie nahmen an, daß die Elektronen ein freies Elektronengas bilden, und konnten zeigen, daß der elektronische Bremsquerschnitt proportional der Geschwindigkeit der Ionen ist und damit proportional zur Wurzel aus der Energie

$$S_e(E) = -\frac{1}{N}\left(\frac{dE}{dx}\right)_e = k'E^{1/2}$$

$$k' = \frac{kC_R N}{C_E^{1/2}} \tag{2.16}$$

$$k = \xi_e \frac{0{,}0793 \cdot Z_1^{1/2} Z_2^{1/2} (A_1 + A_2)^{3/2}}{(Z_1^{2/3} + Z_2^{2/3})^{3/4} A_1^{3/2} A_2^{1/2}}$$

ξ_e ist eine dimensionslose Konstante der Größe $Z_1^{1/6}$, C_R und C_E erhält man aus Gl. (2.14), k ist die Proportionalitätskonstante in der normierten Darstellung, d. h.

$$-\left(\frac{d\varepsilon}{d\varrho}\right)_e = k\varepsilon^{1/2} \tag{2.17}$$

Die Werte für k liegen im allgemeinen zwischen 0,1 und 0,25. Gl. (2.17) gilt (entsprechend Gl. (2.2)) für Ionengeschwindigkeiten unterhalb eines Wertes

$$v < Z_1^{2/3} q^2/h \tag{2.18}$$

Für höhere Energien läuft S_e durch ein breites Maximum, um dann wie $v^{-1...2}$ im Bethe-Bloch-Bereich abzufallen. In Fig. 2.3 ist der Kernbremsquerschnitt und

2 Kurven des elektronischen Bremsquerschnittes für Bor und Arsen in normierter Darstellung angegeben.

Ein etwas anderes Modell entwickelte Firsov für die elektronische Abbremsung [242]. Im Gegensatz zu LSS nimmt er an, daß Ion und Targetatom während des Stoßes ein Quasimolekül bilden. Dieses Modell hat den Vorzug, daß es verallgemeinert werden kann, um Oszillationen, die in gemessenen S_e Werten auftreten [228], zu erklären. Für amorphe Medien erfolgt die Berechnung ähnlich der des Kernbremsquerschnittes.

Zunächst wird der Energieverlust T_e infolge elektronischer Wechselwirkung zwischen Teilchen der Kernladung Z_1 und Z_2 berechnet und anschließend wird über alle Stoßparameter integriert.

$$S_e = \int_0^\infty T_e(E,p) 2\pi p \, dp \tag{2.19}$$

Der Energieverlust des stoßenden Teilchens 1 während der Bildung eines Quasimoleküls geht über Moment- und Energieaustausch mit Elektronen des festen Atoms 2. Der gesamte Energieverlust von Teilchen 1, wenn es von $-\infty$ über Teilchen 2 nach $+\infty$ fliegt, ist näherungsweise

$$T_e = \frac{4{,}3 \times 10^{-8}(Z_1+Z_2)^{5/2}}{[1+3{,}1 \times 10^7(Z_1+Z_2)^{1/2}p]^5} \cdot v \quad \text{(eV)} \tag{2.20}$$

mit v in cm/s und p in cm.

Für den Bremsquerschnitt ergibt sich durch Integration

$$S_e(v) = 2{,}34 \times 10^{-23}(Z_1+Z_2)v \quad \text{(eVcm)} \tag{2.21}$$

Reichweiten ergeben sich nach diesem Modell zusammen mit einem geeigneten S_n analog dem LSS-Modell.

2.1.3 Reichweiteverteilung

Mittels der in Abschn. 2.1.1 und 2.1.2 errechneten Werte für $S_e(E)$ und $S_n(E)$ bzw. der entsprechenden reduzierten Werte läßt sich die Reichweite nach Gl. (2.4) berechnen. In Fig. 2.4 sind Kurven der reduzierten Reichweite abhängig von der reduzierten Energie mit k als Parameter aufgetragen [442] die für alle Ion-Target-Kombinationen gültig sind.

Das Ergebnis von Gl. (2.4) ist die mittlere Gesamtreichweite eines Ions. Die Schwankung ΔR um diese Reichweite ergibt sich nach LSS für eine Näherung des Thomas-Fermi-Potentials durch ein Potenzpotential [15] (s. auch Gl. (2.11)) zu:

$$\left(\frac{\Delta \varrho}{\varrho}\right)^2 = \frac{(\Delta R)^2}{R^2} = \frac{s-1}{s(2s-1)} \frac{4 M_1 M_2}{(M_1+M_2)^2} \tag{2.22}$$

2.1 Reichweite von Ionen in Festkörpern

Von praktischem Interesse und auch nur meßbar ist die Projektion von R auf die Einfallsrichtung des Ionenstrahls, die sog. projizierte mittlere Reichweite R_p und ebenso eine projizierte Standardabweichung ΔR_p, im folgenden kurz als Reichweite und Standardabweichung bezeichnet. Für deren Berechnung ist die Lösung von Integro-Differentialgleichungen, die von LSS [442] abgeleitet wurden, nötig.

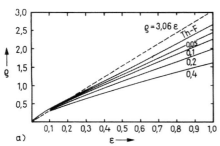
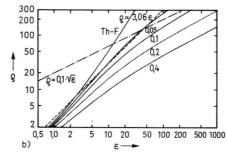

Fig. 2.4 Reduzierte Reichweite-Energie-Kurven abhängig vom Parameter k für elektronische Abbremsung [442]
  a) für $\varepsilon \leq 1$; Th-F ist unter Vernachlässigung der elektronischen Abbremsung berechnet. $\varrho = 3{,}06\,\varepsilon$ ist für ein Potenzpotential mit $s = 2$ berechnet (konstante Kernbremsung)
  b) für $\varepsilon > 1$; die strichpunktierte Linie gilt für $k = 0{,}1$ unter Vernachlässigung der Kernbremsung

LSS selbst berechneten Näherungswerte für ein vereinfachtes Wechselwirkungspotential, Sigmund und Sanders [685] lösten direkt die Integralgleichung unter der Annahme eines r^{-s} Potentials. Johnson und Gibbons [387] lösten die Differentialgleichung durch eine Reihenentwicklung, was, wie Brice [104] und Furukawa [266] zeigten, zu teilweise erheblichen Fehlern führte. In letzter Zeit berechneten Furukawa [268] und Brice [102] die Differentialgleichung 2. Ordnung und erhielten Werte, die mit Experimenten besser als [387] übereinstimmen. Die umfangreichsten Berechnungen und tabellarischen Zusammenstellungen für praktisch alle in der Halbleitertechnologie vorkommenden Ion-Substrat-Kombinationen sind von Gibbons und Mitarbeitern [5] veröffentlicht worden. Die Arbeit schätzt den Einfluß höherer Momente ab und gibt überdies Werte der elektronischen Abbremsung und der Abbremsung durch Kernstöße. Ein allgemeineres Tabellenwerk, das hauptsächlich für Implantationen in Metalle wichtig ist und auch auf die Verteilung der Strahlenschäden bzw. der Ionisation eingeht, stammt von Brice [1]. Einfache Interpolationsregeln, die eine Genauigkeit von ca. 10% besitzen und besonders für Ion-Substrat-Kombinationen wichtig sind, für die keine exakten Rechnungen vorliegen, findet man in einer Arbeit von Schiøtt [623].

Spezielle Berechnungen der Abbremsvorgänge von Ionen bei niedrigen Energien (< 1 keV) wurden von Winterbon [779] durchgeführt. Monte-Carlo-Berechnungen bieten sich, ausgehend von den LSS-Argumenten, für eine weiter verbesserte Betrachtungsweise der Abbremsvorgänge an. Besonders für Mehrschichtstrukturen und die Berechnung der rückgestreuten Ionen, die in der klassischen LSS-Theorie nicht berücksichtigt werden, erhält man genauere Ergebnisse [373]. Allerdings sind diese Berechnungen sehr aufwendig und deshalb wurden nur für einige Spezialfälle Ergebnisse veröffentlicht [373], [374].

In Fig. 2.5 sind Werte der Reichweite R_p und der Reichweitestreuung ΔR_p für Bor, Phosphor und Arsen in Silicium abhängig von der Beschleunigungsenergie der Ionen angegeben. Im Anhang sind Werte für die häufigsten Ion-Substrat-Kombinationen nach Biersack [79] zusammengestellt. Für einige wichtige Maskierungsschichten werden im nächsten Kapitel in Fig. 3.19 bis 3.21 weitere Werte mitgeteilt.

Die Reichweiteverteilung implantierter Ionen ergibt sich aus den Werten der mittleren Reichweite R_p, der Standardabweichung ΔR_p und der implantierten Dosis $N_\square$ zu

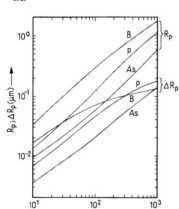

$$N(x) = \frac{N_\square}{\sqrt{2\pi}\Delta R_p} \exp\left[-\frac{(x-R_p)^2}{2\Delta R_p^2}\right] \quad (2.23)$$

Die Maximaldotierung ist

$$N_{max} = \frac{N_\square}{\sqrt{2\pi}\Delta R_p} \quad (2.24)$$

Fig. 2.5
Reichweite R_p und Reichweitestreuung ΔR_p von Arsen, Bor und Phosphor in Silicium nach [5]

Gl. (2.23) ist abgeleitet unter der Annahme, daß das Integral von $-\infty$ bis $+\infty$ über $N(x)$ gleich der implantierten Dosis $N_\square$ ist und vernachlässigt rückgestreute Ionen. Der durch die Annahme der unendlichen Ausdehnung des Halbleiters gemachte Fehler ist gering, ein exakter Ausdruck läßt sich leicht angeben:

$$N(x) = \frac{2N_\square}{\sqrt{2\pi}\Delta R_p \left(1+\operatorname{erf}\frac{R_p}{\sqrt{2}\Delta R_p}\right)} \exp\left[-\frac{(x-R_p)^2}{2\Delta R_p^2}\right] \quad (2.25)$$

Die Anzahl der rückgestreuten Ionen ist jedoch nur durch Monte-Carlo-Rechnungen bestimmbar und wird deshalb bei praktischen Untersuchungen stets vernachlässigt, obwohl sie bei niederenergetischen Implantationen beträchtlich sein kann.

In Fig. 2.6 sind nach Gl. (2.23) gerechnete Profile von Bor in Silicium bei verschiedenen Implantationsenergien und unter der Verwendung von Werten für R_p und ΔR_p aus Abb. 2.5 dargestellt. Mit wachsender Energie und Eindringtiefe nimmt die Maximaldotierung wegen der größer werdenden Reichweitestreuung ab. Normalerweise wird in der Halbleiterphysik nicht die in dieser Abbildung gewählte lineare

Auftragung der Dotierung über der Tiefe verwendet, sondern eine halblogarithmische, da man an dem Dotierungsverlauf über mehrere Zehnerpotenzen interessiert ist. Die theoretischen Profile nach Gl. (2.23) sind in dieser Darstellung Parabeln. Berücksichtigt man in der Berechnung der Reichweite Momente höherer Ordnung, so

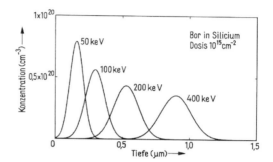

Fig. 2.6
Theoretische Reichweiteverteilung von Bor in Silicium in linearer Darstellung

ergeben sich kompliziertere Verteilungen. Bei Verwendung des Momentes 3. Ordnung läßt sich nach Gibbons und Mitarbeitern [288] eine aus zwei gaußschen Kurven zusammengesetzte Verteilung angeben. Die Verwendung universeller Funktionen wie z. B. nach Edgeworth ist möglich [5]. Dies bringt aber wegen der Vielzahl der physikalischen Effekte, die ideale Reichweiteverteilungen verhindern (Channeling-Effekt, Diffusion), keine spürbare Verbesserung, so daß zur Zeit die gaußsche Näherung für fast alle Probleme angemessen erscheint.

Die Übereinstimmung zwischen der LSS-Theorie und den Messungen von Reichweiteverteilungen ist im allgemeinen relativ gut, besonders wenn für die Berechnungen experimentelle Werte der elektronischen Abbremsung verwendet werden konnten. Dies ist besonders bei Bor der Fall, wo durch Verwendung der von Eisen [221] gemessenen Werte für S_e eine Abweichung von ca. 30% zwischen den experimentellen Ergebnissen und den Berechnungen der Reichweite nach LSS beseitigt werden konnte. Leider stehen nur für wenige Ion-Substrat-Kombinationen entsprechende S_e Werte zur Verfügung. Messungen der Reichweite und der Reichweitestreuung werden in Kapitel 6, Abschn. 1 mit theoretischen Werten verglichen.

2.2 Strahlenschäden in Festkörpern

In den bisherigen Überlegungen wurde lediglich auf die Abbremsung der Ionen eingegangen und die Wirkung auf das Kristallgitter außer Betracht gelassen. Je nach Energie und Masse der implantierten Ionen und der Masse des Targets werden Atome von ihren Gitterplätzen versetzt. Die versetzten Atome selbst können ebenfalls andere Atome versetzen, so daß es zu einer Kaskade von Stößen kommt. Das führt zu einer Anhäufung von Leerstellen und Zwischengitteratomen (Frenkeldefekte) und komplexen Gitterdefekten entlang der Ionenbahn (Cluster). Schwere Ionen

26 2 Grundlagen der Ionenimplantation

können an gestoßene Gitteratome mehr Energie übertragen als leichte. Die gestoßenen Atome können entsprechend ihrer Energie weitere Gitteratome versetzen. Eine schematische Darstellung der Bildung von Strahlenschäden ist in Fig. 2.7 für leichte und schwere Ionen wiedergegeben.

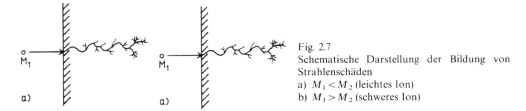

Fig. 2.7
Schematische Darstellung der Bildung von Strahlenschäden
a) $M_1 < M_2$ (leichtes Ion)
b) $M_1 > M_2$ (schweres Ion)

Mit zunehmender Dosis beginnen die gestörten Gebiete zu überlappen und bilden schließlich bis zu einer gewissen Tiefe eine amorphe Schicht, d. h. eine Schicht, in der es keine Fernordnung im Gitter mehr gibt. Die Anzahl der Strahlenschäden und deren Verteilung hängt von Ionenart, Temperatur, Energie, Dosis und einem etwa auftretenden Channeling (s. Abschn. 2.3) ab. Als Maß für die Konzentration der Strahlenschäden verwendet man den Energieanteil, der in Form von Kernwechselwirkung an den Festkörper abgegeben wird [101] oder die Anzahl der erzeugten Leerstellen [558], [268a]. Daß auch komplexere Defekte dem etwa proportional sind, wurde für 500 keV Sauerstoff in Silicium gezeigt [703]. Einen ausführlichen Überblick über Strahlenschäden und deren Ausheilverhalten gibt Gibbons [7]. Grundsätzliche Arbeiten über Defekte, vorwiegend in Silicium findet man z. B. bei Vook [749] sowie Kimmerling und Poate [409]. Auf die praktischen Aspekte der Wirkungen von Strahlenschäden wird im nächsten Kapitel eingegangen.

2.2.1 Struktur von Defekten

Der einfachste Defekt, ein Frenkeldefekt, wird durch die Versetzung eines Gitteratoms in eine Zwischengitterposition erzeugt, es entsteht eine Leerstelle und ein Zwischengitteratom. Die kristallographische Struktur einer Leerstelle ist in Fig. 2.8 nach Corbett [153] angegeben. Leerstellen können unterschiedliche Ladungszustände (z. B. neutral, positiv, negativ, doppelt negativ) besitzen, sich mit Fremdatomen

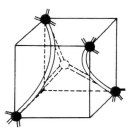

Fig. 2.8
Struktur einer Leerstelle im Siliciumgitter; nach Corbett [153]

2.2 Strahlenschäden in Festkörpern

zusammenlagern und deren Diffusion beeinflussen. Doppelleerstellen können gebildet werden, wenn ein auftreffendes Ion zwei nebeneinanderliegende Gitteratome versetzt. Auch ihre Bildung aus zwei einfachen Leerstellen ist möglich. Doppelleerstellen sind bis etwa 550 K stabil.

Versetzungen können sich durch die Zusammenlegung einfacher Defekte bilden oder während des Temperns ausgehend von nichtausgeheilten Strahlenschäden in ungeschädigtes Gebiet wachsen. Versetzungslinien heilen erst bei hohen Temperaturen ($>1000\,°C$) und in implantierten Schichten teilweise überhaupt nicht aus.

Weitere Defekte können sich durch eine Anhäufung von Leerstellen oder Zwischengitteratomen sowie durch die Zusammenlagerung von Fremdatomen mit Leerstellen oder Zwischengitteratomen bilden.

Werden durch ein stoßendes Ion viele Gitteratome versetzt, so entsteht, wenn dies in einem genügend kleinen Volumen geschieht, ein lokal amorphes Gebiet, meist Cluster genannt, über dessen konkrete Struktur unterschiedliche Vorstellungen bestehen. Bei der Ionenimplantation hat man wegen der hohen Masse und Energie der stoßenden Teilchen praktisch stets mit diesem Fall zu rechnen. Entsprechend komplex und einer theoretischen Deutung schwer zugänglich sind die möglichen Prozesse während der Implantation und der nachfolgenden Temperaturbehandlung. Näher wird auf diese Problematik im nächsten Kapitel eingegangen.

2.2.2 Anzahl der versetzten Atome

Die Anzahl der in einem primären Stoß versetzten Atome $N_{d,p}$ pro einfallendem Ion errechnet sich nach der Kinchin-Pease-Formel [410] zu

$$N_{d,p} = \frac{E}{2E_d} \quad (2.26)$$

wobei E die Energie, die das stoßende Teilchen abgibt, und E_d die Versetzungsenergie eines Gitteratoms ist. Bei Silicium ist E_d etwa 14 eV [52], [543], [694] bei anderen Halbleitern liegt E_d zwischen 8 eV und 30 eV. Gl. (2.26) gilt nur, wenn die Gesamtenergie des stoßenden Teilchens E unterhalb eines kritischen Wertes E_A liegt, der gegeben ist durch

$$E_A = 2 E_R Z_1 Z_2 (Z_1^{2/3} + Z_2^{2/3})^{1/2} \frac{M_1 + M_2}{M_2} \quad (2.27)$$

mit $E_R = 13,6$ eV (Rydberg-Energie). In diesem Energiebereich ist das Modell für Stöße zwischen harten Kugeln gültig. Werte für E_A sind in Tab. 2.2 für Arsen, Antimon, Bor und Silicium in Silicium angegeben. Da Gl. (2.26) linear in der Energie ist, berechnet sich die Gesamtzahl der Atome, die durch ein Teilchen versetzt werden, zu

$$N_d = \frac{E_n}{2E_d} \quad (2.28)$$

28 2 Grundlagen der Ionenimplantation

Tab. 2.2 Kritische Energien E_A, E_B, E_C berechnet nach Gl. (2.26) und (2.29) für Bor, Silicium, Arsen und Antimon in Silicium (keV)

	B	Si	As	Sb
E_A (keV)	7,8	36,3	185,3	459,4
E_B (keV)	871,7	$2,36 \times 10^4$	$4,85 \times 10^5$	$2,3 \times 10^6$
E_C (keV)	17	120	800	2000

E_n ist die gesamte Energieabgabe eines Teilchens in primäre und sekundäre Kernstöße. Eine modifizierte Rechnung von Sigmund [682] ergibt einen ähnlichen Ausdruck. Gl. (2.28) ist frei von der Einschränkung der Gl. (2.26) und gilt auch in Bereichen, wo es zu abgeschirmten coulombschen Stößen kommt und das Thomas-Fermi-Potential angewendet werden kann.

Bei höheren Energien verursacht nur ein Teil der Kernstöße Versetzungen von Atomen, außerdem wird die elektronische Abbremsung dominierend für den Abbremsvorgang der Ionen. Zwei kritische Energien, E_B und E_C sind in diesem Bereich wesentlich [7], [410]. Für E_B gilt

$$E_B = \frac{M_1 M_2}{(M_1 + M_2)^2} \frac{E_A^2}{E_d} \qquad (2.29)$$

E_C ist etwa die Energie, für die $S_n = S_e$ gilt, also E_2 von Abschn. 2.1. Werte für E_B und E_C sind in Tab. 2.2 angegeben. Für Energien über E_B kann die Anzahl der versetzten Atome zu etwa der Hälfte des Ergebnisses nach Gl. (2.26) angenommen werden [7]. Die Gesamtzahl der versetzten Atome pro Primärteilchen ergibt sich im Energiebereich größer E_B und E_C zu

$$N_d = \frac{P(E - E_C) + bE_C}{E_d} \qquad (2.30)$$

P ist etwa 10^{-3}; b ist 1/2 für $E_B > E_C$; 1/4 für $E_B < E_C$. Ist $E_B \gg E_C$, was für Silicium i. allg. der Fall ist, so gilt Gl. (2.29) stets für $E > E_C$. Einige Beispiele für die Anzahl der versetzten Atome in Silicium für unterschiedliche Ionen und Energien nach Gl. (2.26) und (2.30) sind in Tab. 2.3 wiedergegeben. Bessere Ergebnisse erhält man durch die Verwendung von Gl. (2.28) und berechneten Werten von E_n, siehe den nächsten Abschnitt.

2.2.3 Reichweiteverteilung von Strahlenschäden

Als Maß für die Strahlenschäden verwendet man den Energieanteil, der in Form von Kernwechselwirkung an den Festkörper abgegeben wird [101], oder die Anzahl der erzeugten Leerstellen [268a], [558] unter Annahme eines gewissen Energieaufwandes zur Erzeugung von Leerstellen. Da Ionen zur Erzeugung von Strahlen-

2.2 Strahlenschäden in Festkörpern

schäden eine bestimmte Energie benötigen, liegt das Maximum der Strahlenschädenverteilung stets näher zur Oberfläche als das Maximum der Ionenverteilung.

Sigmund und Sanders [685] berechneten die räumliche Verteilung von Strahlenschäden mittels eines Näherungsausdruckes für das Thomas-Fermi-Potential ohne Berücksichtigung von elektronischer Abbremsung und ohne die Verwendung einer Versetzungsenergie. D. h., sie berechneten die in Kernstößen abgegebene Energie für das implantierte Ion und das von ihm gestoßene Atom. Die Berechnung verläuft ähnlich wie in der LSS-Theorie [442] und ist unter der Verwendung von Potenzpotentialen (vgl. Gl. (2.10)) durchgeführt. Obwohl höhere Momente berechnet wurden, werden die Ergebnisse im allgemeinen nur zur Berechnung gaußscher Strahlenschädenverteilungen verwendet. In Fig. 2.9 ist das Verhältnis von mittlerer projizierter Reichweite R_p und Strahlenschädenreichweite X_D, sowie das entsprechende Verhältnis der Standardabweichungen $\Delta R_p/\Delta X_D$ für verschiedene Potenzpotentiale für Silicium aufgetragen. Für Bor in Silicium ergibt sich z. B. $X_D = 0,8\ R_p$; $\Delta X_D = 0,75\ \Delta R_p$.

Tab. 2.3 Anzahl der versetzten Atome nach der Kinchin-Pease-Formel in Silicium ($E_d = 14$ eV)

Ion	10 keV	50 keV	200 keV
Antimon	357	1 785	7 143
Arsen	357	1 785	28 500[*)]
Bor	606[*)]	609	620
Silicium	357	4 280	4 290

[*)] $E < E_c$

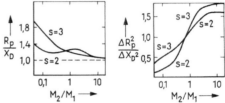

Fig. 2.9 Verhältnis von mittlerer projizierter Ionenreichweite zur Strahlenschädenreichweite R_p/X_D und Verhältnis der projizierten Standardabweichungen der Ionen- und Strahlenschädenverteilungen $\Delta R_p^2/\Delta X_D^2$ als Funktion des Massenverhältnisses M_2/M_1 [685]. Es gilt $s = 3$ für $\varepsilon \leq 0,2$, $s = 2$ für $0,8 \leq \varepsilon \leq 2,0$

In einer neueren Arbeit berücksichtigen Sigmund und Mitarbeiter auch elektronische Abbremsung [681] geben jedoch nur Ergebnisse für gleiche Massen der Ionen und Targetatome an. Pavlov und Mitarbeiter [558] erhielten mittels einer Monte-Carlo-Rechnung Verteilungen der Leerstellen und der Ionen für Bor, Aluminium, Phosphor und Arsen bei 20, 40 und 60 keV. Ihre Berechnung schließt elektronische Abbremsung ein, verwendet aber das unrealistische Bohr-Potential. Als Maß für die Strahlenschädenverteilung benützt Pavlov die Verteilung der erzeugten Leerstellen unter Annahme einer Versetzungsenergie von 30 keV.

Ein anderes Verfahren wendet Brice [101], [104] an, um ebenfalls die elektronische Wechselwirkung berücksichtigen zu können. Die Berechnung erfolgt in zwei Schritten. Zuerst wird die räumliche Verteilung der Ionen während des Abbremsens berechnet, d. h., man bestimmt die Verteilung der Ionen bei einer mittleren Energie E' zwischen ihrer Anfangsenergie E und 0. Aus der Lage der Ionen, der Kenntnis des Wirkungsquerschnittes und dem experimentell gemessenen Verhältnis von Ener-

30 2 Grundlagen der Ionenimplantation

gieabgabe in elektronische und atomare Prozesse läßt sich die räumliche Verteilung der Energie, die in atomaren Prozessen abgegeben wird, berechnen. Diese Arbeit beruht auf der Verwendung etwas verallgemeinerter LSS-Gleichungen [442]. Zur Berechnung verwendete Brice experimentelle Daten der Energieabgabe bei Stößen zwischen Siliciumatomen nach Sattler [620]. In Fig. 2.10 sind die Berechnungen

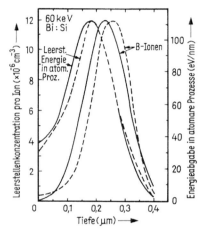

Fig. 2.10
Vergleich der Verteilung der Energieabgabe in atomare Prozesse nach Brice [101] mit der Monte-Carlo-Berechnung der Leerstellenkonzentration nach Pavlov [558] für jeweils 60 keV. Außerdem sind die Ionenverteilungen nach beiden Theorien angegeben. Durchgezogene Linien nach Brice [101], gestrichelte Linien nach Pavlov [558]

nach Brice und Pavlov für 60 keV B-Ionen in Silicium verglichen. Brice hat in [104] Kurven konstanter Energieabgabe in Kernstöße für eine ganze Reihe von Ionen über den Energiebereich von 20 bis 400 keV berechnet. In Fig. 2.11 ist

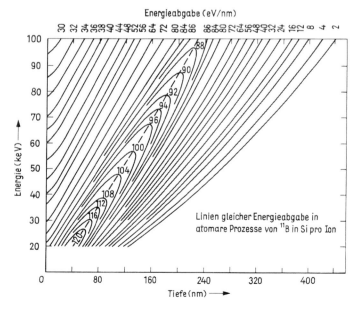

Fig. 2.11
Kurven konstanter Energieabgabe in atomare Prozesse pro Ion für Bor in Silicium nach Brice [104] in eV/nm

2.2 Strahlenschäden in Festkörpern 31

ein Beispiel dieser Ergebnisse für Bor aufgetragen. Eine waagrechte Linie durch die Anfangsenergie erlaubt das Ablesen der in Kernstößen abgegebenen Energie. Fig. 2.12 zeigt einige solche Profile für unterschiedliche Implantationsenergien von Bor in Silicium. Sowohl die Theorie von Pavlov als auch von Brice ergeben eine unsymmetrische Verteilung mit schwächerem Abfall der Strahlenschädenkonzentration zur Oberfläche hin. Die qualitative Übereinstimmung der Theorien ist gut.

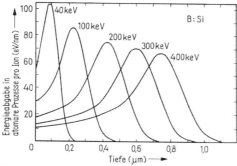

Fig. 2.12 Tiefenverteilung der Energieabgabe in atomare Prozesse für Bor in Silicium nach Brice [104]

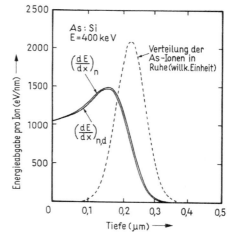

Fig. 2.13 Kurven der gesamten Energieabgabe und der Energieabgabe in Kernstöße für eine 60 keV Arsenimplantation in Silicium [739]

Tsurushima und Tanoue [739] entwickelten eine weitere Methode, die auch für Substanzen, die sich aus verschiedenen Atomen zusammensetzen, anwendbar ist. Um die Energieübertragung in Kernstöße zu berechnen, wird eine Energieverteilungsfunktion der eindringenden Ionen in einer gewissen Tiefe abgeleitet und zusammen mit einer Gewichtsfunktion integriert. Diese hängt ab vom Gesamtwirkungsquerschnitt für die Versetzung von Atomen und der mittleren Energieabgabe der Stöße, die Atome des Substratmaterials versetzen können. Mit Hilfe dieser Theorie lassen sich Verteilungen der Energieabgabe in Kernstöße $(dE/dx)_n$ und in atomare Versetzungen $(dE/dx)_{n,d}$ berechnen.

In Fig. 2.13 sind Beispiele der Energieabgabe $(dE/dx)_n$ und $(dE/dx)_{n,d}$ für Arsen in Silicium aufgetragen. Die Ergebnisse dieser Theorie sind in guter Übereinstimmung mit den Berechnungen von Brice, jedoch allgemeiner verwendbar. Leider werden im Gegensatz zu Brice keine vergleichbar umfangreichen Berechnungen mitgeteilt. Weitere Modelle und Theorien zu diesem Problemkreis wurden von Gibbons [287] sowie Furukawa und Ishiwara [266] veröffentlicht. Die qualitativen Ergebnisse stimmen mit den anderen zitierten Theorien überein. In letzter Zeit wurde festgestellt [79], daß in den zitierten Arbeiten die Verläufe zur Oberfläche hin die Energieabgabe in atomare Prozesse bzw. die Strahlenschädenverteilung nicht richtig wiedergegeben, da die rückgestreuten Ionen, die den Halbleiter wieder verlassen, nicht berücksichtigt wurden. Der Abfall zur Oberfläche hin sollte deshalb wesentlich stärker sein und die Energieabgabe hierbei an der Oberfläche durch 0 gehen. Eine experimentelle Bestätigung ist schwierig. Einmal können je nach Konzentration in der Wirkung unterschiedliche Defekte auftreten, zum anderen lassen sich nur relativ hohe Strahlenschädenkonzentrationen messen und das keinesfalls wie Ionenverteilungen über einige Zehnerpotenzen.

Die Anzahl versetzter Atome errechnet sich aus Energieabgabeverteilungen nach der modifizierten Kinchin-Pease-Formel Gl. (2.28) wenn man berücksichtigt, daß E_n das Integral über die Verteilungsfunktion der Energieabgabe in Kernstöße ist.

2.2.4 Bildung von amorphen Schichten

Wenn die Ionendosis und damit die Strahlenschädendichte genügend hoch ist, überlappen sich die Strahlenschädencluster, und es bildet sich eine amorphe Schicht aus. Mehrere Modelle wurden aufgestellt, um die Massen-, Temperatur- und Dosisabhängigkeit dieses Effektes abzuschätzen [7], [267], [513], [514], [737].

Die einfachste Annahme geht davon aus, daß alle Targetatome versetzt werden müssen, damit eine amorphe Schicht entsteht. Mit der Kinchin-Pease-Formel (Gl. (2.26)) für die Anzahl der versetzten Atome erhält man für die amorphisierende Dosis

$$N_{\square,a} = \frac{2E_d N}{(dE/dx)_n} \qquad (2.31)$$

N ist die atomare Dichte der Substratatome und $(dE/dx)_n$ die Energieabgabe in Kernstöße pro Wegeinheit. Gl. (2.31) unterschätzt die amorphisierende Dosis bei fast allen Ionen, da Ausheileffekte von Strahlenschäden während der Implantation, z. B. durch Ausdiffusion von Leerstellen und Stöße mit bereits versetzten Atomen nicht berücksichtigt werden. Morehead und Crowder [514] schlugen ein Modell vor, das die Ausdiffusion von Leerstellen abhängig von der Implantationstemperatur berücksichtigt. Sie erhielten

$$N_{\square,a} = N^\circ_{\square,a}(1 - \delta R N^{\circ\,2}_{\square,a})^{-2} \qquad (2.32)$$

$N^\circ_{\square,a}$ ist ein Ausdruck wie in Gl. (2.31), jedoch ohne den Faktor 2, und δR die Verkleinerung des Strahlenschädenclusters durch Ausdiffusion; es ist gegeben durch

$$\delta R = 2(D_v t)^{1/2} \qquad (2.33)$$

D_v ist die Diffusionskonstante von Leerstellen; t ist die Zeit, in der die Leerstellen diffundieren.

In Fig. 2.14 ist die Temperaturabhängigkeit der kritischen Dosis für Antimon,

Bor und Phosphor aufgetragen. Die experimentellen Werte wurden durch elektroparamagnetische Resonanz und Rückstreumessungen gewonnen [9], [162], [229], [572]. Für leichte Ionen wurde von Gibbons [7] vorgeschlagen, daß man eine

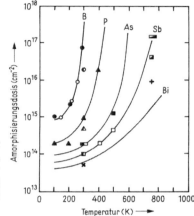

Fig. 2.14
Temperaturabhängigkeit der kritischen Dosis für die Amorphisierung von Silicium durch Bor, Arsen, Wismut, Antimon und Phosphor [514]. Experimentelle Werte von Crowder [162] (●,▲,■); Westmoreland [572], [766] (○,□); Mayer [9] (○,▲,□,■,✕); Eriksson [229] (◐,◪,+)

Überlappung der Cluster annehmen muß, um zu realistischen Ergebnissen zu kommen. Beim Vergleich von Messungen muß man beachten, daß je nach Meßmethode „amorph" etwas anderes bedeutet und die Abhängigkeit von der Stromdichte während der Implantation (Dosisrateneffekt) sowie das Ausheilen während und nach der Implantation bis zur Messung beträchtlich sein kann. Bei steigender Dosisrate sinkt die amorphe Dosis in den meisten Fällen.

2.3 Der Channeling-Effekt

Allen Reichweitetheorien in Festkörpern ist bis heute gemeinsam, daß sie ein amorphes, also vollständig ungeordnetes Target voraussetzen. Fast alle Halbleiter sind nun Einkristalle oder wenigstens kristallin. Es wird, da Kristalle stark anisotrope Eigenschaften besitzen, deshalb zu mehr oder minder starken Abweichungen von der theoretischen Profilgestalt kommen.

Aufgrund der symmetrischen Anordnung der Gitterbausteine im Einkristall können Ionen entlang niedrig indizierter Richtungen (z. B. $\langle 110 \rangle$, $\langle 111 \rangle$, $\langle 100 \rangle$ im Diamantgitter) und Ebenen tiefer in den Kristall eindringen. In diesen sogenannten Kanälen kommt es praktisch zu keinen Kernstößen, die Abbremsung erfolgt also nur elektronisch und die Reichweite ist proportional der Geschwindigkeit der Ionen. Die nach Gl. (2.17) berechneten Werte für die elektronische Abbremsung sind jedoch nicht verwendbar, da sie für ein amorphes Medium abgeleitet sind. Durch eine Modifikation des Ausdruckes für die elektronische Abbremsung Gl. (2.21) nach Firsov erhält man eine Beziehung für die Reichweite in Kanälen, die zwar die

34 2 Grundlagen der Ionenimplantation

Abhängigkeit von der Kanalgestalt richtig wiedergibt, die Reichweite jedoch um den Faktor 1,5 bis 2 überschätzt. Die Berücksichtigung von Oszillationen in gemessenen S_e-Werten [222] abhängig von Z_1, die einen großen Einfluß auf die Reichweite haben, wurde mittels einer Modifikation der Theorie von Firsov versucht [136], [223a], erscheint aber noch nicht vollständig gelungen [9]. Einen Vergleich zwischen experimentellen S_e-Werten in Kanälen abhängig von der Masse im Vergleich zu theoretischen Werten [136], [222] zeigt Fig. 2.15.

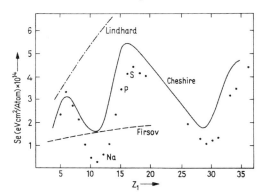

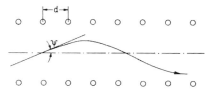

Fig. 2.16 Schematische Bahn eines Ions in einem Kanal mit $\psi < \psi_c$

Fig. 2.15 Vergleich experimenteller Werte von S_e nach Eisen [222] mit theoretischen Werten nach Cheshire und Mitarbeitern [136]. Zum Vergleich sind Werte von S_e nach LSS [442] und Firsov [242] angegeben

2.3.1 Kritischer Winkel

Der kritische Winkel, unter dem ein Ion in einen Kanal eintreten kann ohne ihn zu verlassen, ergibt sich nach Lindhard durch folgende Überlegungen: Man teilt die Energie des Ions in Komponenten senkrecht, $E_\perp$, und parallel, $E_\parallel$, zur Achse des Kanals. Solange die senkrechte Komponente kleiner als das abstoßende Potential $U(r)$ der Atomkette (Fig. 2.16) ist, bleibt das Ion im Kanal. Es gilt [440]

$$U(r) = \frac{Z_1 Z_2 q^2}{d} \ln\left[\left(\frac{Ca}{r}\right)^2 + 1\right] \qquad (2.34)$$

wobei d der Abstand der Atome in der Reihe ist, ($C \approx \sqrt{3}$) und der logarithmische Ausdruck eine Näherung des Thomas-Fermi-Potentials ist. Setzt man nun $E_\perp$ gleich $U(r)$, so kann man den minimalen Abstand Ion – Atomreihe ($r_{\min}$) berechnen:

$$E_\perp = E \sin^2 \psi = U(r_{\min}) \qquad (2.35)$$

Die Bedingung, daß ein Teilchen nicht zwischen zwei Atomen den Kanal verläßt, ist

$$r_{\min} = d \frac{v_\perp}{v_\parallel} = d \tan \psi \approx d\psi \qquad (2.36)$$

Setzt man nun Gl. (2.36) in Gl. (2.35) ein, so ergeben sich für den kritischen Winkel je nach Energie zwei Beziehungen

$$\psi_{c1} = \left(\frac{2Z_1 Z_1 q^2}{Ed}\right)^{1/2} \quad \text{für } E > \frac{2Z_1 Z_2 q^2}{a^2} \quad (2.37)$$

$$\psi_{c2} = \left(\psi_{c1} \frac{Ca}{\sqrt{2}d}\right)^{1/2} \quad \text{für } E < \frac{2Z_1 Z_2 q^2}{a^2} \quad (2.38)$$

Für den üblichen Energiebereich der Ionenimplantation trifft Gl. (2.38) zu. In Tab. 2.4 sind Werte des kritischen Winkels für Bor, Phosphor und Antimon in Silicium bei unterschiedlichen Energien angegeben.

Auch wenn man direkt in Kanalrichtung implantiert, wird bereits ein gewisser Anteil der Ionen an den Atomen der Oberfläche gestreut und das Profil hat einen „amorphen" Anteil. Weicht die Einfallsrichtung des Ionenstrahls um mehr als den kritischen Winkel von einer Kristallrichtung ab, so kann nur ein entsprechend kleiner Teil der Ionen in Kanäle eindringen. Ein minimaler Channeling-Effekt ergibt sich bei den Winkeln von 7 bis 10°. Bei größeren Winkeln kommt man bereits wieder in den Bereich von Kristallebenen.

Tab. 2.4 Kritische Winkel für Channeling von Bor, Phosphor und Antimon in Silicium [9]

Ion	Energie (keV)	kritischer Winkel (°) $\langle 100\rangle$	$\langle 110\rangle$	$\langle 111\rangle$
Bor	10	4,76	6,97	5,30
	100	2,67	3,47	2,98
	300	2,03	2,98	2,26
Phosphor	10	5,79	7,51	6,45
	100	3,26	4,22	3,63
	300	2,47	3,21	2,76
Antimon	10	6,95	9,01	7,74
	100	3,91	5,07	4,35
	300	2,97	3,84	3,31

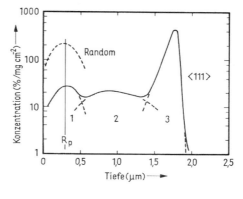

Fig. 2.17 Reichweiteverteilung von 500 keV ^{42}K-Ionen in Wolfram, implantiert bei 25 °C in $\langle 111\rangle$-Richtung; nach [228]

2.3.2 Channeling-Profile

Der Channeling-Effekt ist, wie eben gezeigt wurde, sehr stark richtungsabhängig. Außerdem hängt er noch ab von der Ionendosis, der Temperatur und von einer etwaigen Bedeckung mit einer amorphen Schicht. Im folgenden werden nur experimentelle Beispiele zu diesen Abhängigkeiten diskutiert, da theoretische Interpretationen wenn überhaupt, so nur rudimentär existieren. Ein sehr ausgeprägtes Profil ist in Fig. 2.17 dargestellt [228]. Es wurde durch Implantation von 500 keV ^{42}K-Ionen

36 2 Grundlagen der Ionenimplantation

in Wolfram hergestellt und soll dazu dienen, die drei Teile eines Channeling-Profils zu erläutern. Die Bereiche 1 und 3 entsprechen dem amorphen bzw. dem Channeling-Anteil des Profils; 3 wird durch einen steilen Abfall, der der Maximalreichweite entspricht, begrenzt. Bereich 2 wird durch Ionen gebildet, die während ihrer Abbremsung aus Kanälen herausgestreut werden, wahrscheinlich hauptsächlich durch Unregelmäßigkeiten des Kristallgitters. In Silicium ist die Messung solch ausgeprägter Profile bis jetzt nicht gelungen.

Die meisten Untersuchungen an Halbleitern wurden an phosphorimplantierten Siliciumschichten durchgeführt, die mittels der Radiotracer-Methode gemessen werden [183], um die ursprüngliche Ionenverteilung zu erhalten und Sekundäreffekte durch die Temperung zu vermeiden.

Fehlorientierung In Fig. 2.18 ist die Abhängigkeit des Channelingeffektes von der Fehlerorientierung bei phosphorimplantiertem Silicium aufgetragen. Die maximale Reichweite bleibt konstant und noch bei 8° Fehlorientierung ergibt sich ein starker Channelinganteil. Um den Channelingeffekt zu vermeiden, verkippt man im allgemeinen die Probe um 7 bis 10°. Wie man aus Fig. 2.18 und auch aus Tab. 2.4 sieht, reicht das nicht immer aus. Eine noch größere Fehlorientierung kann eine Streuung in höher indizierte Kanäle bewirken. Ein weiteres Beispiel, das zeigt, wie stark bereits geringe Fehlorientierungen das Channeling beeinflussen, zeigt Fig. 2.19. Hier wurde Phosphor bei 450 keV in $\langle 111 \rangle$-orientiertes Silicium implantiert.

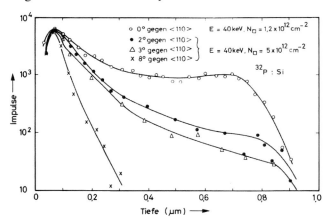
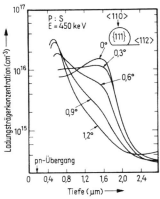

Fig. 2.18 Abhängigkeit des Channeling-Effektes von der Verkippung für 40 keV ^{32}P-Ionen in Silicium [183]

Fig. 2.19 Abhängigkeit des Channeling-Effektes von der Verkippung für eine 450 keV P-Implantation in $\langle 111 \rangle$-orientiertes Silicium [585]; gemessen mit der Kapazität-Spannung-Methode

Ionendosis Mit steigender Ionendosis werden immer mehr Strahlenschäden erzeugt und die Kanäle zerstört. Dadurch ändert sich im Prinzip nicht die Reichweite, sondern es verringert sich nur die Anzahl der Ionen in den Kanälen durch Streuung aus den Kanälen (Dechanneling). Ist die Dosis so groß, daß das Gefüge des Kristalls völlig zerstört wird (amorphisierende Dosis), so

2.3 Der Channeling-Effekt

fällt ab diesem Zeitpunkt der Channelingeffekt weg. In Fig. 2.20 ist dieser Zusammenhang für 40 keV Phosphorionen in Silicium angegeben. Der Einfluß der Strahlenschäden macht sich bereits bei relativ niedrigen Dosen bemerkbar. Die amorphe

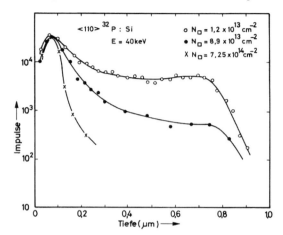

Fig. 2.20
Konzentrationsprofil von ^{32}P, implantiert in Silicium mit 40 keV entlang der $\langle 110 \rangle$-Richtung als Funktion der Dosis [183]

Dosis beträgt in diesem Fall 5×10^{14} cm^{-2} [9]. Auch bei der Dosis, die den Kristall amorph macht, zeigt sich ein Ausläufer, der durch Channeling vor Erreichen der Amorphisierung herrührt. Wird der Kristall vor der Implantation der Dotierungsatome durch die Implantation eines inerten Gases oder z. B. von Silicium (im Fall eines Silicium-Substrates) amorphisiert, so tritt überhaupt kein Channeling auf.

Temperatur Erhöht man die Implantationstemperatur, so treten zwei Effekte auf. Einmal heilen die Strahlenschäden ganz oder teilweise während der Implantation aus, wodurch ein geringerer Anteil der Ionen aus den Kanälen gestreut wird. Zum anderen nimmt die Amplitude der Gitterschwingungen zu und damit die Anzahl der an der Oberfläche gestreuten Ionen ("minimum yield"). Dieser gestreute Anteil χ der Ionen berechnet sich nach Lindhard [440] aus der atomaren Dichte N, dem Atomabstand d, dem Thomas-Fermi-Radius a und der mittleren Amplitude der Gitterschwingungen $\varrho_\perp$ zu

$$\chi = \pi N d (\varrho_\perp^2 + a^2) \tag{2.39}$$

Diese Effekte hängen ähnlich der spezifischen Wärme von der Debyetemperatur ab. Der Zusammenhang zwischen dem mittleren Quadrat der Schwingungsamplitude senkrecht zu einer Achse und der Temperatur ist [41a]

$$\varrho_\perp^2 = \frac{2}{3} \varrho^2 = \frac{2}{3} \left[\frac{9\hbar^2}{kM_2\Theta_D} \left(\frac{\varphi(x)}{x} + \frac{1}{4} \right) \right] \tag{2.40}$$

mit $x = \Theta_D/T$ und der Debyefunktion

38   2 Grundlagen der Ionenimplantation

$$\varphi(x) = \frac{1}{x} \int_0^x \frac{t\,dt}{e^t - 1} \tag{2.41}$$

In Fig. 2.21 sind als Beispiel Profile wiedergegeben, die durch Phosphorimplantation bei Raumtemperatur und 400°C in ⟨110⟩-orientiertes Silicium erhalten wurden. Die maximale Reichweite bleibt konstant, nur die Zahl der aus den Kanälen gestreuten Ionen nimmt zu. Den über einen weiten Bereich logarithmischen Abfall des Profils mißt man sehr oft, besonders bei Proben, die fehlorientiert wurden, um Channeling zu vermeiden. Eine Diskussion dieser Effekte anhand von Rückstreumessungen bringen Fujimoto und Mitarbeiter [264].

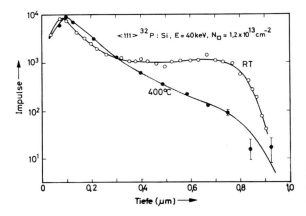

Fig. 2.21
Konzentrationsprofil von ^{32}P in ⟨111⟩-orientiertem Silicium, implantiert bei Raumtemperatur und 400°C [183]

Oxidbedeckung Ist ein Kristall mit einer amorphen Schicht (z. B. Oxid) bedeckt, so werden die Ionen, abhängig von ihrer Geschwindigkeit, gestreut und dadurch die Anzahl von Ionen, die in Kanäle eindringen können, verringert. Bei Moline [509] und Meyer [492] finden sich Ausdrücke für die Winkelverteilung von Ionen nach Mehrfachstreuung in dünnen Schichten und lassen zumindest qualitative Schlüsse auf die Reduzierung des Channeling-Effektes durch eine Oxidbedeckung zu. Bei kleinen Streuwinkeln Θ gilt für die Winkelverteilung

$$P(\Theta, d) = \frac{\alpha}{2\pi} [\Theta^2 + \alpha^2]^{-3/2} \tag{2.42}$$

mit $\alpha = 2\pi C N d$; $C = 0{,}33\ a^2/\varepsilon$; a ist der Fermiradius und ε die reduzierte Energie nach der LSS-Theorie, d ist die Dicke des Oxids.

Die Halbwertbreite der Winkelverteilung ist umgekehrt proportional der Energie und etwa proportional der Dicke der streuenden Schicht. Nach [509] entspricht bei 300 keV Phosphorionen einer Fehlorientierung von 2° eine SiO$_2$-Schicht von 12 nm, bei 100 keV dagegen von nur 4 nm. In Fig. 2.22 ist der experimentelle Zusammenhang zwischen Oxidbedeckung und Channeling für 300 keV Phosphorionen angegeben.

2.3 Der Channeling-Effekt

Völlig vermeiden läßt sich der Channelingeffekt jedoch weder durch Oxidbedeckung, noch durch Implantation bei erhöhten Temperaturen, noch durch eine Fehlorientierung zwischen Kristallachse und Ionenstrahl, sondern nur durch eine vorherige amorphisierende Implantation. Andererseits könnte man, da die Channelingreichwei-

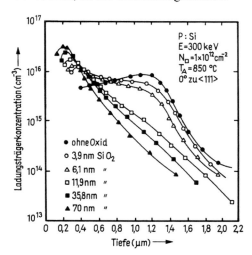

Fig. 2.22
Abhängigkeit des Channeling-Effektes von der Oxidbedeckung für 300 keV ^{31}P-Ionen in Silicium [509], gemessen mit der Kapazität-Spannung-Methode

te bis zu einem Faktor 10 größer als die amorphe Reichweite sein kann, diesen Effekt ausnützen, um tiefere Profile zu erzeugen. Nach Untersuchungen von Dearnaley [183] jedoch muß bei parallelem Strahl die Orientierung auf 0,1° genau sein, um reproduzierbare Ergebnisse zu erzielen. Außerdem bestehen noch ungeklärte Einflüsse durch unterschiedliche Kristallzuchtverfahren, so daß an eine Ausnützung des Channelingeffektes z. B. bei der Herstellung von Halbleiterbauelementen z. Zt. noch nicht gedacht werden kann.

3 Probleme bei der Implantation in reale Festkörper

In diesem Kapitel sollen ausführlich die Vorgänge im realen Festkörper während und nach der Implantation behandelt werden, wobei auch hier der Schwerpunkt bei Halbleitern liegt und deshalb nur die Implantation in Kristalle betrachtet wird. Die Implantation in amorphe oder polykristalline Festkörper wird nur dann gestreift, wenn bemerkenswerte Unterschiede auftreten.

Ionen kommen während des Implantationsvorganges auf regellosen Plätzen im Kristallgitter zur Ruhe; durch Kernstöße und Stoßkaskaden werden eine Vielzahl von Strahlenschäden und Versetzungen bis hin zur Ausbildung von amorphen Gebieten erzeugt. Durch eine geeignete Temperaturbehandlung (Temperung, Ausheilen) muß dafür gesorgt werden, daß das Kristallgitter restauriert wird und die implantierten Ionen auf elektrisch aktive Gitterplätze gebracht werden.

Bei implantierten Verteilungen treten eine Reihe von Abweichungen von der theoretischen Profilgestalt (im allgemeinen wird eine gaußsche Verteilung nach der LSS-Theorie [442] so bezeichnet) auf. Als Ursache für Abweichungen von der theoretischen Ionenverteilung muß man nach primären Effekten unterscheiden, die von Vernachlässigungen in der theoretischen Ableitung herrühren und nach Effekten, die während oder nach der Implantation entstehen und mit der Abbremsung der Ionen nichts zu tun haben. Zu der ersten Gruppe zählen die Vernachlässigung von Gliedern höherer Ordnung bei der theoretischen Ableitung nach LSS – dieser Effekt wurde bereits diskutiert – und die Annahme eines amorphen Mediums in allen theoretischen Behandlungen, obwohl die üblichen Halbleiter Germanium, Silicium, II-VI- und III-V-Verbindungen Einkristalle darstellen. Zur zweiten Gruppe zählen Effekte wie thermische Diffusion während des notwendigen Ausheilens oder während der Implantation, strahlungsbeschleunigte Diffusion, strahlenschädenbeschleunigte Diffusion, die Verhinderung von Diffusion durch Strahlenschäden, strahlenschädenabhängige elektrische Aktivierung und vielleicht andere, noch unbekannte Effekte. Nicht zu vernachlässigen sind im übrigen Einflüsse der Profilmessung, die zusätzlich eine Abweichung vom theoretischen Profil vortäuschen können. Diese Einflüsse werden ausführlich in Kapitel 5 diskutiert.

Zur Herstellung von Halbleiterbauelementen ist die Verwendung maskierender Schichten unumgänglich, wobei aus Gründen der Passivierung eine Implantation durch dünne Schichten vorteilhaft und unter Umständen sogar notwendig sein kann; Effekte, die damit im Zusammenhang stehen, werden ebenfalls im folgenden diskutiert.

3.1 Wirkung und Ausheilen von Strahlenschäden

Die Rekristallisation der durch die Implantation strahlengeschädigten Schichten ist ein Kernpunkt bei der Anwendung dieses Verfahrens zur Dotierung von Halbleitern. Ist sie nicht durchführbar, so ist die Implantation bis auf einige Spezialfälle (s. z. B. Kapitel 6, Abschn. 3.3) nicht anwendbar, da die Beweglichkeit und Ladungsträgerlebensdauer durch Defekte negativ beeinflußt werden. Deshalb wurde bereits bald nach den ersten Versuchen zur Dotierung von Halbleitern durch Implantation diese unerwünschte Defekterzeugung untersucht. Als meßtechnisches Verfahren hierfür hat sich bisher vor allem die Rutherford-Rückstreutechnik [174], [484] durchgesetzt, obwohl eine Vielzahl unterschiedlicher Verfahren geeignet ist, die Auswirkungen von Strahlenschäden quantitativ zu erfassen. Es seien nur die Elektron-Spin-Resonanz, paramagnetische Resonanz, elektronenmikroskopische Untersuchungen, Infrarotabsorption, optische Reflexion, Raman-Streuung, das Anätzen von Versetzungslinien, die Volumenänderung durch Strahlenschädigung und als indirekte Methode die elektrische Aktivierung implantierter Ionen erwähnt. Einen guten Überblick über alle physikalischen Methoden zur Bestimmung der Strahlenschädenkonzentration und der Ausbildung amorpher Schichten über das in diesen Rahmen darstellbare, bringen Mayer und Mitarbeiter [9].

Auch bei amorphen und polykristallinen Festkörpern treten nach der Implantation Strahlenschäden auf [215], [262]. Deren Wirkung ist jedoch noch schwieriger als bei Einkristallen zu erfassen, und man ist vorwiegend auf phänomenologische Beschreibungen angewiesen. Auch hier dient eine Temperung zur Wiederherstellung der ursprünglichen Struktur. Es gibt eine Reihe von Anwendungen, wo man auf die Wirkung von Strahlenschäden angewiesen ist, z. B. bei der Implantation von Lichtleitern in Glas und Quarz [700], bei der Kompensation von GaAs [210] oder der n-Dotierung von InSb [250] und bei den Veränderungen metallurgischer Eigenschaften. Für Halbleiteranwendungen jedoch sind bis auf wenige Ausnahmen Strahlenschäden unerwünschte Nebeneffekte der Ionenimplantation.

Zahlreiche Arbeiten befassen sich mit Strahlenschäden in Halbleitern und anderen Festkörpern, z. B. [154], [189], wie auch dieser Problemkreis Thema mehrerer Konferenzen in den letzten Jahren [365] war. Oft werden jedoch die Wirkungen der Strahlenschäden losgelöst von den elektrischen Eigenschaften, die bei Halbleitern am wichtigsten sind, betrachtet, und teilweise ist die Ionenimplantation nur das Mittel, Strahlenschäden gezielt herzustellen, um die Strahlenschäden per se zu untersuchen und nicht ihre Auswirkungen auf elektrische Parameter. Mit Strahlenschäden in Halbleitern beschäftigen sich in den letzten Jahren z. B. Arbeiten von Vook [749], Nelson [533], [535], Kimerling und Poate [409].

Mehrere Theorien, die in Kapitel 2 diskutiert wurden, behandeln die Energieabgabe in atomare Prozesse, aus der sich die Anzahl der versetzten Atome berechnen läßt. Obwohl praktisch nur die dort diskutierten elastischen Stöße Gitteratome versetzen, kann, wie von Picraux und Vook gezeigt wurde [571], der Einfluß der elektronischen Energieabgabe durch die Ladungsabhängigkeit des Ausheilens von Defekten wichtig sein. Durch eine Bestrahlung mit leichten Ionen ist eine Rekristallisation von amorphen Schichten möglich [535]; ob dieser Effekt nur auf Ionisation zurückzuführen ist, ist noch nicht geklärt. Im folgenden sollen nach der mehr grundlegenden Behandlung in Kapitel 2 einige praktische Aspekte der Erzeugung und des Ausheilens von Strahlenschäden betrachtet werden. Hierbei kann es nicht ausbleiben, daß es sich vielfach nur um die Wiedergabe von Experimenten ohne eine theoretische Erklärung handelt. Besonders trifft dies zu beim Übergang von nur leicht geschädigten Schichten, bei denen man z. B. durch Elektronspinresonanz-Experimente viele Defekte eindeutig identifizieren kann, zu Schichten, die so schwer geschädigt sind, daß sich eine amorphe Phase ausgebildet hat. Ebenso gilt diese Aussage für das Ausheilverhalten, seine Abhängigkeit von Temperatur, Kristallorientierung und Abdeckschichten, sowie den Einfluß von Ionisierung und anderen Effekten.

3.1.1 Erzeugung von Defekten

Zahlreiche grundlegende Experimente zur Defekterzeugung wurden bei tiefen Temperaturen mit niedrigen Implantationsdosen vorgenommen, um ein vorzeitiges Ausheilen zu vermeiden und die Defekte untersuchen zu können. Für praktische Anwendungen wird die Ionenimplantation jedoch bei Raumtemperatur oder höheren Temperaturen durchgeführt, auch sind die Dosen oft so hoch, daß einzelne Defekte nicht mehr identifiziert werden können und nur mehr integrierende Meßmethoden sinnvoll sind.

Einfache Defekte Bei niedrigen Dosen und im Vergleich zur Masse der Targetatome relativ leichten Ionen wird man vorwiegend einfache Defekte erhalten, bei Silicium z. B. u. a. (Brower und Beezhold [107]) Si-G7 (negativ geladene Doppelleerstelle, $V^=$), Si-S1 (neutraler Leerstellen-Sauerstoffkomplex, V-O), Pi-P3 (neutrale 4fach Leerstelle), Si-SL2 (negative 4fach Leerstelle). Leerstellen können in Silicium unterschiedliche Ladungszustände besitzen; gewöhnlich sind sie zweifach negativ in n-leitendem und neutral geladen in p-leitendem Material. Eine Vielzahl solcher einfachen Defekte konnte mittels Elektronspinresonanzmessungen (ESR), Messungen der paramagnetischen Resonanz (EPR) und anderer Methoden bei zahlreichen Halbleitern gefunden werden. Bei höheren Dosen ergeben sich komplexere Defekte und amorphe Zonen, die sich allmählich überlappen und schließlich eine amorphe Schicht bilden. In Fig. 3.1 sind Messungen der Veränderung des Brechungsindexes und der Absorption von Baranowa [55] für verschiedene Ionen in Silicium wiedergegeben, die die Sättigung der Bildung von Doppelleerstellen bei höheren Dosen und deren Abnahme während der Ausbildung von amorphen Schichten zeigt. Der Knick in den Kurven des Brechungsindexes zeigt den Beginn der Überlappung von amorphen Gebieten an. Bei schweren Ionen bilden sich bereits bei niedrigen Dosen komplizierte Defekte (Cluster), die nicht mehr durch einfache Modelle zu

3.1 Wirkung und Ausheilen von Strahlenschäden   43

beschreiben sind. Für SiO$_2$ haben EerNisse und Norris [214], [215] sehr ausführliche Untersuchungen durchgeführt. Die Strukturschäden durch Ionenbeschuß erklären sich als gebrochene Si-O Bindungen, die sich bei einer definierten Ausheilstufe bei 650 °C wieder ordnen. Bei SiO$_2$ werden Strukturdefekte nicht nur durch Kernstöße, sondern auch durch elektronische Abbremsung erzeugt. Außerdem entstehen durch Ionisation geladene Defekte [215].

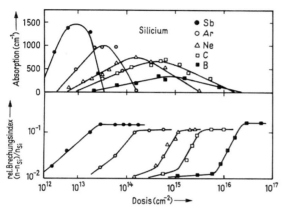

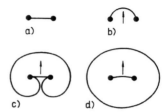

Fig. 3.2
Entstehung von Versetzungsschleifen nach dem Frank-Read-Mechanismus [253]. Der Pfeil zeigt die Bewegungsrichtung an

Fig. 3.1 Dosisabhängigkeit des Doppelleerstellenabsorptionskoeffizienten bei 1,8 µm und des Brechungsindexes bei 1,2 µm in Silicium, das bei 80 keV mit verschiedenen Ionenarten implantiert wurde [55]

Zusammengesetzte Defekte Bei hohen Implantationstemperaturen sind wesentlich höhere Dosen zur Erzeugung der gleichen Anzahl von Defekten nötig. Dies ist auf ein Ausheilen in situ wegen der meist höheren Beweglichkeit der Defekte zurückzuführen. Auch eine Wechselwirkung zwischen Defekten und Fremdatomen kann stattfinden. Bei Silicium ist die Bildung eines Defektes aus einer Leerstelle und einem Donator (E-Zentrum) nach der Implantation von Elementen der V. Gruppe wichtig [106]. Hirata und Mitarbeiter [335] stellten die Bedeutung einer Leerstelle mit zwei benachbarten substitutionellen Atomen der V. Gruppe fest. Es kann auch zu elektrischen Wechselwirkungen zwischen Defekten und Dotierungsatomen, z. B. zwischen negativ geladenen Leerstellen und positiv geladenen Atomen der V. Gruppe kommen. Diese Effekte haben nicht nur Einfluß auf die Defektkonzentration und ihr Ausheilverhalten, sondern können auch Diffusionseffekte beeinflussen.

Versetzungslinien und -schleifen können sich aus der Zusammenlagerung von einfachen Defekten bilden oder aus der Wirkung von Verspannungen infolge unausgeheilter Strahlenschäden resultieren. Ein wichtiger Typ ist die Frank-Read-Quelle [7], [253], die aus einer Linie einfacher Defekte (z. B. Leerstellen) besteht und begrenzt wird durch Fremdatome oder Strahlenschädencluster (Fig. 3.2a). Durch Spannungen kann sich die Versetzungslinie verbiegen und eine Versetzungsschleife bilden (Fig. 3.2b bis d). Diese Schleife kann unter dem Einfluß von Spannung weiter wachsen.

Durch die Ansammlung von Leerstellen oder Zwischengitteratomen können sich Versetzungsflächen entlang von Kristallebenen bilden, die sich durch Anlagerung weiterer Leerstellen oder Zwischengitteratome vergrößern oder durch Anlagerung von Fremdatomen absättigen. Hierdurch kann es zu einer Getterwirkung von Strahlenschäden kommen.

Einfluß der Dosisrate Implantiert man mit hoher Dosisrate (Stromdichte), so können zwei konkurrierende Effekte auftreten: Erwärmt sich die Probe durch die Ionenbestrahlung, so kann ein Teil der Strahlenschäden bereits in situ ausheilen; Messungen bei Silicium zeigen aber, daß auch schwer ausheilende Defekte zurückbleiben können [158]. Wird die Probe nicht erwärmt, so ergeben sich mit Erhöhung der Dosisrate meist größere Defektkonzentrationen [220], [730], [750]. In Fig. 3.3 ist ein Beispiel dafür nach Crowder [161] wiedergegeben. Es sind EPR-Spins abhängig von der Dosisrate für eine Dosis von 5×10^{15} cm^{-2} Borionen bei 200 keV aufgetragen.

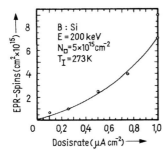

Fig. 3.3
Abhängigkeit der Strahlenschädigung von der Dosisrate für Borimplantationen in Silicium [161]. Implantationsenergie 200 keV, Dosis 5×10^{15} cm^{-2}

Der Unterschied in der Strahlenschädigung beträgt fast einen Faktor 10. Weitere Messungen dazu wurden von Picraux und Vook [570], [571] durchgeführt. Davies und Mitarbeiter [176] fanden, aufbauend auf Experimenten von Gyulai (Zit. in [176]) sowie von Müller und Ryssel [523], eine starke Abhängigkeit von der Energiedichte in der Stoßkaskade durch die Verwendung mehratomiger Molekülstrahlen. Eine sehr sorgfältige Studie führten Tinsley und Mitarbeiter [730] für indiumimplantiertes GaAs durch. Sie konnten ihre Ergebnisse durch ein Modell von Vook und Stein [750] erklären. Überdies schlossen sie aus ihren Messungen, daß GaAs bereits bei Raumtemperatur eine Ausheilstufe besitzt.

Amorphe Schichten Bei Implantation mit hohen Dosen ergeben sich, abhängig von der Masse der Ionen und der Implantationstemperatur, amorphe Schichten. In Kapitel 2, Abschn. 2 wurde bereits das Modell von Morehead und Crowder [514] diskutiert. Die Kriterien für den Grad der Strahlenschädigung bei Einkristallen sind abhängig von der Meßmethode. Je nach Meßverfahren ergibt sich deshalb ein anderer Wert der „amorphisierenden Dosis". Eine Diskussion dieser Probleme bringt Müller [517]. Meist wird als Kriterium für die Ausbildung einer amorphen Schicht in Einkristallen das „Anstoßen" des Channelingspektrums bei Rückstreumessungen (s. dazu Kapitel 5, Abschn. 8) an das Randomspektrum oder bei Silicium,

3.1 Wirkung und Ausheilen von Strahlenschäden   45

das Auftreten einer sehr steilen Ausheilstufe in der elektrischen Aktivierung bei 600°C verwendet. In Fig. 3.4 sind als Beispiel Rückstreuspektren dargestellt, die eine unterschiedliche Strahlenschädigung abhängig von der implantierten Dosis und damit von dem Grad der Strahlenschädigung zeigen.

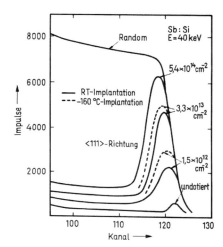

Fig. 3.4
Rückstreuspektren in Random- und Channeling-Richtung gemessen nach Sb-Implantation in Silicium mit 40 keV und unterschiedlicher Dosis bei Raumtemperatur und −160°C [572]

Die Struktur von amorphen Schichten ist noch weitgehend ungeklärt, jedoch ist zumindest bei tiefen Temperaturen (ca. < 125 K) die Ausbildung amorpher Schichten unabhängig von der Masse der implantierten Ionen, wenn der gleiche Anteil an Energie in atomare Prozesse abgegeben wird [749]. In Fig. 2.15 wurden bereits Werte der amorphen Dosis, abhängig von der Implantationstemperatur bei unterschiedlichen Ionen in Silicium, mitgeteilt. In Tab. 3.1 ist die Dosis angegeben, die zur Amorphisierung von Silicium, GaAs und GaP durch verschiedene Ionen bei Raumtemperatur notwendig ist. Bei hohen Implantationstemperaturen ($\gtrsim 600$°C bei Silicium, $\gtrsim 450$°C bei GaAs) kommt es nicht mehr zur Ausbildung von amorphen Schichten, jedoch können sich unter Umständen Defekte bilden, die die elektrischen Eigenschaften negativ beeinflussen [158]. Aus Tab. 3.1 sieht man, daß mit steigender Masse eine niedrigere Ionendosis zur Erzielung der Amorphisierung notwendig ist. Bei Implantation mit hohen Stromdichten können sich die Proben beträchtlich erwärmen und diese Dosis dadurch verkleinern. Charakteristisch für das Auftreten einer amorphen Schicht ist eine Verfärbung des Halbleiters. Während Silicium und GaAs heller werden (milky appearance), wird das orange GaP schwarz. Sehr einfach erkennt man das amorphe Gebiet durch Anhauchen oder Verbringen einer kalten Probe in feuchte Luft auf Grund der Kondensation von Wasserdampf. Diese Methode ist auch generell geeignet, implantierte Gebiete von unimplantierten Gebieten zu unterscheiden, und läßt sogar die Beurteilung der Homogenität der Implantation zu. Aus Gründen der Reinheit der Proben ist das Anhauchen jedoch nur in Ausnahmefällen zu empfehlen.

46   3 Probleme bei der Implantation in reale Festkörper

Tab. 3.1 Werte der amorphisierenden Dosis einiger Elemente in Silicium, GaAs und GaP bei Raumtemperatur

Halbleiter	Element	Masse des Hauptisotops	Dosis (cm^{-2})	Referenz
Si	B	11	8×10^{16}	[513]
	N	14	2×10^{15}	[187]
	Ne	20	10^{14}	[487a]
	Al	27	$\geqslant 5 \times 10^{14}$	[9]
	P	31	6×10^{14}	[513]
	Ar	40	4×10^{14}	[187]
	Ga	70	2×10^{14}	[513]
	As	75	2×10^{14}	[513]
	Kr	84	2×10^{14}	[187]
	Sb	122	10^{14}	[9]
	In	204	10^{14}	[9]
	Tl	204	5×10^{13}	[9]
	Bi	209	5×10^{13}	[9]
GaAs	C	12	10^{15}	[316]
	Si	28	2×10^{14}	[316]
	Zn	64	3×10^{13}	[767]
	Cd	114	3×10^{13}	[767]
GaP	Te	130	10^{14}	[325]

3.1.2 Veränderung von Materialeigenschaften

Durch die Erzeugung mehr oder minder komplizierter Defekte haben die Strahlenschäden sehr konkrete Auswirkungen auf verschiedene Materialparameter. Diese können erwünscht, kaum von Einfluß oder auch sehr nachteilig sein. Bei Halbleitern sind sie fast stets unerwünscht, da sie im allgemeinen die Beweglichkeit und die Lebensdauer der Minoritätsträger sehr stark reduzieren. Lediglich in einigen Ausnahmefällen sind ihre Auswirkungen erwünscht, so bei der Kompensation von GaAs und der n-Dotierung von InSb und einiger Bleichalkogenide (s. Kapitel 6 und 7). Bei der Anwendung auf Nichthalbleiter können die Wirkungen der Strahlenschäden zum Teil nutzbringend angewendet werden, z. B. bei der Oberflächenhärtung von Metallen, der Herstellung von Lichtleitern in Glas und Quarz durch Veränderung des Brechungsindizes. Im Rahmen dieses Abschnittes soll jedoch nur auf die wichtigsten Effekte und deren Wirkungen eingegangen werden.

Elektrische Eigenschaften Einen sehr großen Einfluß haben Strahlenschäden auf die elektrischen Eigenschaften von Halbleitern. Schon sehr geringe Implantationsdosen erniedrigen die Lebensdauer der Minoritätsträger beträchtlich, z. B. reduziert eine Borimplantation in Silicium bei 100 keV mit einer Dosis von 10^{12} cm^{-2}

3.1 Wirkung und Ausheilen von Strahlenschäden   47

die Lebensdauer unter 10^{-9} s [409]. Ebenfalls stark, wenn auch nicht in diesem Ausmaß, wird die Beweglichkeit der Ladungsträger beeinflußt. Nach Implantationen mit hohen Dosen (je nach Masse $>10^{13}$ bis 10^{14} cm^{-2}) liegt sie bei Silicium und GaAs niedriger als 1 cm^2/Vs. Die Ladungsträgerkonzentration nach der Implantation ist meist gering, da die Ionen teilweise an Defekten eingefangen, und daher elektrisch nicht aktiv sind. Ausnahmen bilden InSb und einige Chalkogenide, die sich durch Strahlenschäden n-dotieren lassen und auch eine ausreichend gute Beweglichkeit zeigen [250], [249]. Näheres dazu in Kapitel 6 und 7. Bei einigen anderen III-V-Halbleitern wie GaAs, GaP und Ga$_{1-x}$Al$_x$As wirken Strahlenschäden kompensierend, d. h., die Leitfähigkeit und die Beweglichkeit werden stark vermindert [210], [238]. Es sind spezifische Widerstände von 10^6 bis 10^9 Ωcm erreicht worden. Von den beiden zuletzt diskutierten Effekten, der n-Dotierung und der Kompensation einiger Halbleiter abgesehen, haben Strahlenschäden nur negative Auswirkungen auf die elektrischen Parameter von Halbleitern, so daß eine Temperung zum Ausheilen der Strahlenschäden nach der Implantation unbedingt notwendig ist.

Optische Eigenschaften Durch die Wirkung von Strahlenschäden verändert sich der Brechungsindex und damit das Reflexionsvermögen implantierter Halbleiter und Isolatoren. Der Brechungsindex erhöht sich mit der Dichte der Strahlenschäden (wenn nicht eine chemische Reaktion eine Rolle spielt) und Licht kann in einem implantierten Streifen weitergeleitet werden (Lichtleiter). Auf diese Art wurden bisher

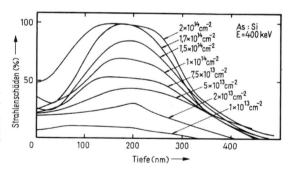

Fig. 3.5
Tiefenverteilung von Strahlenschäden in Silicium gemessen über den Reflexionsfaktor mit Hilfe einer Schichtabtragetechnik. Implantiert wurde Arsen bei 400 keV mit Dosen zwischen 10^{13} cm^{-2} und 2×10^{14} cm^{-2} [790]

in GaAs [279] und Quarz [700] Lichtleiter und andere optoelektronische Bauelemente hergestellt. Auch zu Meßzwecken kann dieser Effekt in Materialien, in denen er an sich unerwünscht ist, herangezogen werden. Durch Reflexionsmessungen verbunden mit einer Schichtabtragetechnik ist es bei Silicium z. B. möglich, Strahlenschädenprofile zu messen [790], ein Gebiet, das eigentlich die Domäne der Rückstreutechnik ist. In Fig. 3.5 ist ein Beispiel solcher Messungen an Silicium nach einer Implantation mit 400 keV Arsenionen bei unterschiedlichen Dosen wiedergegeben [790].

Volumenänderung Bei Implantationen mit hohen Dosen, die die Ausbildung von amorphen Schichten zur Folge haben, kommt es fast immer zu einer Veränderung des Volumens, insbesondere bei einkristallinen Halbleitern. Im allgemeinen ergibt sich eine Volumenzunahme (z. B. Silicium) aber auch eine Abnahme, also eine Vergrößerung der Dichte ist möglich (z. B. GaAs [261]). Die Volumenänderung läßt sich als Meßmethode für die Ausbildung von amorphen Schichten heranziehen [212], [720]. Die dadurch entstehenden Spannungen können so groß sein, daß sich das Substrat durchbiegt [489]. Dies wird besonders bei dünnen Proben für elektronenmikroskopische Untersuchungen beobachtet. Bei der Verwendung von Abdeckschichten, wie sie bei empfindlichen Halbleitern nötig ist (vgl. Abschn. 3 dieses Kapitels) kann dieser Effekt die Haftung beeinträchtigen. Bei extremen Hochdosisimplantationen ($>10^{17}$ cm^{-2}) kann es zur Blasenbildung und zu einem Abheben der Oberflächenschicht (Voids, Blistering) kommen.

Andere Materialeigenschaften Neben der Veränderung der bisher diskutierten Materialparameter als Folge von Strahlenschäden gibt es eine ganze Reihe weiterer Effekte, die auftreten können, wie z. B. die Passivierung gegen Oxidation (Metalle), Erhöhung oder Erniedrigung der Sprungtemperatur bei Supraleitern, Veränderung von elastischen Eigenschaften und Oberflächenhärtung von Festkörpern. Ein interessanter Punkt ist im Zusammenhang mit Halbleitern der Einfang von beweglichen und für die elektrischen Eigenschaften extrem schädlichen Natriumionen (bes. bei MOS-Transistoren) an Defektzentren in SiO_2 [260] und die Erhöhung der Ätzrate von SiO_2 [511]; s. Abb. 3.19.

3.1.3 Rekristallisation von Strahlenschäden

Durch geeignete Temperaturbehandlungen ist es fast immer möglich, die Anzahl der Strahlenschäden in Einkristallen zu reduzieren oder deren negative Auswirkungen weitgehend zu beseitigen. In einigen Fällen, ein Beispiel ist GaP [670], bildet sich jedoch eine stabile Phase, die nicht mehr durch Temperung rückgängig gemacht werden kann. Auch bei ursprünglich bereits amorphen Festkörpern dient eine Temperung zur Beseitigung unerwünschter Nebeneffekte. Wegen der Komplexität des letzteren Problemkreises und der geringen Bedeutung für Halbleiterbauelemente wird im weiteren nur noch auf Einkristalle eingegangen. Die vollständige Ausheilung von Strahlenschäden ist nicht leicht feststellbar. Ein Halbleiter zeigt auch mit einer relativ großen Anzahl von Versetzungen und Fehlstellen elektrische Parameter, die von denen perfekter Einkristalle nicht unterscheidbar sind. Dies trifft besonders für die Ladungsträgerkonzentration und die Beweglichkeit zu; ein wesentlich empfindlicheres Maß für Defekte ist die Minoritätsträgerlebensdauer. Auch in diesem Abschnitt werden vorwiegend experimentelle Befunde gegeben, ohne daß es im allgemeinen möglich wäre, konsistente Erklärungen anzubieten.

Temperaturabhängigkeit Einfache Defekte heilen bei niedrigen Temperaturen aus, in Silicium Leerstellen bei 70 K bzw. 150 K (doppelt negativ geladen bzw. neutral); Leerstellen-V.-Gruppe-Defekte (Zusammenlagerungen zwischen Leerstellen und Dotierungsatomen der V. Gruppe des Periodensystems) bei 400 bis 500 K und Leerstellen-III.-Gruppe-Defekte bei etwa 500 K. Doppelleerstellen sind wahrscheinlich bis

550 K stabil und bilden deshalb einen großen Teil der einfachen Defekte nach der Implantation von Ionen. Leerstellenanhäufungen wandeln sich wahrscheinlich bei 200 bis 300 K in Versetzungslinien um. Die Rekristallisation einer stark strahlengeschädigten oder amorphen Schicht geht im allgemeinen vom ungeschädigten Einkristall aus. In Fig. 3.6 sind Rückstreumessungen für zwei mit unterschiedlichen Dosen implantierte Proben in Silicium dargestellt. Beide Proben wurden bei 77 K implantiert. Nach der Implantation mit niedriger Dosis zeigt sich keine amorphe Schicht und alle Defekte sind bereits bei 600°C ausgeheilt. Bei der höheren Dosis hat sich eine amorphe Schicht ausgebildet. Bei steigender Ausheiltemperatur wird

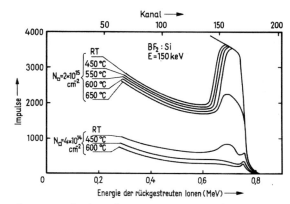

Fig. 3.6
Rekristallisation von amorphen Schichten ausgehend vom ungeschädigten Substrat nach BF$_2$-Implantationen mit 150 keV in Silicium [10]

zunächst das amorphe Gebiet schmäler – es findet eine sogenannte epitaktische Rekristallisation ausgehend vom einkristallinen Substrat statt – bis schließlich auch die Höhe der amorphen Verteilung abnimmt. Bei höheren Temperaturen erhält man die gleichen Rückstreuspektren wie bei einem ungeschädigten Kristall. Dazu sind bei Silicium meist Temperaturen zwischen 600°C und 1000°C notwendig. Gleiche Temperaturen sind zur Rekristallisation aufgedampfter Schichten nötig. Der Übergang zwischen amorpher und einkristalliner Schicht ist nicht abrupt und besitzt eine große Versetzungsdichte. Während der epitaktischen Rekristallisation können deshalb aus diesem Gebiet mit hoher Strahlenschädendichte Defekte in das rekristallisierte Gebiet und den ungestörten Kristall wandern.

Wurde mit hoher Energie (MeV-Bereich) implantiert, so sind die Strahlenschäden isoliert im Halbleiterinneren verteilt, während die Oberfläche ungeschädigt ist. Der Grund dafür ist die geringe Abbremsung durch Kernstöße bei hohen Energien. Erst wenn die Energie durch elektronische Abbremsung abgenommen hat (vgl. Fig. 2.1) kommt es im Halbleiterinneren zu zahlreichen Kernstößen, die Strahlenschäden erzeugen. Während des Temperns erfolgt eine epitaktische Rekristallisation von der ungeschädigten Oberfläche und dem ungeschädigten Substrat aus, die unkorreliert ist und deshalb nicht in einem perfekt rekristallisierten Kristall resultiert. Bessere Voraussetzungen sind vorhanden, wenn sich die amorphe Schicht bis zur Oberfläche erstreckt. Die Rekristallisation kann dann am einkristallinen Substrat beginnen (s. Fig. 3.6) und sich bis zur Oberfläche fortsetzen.

Wurde mit einer Dosis implantiert, die kein amorphes Gebiet, sondern nur eine Vielzahl von Defekten und Strahlenschädenclustern erzeugt, so kann die Rekristallisation unter Umständen einen wesentlich höheren Energieaufwand erfordern als in einem vollständig ungeordneten, amorphen Material und damit auch erst bei höheren Temperaturen eine vollständige Restaurierung des Gitters möglich sein. Auf der anderen Seite ist bei ganz niedrigen Implantationsdosen die Wirkung der Strahlenschäden gegenüber der dotierenden Wirkung (Ladungsträgerkonzentration, Beweglichkeit) vernachlässigbar oder nach einer Temperung bei niedrigen Temperaturen (bei Silicium 400 bis 500 °C) leicht zu beseitigen.

Versetzungslinien und -schleifen, die sich aus einfachen Defekten oder als Folge der Ausheilung komplizierter Defekte gebildet haben, heilen erst bei extrem hohen Temperaturen vollständig aus (bei Silicium > 1000 °C) und sind deshalb von besonderer Bedeutung.

Die in diesem Abschnitt gebrachte vereinfachte Darstellung ist nicht allgemein anwendbar. Sie gilt meist recht gut für Elementhalbleiter wie Silicium und Germanium, versagt aber teilweise oder überhaupt bei Verbindungshalbleitern z. B. aus Verbindungen der III. und V. Gruppe des Periodensystems. Die Ursache liegt wohl zu einem großen Teil darin, daß bei Verbindungshalbleitern nicht nur eine Komponente auf einen geeigneten Gitterplatz gebracht werden muß, sondern zwei oder bei komplexeren Verbindungen auch mehr.

Aber auch bei Silicium gelten diese einfachen Betrachtungen nur, solange man nicht empfindliche Meßmethoden wie z. B. Messen von Leckströmen an pn-Übergängen, Lebensdauermessungen oder das Anätzen von Versetzungen heranzieht. Deswegen werden in den folgenden Abschnitten eine Reihe von Beispielen gebracht, ohne daß versucht werden soll, ein gemeinsames Schema für das unterschiedliche Ausheilverhalten der Schichten zu finden.

Einfluß der implantierten Ionen Auch die implantierten Ionen können einen starken Einfluß auf das Rekristallisationsverhalten haben. Dies ist nicht erstaunlich, wenn man sich die relativ hohe Konzentration vor Augen führt, die zur Erzeugung schwer geschädigter oder amorpher Gebiete nötig ist. Ihr Einfluß kann vor allem zurückzuführen sein auf:

a) Segregation an der Aufwachsgrenze, was zu unregelmäßigem Wachstum führen kann,

b) Ausscheidungen und Bildung weiterer Phasen (chemische Verbindungen),

c) Atomradius.

Diese Punkte und besonders der letzte Punkt sind nicht nur wichtig für die Rekristallisation des geschädigten Gitters, sondern auch für den Einbau der implantierten Ionen auf Gitterplätzen, was für die halbleitertechnische Anwendung Voraussetzung ist. Ein Beispiel, bei dem man die Abhängigkeit des Ausheilens von der Ionart besonders gut sieht, ist das sog. rückläufige Ausheilen von implantiertem Bor in Silicium bei mittleren Dosen, das in Abschn. 2 dieses Kapitels, der sich mit der

3.1 Wirkung und Ausheilen von Strahlenschäden

elektrischen Aktivierung implantierter Ionen befaßt, diskutiert wird. Bei sehr hohen Implantationsdosen kann die Überschreitung der Löslichkeitsgrenze bzw. die Bildung chemischer Verbindungen das Ausheilen von Strahlenschäden unter Umständen vollständig verhindern. So bildet sich z. B. durch eine Hochdosisimplantation von Stickstoff in Silicium eine Siliciumnitridschicht (Si_3N_4), die amorph bleibt, während bei niedrigen Stickstoffdosen der Stickstoff als Donator auf Gitterplätzen [797] unter vollständiger Rekristallisierung des Gitters eingebaut wird.

Durch Elektronspinresonanzmessungen wurde die Natur zahlreicher zusammengesetzter Defekte geklärt und ihr Ausheilverhalten gemessen. In Fig. 3.7 ist eine Zusammmenstellung verschiedener Meßergebnisse nach Vook [749] wiedergegeben. Das Auftreten dieser Defekte und ihr Ausheilen bei relativ tiefen Temperaturen ist nur nach Implantationen mit niedrigen Dosen beobachtbar. Bei Schichten, die durch die Implantation amorph gemacht wurden, zeigt sich ein Ausheilverhalten, das durch die Rekristallisation der Schicht und nicht die Ausheilung oder Reorientierung einzelner Defekte charakterisiert ist.

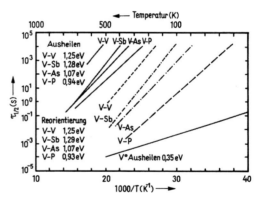

Fig. 3.7
Charakteristische Erholungszeiten verschiedener Defekte in Silicium auf 50% abhängig von der reziproken Temperatur. Ausheilen von E-Zentren nach Hirata [335], Reorientierung nach Elkin und Watkins [224]. Die Werte für Doppelleerstellen sind von Cheng und Mitarbeitern [134], für Leerstellen von Watkins [760] (nach Vook [749])

Systematische Untersuchungen der Abhängigkeit des Ausheilverhaltens geschädigter Schichten bzw. des Einbaus implantierter Ionen auf Gitterplätze vom Ionenradius wurden bisher nicht durchgeführt. Es ist jedoch wahrscheinlich, daß gut passende Ionen während der Rekristallisation ohne Aufwendung zusätzlicher Energie in das Kristallgitter eingebaut werden.

Orientierungsabhängigkeit In letzter Zeit wurde gefunden, daß die Rekristallisation auch von der Gitterorientierung abhängen kann [163], [165], [516]. In Fig. 3.8 ist das Ausheilverhalten von ⟨100⟩- und ⟨111⟩-orientiertem Silicium verglichen. Um zusätzliche Effekte durch die implantierte Ionenart zu vermeiden, wurde Silicium implantiert. Die Rückstreumessungen zeigen deutlich eine raschere Rekristallisation der ⟨100⟩-orientierten Schichten als im Fall der ⟨111⟩-Orientierung. Überdies tritt im letzteren Fall während des Ausheilens ein zweites Maximum in der Verteilung der Defekte an der Grenze zwischen ungeschädigtem Substrat und der ehemals amorphen Schicht auf. Die Aufwachsrate bei 550°C beträgt 8 nm/min in ⟨100⟩-orien-

52   3 Probleme bei der Implantation in reale Festkörper

tierten Kristallen, bei ⟨110⟩-Orientierung ist sie etwa 2,5 nm/min; die Aktivierungsenergie des Prozesses liegt in beiden Fällen bei 2,3 ± 0,1 eV. Ein weiteres Beispiel für eine Temperung bei 950 °C nach der Implantation von Bor ist in Fig. 3.9 wiedergegeben [164]. Hier zeigt sich zwar kein zweites Maximum in der Defektverteilung, aber ebenso eine wesentlich schlechtere Kristallinität in ⟨111⟩-Richtung. Dies

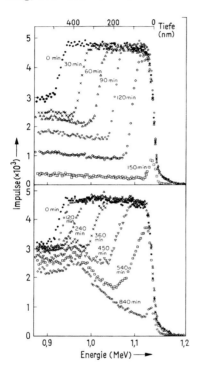

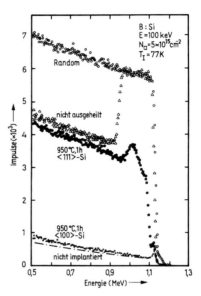

Fig. 3.9
Random- und Channeling-Spektren von 2 MeV He-Ionen von ⟨100⟩- und ⟨111⟩-orientiertem Silicium nach der Implantation von Bor (100 keV, 5×10^{15} cm^{-2}) [164] und Temperung bei 950 °C für 1 h

Fig. 3.8
Channeling-Spektren von Siliciumproben nach einer Siliciumimplantation mit 8×10^{15} cm^{-2} bei 50 und 250 keV und 77 K, Vortemperung bei 400 °C für 60 min und Temperung bei 550 °C für unterschiedliche Zeiten. Der obere Teil zeigt das Ausheilverhalten einer ⟨100⟩-, der untere Teil einer ⟨111⟩-orientierten Probe [165]

könnte auf eine geringe Fehlorientierung der rekristallisierten Schichten in Bezug auf das Substrat zurückzuführen sein. Die Ursache dieser Effekte ist noch weitgehend ungeklärt, obwohl man unterschiedliches Aufwachsverhalten bei der Epitaxie von Halbleitern kennt. Für andere Halbleiter sind entsprechende Experimente nicht bekannt, es ist aber zu vermuten, daß sehr ähnliche Effekte auftreten.
Bei ⟨111⟩-orientiertem Silicium wurde außerdem eine starke Abhängigkeit des Ausheilverhaltens von der thermischen Vorgeschichte gefunden. Werden arsen- oder borimplantierte Proben nacheinander bei höheren Temperaturen getempert,

3.1 Wirkung und Ausheilen von Strahlenschäden 53

so ergibt sich eine stetige Abnahme der Defektkonzentration. Werden die Proben jedoch direkt bei Temperaturen zwischen 550 °C und 950 °C ausgeheilt, so ergibt sich eine höhere Defektkonzentration [164]. Durch eine Vorausheilung bei 550 °C läßt sich diese erhöhte Strahlenschädenkonzentration vollständig vermeiden. In Fig. 3.10a bis c sind diese drei Fälle am Beispiel einer Arsenimplantation dargestellt.

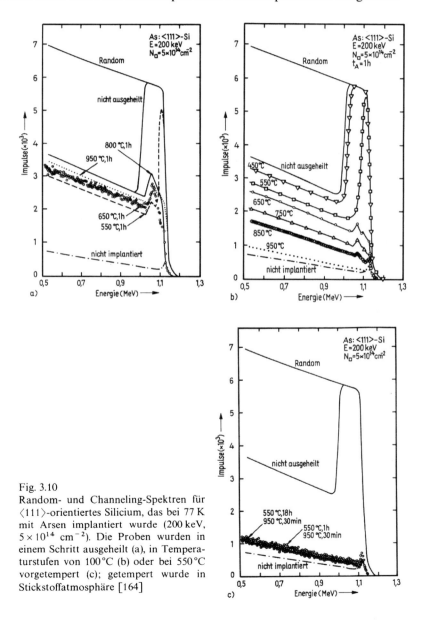

Fig. 3.10
Random- und Channeling-Spektren für ⟨111⟩-orientiertes Silicium, das bei 77 K mit Arsen implantiert wurde (200 keV, 5×10^{14} cm^{-2}). Die Proben wurden in einem Schritt ausgeheilt (a), in Temperaturstufen von 100 °C (b) oder bei 550 °C vorgetempert (c); getempert wurde in Stickstoffatmosphäre [164]

54   3 Probleme bei der Implantation in reale Festkörper

Einfluß von Abdeckschichten In der Halbleitertechnologie wird oft in oxidierender Atmosphäre nach einer vorausgehenden Vorbelegung diffundiert. Auch bei implantierten Schichten wird dieses Verfahren vielfach angewendet, um gleichzeitig mit der Temperung eine maskierende Schicht für den nächsten technologischen Schritt zu erhalten. Experimente mit Temperaturen phosphorimplantierter Schichten in oxidierender und inerter Atmosphäre haben gezeigt, daß im ersteren Fall Versetzungslinien, die von der amorphen oberflächlichen Schicht ausgehen, während der Temperung tief (bis zu einem µm) in den Halbleiter hineinwachsen. Tempert man hingegen inert, so erstrecken sich die Versetzungen nur wenige 100 nm in das Kristallinnere. Einwirkungen auf Transistorparameter (diese Untersuchungen wurden im Rahmen der Entwicklung von Hochfrequenztransistoren durchgeführt) konnten nicht gefunden werden. Prussin und Fern [579], [580] führten eine ähnliche Untersuchung an borimplantierten Halbleiterstrukturen durch, die inert bzw. oxidierend getempert wurden. Die Versetzungsdichte wurde durch Anätzen und anschließende Beobachtung im Elektronenmikroskop festgestellt. Ein charakteristisches Bild einer Siliciumstruktur bei 100 keV mit einer Bor-Dosis von $1,2 \times 10^{15}$ cm^{-2} implantiert und anschließend oxidierend getempert, ist in Fig. 3.11 wiedergegeben. Der obere Teil der Probe war gegen den Ionenstrahl vollständig maskiert. Deutlich sieht man

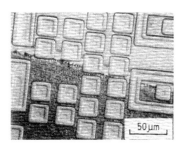
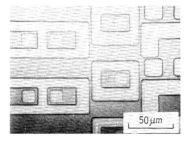

Fig. 3.11
Versetzungen nach oxidierender Temperung (15 min feucht N$_2$, 30 min trocken N$_2$ bei 1140°C) nach einer Borimplantation mit $1,2 \times 10^{15}$ cm^{-2} bei 30 keV. Die Probe wurde 15 s mit einer Sirtl-Ätze geätzt. Der obere Teil der Probe war gegen den Ionenstrahl maskiert [579]

Fig. 3.12
Integrierte Schaltung implantiert mit Bor wie die Schaltung in Fig. 3.11, aber zunächst inert getempert (15 min N$_2$, 15 min N$_2$ feucht, 15 min N$_2$). Es zeigen sich keine Versetzungen nach der Sirtl-Ätzung [579]

die zahlreichen angeätzten Versetzungen, die die elektrischen Eigenschaften der pn-Übergänge extrem verschlechtern. Ein anderes Bild ergibt sich, wenn die Proben zuerst inert getempert wurden. Fig. 3.12 zeigt ein entsprechendes Beispiel. Es sind keine Versetzungen mehr zu beobachten. Diese zwei Beispiele zeigen klar, daß für Silicium eine inerte Vortemperung vor einer oxidierenden Temperung oder Nachdiffusion in einer wesentlich besseren Kristallqualität resultiert. Ursache hierfür könnte sein, daß Spannungen, die während der Rekristallisation der gestörten Schicht entstehen, wegen der Oxidschicht nur in Form von Versetzungen frei werden können. Zum Sichtbarmachen der Versetzungen eignet sich die Sirtl-Ätze [689]. Ihre Zusammensetzung ist 120 cm³ HF, 100 cm³ H_2O, 50 g Cr_2O_3, die Ätzzeit beträgt ca. 15 bis 30 s.

Defekte in getemperten Schichten Im letzten Absatz wurde bereits angedeutet, daß nach der Temperung implantierter Schichten, auch wenn man in diesem Zusammenhang oft von epitaktischer Rekristallisation spricht, zahlreiche Defekte zurückbleiben bzw. sich erst während des Temperns bilden. Bei diesen Defekten handelt es sich um verschiedene Arten von Versetzungen und Stapelfehlern. Übliche Verfahren zur Bestimmung von Strahlenschäden wie die Rückstreutechnik und die Elektronspinresonanz versagen bei der Bestimmung dieser Defekte im allgemeinen. Im ersten Fall wegen der zu niedrigen Konzentration, im zweiten Fall wegen der Absättigung der Spins nach Temperungen bei hoher Temperatur. Versetzungen können sich bei Halbleiterbauelementen durch erhöhte Sperrströme und niedrige Durchbruchspannungen bemerkbar machen und insbesondere die Lebensdauer der Minoritätsladungsträger beeinflussen. Besonders, wenn weitere technologische Schritte, z. B. Diffusion oder Epitaxie folgen, sind Versetzungen nicht tolerierbar. Eingehende Untersuchungen zum Wachstum epitaktischer Schichten auf arsenimplantiertem Silicium wurden von Moline und Mitarbeitern [508] durchgeführt. Bei Implantationsdosen bis zu 10^{14} cm^{-2} ließen sich nach einer Temperung bei 1000°C für 20 min sehr gute epitaktische Schichten abscheiden. In diesem Dosisbereich erhält man bei Raumtemperaturimplantation keine amorphe Schicht. Bei höheren Dosen bis 10^{16} cm^{-2} ergaben sich nur dann gute epitaktische Schichten, wenn die Implantation bei 500 bis 600°C durchgeführt und die Ausbildung einer amorphen Schicht vermieden wurde. Bei Implantationen bei Raumtemperatur war es nötig, in oxidierender Atmosphäre zu tempern, um die geschädigte Schicht aufzuoxidieren und anschließend vor der Epitaxie eine HCl-Ätzung vorzunehmen. Im ersten Prozeß wurden 0,15 µm Silicium, im zweiten mindestens 0,2 µm Silicium abgetragen. Diese Ergebnisse liegen zum Teil im Widerspruch zu den oben zitierten Resultaten. Man sieht daraus, daß das Ausheilverhalten für jede Ionenart gesondert betrachtet werden muß. Jedoch auch im Fall von Arsen ist eine inerte Vortemperung mit anschließender Oxidation vorteilhaft, da man anschließend ebenfalls gute Epitaxieschichten abscheiden kann und gleichzeitig eventuell schädliche Effekte auf Grund des Schneepflugeffektes (s. Abschn. 3.8.3) bei hohen Arsenkonzentrationen vermeidet. Weitere Beispiele sind in Kapitel 6 bei den jeweiligen Ionenarten angegeben.

Auf stark geschädigten Halbleitern kann das Aufwachsen von epitaktischen Schichten im Extremfall polykristallin erfolgen. Es sind Untersuchungen im Gange, diesen Effekt auszunützen und ein polykristallines Aufwachsen auf implantierten, amorphen Gebieten zu erzielen. Ziel wäre die Verwendung selektiver polykristalliner Gebiete zur Isolierung von integrierten Schaltungen oder die Ausnutzung eines hohen Diffusionskoeffizienten in polykristallinen Schichten, z. B. für die Herstellung von Subkollektoranschlußdiffusionen gleichzeitig mit der Emitterdiffusion bei integrierten Schaltungen. Das amorphe Gebiet darf natürlich auch während des Epitaxieprozesses nicht rekristallisieren. Deshalb kommen für die Implantation nur solche Ionen in Frage, die eine bei der Epitaxietemperatur permanente Strahlenschädigung erzeugen. Geeignet erscheinen z. B. Argon und eventuell Silicium.

3.2 Elektrische Aktivierung implantierter Ionen

Neben der Rekristallisation des Gitters soll die Temperung auch der elektrischen Aktivierung der implantierten Ionen dienen. Dieser Vorgang kann gleichzeitig mit der Rekristallisation stattfinden, z. B. wenn der Ionenradius der Dotierungsatome sehr ähnlich dem der Wirtsgitteratome ist, oder auch zusätzliche Energie erfordert, wie es z. B. bei der Implantation in GaAs der Fall ist. Hier zeigen Rückstreumessungen nach einer Temperung bei 500°C bereits keine Strahlenschäden mehr, dennoch sind im allgemeinen Temperaturen von mehr als 700°C zur elektrischen Aktivierung der implantierten Ionen notwendig.

Für die elektrische Aktivierung der implantierten Ionen, d. h. ihren Einbau auf Gitterplätzen, lassen sich keine generellen Regeln aufstellen. Man ist grundsätzlich auf die meßtechnische Untersuchung der gewünschten Ion-Substrat-Kombination angewiesen, um die exakte Temperaturabhängigkeit der Aktivierung festzustellen. Im ganz großen Rahmen sind Vorhersagen möglich, z. B. der Art, daß nach einer ausreichend langen Temperung bei 900°C in Silicium alle aktivierbaren Ionen bereits aktiviert sind; das Verhalten bei niedrigen Temperaturen kann jedoch völlig unterschiedlich sein.

Ein wesentlicher Parameter bei Temperprozessen zur Aktivierung oder Rekristallisation ist neben der Temperatur die Zeit. Dies muß man unbedingt beachten, wenn man Meßergebnisse aus verschiedenen Laboratorien vergleicht. Übliche Temperzeiten bewegen sich zwischen 10 min und 30 min. Sie richten sich hauptsächlich nach der experimentellen Anordnung und sind nach unten durch die Aufheizzeit der Proben begrenzt. Da die elektrische Aktivierung ein thermodynamischer Vorgang ist, kann man in gewissen Grenzen die Ausheiltemperatur durch die Zeit ersetzen. Praktisch wählt man jedoch – von grundlegenden Untersuchungen einmal abgesehen – eine Temperatur, die es erlaubt, mit den oben angegebenen Zeiten auszukommen. Längere Zeiten werden verwendet, wenn neben der Aktivierung der Ionen eine Eindiffusion beabsichtigt wird. Die elektrische Aktivierung wird im allgemeinen mittels Halleffekt- und Schichtwiderstandsmessungen oder einfacher, mittels Vierspitzenmessungen festgestellt (s. Kapitel 5). Man gewinnt dadurch Informationen über die effektive Schichtladungsträgerkonzentration $N_{S,eff}$ und der effektiven Schichtbeweglichkeit $\mu_{S,eff}$ bzw. den Schichtwiderstand ϱ_S. Weitere wichtige Halbleiterkenngrößen wie die Trägerlebensdauer, werden meist außer acht gelassen und ihr Einfluß nur indirekt bei Bauelementuntersuchungen festgestellt. Das Ausheilverhalten implantierter Schichten ist meist stark abhängig von der Implantationsdosis. Mit steigender Dosis und damit mit steigender Strahlenschädenkonzentration

3.2 Elektrische Aktivierung implantierter Ionen

sind häufig höhere Ausheiltemperaturen nötig, um eine bestimmte elektrische Aktivierung zu erzielen. Bei sehr hohen Dosen jedoch, bei denen der Kristall amorph wird (über Dosis-, Dosisraten- und Temperaturabhängigkeit der amorphisierenden Dosis s. z. B. Müller [517]) ist eine relativ niedrige Temperatur (bei Silicium 500 bis 650 °C) ausreichend, um fast vollständige elektrische Aktivierung zu erzielen, da die Ionen im amorphen Gebiet, das bei Temperaturen zwischen 500 °C und 650 °C rekristallisiert, während dieses quasiepitaktischen Aufwachsens in das Gitter eingebaut werden, ohne daß ein wesentlicher zusätzlicher Energiebedarf, der nur durch die unterschiedlichen Ionenradien der Dotierungsatome und der Wirtsgitteratome verursacht werden könnte, besteht. Erst bei Temperaturen von 900 bis 1000 °C (in Silicium) werden alle Ionen unabhängig von der Dosis elektrisch aktiv, sofern die Löslichkeit nicht überschritten wird oder die Konzentration im Bereich der Zustandsdichte liegt (Anwendung der Fermistatistik). Bei einer Implantation mit amorpher Dosis oder nach einer vorhergehenden amorphisierenden Implantation durchläuft man nun alle oben diskutierten „Dosisbereiche", wenn man das Dotierungsprofil von der Halbleiteroberfläche ins -innere betrachtet. Die Ergebnisse entsprechender Untersuchungen lassen vermuten, daß unterschiedliche Aktivierungsmechanismen mit verschiedenen Aktivierungsenergien eine Rolle spielen.

Während des Ausheilens können verschiedene Effekte auftreten. Neben dem einfachen, temperaturabhängigen Einbau der implantierten Ionen mit einer bestimmten Aktivierungsenergie können Komplexe der unterschiedlichsten Gestalt als Zwischenstufen (oder Endstufen) gebildet werden. Fast grundsätzlich ist man bei der Implantation auf Mutmaßungen angewiesen, da die mikroskopische Struktur uns nur in wenigen Fällen, z. B. durch Elektronenspin-Resonanz-Messungen, zugänglich ist.

3.2.1 Isochronales Ausheilen

Als Beispiel für ein komplexes Ausheilverfahren sei Bor in Silicium gewählt (Fig. 3.13). Bei niedrigen Dosen zeigt sich ein langsamer Anstieg der elektrischen Aktivierung mit der Temperatur. Steigt die Implantationsdosis, so bildet sich bei ca.

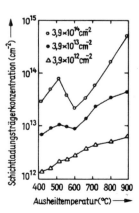

Fig. 3.13
Isochronales Ausheilen von borimplantierten Schichten [762a]. Ausheilzeit 30 min

58   3 Probleme bei der Implantation in reale Festkörper

3×10^{13} cm^{-2} ein Sattel aus, der in ein rückläufiges Ausheilverhalten der Flächenladungsträgerkonzentration übergeht. Dies wurde von Blamires [81] als Paarbildung von Borionen erklärt. Diese Paare dissoziieren bei höheren Temperaturen wieder und werden einzeln in das Kristallgitter eingebaut. Implantiert man in eine amorphe Schicht bzw. mit einer so hohen Dosis, daß eine amorphe Schicht entsteht (bei Bor praktisch nur durch Implantation bei tiefen Temperaturen möglich), so zeigt sich ein steiler Anstieg der elektrischen Aktivierung bei einer Ausheiltemperatur von etwa 600°C, der gewöhnlich mit der Rekristallisation des Kristallgitters erklärt wird. Häufig jedoch zeigt sich ein Verhalten mit stetigem Anstieg der elektrischen Aktivierung mit der Temperatur.

Für Bauelementeanwendungen ist man meist nur an der maximal erreichbaren Aktivierung bei einer bestimmten Temperatur, die oft durch andere Prozeßschritte vorgegeben ist (MOS-Prozeß), interessiert. Eine Reihe von entsprechenden Experimenten ist in Kapitel 6 angeführt.

Grundsätzlich sollte es möglich sein, das Ausheilverhalten implantierter Ionen durch reaktionskinetische Gleichungen zu erfassen, womit zwar noch keine physikalische Interpretation verbunden ist, diese jedoch wesentlich erleichtert werden kann. Erstaunlicherweise sind bis jetzt nur sehr wenige Arbeiten dazu bekannt geworden [53], [78], [118], [371], [652] die große Mehrzahl der Untersuchungen zur elektrischen Aktivierung implantierter Ionen gibt sich mit den phänomenologischen Ergebnissen zufrieden.

Die Gleichung für eine Reaktion n-ter Ordnung lautet bei Vernachlässigung der Rückreaktion

$$\frac{dC}{dt} = -K C_j^n \tag{3.1}$$

wobei C die Konzentration der Substanz ist, die ihren Zustand ändert, und K die Geschwindigkeitskonstante der Reaktion. Im allgemeinen Fall mit mehreren reagierenden Substanzen, z. B. zwei, erhält man Gleichungen der Art

$$\frac{dC_j}{dt} = -K C_j^n C_k^m \tag{3.2}$$

wobei in diesem Fall die Ordnung der Reaktion $n+m$ und $C_{j,k}$ die Konzentration der j,k-ten Substanz ist.

Die Geschwindigkeitskonstante K ist von der Konzentration der Reaktionspartner unabhängig. Für sie gilt nach Arrhenius

$$K = K_0 \exp\left[-\frac{E_a}{kT}\right] \tag{3.3}$$

K_0 ist der Wert von K für $T \to \infty$; E_a ist die Aktivierungsenergie des Prozesses. Da man die Konzentration C der reagierenden Teilchen nicht direkt messen kann,

3.2 Elektrische Aktivierung implantierter Ionen

sondern nur das Reaktionsprodukt, also die elektrisch aktiven Ionen auf Gitterplätzen N_S, muß Gl. (3.1) umgeschrieben werden. Die Konzentration in Abhängigkeit von der Reaktionszeit t und der Ausheiltemperatur T ergibt sich zu:

$$\begin{aligned} N_S(t,T) &= N_S(0,0) + C(0,0) - C(t,T) \\ N_{S,max} &= N_S(0,0) + C(0,0) \end{aligned} \tag{3.4}$$

$N_S(0,0)$ ist der bereits ohne Temperung elektrisch aktive Teil der Ionen; $C(0,0)$ die Anzahl der ohne Temperung nicht aktiven Ionen.
Durch Integration von Gl. (3.1) über die konstante Temperzeit t ergibt sich unter Einsetzen von Gl. (3.4) für einen Prozeß erster Ordnung:

$$\ln\left[\frac{N_{S,max} - N_S(0)}{N_{S,max} - N_S(T)}\right] = Kt \tag{3.5}$$

Meist wird $N_S(0)$ vernachlässigbar klein sein und man erhält durch den Auftrag von

$$\ln\left[\ln\left(\frac{N_{S,max}}{N_{S,max} - N_S(T)}\right)\right]$$

für mehrere Proben nach einer Temperung bei unterschiedlichen Temperaturen über $1/T$ wegen Gl. (3.3) eine Gerade der Steigung E_a/k aus der die Aktivierungsenergie bestimmbar ist. Im allgemeinen wird jedoch die gleiche Probe zur Messung verwendet. Aus Gl. (3.5) wird dann

$$\ln\left[\frac{N_{S,max} - N_{S,i-1}}{N_{S,max} - N_{S,i}}\right] = Kt \tag{3.6}$$

$N_{S,i}$ ist der elektrisch aktive Teil nach der i-ten Temperung bei der Temperatur T_i. Ein Auftrag von

$$\ln\left[\ln\left(\frac{N_{S,max} - N_{S,i-1}}{N_{S,max} - N_{S,i}}\right)\right]$$

über $1/T_i$ ergibt analog zu oben die Aktivierungsenergie.
Für Prozesse höherer Ordnung erhält man für den Fall von Gl. (3.6) nach analoger Rechnung

$$\frac{1}{n-1}\left[(N_{S,max} - N_{S,i})^{1-n} - (N_{S,max} - N_{S,i-1})^{1-n}\right] = Kt \tag{3.7}$$

Durch Wahl geeigneter n und Auftragung über $1/T$ erhält man die Aktivierungsenergie und die Ordnung des Prozesses. Praktisch dürfte das Verfahren jedoch nur bis $n=2$ anwendbar sein.

60   3 Probleme bei der Implantation in reale Festkörper

N_S ist bei implantierten Verteilungen die gesamte Konzentration elektrisch aktiver implantierter Ionen, praktisch wird es näherungsweise durch $N_{S,eff}$ (s. Kapitel 5, Abschn. 5) dargestellt. $N_{S,max}$ ist der maximal aktivierbare Teil der Ionen, also im Idealfall gleich der implantierten Dosis $N_\square$, im praktischen Fall gleich $N_{S,eff,max}$.

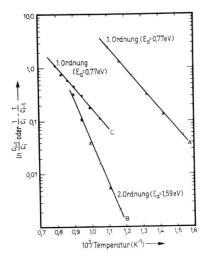
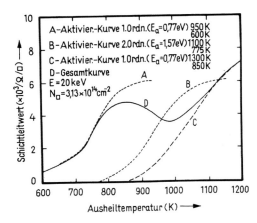

Fig. 3.15 Isochronale Ausheilkurven des Schichtwiderstandes von phosphorimplantierten Siliciumschichten [78]

Fig. 3.14 Arrhenius-Kurven für das isochronale Ausheilen von phosphorimplantierten Siliciumschichten ($E=20$ keV, $N_\square = 3{,}13 \times 10^{14}$ cm^{-2}), Ausheilzeit jeweils 120 min [78]. Es treten 3 verschiedene Aktivierungsmechanismen mit 3 Aktivierungsenergien auf

In Fig. 3.14 sind Auswertungen von Ausheilkurven nach Gl. (3.6) und (3.7), die durch Messungen an einer phosphorimplantierten Probe ($E=20$ keV; $N_\square = 3{,}13 \times 10^{14}$ cm^{-2}; $t=120$ min) von Bicknell [78] gefunden wurde, aufgetragen. Die zugehörigen Ausheilkurven zeigt die Fig. 3.15. Phosphor zeigt in diesem Konzentrationsbereich ein rückläufiges Ausheilen, dem drei verschiedene Aktivierungsenergien zuzurechnen sind. In diesem Beispiel wurden Schichtwiderstandsmessungen zur Bestimmung der Aktivierungsenergie verwendet. Die richtigere Meßgröße wäre jedoch eigentlich N_S bzw. $N_{S,eff}$.

3.2.2 Isothermisches Ausheilen

Wesentlich seltener als isochronales wird isothermisches Ausheilen verwendet, obwohl es in manchen Fällen, wenn man in der Wahl der Temperatur eingeschränkt ist, vorteilhaft angewendet werden kann. Bei isothermischem Ausheilen wird die Zeit variiert und die Temperatur konstant gehalten. Ein Beispiel einer solchen Messung ist in Fig. 3.16 für eine Arsenimplantation ($E=80$ keV; $N_\square = 5 \times 10^{14}$ cm^{-2}) bei Temperaturen zwischen 390 °C und 490 °C wiedergegeben. Die isochronalen Ausheilkurven sind für die üblicherweise verwendeten Zeiten so steil, daß keine

3.2 Elektrische Aktivierung implantierter Ionen   61

Aktivierungsenergie bestimmt werden kann [610]. Grund dafür dürfte die epitaktische Rekristallisation der bei der verwendeten Dosis amorphisierten Siliciumschicht sein. Das Arsen wird wahrscheinlich wegen seines relativ gut passenden Ionenradius gleichzeitig auf elektrisch aktiven Gitterplätzen eingebaut. Gl. (3.6) und (3.7) gelten

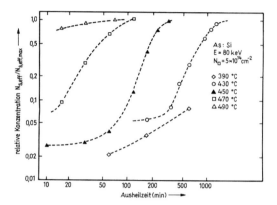

Fig. 3.16 Isothermische Ausheilkurven einer Arsenimplantation mit 80 keV und einer Dosis von 5×10^{14} cm^{-2} in Silicium für Temperaturen zwischen 390 und 490 °C [607]

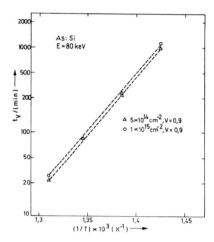

Fig. 3.17 Auftrag von t_v ($v = 0,9$) über $1/T$ für Arsenimplantationen in Silicium bei 80 keV mit Dosen von 5×10^{14} cm^{-2} und 1×10^{15} cm^{-2} [607]

auch für isothermisches Ausheilen. Damit ergibt sich eine einfache Bestimmung der Aktivierungsenergie durch Auftrag von $\ln t_v$ (t_v ist die Zeit, um den Anteil v zu aktivieren) über $1/T$. Die Steigung der Geraden hat dann den Wert E_a/k. Die Ordnung der Reaktion erhält man durch Auftrag von

$$\ln\left[\frac{N_{S,max}}{N_{S,max} - N_S(t)}\right] \text{ bzw. } \frac{N_S(t)}{N_{S,max} - N_S(t)}$$

über verschiedene Ausheilzeiten. Für eine Reaktion erster Ordnung ergibt sich im ersten Fall, für eine Reaktion zweiter Ordnung im zweiten Fall eine Gerade. Eine Auswertung nach dem skizzierten Schema für das Beispiel in Fig. 3.16 sowie für eine weitere Arsenimplantation ist in Fig. 3.17 dargestellt. Die Aktivierungsenergie beträgt 2,75 eV und ist wahrscheinlich die Rekristallisationsenergie des Siliciumgitters, der Prozeß ist erster Ordnung.

62 3 Probleme bei der Implantation in reale Festkörper

3.3 Reichweiteverteilung in Zweischichtstrukturen

Wird in eine Zweischichtstruktur implantiert, so kann man im allgemeinen die berechneten Reichweiteverteilungen nicht direkt verwenden. Nur in Ausnahmefällen ist das Bremsvermögen in beiden Substanzen gleich oder die Abweichung gering genug, so daß keine Korrekturen nötig sind.

Einige Kombinationen, bei denen keine Korrekturen notwendig sind, sind z. B. ZnSe/Ge; ZnSe/GaAs; Ge/GaAs, ZnTe/CdTe (1% Fehler); InAs/CdSe; GaSb/InAs (2% Fehler); ZnS/GaP (2% Fehler). Wie man sieht, sind diese Kombinationen für Bauelemente nicht besonders interessant. Für die Anwendung wichtig sind Kombinationen wie z. B. SiO_2 auf Silicium oder Si_3N_4 auf Silicium, die bei integrierten Schaltungen verwendet werden. Im Fall der Borimplantation durch SiO_2 in Silicium kann man in guter Näherung mit Siliciumwerten rechnen (Fehler $<5\%$), bei anderen Kombinationen empfiehlt sich eine genauere Behandlung des Problems.

Furukawa und Ishiwara [266] berechneten mit einer Quasi-Monte-Carlo-Rechnung entsprechende Verteilungen. Für praktische Anwendungen ist das Verfahren jedoch zu aufwendig. Ein einfaches Modell von Ishiwara und Mitarbeitern [375] erlaubt es jedoch, eine Abschätzung durchzuführen. Man setzt das Profil in der ersten und zweiten Schicht aus zwei gaußförmigen Profilen zusammen. In Fig. 3.18 ist dies am Beispiel SiO_2/Si dargestellt. Für die Profile gilt

$$N_1(x) = \frac{N_\square}{\sqrt{2\pi}\Delta R_{p1}} \exp\left[-\frac{(R_{p1}-x)^2}{2\Delta R_{p1}^2}\right] \quad 0 \leq x \leq d \quad (3.8)$$

$$N_2(x) = \frac{N_\square}{\sqrt{2\pi}\Delta R_{p2}} \exp\left[-\frac{[d+((R_{p1}-d)\Delta R_{p2}/\Delta R_{p1}-x)]^2}{2\Delta R_{p2}^2}\right] \quad x \geq d \quad (3.9)$$

Das Modell beruht auf der Annahme, daß bei den verwendeten Kombinationen die mittleren Ordnungszahlen und Massen relativ ähnlich sind.

Man kann die Anwendbarkeit von Gl. (3.8) und (3.9) abschätzen, wenn man den

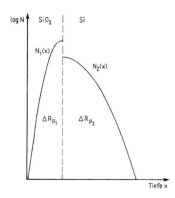

Fig. 3.18
Schematische Darstellung der Reichweiteverteilung von Ionen in Zweischichtstrukturen

Fehler nach der folgenden Gleichung berechnet

$$\eta = \frac{R_{p2} - R'_{p2}}{R_{p2}} \times 100\% \quad \text{mit} \quad R'_{p2} = R_{p1} \frac{\Delta R_{p2}}{\Delta R_{p1}} \tag{3.10}$$

Ein ähnliches Modell wurde von Satya und Palanki [621] veröffentlicht. Bessere Ergebnisse erhält man durch die Konstruktion von Energieverteilungsfunktionen und Approximation der Reichweiteverteilung durch ein unsymmetrisches Gaußprofil, das aus zwei Hälften mit unterschiedlicher Reichweitestreuung zusammengesetzt ist [287]. Alle diese Modelle berücksichtigen die Möglichkeit der Streuung von Ionen aus dem tieferliegenden Substrat in die Deckschicht nicht. Bei deren Berücksichtigung müßte die Konzentration an der Grenzschicht stetig und mit einem Sprung in der Steigung verlaufen [79].

3.4 Maskierungsschichten

Bei den meisten Anwendungen wird eine lokale Dotierung des Festkörpers gewünscht, z. B. um durch Implantation einen Transistor in Silicium oder einen Lichtleiter in Glas herzustellen. Grundsätzlich gibt es zwei Möglichkeiten für eine Maskierung: Durch eine Maske, die sich in Kontakt mit dem Substrat befindet oder durch eine Maske, die sich vor dem Substrat befindet (Projektionsmaskierung). Beide Methoden haben Vor- und Nachteile.

3.4.1 Kontaktmaskierung

Diese Technik ist üblich bei der Herstellung von Halbleiterbauelementen. Das Maskierungsmaterial ist in innigem Kontakt mit dem Substrat. Es kann sich um Metalle, Isolatoren (SiO_2, Si_3N_4) und um Photolack handeln. Die in den letzten Jahren für die Siliciumplanartechnologie entwickelten photolithographischen Verfahren sind ausgezeichnet geeignet, in diesen Schichten die gewünschten Strukturen herzustellen.

Die Anforderungen an die Maskierungsschichten sind nicht so streng wie in der Planartechnologie in Bezug auf Temperaturbeständigkeit (Diffusionstemperaturen liegen bei Silicium bei bis zu 1300 °C), dagegen müssen sie ausreichend dick sein, um die Ionen abbremsen zu können, die Sputterausbeute soll niedrig und die Schichten müssen auch nach der Ionenimplantation ablösbar sein.

Vielgebrauchte Schichten sind Siliciumdioxid (SiO_2), Siliciumnitrid (Si_3N_4), Aluminiumoxid (Al_2O_3), verschiedene Photolacke wie Kodak KPR, KTFR, Schipley AZ 1350 J, AZ 111, Waycoat IC, SC und aufgedampfte Metallschichten.

Maskierung durch isolierende Schichten SiO_2 ist wegen seiner Bedeutung als natürliches Oxid von Silicium die wichtigste Maskierungsschicht. Es kann durch

64 3 Probleme bei der Implantation in reale Festkörper

thermische und anodische Oxidation von Silicium, durch pyrolytische Zersetzung von gasförmigen Siliciumverbindungen, durch Ionenzerstäubung und Aufdampfen hergestellt werden. Thermische Oxide werden durch trockene oder feuchte Oxidation von Silicium bei Temperaturen über 900°C hergestellt. Das Verhältnis zwischen der aufgebrauchten Siliciumschicht und der Oxiddicke ist 0,44. Der Vorteil pyrolytischer Oxide liegt in den niedrigen Reaktionstemperaturen (je nach Verfahren 400 bis 800°C), die besonders bei der Verwendung temperaturempfindlicher Halbleiter wie GaAs wichtig sind. Beachtet werden muß, daß die Dichte von pyrolytischem Oxid ohne Temperung stets geringer als die von thermischem Oxid ist. Bei Hochdosisimplantationen kann die Abdeckschicht unlöslich oder schwer löslich werden. Gefunden wurde dies z. B. von Schmid [623a] für Al-Implantation in SiO_2 durch die Bildung von SiO_2-Al_2O_3 Mischschichten. In manchen Fällen kann sich eine

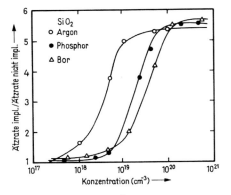

Fig. 3.19 Erhöhung der Ätzrate in SiO_2 durch den Beschuß mit Ar-, P- und B-Ionen. Es wurde bei mehreren Energien implantiert, um eine konstante Verteilung zu erreichen; nach [511]

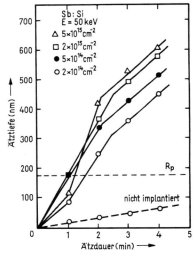

Fig. 3.20 Ätztiefe von Si_3N_4-Schichten abhängig von Ionendosis und Ätzzeit nach Implantation mit 50 keV Antimonionen [34]

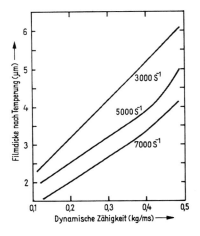

Fig. 3.21
Filmdicke von Waycoat SC-Resist (Negativlack) nach Aushärtung abhängig von der Viskosität und der Umdrehungszahl beim Belacken [761]

3.4 Maskierungsschichten 65

Tab. 3.2 Ätzen für Maskierungs- bzw. Passivierungsschichten

Schicht	Zusammensetzung der Ätze	Ätztemperatur (°C)	Ätzrate nm/min	Bemerkung	Referenz
SiO_2	P-Ätze	25	10 bis 12	thermisches Oxid	[573]
	$2HNO_3$ (70%):3HF (48%):$60H_2O$		20 bis 120	gesputtertes und pyrolytisches Oxid	
	$75NH_4F$ (40%):9HF (40%):$16H_2O$	20	50	thermisches Oxid	
	$10NH_4F$ (40%):1HF (48%)	RT	≈ 100		[109], [723]
		26	85		
PSG	$10NH_4F$ (40%):HF (48%)	26	140	Phosphorsilicaglas	[723]
Si_3N_4	H_3PO_4 (85%)	180	6 bis 10	SiO_2-Maskierung nötig (SiO_2 wird mit 1 nm/min geätzt)	[109]
	HF (48%)	RT	14 bis 100	nur für ganzflächiges Abätzen	[143]
$Si_xO_yN_z$	HF (48%)	RT	1 bis 500	stark abh. von N-Anteil; nur für ganzflächiges Abätzen	[109], [583]
Al_2O_3	H_3PO_4 (85%)	150	15	pyrolytische SiO_2-Maskierung nötig	[31]
AlN	NaOH (10%)	20	1 bis 10^3	Ätzrate stark abhängig von Aufwachstemperatur	[140]
	H_3PO_4	100	≈ 30	SiO_2 Maskierung nötig	[140]

wesentliche Erhöhung der Ätzrate ergeben, wie dies in Fig. 3.19 in Abhängigkeit von der implantierten Bordosis wiedergegeben ist. Si_3N_4-Schichten können pyrolytisch bei ca. 700 bis 800°C, in einer Glimmentladung bereits ab 300°C, hergestellt werden. Al_2O_3 läßt sich ebenfalls pyrolytisch bei Temperaturen zwischen 200°C und 400°C herstellen. Sind noch niedrigere Temperaturen während der Abscheidung notwendig, so sind gesputterte SiO_2-, Si_3N_4- oder Al_2O_3-Schichten gut geeignet. Auch bei Si_3N_4 wurde eine Erhöhung der Ätzrate durch Ionenbeschuß festgestellt [34], und zwar für B-, N-, P-, Ar-, Zn- und Sb-Ionen. Die Ätzrate wird je nach Energie und Dosis bis zu einem Faktor von 10 erhöht (Fig. 3.20). Nach Temperung bei 600°C jedoch wird wieder die ursprüngliche Rate erreicht. Dies läßt vermuten, daß Strahlenschäden die Ursache für die Erhöhung sind.
In Tab. 3.2 sind einige geeignete Ätzen für SiO_2, Al_2O_3 und Si_3N_4 zusammengestellt. Die Ätzraten beziehen sich auf den nicht implantierten Fall.

Photolackmaskierung Ist die Implantationstemperatur nicht zu hoch (≲ 100°C), so können Photolacke zur Maskierung verwendet werden. Bei Ionendosen größer 10^{14} cm^{-2} tritt Polymerisation auf und die Lacke lösen sich nicht mehr in den üblichen Lösungsmitteln, sondern nur noch mittels Plasmaveraschung oder in heißer Schwefelsäure. Die Reichweite von Ionen ist wesentlich größer als in SiO_2, so daß dickere Schichten für die Maskierung nötig sind. Besonders für die Maskierung gegen leichte Ionen sind Photolacke gut geeignet, da sie bei geeigneter Viskosität in Dicken bis 5 µm aufgebracht werden können. In Fig. 3.21 ist die Schichtdicke von Waycoat SC-Resist abhängig von der Drehzahl beim Aufschleudern des Lackes dargestellt. Die Viskosität kann je nach der Anforderung durch Verdünnung zwischen 0,45 Ns/m² (keine Verdünnung) und 0,08 Ns/m² (2 Teile SC:1 Teil Verdünner) eingestellt werden. Bei der Herstellung von Verarmungs-MOS-Transistoren wird in der Industrie allgemein Photolack als Maskierung verwendet (vgl. Abschn. 7.1.3).

Metallmaskierung In der Planartechnologie werden Metallschichten aus Aluminium, Gold und Mehrschichtkontakte aus Platin, Titan sowie einigen anderen Metallen verwendet. Da Halbleiter sehr empfindlich auf Metallverunreinigungen sind, ist besondere Vorsicht bei der Verwendung von Metallen als Maskierungsschicht notwendig, besonders bei Metallen mit hoher Zerstäubungsrate. Im allgemeinen wird deshalb zusätzlich eine dünne Isolatorschicht, bei Silicium SiO_2, verwendet, um eine Kontamination des Halbleiters zu vermeiden. Durch eine Ätzung ist es dann nach der Implantation möglich, die Metallkontamination zu beseitigen. Dieses Verfahren ist nur bei Implantationen mit Ionen möglich, die so hoch beschleunigt werden können, daß sie den Isolator durchdringen, d. h. bei leichten Ionen. Meist wird die Wahl des Metalls mehr aus halbleitertechnischen Gründen als durch Erfordernisse der Ionenimplantation bestimmt. Ist die Haftung auf SiO_2 wichtig, so sind Aluminium und Molybdän vorzuziehen.

In Tab. 3.3 sind einige Ätzen für Metalle angegeben. All diese Metallschichten können nur bis zu Dicken von ca. 0,5 bis 1 µm ohne Probleme aufgebracht werden. Eine galvanische Verstärkung ist möglich, wegen entstehenden Randunschärfen aber problematisch.

Tab. 3.3 Ätzen für Metallmaskierungen

Schicht	Zusammensetzung der Ätze	Ätztemperatur	Ätzrate (nm/min)	Bemerkung	Referenz
Al	HNO_3 (65%):5CH_3COOH (conc.): :25H_3PO_4 (85%)	70°C	1 000	Photolack verwendbar	
Mo	92 g $K_3[Fe(CN)_6]$, 20 g KOH in 300 ml H_2O oder Al-Ätze			Photolack verwendbar	[109]
Au	KCN (10%)			Photolack nicht beständig	
Ni	Saures Eisenchlorid			Photolack verwendbar	

Dicke der maskierenden Schicht Ein wichtiges Problem ist die Dicke der maskierenden Schicht. Aus Gründen der Auflösung von kleinen Strukturen sollte sie nicht dicker als notwendig sein. Zur Bestimmung der minimal benötigten Dicke muß man die Reichweitedaten in der Abdeckschicht und die zulässige Dotierung im Substrat kennen. Die entsprechenden Berechnungen müssen im allgemeinen wie in Abschn. 2.4 dargestellt, durchgeführt werden. Ist das Bremsvermögen in der Abdeckschicht und dem Substrat gleich (etwa Aluminium oder SiO_2 auf Silicium), so ist die Berechnung der Zahl der Ionen, die in der Abdeckschicht abgebremst werden, einfach. Generell ist der Anteil der implantierten Ionen, die in der Abdeckschicht abgebremst werden

$$N_{\Box Oxid} = \frac{N_\Box}{1 + \mathrm{erfc}\dfrac{R_p - d}{\sqrt{2}\Delta R_p}} \qquad (3.11)$$

3.4 Maskierungsschichten 67

wobei für R_p und ΔR_p die Werte für die Abdeckschicht verwendet werden müssen. Am einfachsten dimensioniert man die Dicke der Abdeckschicht experimentell mit Hilfe eines Rechenprogramms, z. B. mit einem Tischrechner durch Zeichnen der Reichweiteverteilungen, ebenfalls unter Verwendung der Reichweiteparameter der Abdeckschicht. Ist eine exakte Behandlung notwendig, so sind die in Abschn. 3.3 behandelten Methoden angebracht. Leider sind die Reichweiteparameter in Isolato-

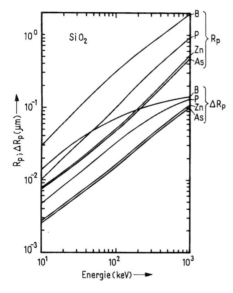

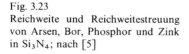

Fig. 3.22 Reichweite und Reichweitestreuung von Arsen, Bor, Phosphor und Zink in SiO_2; nach [5]

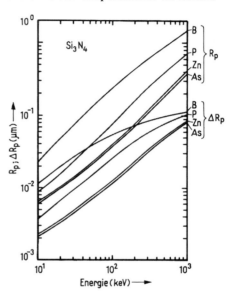

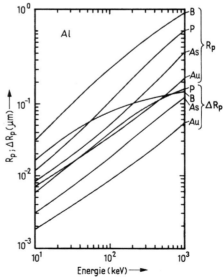

Fig. 3.23
Reichweite und Reichweitestreuung von Arsen, Bor, Phosphor und Zink in Si_3N_4; nach [5]

Fig. 3.24
Reichweite und Reichweitestreuung von Arsen, Bor, Gold und Phosphor in Aluminium; nach [5]

68   3 Probleme bei der Implantation in reale Festkörper

ren teilweise nur ungenau bekannt. Es empfiehlt sich deshalb, stets mit etwas Sicherheit zu rechnen. In Fig. 3.22 bis 3.24 sind für einige der häufigeren Ionen, die wegen ihrer unterschiedlichen Masse eine Möglichkeit der Abschätzung für andere Ionen bieten, Reichweite und Reichweitestreuung in SiO_2, Si_3N_4, und Aluminium nach Gibbons und Mitarbeitern [5] aufgetragen.

3.4.2 Projektionsmaskierung

Nicht in Kontakt mit dem Substrat befindliche Masken haben den Vorteil, daß sie mehrfach verwendet werden können. Wegen ihrer Dicke, die man schon aus mechanischen Gründen verwenden muß, können sie ohne Schwierigkeiten auch gegen hochenergetische Ionen maskieren. Der Nachteil solcher Methoden ist die geringe Justiergenauigkeit, die die Anwendung bei integrierten Schaltungen ausschließt; außerdem ist die Herstellung isolierter Strukturen (z. B. von Ringen) nicht möglich, da die Masken selbsttragend sein müssen. Die Masken müssen, um Aufladungseffekte und eine fehlerhafte Strommessung zu vermeiden, mit dem Target verbunden werden. Aus diesem Grund sind auch Keramikmasken nicht geeignet.

Metallfolien für diesen Verwendungszweck müssen einen ausreichend hohen Schmelzpunkt, einen niedrigen Dampfdruck, mechanische Stabilität und eine niedrige Sputterausbeute (um eine Kontamination zu vermeiden) besitzen. Für große Strukturen sind Edelstahlbleche gut geeignet, für kleine Strukturen wählt man zweckmäßig dünne Molybdän-, Tantal- oder Wolframfolien. Speziell Molybdänmasken sind wegen ihrer leichten Herstellbarkeit durch photolithografische Verfahren geeignet. Schlecht geeignet sind Gold und Kupfer wegen ihrer hohen Zerstäubungsausbeute. Angewendet werden Metallmasken z. B. für einfache Meßstrukturen und zur Maskierung relativ großflächiger Bauelemente wie Kernstrahlungsdetektoren.

3.4.3 Randeffekte

Die laterale Streuung von Ionen an Kanten wird im nächsten Abschnitt theoretisch betrachtet. Reale Masken entsprechen der dort gemachten Voraussetzung von abrupten Kanten nur näherungsweise bei sehr dünnen Schichten (≤ 100 nm). Bei dicken Maskierungsschichten hat man mit schrägen Ätzungen der Schichten zu rechnen.

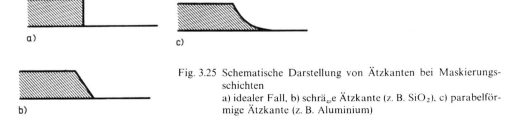

Fig. 3.25 Schematische Darstellung von Ätzkanten bei Maskierungsschichten
a) idealer Fall, b) schräge Ätzkante (z. B. SiO_2), c) parabelförmige Ätzkante (z. B. Aluminium)

In Fig. 3.25 sind Ätzkanten, wie man sie für SiO$_2$ bzw. Metalle erhält, schematisch wiedergegeben. Abgeschrägte Kanten sind bei SiO$_2$-Schichten zur Vermeidung von Stufen in der Metallisierung (Leiterbahnabrisse) oft notwendig und werden zum Teil durch spezielle Zweischichtmaskierungen oder durch Ionenimplantation hergestellt [504].

3.5 Laterale Streuung

Neben der projizierten Reichweite R_p und der Standardabweichung ΔR_p gibt es (vernachlässigt man die höheren Momente) eine weitere Größe, die für praktische Anwendungen der Ionenimplantation wichtig ist, die laterale Streuung $\Delta R_{p,L}$. Man versteht darunter die Streuung, die Ionen aus der Senkrechten im Kristall erleiden. Umfangreiche Berechnungen wurden von Furukawa und Mitarbeitern [268], [269] durchgeführt. Auch in dem neuen Tabellenwerk von Gibbons und Mitarbeitern [5] sind entsprechende Werte angegeben. Die laterale Streuung $\Delta R_{p,L}$ ist stets etwas größer als ΔR_p. Diese relativ niedrigen Werte der lateralen Streuung sind gering verglichen mit der lateralen Diffusion, die von der Größenordnung der Diffusion senkrecht zur Oberfläche ist und in manchen Fällen wesentlich größer sein kann als diese (z. B. Zn in GaAs). Die Strukturen, die heute in der Halbleitertechnologie verwendet werden, sind jedoch so klein, daß auch dieser Effekt berücksichtigt werden muß. Implantiert man durch eine Maskenöffnung in den Halbleiter, ergibt sich eine effektive Verbreiterung der Struktur. Die Verteilung der Ionen unterhalb dieser Öffnung ist (nach [268]):

$$N(x,y,z) = \frac{N_\square}{(2\pi)^{3/2}\Delta R_p \Delta R_{p,L}^2} \left(\exp\left[-\frac{(x-R_p)^2}{2\Delta R_p^2} \right] \right) \cdot$$

$$\cdot \int_{-\infty}^{\infty} \int_{-\infty}^{\infty} \exp\left[-\frac{(x-\xi)^2 - (y-\eta)^2}{2\Delta R_{p,L}^2} \right] d\xi d\eta \quad (3.12)$$

Für den Fall, daß durch eine rechteckige Maske der Abmessungen $2a \times 2b$ implantiert wird, gilt für das Implantationsprofil

$$N(x,y,z) = \frac{N_\square}{\sqrt{2\pi}\Delta R_p} \left(\exp\left[-\frac{(x-R_p)^2}{2\Delta R_p^2} \right] \right) \cdot \quad (3.13)$$

$$\cdot \frac{1}{4} \left(\text{erfc}\frac{y-a}{\sqrt{2}\Delta R_{p,L}} - \text{erfc}\frac{y+a}{\sqrt{2}\Delta R_{p,L}} \right) \cdot \left(\text{erfc}\frac{z-b}{\sqrt{2}\Delta R_{p,L}} - \text{erfc}\frac{z+b}{\sqrt{2}\Delta R_{p,L}} \right)$$

Werte der komplementären Fehlerfunktion erfc sind im Anhang wiedergegeben. Ein sehr interessantes Ergebnis der Berechnungen ist, daß die Dotierung bereits vor dem Rand der Maskierung abfällt und unter den gemachten Voraussetzungen, daß $a, b \gg R_{p,L}$ direkt unter der Kante der Maskierung bereits gilt $N = N_{\max}/2$.

70 3 Probleme bei der Implantation in reale Festkörper

In Fig. 3.26 sind normierte Werte der Konzentration, abhängig von der Tiefe für eine Borimplantation, durch eine 1 µm breite Maske implantiert mit 70 keV dargestellt. Nimmt man für diesen Fall eine Maximaldotierung von 10^{20} cm^{-3} und eine Substratdotierung von 10^{15} cm^{-3} an, so liegt der pn-Übergang ca. 350 nm vom Rand der Maske entfernt. Fig. 3.27 zeigt einen Schnitt in der Tiefe von R_p für den gleichen Fall. In Fig. 3.28 sind Konturlinien für eine Konzentration von 10^{-3} bezogen auf die Maximalkonzentration von Bor-, Gallium-, Stickstoff-, Antimon- und Phosphorimplantationen bei jeweils 70 keV gezeigt.

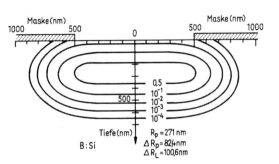

Fig. 3.26 Konturlinien für konstante Borkonzentration (normiert auf 1) nach Implantation mit 70 keV durch eine 1 µm breite Maske; nach [268]

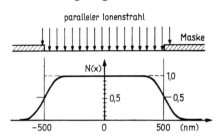

Fig. 3.27 Konzentrationsverlauf der normierten Borkonzentration in der Tiefe von R_p senkrecht zur Implantationsrichtung nach Implantation durch eine Maske der Breite 1 µm; nach [268]

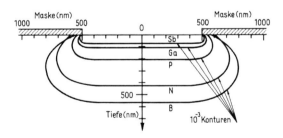

Fig. 3.28
10^{-3}-Konturlinien von Bor, Gallium, Stickstoff, Antimon und Phosphor bei einer 70 keV Implantation durch eine 1 µm breite Maske in Silicium; nach [268]

Reale Masken und Maskierungsschichten haben keine so steilen Flanken wie für diese Berechnungen vorausgesetzt. Typisch sind etwa Flanken wie in Fig. 3.25 dargestellt. Dadurch addiert sich ein zusätzlicher Beitrag zu der lateralen Streuung.

Auch die Verteilung der Strahlenschäden hat eine laterale Streuung. Matsumura und Furukawa [479] berechneten ausgehend von den Arbeiten von Brice [104] und Tsurushima [739] die laterale Verteilung von Strahlenschäden. In Fig. 3.29 ist ein Beispiel ihrer Ergebnisse für 200 keV Antimon in Silicium wiedergegeben. Die gepunkteten Kurven geben die Dotierungsverteilung wieder, die durchgezogenen Kurven sind die Konturlinien der Strahlenschädenverteilung. Aus ihnen erhält man durch Multiplikation mit der Dosis $N_\square$ die tatsächliche Strahlenschädenverteilung pro Volumeneinheit. Aus den Kurven sieht man, daß zur Oberfläche hin die laterale Streuung der Strahlenschäden kleiner als die der Ionen wird, da die Ionen, die unterhalb der Maske zur Ruhe kommen, aus dem Halbleiterinnern zur Oberfläche

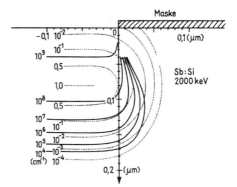

Fig. 3.29
Strahlenschädenverteilung im Bereich einer Kante für eine 200 keV Antimonimplantation in Silicium. Die gepunkteten Kurven sind Konturlinien gleicher Dotierungskonzentration [479]

gestreut wurden und dabei die meiste Energie abgegeben haben. Weitere Kurven für Antimon, Phosphor und Bor für 50 keV und 200 keV sind in der zitierten Arbeit wiedergegeben.

3.6 Passivierungsschichten

Eine Reihe von Halbleitern ist so empfindlich, daß sie während der Implantation oder während des anschließenden Temperns durch eine passivierende Schicht geschützt werden muß. Auch die Vermeidung von Metallkontaminationen fällt unter diesen Punkt. Zu den Halbleitern, die während der Implantation geschützt werden müssen, gehört z. B. der III-V-Verbindungshalbleiter InSb, zu den Halbleitern, die während des Temperns passiviert werden müssen, um das Abdampfen einer Komponente des Halbleiters zu verhindern, praktisch alle III-V-Halbleiter und auch Silicium und Germanium, um die Ausdiffusion von implantierten Ionen zu vermeiden. Bei Silicium wird aus diesem Grund häufig in oxidierender Atmosphäre getempert. Die Modifikationen, die dadurch bei Dotierungsprofilen auftreten, werden ausführlich in Abschn. 3.8 diskutiert.

3.6.1 Passivierung während der Implantation

In vielen Fällen wird durch eine dünne Abdeckschicht implantiert, um die nackte Halbleiteroberfläche zu schützen. Dies kann bei zersetzlichen Halbleitern notwendig sein, oder ganz allgemein um eine Kontamination der Halbleiteroberfläche während der Probenmanipulation oder der Implantation zu verhindern. Besonders abgesputterte Metallatome, die von Masken oder dem Strahlführungssystem stammen und

72 3 Probleme bei der Implantation in reale Festkörper

im allgemeinen sehr rasch diffundieren, können nachteilige Wirkungen auf Bauelementeigenschaften haben. In diesem Fall läßt sich nach der Implantation durch leichtes Überätzen oder vollständiges Abätzen der Abdeckschicht eine unkontaminierte Oberfläche gewinnen. Routinemäßig wird dieses Verfahren z. B. bei MOS-Transistoren (vgl. Abschn. 7.1) zur Einstellung der Einsatzspannung oder zur Selbstjustierung von Gate und Source- bzw. Drain-Elektroden verwendet, in diesen Fällen übrigens ohne zusätzlichen Ätzschritt.

Bei einigen empfindlichen Halbleitern, wie z. B. InSb, müssen Passivierungsschichten zur Verhinderung der Zerstörung der Oberfläche durch die auftreffenden Ionen verwendet werden. In Fig. 3.30 ist eine elektronenmikroskopische Aufnahme einer InSb-Oberfläche wiedergegeben. Die obere Hälfte der Scheibe wurde mit einer

Fig. 3.30
Elektronenmikroskopische Aufnahme von InSb nach der Implantation von 10^{16} cm^{-2} Zink bei 150 keV durch SiO_2 und direkt in blankes Material [77]

Dosis von 10^{16} cm^{-2} Zinkionen bei 150 keV implantiert, die untere Hälfte war während der Implantation durch eine Metallmaske abgedeckt. Im implantierten Gebiet zeigt das InSb eine schwammartige Struktur, die auch durch eine Temperung nicht zu beseitigen ist. Bei manchen Experimenten kann es sogar bei Silicium nötig sein, durch eine SiO_2-Schicht zu implantieren, um eine Zerstörung der Oberfläche durch Ionenzerstäubung zu vermeiden [608]. Der Einfluß der Ionenzerstäubung auf die Profilgestalt, der normalerweise nur bei Hochdosisimplantationen beachtet werden muß, wird in Abschn. 3.7.2 besprochen.

Als Passivierungsschichten eignen sich abhängig vom Substrat alle Schichten mit gutem Haftvermögen, die sich in dünnen Schichten aufbringen lassen und nicht mit dem Substrat reagieren, z. B. SiO_2, Si_3N_4, Al_2O_3 und dünne aufgedampfte Metallschichten. Die Passivierungsschichten müssen ausreichend dünn sein, so daß genügend Ionen sie durchdringen können. Die Berechnung der Reichweiteverteilung ergibt sich bei dickeren Schichten analog den Ausführungen in Abschn. 3.3, bei dünnen Schichten kann man der Einfachheit halber eine Verringerung der Primärenergie annehmen, die man bei Kenntnis des Bremsvermögens und der Schichtdicke der Passivierungsschicht bei der Primärenergie E leicht berechnen kann:

3.6 Passivierungsschichten 73

$$E' = E - \Delta E = E - \left[\left(\frac{dE}{dx}\right)_n + \left(\frac{dE}{dx}\right)_e\right]\Delta x \qquad (3.14)$$

Man erhält dann die Reichweiteparameter im Substrat aus den Tabellen unter Verwendung dieser Energie E'. Bei etwas dickeren Schichten ist es besser, nur die Reichweite mit Hilfe dieser Energie zu berechnen und für die Reichweitestreuung den Wert entsprechend E zu verwenden, da die Ionen bereits in der Passivierungsschicht gestreut werden. Ein weiterer Effekt, der bei der Implantation durch dünne Schichten auftreten kann, wird im nächsten Abschnitt besprochen.

3.6.2 Sekundärimplantation

Bei der Implantation durch passivierende Schichten oder auch am Rand von maskierenden Schichten kann folgender Effekt auftreten: Ist die Masse der implantierten Ionen vergleichbar der Atome der Abdeckschicht, so können die implantierten Ionen durch Stöße eine relativ große Energie auf diese Atome übertragen (vgl. dazu Abschn. 2.1) und sie dadurch in das Substrat „implantieren" (knock-on- oder recoil-Implantation). In Fig. 3.31 ist das Ergebnis eines Experimentes wiedergegeben [123], bei dem Arsenionen durch eine SiO$_2$-Schicht unterschiedlicher Dicke implantiert wurden. In den Gebieten, in denen die Dicke der SiO$_2$-Schicht ausreichte,

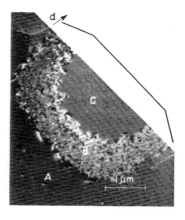

Fig. 3.31
Elektronenmikroskopische Aufnahmen von Silicium, das durch eine SiO$_2$-Schicht unterschiedlicher Dicke implantiert wurde. Durch eine Sekundärimplantation von Sauerstoff wurden in einem gewissen Bereich Defekte erzeugt [123]

um alle Arsenionen und gestoßene Silicium- oder Sauerstoffatome abzubremsen, oder wo keine SiO$_2$-Schicht vorhanden war, zeigte sich nach dem Anätzen der implantierten Probe eine ungeschädigte Oberfläche. Wo jedoch Silicium- oder Sauerstoffatome durch diese Sekundärimplantation in Silicium implantiert wurden, bilden sich eine Vielzahl von Versetzungen. Eingehende Untersuchungen von Sigmon und Mitarbeitern [678] mit simulierender Sauerstoffimplantation haben eindeutig gezeigt, daß dieser Effekt auf eine knock-on-Implantation von Sauerstoff zurückzuführen ist. Theoretische Berechnungen wurden von Moline und Mitarbeitern [510]

74 3 Probleme bei der Implantation in reale Festkörper

durchgeführt. Über experimentelle Arbeiten zur Bestimmung der Profile sekundärimplantierter Sauerstoffionen wurde in der letzten Zeit mehrfach berichtet [141], [294], [456], [505]. Ein von Götzberger und Mitarbeitern [294] durch Kapazität-Spannung-Messungen nach der Implantation von Arsen in SiO_2 gemessenes sekundäres Sauerstoffprofil ist in Fig. 3.32 wiedergegeben. Die experimentellen Bedingungen waren dabei so, daß die Arsenionen das Substrat nicht erreichen konnten. Die Anzahl der gestoßenen Sauerstoffatome und ihre Reichweite ist wesentlich größer. Diese Verteilung kann in ein entsprechendes Sauerstoffprofil in Silicium unter einer SiO_2-Schicht umgerechnet werden, wenn man berücksichtigt, daß in Silicium die Sauerstoffreichweite ca. 20 % größer als in SiO_2 ist.

Bei größeren Tiefen ergab sich näherungsweise ein exponentieller Profilverlauf. Moline und Cullis [505] zeigten durch vergleichende Messungen mit dem Transmissionselektronenmikroskop, daß sowohl bei Arsenimplantation durch SiO_2 und durch simulierende Sauerstoffimplantation praktisch die gleichen Defekte entstehen. Experimentelle und theoretische Arbeiten ergaben weiterhin, daß die Konzentration

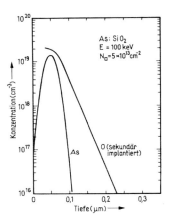

Fig. 3.32
Verteilung von implantiertem Arsen (theoretisch nach [5] mit einer Energie von 100 keV und einer Dosis von 5×10^{13} cm^{-2}) und von sekundärimplantiertem Sauerstoff in SiO_2; nach [294]

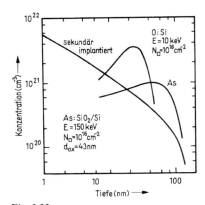

Fig. 3.33
Theoretische Konzentrationsprofile von gestoßenen Sauerstoffionen und Arsen in Silicium nach der Implantation von 10^{16} cm^{-2} Arsen bei 150 keV durch 43 nm SiO_2. Als Vergleich ist eine 10^{16} cm^{-2} Sauerstoffimplantation bei 10 keV in blankes Silicium angegeben [505]

der sekundärimplantierten Ionen beträchtlich sein kann. Eine Berechnung für den Fall einer Arsenimplantation bei 150 keV mit einer Dosis von 10^{16} cm^{-2} durch 43 nm SiO_2 zeigt Fig. 3.33 [505]. Zum Vergleich ist eine Sauerstoffimplantation mit 10 keV und der gleichen Dosis in nacktes Silicium eingetragen. Deutlich sieht man die völlig unterschiedliche Profilgestalt des Sauerstoffprofils der recoil-Atome im Vergleich zu den gaußförmigen Implantationsprofilen des Arsens und des Sauer-

3.6 Passivierungsschichten 75

stoffes. Eine experimentelle Bestimmung der Anzahl der durch Kryptonionen bei 24 keV und 48 keV aus unterschiedlich dicken SiO$_2$-Schichten in das Siliciumsubstrat gestoßenen Sauerstoffionen ist in Fig. 3.34 [510] wiedergegeben.

Die nachteiligen Wirkungen von Sauerstoff in vielen Halbleitern sind bekannt. So wird z. B. GaAs durch Sauerstoff semiisolierend und in Silicium ergeben sich sehr schlechte pn-Übergänge. Bei Silicium lassen sich nachteilige Auswirkungen beseitigen durch die Verwendung geeigneter Ausheil- und Diffusionsschritte. Ist nur die Qualität des pn-Überganges wichtig, so genügt eine Nachdiffusion der implantierten Ionen einige 10 nm tief in das Silicium. Auf diese Weise lassen sich z. B. Arsenemitter mit ausgezeichneter Qualität herstellen [58], [303], [562]. Ist es erforderlich, auf der implantierten Schicht eine epitaktische Schicht aufzuwachsen, so genügt eine Diffusion nicht. Gute Ergebnisse lassen sich jedoch z. B. bei Arsen durch eine Nachdiffusion in inerter Atmosphäre und anschließender Aufoxidation des durch die Sekundärimplantation von Sauerstoff stark geschädigten Gebietes erzielen [508].

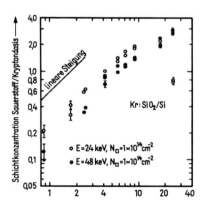
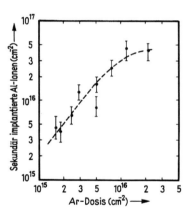

Fig. 3.34 Anzahl von ^{18}O-Atomen, die durch Krypton bei 24 keV und 48 keV aus SiO$_2$-Schichten unterschiedlicher Dicke in das darunter liegende Siliciumsubstrat gestoßen wurden [510]

Fig. 3.35 Konzentration von aus einer 50 nm dicken Al-Schicht sekundärimplantierten Al-Atomen in Glas abhängig von der Ar-Dosis bei 50 keV [565]. Die Messung wurde mittels Aktivierungsanalyse durchgeführt

Im einzelnen Fall ist bei der Implantation durch Abdeckschichten also stets abzuschätzen oder zu untersuchen, ob der erwünschte Effekt der Passivierung nicht durch eine unerwünschte Sekundärimplantation aufgehoben oder ins Gegenteil verkehrt wird.

Nichthalbleiter wurden von Perkins [565] untersucht, der Cermet-Filme durch eine Sekundärimplantation von Aluminium mit Argonionen herstellte. In Fig. 3.35

ist der von ihm gefundene Zusammenhang zwischen Argondosis und der in den Film sekundärimplantierten Flächenkonzentration des Aluminiums bei einer Dicke der Aluminiumschicht von 50 nm und einer Argonenergie von 50 keV dargestellt. Das Aluminium wurde durch Aktivierungsanalyse gemessen, das Substrat war eine aufgedampfte SiO_x-Schichten ($x = 1,5$). Pro Argonion wurden ca. 3 Aluminiumatome in das Substrat implantiert. Oberflächenveränderungen durch Sekundärimplantationen in zahlreiche Oxide wurden durch Kelly und Sanders [403] untersucht.

Grundlegende theoretische Arbeiten zur Energie- und Reichweiteverteilung von gestoßenen Atomen unabhängig von Zweischichtstrukturen wurden von Ishitani und Shimuzu mittels Monte-Carlo-Rechnung [372] und von Tsurushima und Tanoue [738] durchgeführt.

3.6.3 Passivierung gegen Ausdiffusion

Während der Temperung müssen in einigen Fällen Passivierungsschichten verwendet werden. Sie sollen je nach Halbleiter gegen die Ausdiffusion von Komponenten des Halbleiters (z. B. Arsen im Fall von GaAs) oder die Ausdiffusion der implantierten Ionen (z. B. Al in Ge) oder beides maskieren. Während bei den Elementhalbleitern Silicium und Germanium nur der zweite Punkt wesentlich ist, sind bei den Verbindungshalbleitern die Abdeckschichten meist aus beiden Gründen, wobei der erste fast immer vorliegt, notwendig, und häufig wegen allen beiden nötig. Für diesen Zweck werden häufig SiO_2-, Si_3N_4- und Al_2O_3-Schichten verwendet. Im Anhang sind die Diffusionskoeffizienten einiger Elemente in SiO_2, Si_3N_4 und Al_2O_3 wiedergegeben. Im Fall von Silicium sind die Diffusionskoeffizienten der gebräuchlichen Dotierstoffe in SiO_2 (bis auf Gallium) wesentlich niedriger; deshalb ist SiO_2 als Diffusionsmaske sehr gut geeignet. Für Gallium, das nur eine geringe Bedeutung in der Siliciumtechnologie besitzt, läßt sich Si_3N_4 als Passivierungsschicht verwenden. Bei Germanium sind diese Schichten ebenfalls geeignet; aus Gründen der Anpassung der Ausdehnungskoeffizienten werden außerdem Phosphorsilicagläser (PSG) verwendet.

Wegen der leichten Oxidierbarkeit von Silicium und der ausgezeichneten maskierenden Wirkung von SiO_2 gegen die meisten Dotierungssubstanzen wird nach der Implantation oft oxidierend getempert bzw. nachdiffundiert, um dadurch eine Ausdiffusion der Ionen zu vermeiden und gleichzeitig eine neue Maskierungsschicht aufzubringen. Dieses Verfahren ist sehr einfach und praktisch, kann jedoch in schlechten elektrischen Eigenschaften der implantierten Schichten resultieren, da Strahlenschäden schlechter ausheilen können [579]. Näheres dazu wurde bereits in Abschn. 1.3 erörtert. Gleichzeitig wird das Implantationsprofil durch eine oxidierende Temperung wesentlich stärker verändert als durch eine Temperung in inerter Atmosphäre. In Abschn. 8.2 wird hierauf detailliert eingegangen. Ein in diesem Zusammenhang noch wenig untersuchtes Problem ist die unterschiedliche Oxidationsrate von implantiertem und nicht implantiertem Silicium (vgl. dazu Kapitel 6, Abschn. 1.10).

3.6 Passivierungsschichten

Bei GaAs und GaP ist SiO_2 als Abdeckschicht nur bedingt geeignet, da es z. B. gegen Zink als implantierte Ionenart (p-Dotierung) und gegen Gallium als Komponente des Halbleiters nicht maskiert. Es werden deshalb außer SiO_2 gesputterte Si_3N_4-Schichten [219] und AlN verwendet. Bei anderen Verbindungshalbleitern (z. B. III-V-, II-VI-, IV-VI-Halbleitern und entsprechenden ternären Verbindungen) ist meist eine experimentelle Untersuchung der passivierenden Eigenschaften nötig, da kaum Daten über Diffusionskoeffizienten der Dotierstoffe bzw. der Komponenten der Halbleiter in den Abdeckschichten vorliegen. Verwendbare Schichten sind neben den bereits oben erwähnten SiO_2, Si_3N_4, AlN noch Al_2O_3, SiO_2-Si_3N_4-Mischschichten, Phosphorsilicagläser aber auch aufgedampfte Metallschichten wie Aluminium (z. B. auf GaAs [647]), Molybdän usw. und auch natürliche Oxide (z. B. bei GaAs [646]). Wichtig in diesem Zusammenhang ist neben der passivierenden Wirkung der Schichten ihre Haftfähigkeit besonders bei höheren Ausheiltemperaturen und ihre Ablösbarkeit ohne daß die Ätze dabei den Halbleiter angreift.

Die Haftfähigkeit ist auf dem implantierten Gebiet oft schlecht, da sich durch den Ionenbeschuß eine Volumenänderung ergeben kann, die bei der Temperung zurückgeht und die Passivierungsschicht zum Ablösen bringen kann. Abhelfen kann hier eine Vortemperung bei Temperaturen, bei denen Strahlenschäden und Volumenveränderung bereits reduziert werden, jedoch noch keine Ausdiffusion stattfindet.

Tab. 3.4 Dielektrische Passivierungs- und Maskierungsschichten

Schicht	Substrat-temperatur (°C)	Verfahren	Aufwachs-rate (nm/min)	Bemerkungen	Referenz
SiO_2	280–480	pyrolytisch	20–250	aus Silan	
	900–1200	pyrolytisch	10–100	aus $SiCl_4$, SiF_4 usw.	[109], [142]
	RT-500	gesputtert		Qualität abh. von Substrattemperatur	[331], [332]
PSG	350–400	pyrolytisch	100–400	Phosphorsilicaglas	[524], [627], [723]
	900–1150				
BSG	400–450	pyrolytisch	100–400	Borsilicaglas	[627], [723]
Si_3N_4	700–1200	pyrolytisch	1–400	bei 800 °C	[65], [142], [143], [152], [331]
	260–350	pyrolytisch	4–18	mit Glimment-[589] ladung	[421], [589]
	RT-250	sputtern	1–12		[407]
$Si_xO_yN_z$	800–1000	pyrolytisch	3–70		[109]
Al_2O_3	200–450	pyrolytisch	6		[31], [142]
	RT-350	Elektronen-strahlverd.	10–300		[152], [524]
AlN	800–1200	pyrolytisch	9–16		[140]

78   3 Probleme bei der Implantation in reale Festkörper

Sehr stark abhängig ist die Haftfähigkeit auch von der Vorbehandlung (Ätzung, Reinigung) der Scheiben.

Das Verfahren zur Herstellung geeigneter Abdeckschichten wird sich außerdem stark nach der Abscheidetemperatur richten. Niedertemperaturverfahren sind Aufdampfen und Sputtern bei entsprechenden Vorsichtsmaßnahmen (Kühlung), wobei letzteres Verfahren unter Umständen unerwünschte Strahlenschäden verursachen kann. Pyrolytische Schichten werden bei Temperaturen zwischen 200°C und 800°C abgeschieden. Diese Schichten können auf implantierten und nicht implantierten Gebieten unterschiedliche Aufwachsraten besitzen. Tab. 3.4 bringt eine Auflistung von pyrolytischen Abdeckschichten und deren Abscheidetemperaturen, die häufig bei III-V-Halbleitern und anderen empfindlichen Substraten verwendet werden. Eine weitere Möglichkeit zur Herstellung von Abdeckschichten bieten Silicafilme[1], die wie Photolack aufgeschleudert und getrocknet werden.

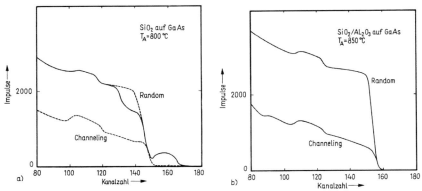

Fig. 3.36 Vergleich der passivierenden Wirkung von SiO_2 (a) und SiO_2/Al_2O_3 (b) gegen die Zersetzung von GaAs bei einer Temperung bei 800° bzw. 850°C

Das wichtigste Verfahren zur Untersuchung der maskierenden Wirkung ist die Rückstreutechnik. In Fig. 3.36 ist als Beispiel das unterschiedliche Ausdiffusionsverhalten aus GaAs, das mit SiO_2 bzw. einer Al_2O_3-SiO_2-Mischschicht (ca. 1:1) maskiert wurde, dargestellt. Bei einer Temperung ab 800°C zeigt sich eine deutliche Ausdiffusion von Gallium in das SiO_2 während die Al_2O_3-SiO_2-Mischschicht bis zu Temperaturen von 950°C eine Zersetzung des Halbleiters verhindert. Sollen die Veränderungen des Halbleiters unter der Abdeckschicht untersucht werden, sind besonders Kapazität-Spannung-Messungen geeignet.

---

[1] z. B. von der Fa. Emulsitone oder der Fa. Merck.

3.7 Ionenzerstäubung während der Implantation

Ein Effekt, der im Zusammenhang mit der Ionenimplantation häufig vernachlässigt wird, ist die Zerstäubung von Substratmaterial durch die auftreffenden Ionen (Sputtering). Besonders bei schweren Ionen und hohen Implantationsdosen kann dieser Effekt spürbar werden und zu einer Veränderung der Implantationsprofile bis hin zu einer Sättigung des Profils durch Erreichen des Gleichgewichtes zwischen implantierten und zerstäubten Ionen führen. Der wichtigste Parameter zur Behandlung dieses Problems ist die Zerstäubungsausbeute (sputtering yield) S, die Zahl der von einem auftreffenden Ion herausgeschlagenen Atome.

3.7.1 Zerstäubungsrate

Nach Sigmund [683], [684] ist die Zerstäubungsausbeute bei ausreichend großer Energie proportional der Energieabgabe an der Probenoberfläche und wird durch

$$S = \frac{3}{4} \frac{S_n(E)\alpha(M_2/M_1)}{\pi^2 C_0 U_0} \tag{3.15}$$

gegeben für den Fall, des senkrechten Einfalls der Ionen. C_0 ist eine Konstante ($C_0 = \frac{1}{2}\pi\lambda_0 a^2$; $\lambda_0 = 24$; $a = 0{,}0219$ nm); $\alpha(M_2/M_1)$ eine numerisch berechenbare Funktion des Verhältnisses von Ionenmasse M_1 zur Masse der Targetatome M_2; U_0 ist die Oberflächenbindungsenergie (7,81 eV für Silicium [683]). Die Funktion $\alpha(M_2/M_1)$ ist in Fig. 3.37 für zwei verschiedene Potenzpotentiale dargestellt. Während der Einfluß der Potenz relativ gering ist, geht das Massenverhältnis in die Zerstäu-

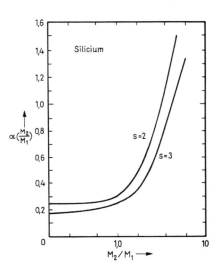

Fig. 3.37
Werte des Faktors $\alpha(M_2/M_1)$ für Potenzpontentiale mit $s=2$ und $s=3$; nach [683]

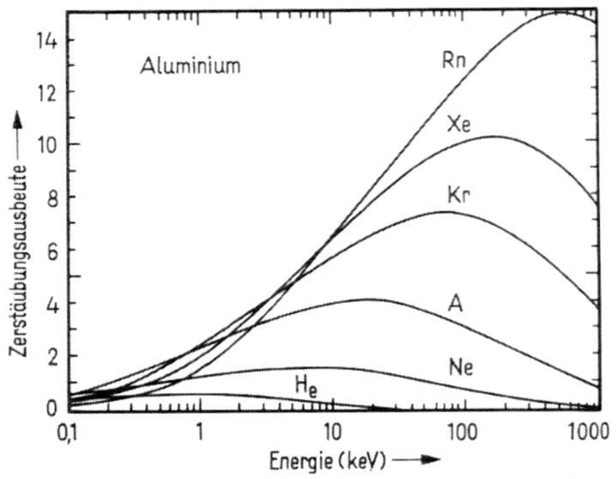

bungsausbeute sehr stark ein. Theoretische Kurven der Zerstäubungsausbeute für den Beschuß von Aluminium mit verschiedenen Ionen sind in Fig. 3.38 wiedergegeben.

Nach einer weiteren Theorie der Ionenzerstäubung von Thomson [726] errechnet sich die Zerstäubungsausbeute zu

$$S = \frac{\pi^2 a_0^2 N^{2/3}}{8q} \frac{E_R}{E_B} \frac{M_1(Z_1 Z_2)^{5/6}}{(M_1+M_2)} \frac{1}{\cos\Theta}$$

(3.15a)

Fig. 3.38 Zerstäubungsausbeute von He-, Ne-, Ar-, Kr-, Xe- und Rn-Ionen in Aluminium abhängig von der Energie [683]

Tab. 3.5 Ionenzerstäubungsausbeute für einige Metallkombinationen [146]

Ionen	He			Ne				Ar				
Energie (keV)	0,4	2	5	0,4	0,6	1	5	0,4	0,6	1	3	5
Wolfram				0,34	0,32				0,62			
Molybdän				0,44	0,54				0,93			
Platin					0,7				1,56			
Aluminium				0,68	0,83				1,24			
Silber		0,36	0,48	1,6	1,98	2,3	5,5		3,4	5,1	7,0	9,2
Germanium	0,08			0,63	0,82			0,92	1,27			
Nickel					1,34				1,52			
Eisen				0,76	0,97				1,26			
Kupfer				1,53								
Gold				1,0								

Ionen	Kr	Xe	Hg					
Energie (keV)	0,4	0,8	0,2	0,4	0,8	2	3	10
Wolfram			0,3	0,54	1,3	2,0	2,75	3,0
Molybdän			0,1	0,44	1,0	2,0	2,75	5,0
Platin			0,5					10,0
Aluminium			0,14	0,45		1,5		
Silber			0,85					22,5
Germanium	0,91	1,41	0,21	0,63	1,23			
Nickel			0,5		1,4		3,6	7,0
Eisen			0,13	0,5	1,1	2,0	2,75	4,5
Kupfer			0,54					12,0
Gold			1,0			8,0		21,0

3.7 Ionenzerstäubung während der Implantation

E_R ist die Rydberg-Energie; E_B die Oberflächenbindungsenergie; N die atomare Dichte und Θ der Einfallwinkel der Teilchen. Die Winkelabhängigkeit gilt für $\Theta < 60°$ bei $M_2 \gg M_1$. Thomson verwendet in seiner Arbeit Werte für E_B nach Honig [345].

Während bei Metallen experimentelle Zerstäubungsraten für eine ganze Reihe von Ionen bekannt sind (einige Werte sind in Tab. 3.5 angeführt [146]), wurden bisher nur wenige Daten für Halbleiter (mit Ausnahme von Silicium) veröffentlicht. EerNisse maß die Zerstäubungsrate von Silicium abhängig von der Energie für Argon, Krypton und Xenon [213]. Seine Ergebnisse sind in Fig. 3.39 wiedergegeben. Sie zeigen den typischen Verlauf mit einem flachen Maximum der Ausbeute, das sich bei größerer Masse des auftreffenden Ions zu höheren Energien verschiebt. Experimente

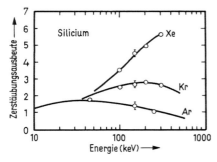

Fig. 3.39 Zerstäubungsausbeute von Ar, Kr und Xe bei Silicium abhängig von der Energie. Die Ar-Kurve ist nach der Theorie von Sigmund [683] der Ar-Punkt bei 45 keV nach [39]

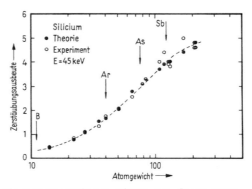

Fig. 3.40 Zerstäubungsausbeute von Ionen unterschiedlicher Masse bei 45 keV in Silicium [39]. Die theoretischen Werte sind nach Sigmund [683]

zur Bestimmung der Zerstäubungsrate von Silicium für zahlreiche Ionenarten haben Anderson und Mitarbeiter [39] durchgeführt. Ihre Messungen wurden jeweils bei einer Energie von 45 keV durchgeführt und sind in Fig. 3.40 zusammen mit einer theoretischen Kurve nach Sigmund [683] wiedergegeben.

Die abgetragene Schichtdicke errechnet sich aus der Zerstäubungsrate S bei gegebener Ionendosis $N_\square$ zu:

$$d = \frac{S}{N} N_\square \qquad (3.16)$$

Tab. 3.6 Abtragung von Silicium durch Ionenzerstäubung. Werte für 45 keV nach [39]

Ion	Dosis (cm^{-2})		
	10^{15}	10^{16}	10^{17}
B	6×10^{-2} nm	0,6 nm	6 nm
Ar	0,35 nm	3,5 nm	35 nm
As	0,6 nm	6 nm	60 nm
Sb	0,78 nm	7,8 nm	78 nm

82   3 Probleme bei der Implantation in reale Festkörper

In Tab. 3.6 sind für einige häufig implantierte Ionen in Silicium die abgetragenen Schichtdicken für Dosen zwischen 10^{15} cm^{-2} und 10^{17} cm^{-2} bei 45 keV nach Fig. 3.40 und Gl. (3.16) angeführt. Bei GaAs kann man je nach Ionenart mit Implantationsdosen von 10^{16} cm^{-2} bereits in die Sättigung kommen [729].

3.7.2 Profilveränderung durch Ionenzerstäubung

Die Modifikation der Implantationsprofile durch diesen Effekt läßt sich berechnen, wenn man einige vereinfachende Annahmen macht: a) Die Zerstäubungsrate ist konstant für Substrat und implantierte Ionen gleich, b) es tritt kein knock-on auf, c) die Volumenänderung durch die Strahlenschädigung ist vernachlässigbar. Die Anzahl der implantierten Ionen pro Zeiteinheit (Generationsrate) ist theoretisch gegeben durch (vgl. Gl. (2.23)):

$$g(x,t) = \frac{j}{q\sqrt{2\pi}\Delta R_p} \exp\left[-\frac{(x-R_p)^2}{2\Delta R_p^2}\right] \quad (3.17)$$

Das Implantationsprofil ergibt sich bei Vernachlässigung der Ionenzerstäubung durch Integration von Gl. (3.17) über die Implantationszeit. Wird die Oberfläche des Halbleiters durch Ionenzerstäubung abgetragen, so verschiebt sich während der Implantation der Ursprung der Ortskoordinate. Für die Geschwindigkeit der Abtragung gilt

$$v = m_a \cdot \frac{AS}{\varrho} \frac{j}{q} = \frac{S}{N} \frac{j}{q} \quad (3.18)$$

m_a ist die atomare Masseneinheit ($m_a = 1{,}66 \times 10^{-27}$ kg); N die atomare Dichte ($N = \varrho/A \cdot m_a$); A das Atomgewicht und ϱ die Dichte des Substrats. Das Implantationsprofil ergibt sich ebenfalls durch Integration der Generationsrate unter Berücksichtigung von Gl. (3.18) zu

$$N(x) = \int_0^t g(x + vt', t') dt' \quad (3.19)$$

Die Anzahl der Atome, die im Substrat verbleibt, erhält man durch eine Integration von Gl. (3.19) über x von 0 bis ∞. Für eine gaußsche Generationsrate nach Gl. (3.17) mit konstanter Stromdichte ist Gl. (3.19) lösbar, und es ergibt sich

$$N(x) = \frac{N}{2S}\left(\operatorname{erf}\frac{x - R_p + N_\square \dfrac{S}{N}}{\sqrt{2}\Delta R_p} - \operatorname{erf}\frac{x - R_p}{\sqrt{2}\Delta R_p}\right) \quad (3.20)$$

Das Sättigungsprofil folgt für $t \to \infty$ zu

$$N(x) = \frac{N}{2S} \text{erfc} \frac{x - R_p}{\sqrt{2}\Delta R_p} \tag{3.20a}$$

d. h., die Maximalkonzentration liegt im Gegensatz zum Implantationsprofil an der Oberfläche und ist gegeben durch

$$N_{\max} = \frac{N}{2S} \text{erfc}\left(\frac{-R_p}{\sqrt{2}\Delta R_p}\right) \approx N/S \quad \text{für } R_p > 3\Delta R_p \tag{3.21}$$

Diese Maximalkonzentration ist unabhängig von der Implantationsdosis und hängt, da der Wert der komplementären Fehlerfunktion in Gl. (3.21) zwischen 1 und 2 liegt, hauptsächlich vom Verhältnis zwischen atomarer Dichte des Substrats und der Zerstäubungsausbeute ab. In Silicium liegt diese Maximalkonzentration für das relativ schwere Arsen ($S \approx 3$ bei 45 keV) bei ca. 2×10^{22} cm^{-3}. Bei Halbleitern mit höherer Zerstäubungsausbeute (z. B. GaAs) kann der Effekt jedoch beträchtlich sein und zu wesentlich niedrigeren Sättigungswerten führen.

In Fig. 3.41 sind Profile nach Gl. (3.20) für unterschiedliche Implantationsdosen für Si und GaAs aufgetragen. S wurde im ersten Fall zu 3, im zweiten zu 15 gewählt. Während bei Silicium erst bei sehr hohen Dosen ein Effekt durch die

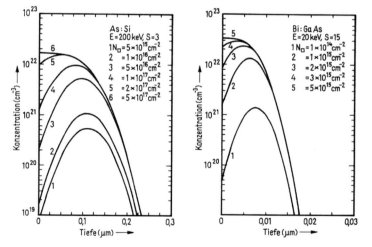

Fig. 3.41
Dotierungsprofile abhängig von Implantationsdosis und Zerstäubungsausbeute für As in Silicium ($E = 200$ keV; $s = 3$) und Bi in GaAs ($E = 20$ keV; $s = 15$)

Ionenzerstäubung zu sehen ist, macht sich der Effekt bei GaAs bereits bei einer Dosis von 10^{15} cm^{-2} bemerkbar. Carter und Mitarbeiter [119] maßen Werte von S bis über 40 für Kryptonimplantationen in GaAs.

Die maximal erzielbare Flächenkonzentration ergibt sich durch Integration von Gl. (3.20a) zu

$$N_{S,\max} = R_p \cdot N_{\max} - \frac{N\Delta R_p}{S\sqrt{2\pi}} \exp\left[-\frac{R_p^2}{2\Delta R_p^2}\right] \tag{3.22}$$

84 3 Probleme bei der Implantation in reale Festkörper

Liegen keine gaußförmigen Profile vor, so müssen die Integrationen im allgemeinen numerisch durchgeführt werden. Berechnungen oder Experimente zur Veränderung von Implantationsprofilen durch Ionenzerstäubung wurden von Carter und Mitarbeitern [119], [120], [770], Krimmel und Pfleiderer [419], Tsai und Morabito [732] sowie von Fritsche und Rothemund [261] durchgeführt. In Fig. 3.42 sind experimentelle Werte der Flächenkonzentration abhängig von der Dosis für Wismut in GaAs wiedergegeben [729]. Die durchgezogene Kurve wurde durch Integration

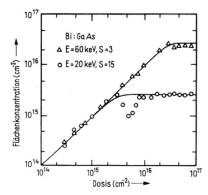

Fig. 3.42
Integrale Fremdatomkonzentration abhängig von der Ionendosis bei einer Zerstäubungsausbeute von 3 und 15. Experimentelle Werte nach [729]

von Gl. (3.20) gewonnen. Die Übereinstimmung zwischen Theorie und Experiment ist sehr gut, verschwiegen sei allerdings nicht, daß solche Meßergebnisse teilweise auch durch unvollständige elektrische Aktivierung bei hohen Konzentrationen aufgrund von Löslichkeitsgrenzen oder unvollständiger Ionisierung nach der Fermistatistik erklärbar sind, d. h., die Kurvenanpassung ohne separate Bestimmung der Zerstäubungsausbeute noch keinen Schluß zuläßt.

3.8 Diffusion

Ein sehr wesentlicher Effekt, der sich mit den reinen Implantationseffekten wie Channeling usw. überlagert, ist die Diffusion. Es müssen dabei mehrere Arten unterschieden werden. Die bekannteste ist die thermische Diffusion, die während des notwendigen Ausheilens oder auch während der Implantation auftreten kann, falls die Halbleiterprobe durch den Strahl stark erwärmt wird. Durch den Beschuß mit Ionen werden zahlreiche Leerstellen erzeugt, die eine Diffusion während der Implantation schon bei relativ niedrigen Temperaturen hervorrufen können, da zahlreiche Dotierungselemente in Halbleitern über Leerstellen diffundieren. Auch Zwischengitterdiffusion kann eine beträchtliche Rolle spielen, da ein Teil der implantierten Ionen auf regellosen Plätzen im Gitter zur Ruhe kommt und bis zum Einfang durch eine Leerstelle rasch auf Zwischengitterplätzen diffundieren kann.

Die letzteren Effekte werden allgemein als beschleunigte Diffusion (enhanced diffusion) bezeichnet, ohne daß man sich meist im einzelnen über den genauen Mechanismus im klaren ist. Als entgegengesetzter Effekt ist auch eine Verhinderung der Diffusion durch Strahlenschäden, bedingt durch den Einfang der Dotierungsatome an Defektzentren, denkbar.

Ein weiterer Effekt, der in diesem Zusammenhang erwähnt werden muß, ist die Diffusion durch einen zusätzlichen Beschuß mit nichtdotierenden Teilchen die Leerstellen erzeugen und dadurch den Diffusionskoeffizienten erhöhen. Man spricht in diesem Fall von strahlungsbeschleunigter Diffusion (radiation enhanced diffusion, RED). Um bleibende Strahlenschäden zu vermeiden, benützt man dazu im allgemeinen nur Protonen [532], [608], [547] obwohl auch Experimente mit Argon und Helium vorgenommen wurden [735]. Hierdurch ist es möglich, implantierte Verteilungen tiefer in den Kristall einzudiffundieren als es durch die beschränkte Reichweite bei direkter Implantation möglich wäre. Außerdem kann durch geeignete Wahl der Energie der Protonen die Profilgestalt in Grenzen verändert werden.

Bei Anwendungen der Ionenimplantation in der Siliciumplanartechnologie wird sehr oft in oxidierender Atmosphäre getempert. Grund hierfür ist vor allem die Möglichkeit, gleichzeitig mit der Temperung eine Maskierungsschicht für den nächsten technologischen Schritt, sei es eine Implantation, Diffusion oder Metallisierung, zu erhalten. Durch diese oxidierende Temperung wird das Implantationsprofil wesentlich stärker verändert als bei inerter Temperung, unabhängig davon, ob dabei eine Passivierungsschicht verwendet wird oder nicht.

Im folgenden werden die thermische, die Diffusion bei oxidierender Temperung und die strahlungsbeschleunigte Diffusion genauer betrachtet; einige weitere Effekte, die ebenfalls einen erhöhten Diffusionskoeffizienten hervorrufen können, werden abschließend kurz gestreift.

3.8.1 Thermische Diffusion

Implantierte Ionen sind im allgemeinen nach der Implantation nicht oder nur zu einem kleinen Teil elektrisch aktiv. Dies wird erst durch eine geeignete Temperaturbehandlung (Temperung, Ausheilen) erreicht. Die notwendigen Temperaturen können bei Silicium bis zu 1000 °C betragen, bei anderen Halbleitern (z. B. Siliciumkarbid) weit darüber liegen.

Konstanter Diffusionskoeffizient Während des Ausheilens (übliche Zeiten liegen zwischen 10 Minuten und einer Stunde) kann es zu einer thermischen Diffusion kommen. Die theoretische Behandlung dieses Problems ist sehr einfach, wenn man einen sich von $-\infty$ bis $+\infty$ erstreckenden Halbleiter betrachtet. Die Diffusionsgleichung (2. Ficksches Gesetz) lautet im eindimensionalen Fall

$$\frac{\partial N}{\partial t} = D \frac{\partial^2 N}{\partial x^2} \qquad (3.23)$$

86 3 Probleme bei der Implantation in reale Festkörper

wobei N die Konzentration des diffundierenden Stoffes; D der Diffusionskoeffizient; t die Zeit und x die Ortskoordinate ist.

Bei gaußförmigen Ionenverteilungen nach der LSS-Theorie, Gl. (2.23) bzw. Gl. (2.25) erhält man $N(x)$ als spezielle Lösung dieser Differentialgleichung zu:

$$N(x) = \frac{N_{max}}{\sqrt{1 + \frac{2Dt}{\Delta R_p^2}}} \exp\left[-\frac{(R_p - x)^2}{2\Delta R_p^2 + 4Dt}\right] \tag{3.24}$$

t ist hierbei die Ausheilzeit.

Wenn man den Einfluß der Oberfläche auf die Diffusion berücksichtigen will, erweist sich die Lösung als schwieriger. Trotzdem ist eine analytische Lösung möglich. Mit der Randbedingung $\partial N(x,t)/\partial x|_{x=0} = 0$, d. h. keine Ausdiffusion an der Oberfläche, erhält man für die allgemeine Lösung

$$N(x,t) = \frac{1}{\sqrt{4\pi Dt}} \int_0^\infty f(x') \left\{\exp\left[-\frac{(x'-x)^2}{4Dt}\right] + \exp\left[-\frac{(x'+x)^2}{4Dt}\right]\right\} dx' \tag{3.25}$$

Dabei ist $f(x)$ die Ionenverteilung zum Zeitpunkt $t=0$. Setzt man dafür ebenfalls eine Gaußverteilung an, so ergibt sich [606]

$$N(x,t) = \frac{N_{max}/2}{\sqrt{1 + \frac{2Dt}{\Delta R_p^2}}} \left\{ \exp\left[-\frac{(x-R_p)^2}{2\Delta R_p^2 + 4Dt}\right] \left[1 + \mathrm{erf}\frac{\frac{R_p\sqrt{4Dt}}{\sqrt{2\Delta R_p}} + \frac{x\sqrt{2\Delta R_p}}{\sqrt{4Dt}}}{\sqrt{2\Delta R_p^2 + 4Dt}}\right] + \right.$$

$$\left. + \exp\left[-\frac{(x+R_p)^2}{2\Delta R_p^2 + 4Dt}\right] \left[1 + \mathrm{erf}\frac{\frac{R_p\sqrt{4Dt}}{\sqrt{2\Delta R_p}} - \frac{x\sqrt{2\Delta R_p}}{\sqrt{4Dt}}}{\sqrt{2\Delta R_p^2 + 4Dt}}\right]\right\} \tag{3.26}$$

Für $t=0$ geht diese Lösung in das gaußsche Implantationsprofil über. In Fig. 3.43 sind nach Gl. (3.26) berechnete Diffusionsprofile einer 40 keV Borimplantation in Silicium für eine Temperung von jeweils 10 min bei 800°C, 900°C und 1000°C aufgetragen. Die gestrichelten Kurven geben jeweils den Verlauf nach Gl. (3.24) wieder. Der Fehler ist also im abfallenden Ast des Profils gering, zur Oberfläche hin jedoch kann er beträchtlich sein. Bei dem Beispiel von Fig. 3.43 ist er nach einer Temperung bei 900°C für 10 min 96% und bei 1000°C für 10 min 100%. Ein allgemeiner Ausdruck für den Fehler an der Oberfläche ergibt sich zu

$$\eta = \mathrm{erf}\frac{R_p\sqrt{4Dt}}{\sqrt{2\Delta R_p} \cdot \sqrt{2\Delta R_p^2 + 4Dt}} \tag{3.27}$$

Tab. 3.7 Diffusionskoeffizienten einiger Elemente in Silicium; $D = D_0 \exp(-E_a/kT)$

Element	D_0 (cm²/s)	E_a (eV)	D (800 °C) ($\times 10^{-16}$ cm²/s)	D (900 °C) ($\times 10^{-16}$ cm²/s)	D (1000 °C) ($\times 10^{-16}$ cm²/s)	Referenz
Al	8	3,47	4,1	100	1 500	[265]
As	60	4,20	0,012	0,56	14,6	[664]
B	0,15	3,19	1,6	30	360	[525]
P	10,5	3,69	0,5	15	200	[265]
Sb	5,6	3,95	0,016	0,61	13	[265]

Die Diffusion während der Temperung spielt stets dann eine Rolle, wenn $\sqrt{2Dt}$ von der gleichen Größe wie ΔR_p oder größer ist. Zur Abschätzung sind in Tab. 3.7 Werte der Diffusionskoeffizienten für einige Elemente in Silicium angegeben. Eine umfangreichere Zusammenstellung von Diffusionskoeffizienten findet sich im Anhang.

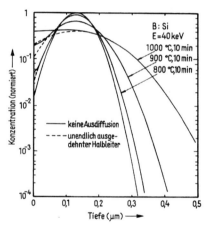

Fig. 3.43
Veränderung eines Implantationsprofils durch thermische Diffusion, normiert auf die Maximalkonzentration nach Gl. (3.26). $R_p = 0,13$ μm; $\Delta R_p = 0,044$ μm (40 keV Bor in Silicium). Die Diffusionskoeffizienten wurden nach Tab. 3.7 gewählt, die Diffusionszeit ist jeweils 10 min. Zum Vergleich ist der Verlauf für den ∞-ausgedehnten Halbleiter nach Gl. (3.24) gestrichelt eingezeichnet

Die Bedingung $\partial N(x,t)/\partial x|_{x=0} = 0$ gilt nur für Dotierstoffe mit vernachlässigbarem Dampfdruck bei der entsprechenden Ausheiltemperatur. Muß mit dem Abdampfen der implantierten Komponente gerechnet werden, so ergibt der Ansatz $N(0,t) = 0$ eine bessere Annäherung an den praktischen Fall. Die allgemeine Lösung ergibt sich unter dieser Bedingung zu

$$N(x,t) = \frac{1}{\sqrt{4\pi Dt}} \int_0^x f(x') \left\{ \exp\left[-\frac{(x'-x)^2}{4Dt}\right] - \exp\left[-\frac{(x'+x)^2}{4Dt}\right] \right\} dx' \quad (3.28)$$

Bei der Annahme eines gaußschen Profils erhält man eine der Gl. (3.26) analoge Lösung mit dem einzigen Unterschied, daß ein Minus-Zeichen zwischen den beiden Ausdrücken in der geschweiften Klammer steht. In Fig. 3.44 sind Berechnungen mit den gleichen Parametern wie in Fig. 3.39 dargestellt und mit dem Ergebnis nach Gl. (3.26) verglichen. Zwischen den beiden zusammenhängenden Kurven muß

88   3 Probleme bei der Implantation in reale Festkörper

also ein Profil verlaufen, wenn nicht andere Effekte (nichtkonstanter Diffusionskoeffizient, kein Gaußprofil) eine Rolle spielen. Die Behandlung der Diffusion beim Vorliegen einer Maskierungsschicht (thermisches- bzw. pyrolytisches Oxid) ist nicht in vergleichbar einfachen Ausdrücken darstellbar und hängt vom Segregationskoeffizienten zwischen Oxid und Halbleiter und den Diffusionskoeffizienten in beiden ab. Als Segregationskoeffizient m bezeichnet man das Verhältnis der Konzentration in der Deckschicht (Oxid, Nitrid) N_1 zu der im Halbleiter N_2 an der Grenzschicht, also

$$m = \frac{N_1(0,t)}{N_2(0,t)} \tag{3.29}$$

Eine analytische Lösung für den Fall, daß vor der Temperung eine Abdeckschicht aufgebracht wurde, ist unter der Annahme einer Ausdehnung der Abdeckschicht von $-\infty$ bis 0 (der Halbleiter erstreckt sich von 0 bis $+\infty$) möglich [204]. Im allgemeinen Fall für endliche Dicke der Abdeckschicht sind numerische Lösungen erforderlich. Für die Implantation durch eine Abdeckschicht mit anschließender Diffusion wurde unter der gleichen Annahme eine Lösung von Perloff [566] gefunden.

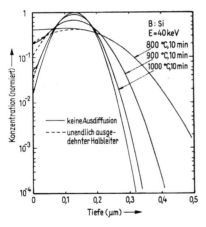

Fig. 3.44 Thermische Diffusion mit Ausdiffusion mit den gleichen Parametern wie in Fig. 3.43 und Vergleich mit Diffusion ohne Ausdiffusion nach Gl. (3.26)

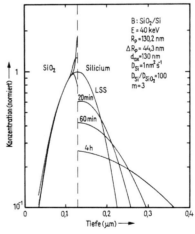

Fig. 3.45 Diffusion in einer SiO_2-Si-Struktur nach Implantation durch 130 nm SiO_2, mit 40 keV; $D_{Si}/D_{SiO_2} = 100$; Segregationskoeffizient 3.

Bei endlicher Dicke der Abdeckschicht sind nur numerische Lösungen möglich. In erster Näherung jedoch ist für beide Fälle bei der Wahl geeigneter Reichweiteparameter der Ausdruck nach Gl. (3.24) anwendbar, insbesondere auch wegen der z. Zt. noch nicht ausreichend genauen Kenntnis der für die Diffusion wichtigen Parameter im Bereich der Temperaturen, die für das Ausheilen implantierter Schich-

Tab. 3.8 Segregationskoeffizienten an der Grenzschicht SiO_2-Si

Dotierung	thermodynamische Schätzung [727]	experimentelle Werte		Referenz
B	10^{-3} bis 10^3	100		[307a]
		3,3		[306]
		$2,33 \times 10^{-4}$ exp $(1,135/kT)$	$\langle 111 \rangle$	[576]
		0,05 exp $(0,52/kT)$	$\langle 111 \rangle$	[145]
		0,03 exp $(0,52/kT)$	$\langle 100 \rangle$	[145]
Ga	$<10^{-3}$	20		[307a]
In	$<10^{-3}$	0,1		[306]
P	$<10^{-3}$	0,1		[306]
Sb	$<10^{-3}$	0,1		[306]
As	$<10^{-3}$	0,1		[306]

ten verwendet werden. Ein theoretisches Beispiel für eine Implantation von Bor in Silicium durch 130 nm SiO_2 mit einem Segregationskoeffizienten von 3 und einem Unterschied der Diffusionskoeffizienten in Abdeckschicht und Substrat von 10^2 ist in Fig. 3.45 wiedergegeben. In Silicium liegt der Segregationskoeffizient etwa zwischen 3 (Bor) und 10^{-2} (Antimon) für die üblichen Dotierungssubstanzen. Werte von Segregationskoeffizienten sind in Tab. 3.8 wiedergegeben.

Der Fall der oxidierenden Temperung wird im nächsten Abschnitt behandelt.

Nicht konstanter Diffusionskoeffizient Bei einer Reihe von Dotierstoffen wurde eine starke Abhängigkeit des Diffusionskoeffizienten von der Konzentration festgestellt [457], [458], so daß Gl. (3.23) nicht mehr gilt. Die Diffusion kann überdies über verschiedene Mechanismen ablaufen, z. B. über Leerstellen oder aber Zwischengitterplätze. Letzteres ist z. B. bei In und Ga in Silicium und Zn in GaAs der Fall. Ausführliche Betrachtungen zu diesen Themata bringen z. B. Shaw [665] sowie Seeger und Chik [648]. Relativ einfach läßt sich das Problem darstellen, wenn die Konzentrationsabhängigkeit durch das interne elektrische Feld, das vom Dotierungsgradienten herrührt, oder durch die Leerstellenkonzentration und damit vom Ferminiveau hervorgerufen wird.

Die Diffusionsgleichung lautet für den Fall eines konzentrationsabhängigen Diffusionskoeffizienten

$$\frac{\partial N}{\partial t} = \frac{\partial}{\partial x}\left(D \frac{\partial N}{\partial x}\right) \qquad (3.30)$$

(N Konzentration des Dotierstoffes; D Diffusionskoeffizient).

Der Einfluß des internen Feldes berechnet sich unter der Annahme der Ladungsträgerneutralität aus der Gleichung für den Teilchenstrom und der Poissongleichung. Der Diffusionskoeffizient wird durch einen sog. Feldbeschleunigungsterm d_F modifi-

90   3 Probleme bei der Implantation in reale Festkörper

ziert und lautet [431]

$$D(N) = D_i d_F = D_i \left(1 + \frac{N}{\sqrt{N^2 + 4n_i^2}}\right) \tag{3.31}$$

D_i steht für den intrinsischen Diffusionskoeffizienten bei niedrigen Dotierungskonzentrationen.

Bei dieser Berechnung wurden Einflüsse der Entartung des Halbleiters und eine etwaige unvollständige Aktivierung der implantierten Ionen bei hohen Konzentrationen noch nicht berücksichtigt.

Bei schwacher Entartung ($N < 4{,}7 \times 10^{20}$ cm^{-3}) gilt für d_F näherungsweise [629]

$$d_F = 1 + \left[\frac{N}{\left[N^2 + 4n_i^2\left(1 - 0{,}27\frac{N}{N_c}\right)\right]^{1/2}} + \frac{N}{N_c\left(1 - 0{,}27\frac{N}{N_c}\right)}\right] \tag{3.32}$$

Hierbei wurde vollständige Ionisierung vorausgesetzt. N_c ist die Zustandsdichte des Leitungsbandes. In Fig. 3.46 ist der Einfluß des Feldes auf eine theoretische, gaußförmige Arsenverteilung unter Verwendung von Gl. (3.32) dargestellt. Deutlich sieht man die Aufsteilung des Profils im Vergleich zu Fig. 3.43. Der Einfluß der Leerstellenkonzentration C_V läßt sich berechnen, wenn man annimmt, daß der Diffusionskoeffizient proportional der Leerstellenkonzentration ist, d. h.

$$D \sim C_V \tag{3.33}$$

Unter der Annahme einfach negativ geladener Leerstellen C_V^- gilt für deren Konzentration

$$C_V^- = C_V^0 \exp\left(\frac{E_F - E_V}{kT}\right) \tag{3.34}$$

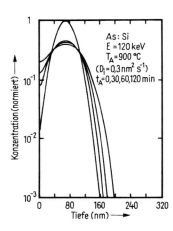

Fig. 3.46
Einfluß des internen elektrischen Feldes auf die Diffusion. $R_p = 69$ nm; $\Delta R_p = 24$ nm (120 keV Arsen in Silicium); keine Ausdiffusion, Dosis 10^{16} cm^{-2}, Aktivierungsgrenze bei ca. 3×10^{20} cm^{-3}

(C_V^0 neutrale Leerstellenkonzentration; g_V Entartungsfaktor; E_V energetische Lage des Leerstellenniveaus im verbotenen Band), und die Gesamtkonzentration der Leerstellen ist

$$C_V = C_V^0 \left(1 + g_V \exp\frac{E_F - E_V}{kT}\right) \tag{3.35}$$

Damit erhält man für den Diffusionskoeffizienten

$$D = D_i d_V = D_i \frac{1 + g_V \exp \frac{E_F - E_V}{kT}}{1 + g_V \exp \frac{E_{Fi} - E_V}{kT}} \quad (3.36)$$

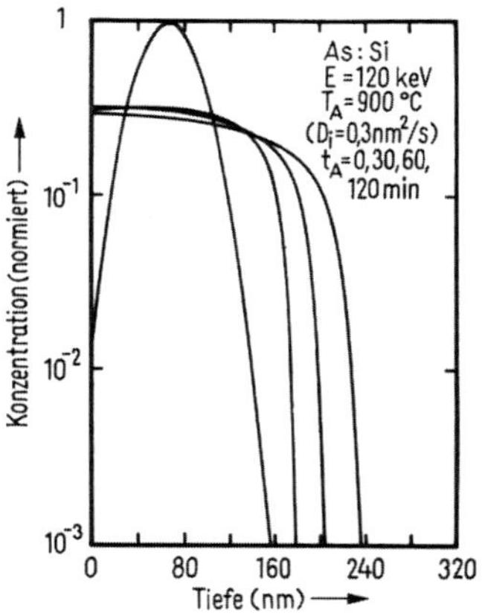

Fig. 3.47
Einfluß der Leerstellenkonzentration auf die Diffusion mit den gleichen Parametern wie in Fig. 3.33 ($R_p = 69$ nm; $\Delta R_p = 24$ nm, 120 keV Arsen in Silicium bei einer Dosis von 10^{16} cm^{-2}, Aktivierungsgrenze bei ca. 3×10^{20} cm^{-3})

d_V ist der Leerstellenbeschleunigungsterm. In Fig. 3.47 ist dieser Einfluß der Leerstellenkonzentration auf den Diffusionskoeffizienten für die gleichen Zeiten wie in Fig. 3.33 verglichen. Deutlich sieht man, daß der Einfluß der Leerstellen wesentlich größer als der des elektrischen Feldes ist. Der Diffusionskoeffizient unter Berücksichtigung von Feld- und Leerstelleneinfluß ergibt sich zu

$$D = D_i d_F d_V \quad (3.37)$$

Eine weitere Verbesserung des Modells kann man erzielen, wenn man den Leerstellen zwei Ladungsniveaus zuschreibt und eine unvollständige elektrische Aktivierung implantierter Ionen bei hohen Konzentrationen [137], [235], [351] sowie die Bildung von unbeweglichen Komplexen [235] berücksichtigt.

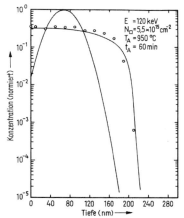

Fig. 3.48 Vergleich gemessener Dotierungsprofile von Arsen in Silicium ($E = 120$ keV; $N_\square = 5,5 \times 10^{15}$ cm^{-2}) und theoretischer Profile [628]

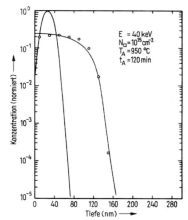

Fig. 3.49 Vergleich gemessener Dotierungsprofile von Arsen in Silicium ($E = 40$ keV; $N_\square = 10^{15}$ cm^{-2}) und theoretischer Profile [628]

92   3 Probleme bei der Implantation in reale Festkörper

In Fig. 3.48 und 3.49 sind gemessene und errechnete Profile unter Beachtung der diskutierten Effekte verglichen, wobei der Einfluß von unbeweglichen Arsenkomplexen und unvollständiger Aktivierung berücksichtigt wurde. Die Übereinstimmung zwischen Experiment und Rechnung ist trotz des relativ einfachen Modells recht gut. Ähnliche Untersuchungen wurden von van Overstraeten [383] und Forschungsgruppen bei Texas Instruments [633], IBM [137], [351] und Bell [232], [233], [234] durchgeführt. Solche Untersuchungen sind heute wegen der immer kleiner werdenden Strukturen der Bauelemente und der notwendigen engen Toleranzen wichtig geworden, während früher die Tiefe des pn-Überganges eine ausreichende Information darstellte. Durch die Verwendung der Ionenimplantation mit ihren vielfältigen Möglichkeiten wurde dadurch eine neuerliche Beschäftigung mit elementaren Prozessen wie der Diffusion erzwungen, die man bereits lange für ausreichend untersucht hielt.

Zwischengitterdiffusion Zwischengitterdiffusion tritt bei Atomen mit kleinem Atomradius auf, z. B. Gold oder Kupfer in Silicium. Zur Behandlung dieses Problems müssen Dotierungsatome auf Gitterplätzen und auf Zwischengitterplätzen sowie die Diffusion von Leerstellen berücksichtigt werden. Eine ausführliche Behandlung dieses Problems für Gold in Silicium geben Schulz und Mitarbeiter [635] und für GaAs Zölch [796]. Sehr tiefe Profilausläufer bei Diffusion und Implantation werden oft dieser Zwischengitterdiffusion zugeschrieben [175], [178], [186], [452]. Davies und Mitarbeiter [178] denken dabei an Ionen, die vollständig in Kanälen abgebremst werden, über Zwischengitterplätze in den Kristall diffundieren und schließlich an Leerstellen, Versetzungen oder komplexen Defekten eingefangen zu werden. Voraussetzung für einen Mechanismus dieser Art ist, daß das Ion während dieser Abbremsung im Kanal keine Defekte erzeugt. Nach Anderson [40] gilt das jedoch nur für $Z_1 < Z_2$. Eine weitere Erklärung durch Bourgoin und Corbett [96] beruht auf der Erhöhung des Diffusionskoeffizienten durch Ionisation während des Ionenbeschusses. Dearnaley und Mitarbeiter [86], [184] konnten kürzlich zeigen, daß für Phosphor in Silicium diese Profilausläufer auf Channeling von Ionen, die während ihrer Abbremsung in Kanäle gestreut wurden, zurückzuführen ist und nicht auf eine beschleunigte Diffusion. Wahrscheinlich trifft das auch in vielen anderen Fällen zu. Bei elektrischen Profilmessungen in Halbleitern werden, wie Kennedy [405] zeigte, Interpretationen dieser sog. "supertails" oft auf Meßfehler zurückzuführen sein (s. dazu auch Kapitel 5).

3.8.2 Temperung in oxidierender Atmosphäre

In der Siliciumplanartechnologie werden implantierte Schichten häufig in oxidierender Atmosphäre getempert, insbesondere, wenn bei der Temperung gleichzeitig eine Maskierungsschicht für den darauffolgenden technologischen Schritt hergestellt werden soll, oder wenn die Verwendung der Implantation zur Vorbelegung einen anschließenden konventionellen Diffusionsschritt erforderlich macht.

Obwohl es grundsätzlich möglich ist, bei so tiefen Temperaturen zu oxidieren, daß keine Diffusion der implantierten Ionen stattfindet (z. B. in Wasserdampf unter Überdruck [575]), werden praktisch ausschließlich aus der Planartechnik bewährte Prozesse verwendet, d. h. die Oxidationstemperaturen liegen zwischen etwa 900°C und 1100°C. Bei diesen Temperaturen kann bereits eine merkliche Diffusion auftreten. Die Oxiddicken bewegen sich meist zwischen 10 nm und 30 nm, was bedeutet, daß etwa 5 nm bis 14 nm des implantierten Siliciums aufgebraucht werden. Über mögliche nachteilige Wirkungen, die als Folge der oxidierenden Temperung auftreten können, wurde bereits im ersten Abschnitt dieses Kapitels berichtet. Hier soll deshalb lediglich auf den Einfluß der Oxidation auf die Implantationsprofile eingegangen werden. Je nach Größe der Diffusion und des Segregationskoeffizienten in Oxid und Silicium erhält man unterschiedliche Dotierungsprofile. Ist der Segregationskoeffizient größer als Eins, so ergibt sich eine Verarmung der Dotierungssubstanz an der Halbleiteroberfläche, im umgekehrten Fall im allgemeinen eine Anreicherung (pile up, „Schneepflugeffekt" [519]). In Tab. 3.8 sind die Segregationskoeffizienten der wichtigsten Elemente für das System SiO_2-Si wiedergegeben. Als einziges Element hat Bor einen Segregationskoeffizienten größer Eins. Genaue Untersuchungen der Segregation liegen nur für Bor durch eine neue Arbeit von Colby und Katz [145] vor, die die Temperatur- und Orientierungsabhängigkeit des Effektes untersuchten. Für eine mathematische Behandlung dieses Problems ist neben der Kenntnis der Diffusions- und Segregationskoeffizienten das Oxidationsverhalten des Siliciums wesentlich. Bei dünnen Oxidschichten ($\geqslant 20$ nm) erfolgt das Wachstum linear mit der Zeit, um anschließend einem parabolischen Gesetz zu folgen [181], [182], [313], [391], [587], [588]. Für die Gesamtdicke des Oxids gilt [182], [306]

$$X = \frac{k_\mathrm{p}}{2k_\mathrm{c}}\left(\sqrt{1 + 4\frac{k_\mathrm{c}^2}{k_\mathrm{p}} \cdot (t+\tau)} - 1\right) \tag{3.38}$$

k_p ist die parabolische, k_c die lineare Wachstumskonstante; $\tau = 4(d^2/k_\mathrm{p} + d/k_\mathrm{c})$; d ist die Oxiddicke bei Beginn der Oxidation (natürliches Oxid). Für eine trockene Oxidation bei 900°C z. B. sind die entsprechenden Konstanten $k_\mathrm{c} = 0{,}6$ nm/min bzw. $k_\mathrm{p} = 25$ nm^2/min und von der Dotierung unabhängig [313]. Kurven von k_p und k_c für trockene und feuchte Oxidation bringt Grove [306], [307]. Bei hohen Implantationsdosen kann sich die Oxidationsrate wesentlich erhöhen, durch die Implantation von Ionen, die mit Silicium eine chemische Verbindung eingehen (z. B. Stickstoff) stark vermindern, vgl. Kapitel 6, Abschn. 1.10.

Eine Reihe von Arbeiten befaßt sich mit der mathematischen Beschreibung der Umverteilung der Dotierung, während der Oxidation [35], [133], [400], [576]. Kato und Nishi [400] geben exakte Lösungen für Fehlerfunktionsprofile an, Prince und Schwettmann [576] bestimmten mittels Rechnersimulationen Diffusionskoeffizienten und den Segregationskoeffizienten von Bor zwischen 1000°C und 1200°C unter Verwendung implantierter Verteilungen.

94 3 Probleme bei der Implantation in reale Festkörper

Die Diffusionsgleichung lautet, wenn man den Ursprung des Koordinatensystems an die SiO$_2$-Si-Grenzfläche legt (vgl. Fig. 3.50) und man den Diffusionskoeffizienten konzentrationsabhängig ansetzt [576]

$$\frac{\partial N}{\partial t} = \frac{\partial}{\partial x}\left(D\frac{\partial N}{\partial x}\right) + k\frac{dX}{dt}\frac{\partial N}{\partial x} \tag{3.39}$$

In Gl. (3.39) ist k das Verhältnis der Dicke des Siliciums, das bei dem Aufwachsen einer SiO$_2$-Schicht verbraucht wird zu der Dicke der SiO$_2$-Schicht. k hat einen Wert von etwa 0,44 [44]. Zur Zeit $t=0$ gilt

$$N(x,0) = f(x) \tag{3.40}$$

$f(x)$ ist im Fall der Ionenimplantation ein gaußförmiges Profil, vgl. Gl. (2.23), oder ein experimentell gefundenes Profil. Nimmt man weiterhin an, daß keine Ausdiffusion durch das Oxid stattfindet (diese Annahme ist bei Elementen mit hohem Dampfdruck

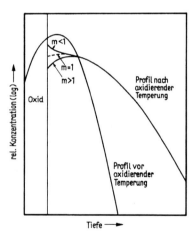

Fig. 3.50 Schematische Darstellung einer Profilveränderung durch oxidierende Temperung

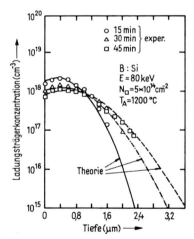

Fig. 3.51 Borprofile nach oxidierender Temperung bei 1200°C für 15 bis 45 min [576]

wie z. B. Arsen und Phosphor nicht ganz gerechtfertigt, wegen des niedrigen Diffusionskoeffizienten in SiO$_2$ ist der Fehler jedoch sehr klein), so gilt wegen der Erhaltung der Dotierungssubstanz

$$D\left.\frac{\partial N(x,t)}{\partial x}\right|_{x=0} = (m-k)\frac{dX}{dt}N(0,t) \tag{3.41}$$

m ist der Segregationskoeffizient ($m = N(0^-,t)/N(0^+,t)$, teilweise wird auch das umgekehrte Verhältnis so bezeichnet [306]). Prince und Schwettmann [576] berechneten

3.8 Diffusion 95

Profile ausgehend von implantierten Borverteilungen unter Annahme eines Diffusionskoeffizienten nach Gl. (3.31), leicht modifiziert durch einen Term $(1 + A \cdot N/n_i)$; $10^{-1} < A < 10^{-2}$, der den Leerstelleneinfluß wiedergeben sollte, jedoch praktisch keinen Einfluß auf die Profilgestalt hatte. Ein typisches Beispiel ist in Fig. 3.51 wiedergegeben. Die Implantation wurde mit 80 keV, Dosis 2×10^{15} cm^{-2} bei Raumtemperatur durchgeführt, die Diffusion bei 1200 °C für Zeiten zwischen 15 min und 45 min. Die mittlere Reichweite bei der verwendeten Energie ist 0,2465 µm, d. h., die Verarmung an Bor an der Oberfläche resultiert von der Segregation und nicht etwa von dem gaußschen Implantationsprofil. Der Diffusionskoeffizient konnte aus diesen Experimenten bestimmt werden zu $D_i = 0{,}0322 \cdot \exp(-3{,}02/kT)$ cm^2/s und der Segregationskoeffizient zu $m = 2{,}33 \times 10^{-4} \cdot \exp(1{,}135/kT)$. Ist der Segregationskoeffizient kleiner Eins, d. h., die Dotierungssubstanz ist schwerer löslich im Oxid als im Halbleiter, so tritt der umgekehrte Effekt auf. Gemessen wurde dieser Effekt bisher bei Arsen und Antimon [482], [519] in Silicium. In Fig. 3.52 ist eine Rückstreumessung

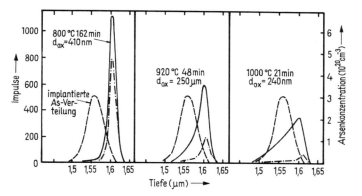

Fig. 3.52 Schneepflugeffekt von Arsen in Silicium nach oxidierender Temperung. Nach Oxidation bei niedrigen Temperaturen zeigt sich eine starke Aufsteilung des Arsenprofils und Einbau auf irregulären Plätzen; bei hohen Temperaturen überwiegt thermische Diffusion. Implantationsenergie 200 keV, -dosis 10^{16} cm^{-2}; gestrichelt: Ausgangsverteilung; durchgezogen: Random-Messung; strichpunktiert: Channelling-Messung [519]

von Müller und Mitarbeitern [519] angegeben, die den Schneepflugeffekt für Arsen, abhängig von der Oxidationstemperatur zeigt. Ist die Oxidationstemperatur sehr niedrig, z. B. feuchte Oxidation bei 850 °C bis 900 °C, so können die implantierten Ionen nicht in den Halbleiter diffundieren und werden dadurch an der Grenzschicht angereichert.

Dieser Effekt könnte bei geeigneten Ionenarten ausgenützt werden, um die durch die Implantation stark strahlengeschädigte Schicht nahe der Oberfläche durch Oxidation zu beseitigen. Eine anschließende Diffusion bei höherer Temperatur der an der Grenzschicht akkumulierten Dotierung in den Halbleiter führt zu Profilen, die ohne den konzentrationsabhängigen Term einer komplementären Fehlerfunktion entsprächen. Diesbezügliche Versuche mit Antimon wurden bereits durchgeführt [311], [519]. Zu klären ist jedoch, ob nicht während der Oxidation Versetzungen in den Kristall wachsen, wie es bei oxidierender Temperung vielfach beobachtet wurde (vgl. dazu auch Abschn. 3.1).

3.8.3 Strahlungsbeschleunigte Diffusion

Zum Abschluß dieses Kapitels wird eine relativ neue Anwendung der Ionenimplantation dargestellt: die strahlungsbeschleunigte Diffusion. Man versteht darunter eine gegenüber der thermischen beschleunigte Diffusion die durch den Beschuß mit hochenergetischen Teilchen hervorgerufen wird. Dieser Effekt kann während einer Implantation durch die implantierten Teilchen selbst oder nach einer Implantation (oder Diffusion) durch eine Bestrahlung mit nicht dotierenden Teilchen (α-Strahlen, Neutronen, Protonen usw.) hervorgerufen werden. Durch den Beschuß werden Defekte, im Idealfall Leerstellen, erzeugt. Sie erhöhen im allgemeinen den Diffusionskoeffizienten, da die meisten Dotierelemente in Silicium und Germanium über einen Leerstellenmechanismus diffundieren und auch bei anderen Halbleitern dieser Mechanismus an der Diffusion zumindest stark beteiligt ist. Höhere Temperaturen sind während der Bestrahlung nötig, um das Entstehen stabiler Defekte zu vermeiden (bei Silicium größer 750°C). Über experimentelle Ergebnisse bei niedrigen Temperaturen wurde zwar berichtet [732], in diesen Untersuchungen wurden jedoch die Kristallschädigungen nicht betrachtet. Näherungsweise läßt sich der Effekt der strahlungsbeschleunigten Diffusion berechnen, wenn man annimmt, daß der Diffusionskoeffizient proportional der Leerstellenkonzentration ist (vgl. Gl. (3.20)) und die während des Beschusses ebenfalls erzeugten Zwischengitteratome wegen ihrer geringen Wanderungsenergie (0 bis 0,4 eV [648]) sich sehr rasch über den Halbleiter verteilen. Wenn man die Selbstdiffusion vernachlässigt, so lassen sich die Diffusionsgleichungen für Dotierungsatome und Leerstellen schreiben zu:

$$\frac{\partial N}{\partial t} = \frac{\partial}{\partial x}\left(D \cdot \frac{\partial N}{\partial x}\right) + g(x) \tag{3.42}$$

$$\frac{\partial C_V}{\partial t} = D_V \frac{\partial^2 C_V}{\partial x^2} - \frac{C_V}{\tau_V} + g_V(x) \tag{3.43}$$

Der Diffusionskoeffizient D der Dotiersubstanz wird als proportional zu der Leerstellenkonzentration C_V angenommen; $g_V(x)$ ist die Generationsrate der Leerstellen, τ_V ihre Lebensdauer und D_V ihr Diffusionskoeffizient, der als konstant angenommen wird. $g(x)$ ist die Generationsrate der Dotierungsatome. Die strahlungsbeschleunigte Diffusion durch die implantierten Ionen selbst ($g(x) \neq 0$) hat kaum praktische Bedeutung, kann aber bei Hochtemperaturimplantationen stören, da man durch diesen Effekt je nach Ionendosis eine andere Profilgestalt erhält. Die Dosisrate hat relativ wenig Einfluß auf die Profilgestalt, da sich bei erhöhter Dosisrate zwar der Diffusionskoeffizient entsprechend erhöht aber die Implantationszeit im gleichen Maß verringert. Experimentelle Ergebnisse wurden von Tsuchimoto und Tokuyama [735] zu dieser Art der strahlungsbeschleunigten Diffusion mitgeteilt. In Fig. 3.53 und Fig. 3.54 sind Ergebnisse ihrer Untersuchungen für 100 keV Bor und 50 keV Phosphor in Silicium bei 750 °C für verschiedene Dosen wiedergegeben. Qualitativ zeigen diese Profile die zu erwartende breitere Profilgestalt bei den höheren Dosen. Namba und Mitarbeiter [273], [276], [529] führten eine Anzahl Experimente zur beschleunigten Diffusion von Antimon, Gallium und Indium in Silicium durch. Die Experimente ergaben, daß die Diffusion über Zwischengitterplätze bei teilweise sehr niedrigen Temperaturen stattfindet [273]. In Fig. 3.55 ist ein Beispiel für Antimon in Silicium dargestellt. Der Diffusionskoeffizient ist zwischen 500 °C und 700 °C unabhängig von der Temperatur und nur abhängig von der Dosisrate.

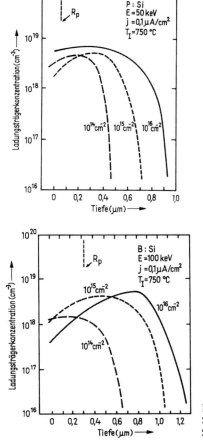

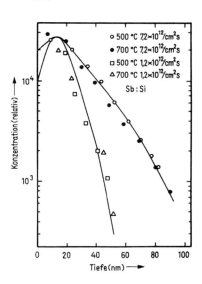

Fig. 3.55 Strahlungsbeschleunigte Diffusion von Antimon in Silicium abhängig von Dosisrate und Temperatur [276]

Fig. 3.53
Strahlungsbeschleunigte Diffusion von Bor in Silicium abhängig von der Dosis bei 750 °C [606]

Fig. 3.54
Strahlungsbeschleunigte Diffusion von Phosphor in Silicium abhängig von der Dosis bei 750 °C [606]

3 Probleme bei der Implantation in reale Festkörper

Im allgemeinen Fall der strahlungsbeschleunigten Diffusion wird der Diffusionskoeffizient durch eine zusätzliche Bestrahlung, vorzugsweise mit Protonen, erhöht; man erhält so einen zusätzlichen Freiheitsgrad bei der Gestaltung von Diffusionsprofilen. In diesem Fall ist in Gl. (3.42) $g(x) = 0$.

Bei der Ableitung von Gl. (3.43) wurde die thermische Generation von Leerstellen vernachlässigt und angenommen, daß die Zwischengitteratome bzw. andere Rekombinationszentren für Leerstellen homogen über den Halbleiter verteilt sind. Ist $\tau_V \ll t$ (t ist die Implantationszeit), so gilt nach kurzer Zeit $C_V/\partial t = 0$, und die Gleichgewichtsverteilung der Leerstellen ergibt sich nach Lösen der Gleichung

$$D_V \frac{\partial^2 C_V}{\partial x^2} - \frac{C_V}{\tau_V} + g_V(x) = 0 \tag{3.44}$$

Eine analytische Lösung von Gl. (3.44) ist unter der Annahme einer gaußschen Generationsrate für die Leerstellen, wie man sie z. B. nach der Theorie von Sigmund und Sanders [685] erhält oder leicht aus den Arbeiten von Brice [103] ableiten kann, möglich. Definiert man an der Oberfläche eine Oberflächenvernichtungsgeschwindigkeit s für Leerstellen,

$$D_V \frac{\partial C_V}{\partial x} \bigg|_{x=0, t} = s C_V(0, t) \tag{3.45}$$

so ergibt sich als Lösung

$$C_V(x) = \frac{2\pi \Delta X_D \cdot g_0 L_V}{4 D_V} \exp\left(\frac{\Delta X_D^2}{2 L_V^2}\right) \left\{ \exp\left(-\frac{x - X_D}{L_V}\right) \left[\frac{1}{\alpha} \exp\left(-\frac{2 X_D}{L_V}\right) \cdot \right.\right.$$
$$\left. \cdot \left(1 + \mathrm{erf}\, \frac{L_V X_D - \Delta X_D^2}{2 \Delta X_D L_V}\right) + \mathrm{erf}\, \frac{L_V(x - X_D) + \Delta X_D^2}{2 \Delta X_D L_V} + \mathrm{erf}\, \frac{L_V X_D + \Delta X_D^2}{2 \Delta X_D L_V}\right] +$$
$$\left. + \exp\left(\frac{x - X_D}{L_V}\right) \left[1 - \mathrm{erf}\, \frac{L_V(x - X_D) + \Delta X_D^2}{2 \Delta X_D L_V}\right]\right\} \tag{3.46}$$

X_D, ΔX_D sind die Reichweite- bzw. Standardabweichung der Leerstellengeneration; g_0 ist die maximale Generationsrate; $L_V = \sqrt{D_V \tau_V}$ ist die Diffusionslänge der Leerstellen. α hängt von der Oberflächenvernichtungsgeschwindigkeit der Leerstellen ab und ergibt sich mittels Gl. (3.45) zu

$$\alpha = \frac{(D_V/L_V) - s}{(D_V/L_V) + s} \tag{3.47}$$

Für große Werte von x ($X \gg X_D$) bestimmt in Gl. (3.46) der Term $\exp(-x/L_V)$ die Leerstellenverteilung und man erhält ein Profil mit exponentiellem Abfall ins Halbleiterinnere. Zur Auswertung der Gleichung benötigt man Werte für X_D, ΔX_D, g_0, D_V, L_V und s. X_D und ΔX_D können experimentell bestimmt (z. B. mittels Rückstreutechnik nach der Implantation bei niedrigen Temperaturen) oder den erwähnten theoretischen Arbeiten entnommen werden. g_0 ergibt sich zu

$$g_0 = \frac{(dE/dx)_{n,max} \cdot j}{qE_d} \tag{3.48}$$

wobei j die Strahlstromdichte; E_d die Energie zur Erzeugung einer Leerstelle und $(dE/dx)_{n,max}$ der maximale Wert der Energieabgabe in atomare Prozesse ist. D_V kann man aus experimentellen Werten des Selbstdiffusionskoeffizienten [648] gewinnen. Für L_V stehen in Silicium experimentelle Werte zur Verfügung, die zwischen 0,3 μm und 3,5 μm liegen [61], [708].

In Fig. 3.56 sind Leerstellenverteilungen wie man sie während des Beschusses mit 10^{14} cm^{-2} s^{-1} Protonen bei 200 keV durch 1μm SiO$_2$ zu erwarten hat, angegeben. Die Bremskraft in SiO$_2$ und in Silicium ist als gleich angenommen; die SiO$_2$-Schicht ist im praktischen Fall nötig, um Absputtern des Siliciums zu vermeiden und die Reichweite der Protonen anzupassen. Für Protonen gilt etwa $X_p \approx R_p$ und $\Delta X_p \approx \Delta R_p$, so daß die Daten nach Gibbons und Mitarbeitern [5] verwendet werden konnten.

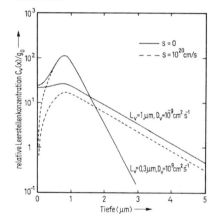

Fig. 3.56 Leerstellenverteilung in Silicium während des Beschusses mit 10^{14} cm^{-2} s^{-1} Protonen mit einer Energie von 200 keV durch 1 μm SiO$_2$

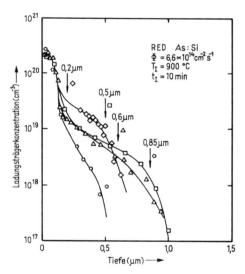

Fig. 3.57 Strahlungsbeschleunigte Diffusion von Arsen in Silicium durch Protonenbeschuß bei 900°C für 10 min abhängig vom Ort der Leerstellengeneration, der durch einen Pfeil gekennzeichnet ist

Beispiele von experimentell gemessenen Profilen sind in Fig. 3.57 dargestellt. Die Proben wurden nach einer Arsenimplantation ($E = 80$ keV, $N_\square = 10^{16}$ cm^{-2}) mit einer Dosisrate von $6,6 \times 10^{14}$ cm^{-2} s^{-1} (≈ 100 μA/cm^2) für 10 min bestrahlt.

100 3 Probleme bei der Implantation in reale Festkörper

Die mittlere Reichweite der Arsenionen war 48 nm, die mittlere Reichweite der Protonen lag bei 0,2 bis 0,85 nm. Die Diffusion ist besonders stark nahe dem Generationsort der Leerstellen; aus dieser Messung läßt sich eine Diffusionslänge der Leerstellen von etwa 0,2 bis 0,4 µm bei 900°C abschätzen. Weitere Untersuchungen zur strahlungsbeschleunigten Diffusion wurden von Nelson und Mitarbeitern [532], Baruch und Mitarbeitern [60], Ohmura und Mitarbeitern [547], Minear und Mitarbeitern [500], Tsuchimoto und Tokuyama [735] sowie Zelevinskaya und Mitarbeiter [793] mitgeteilt. Tarui und Mitarbeiter [721] verwendeten strahlungsbeschleunigte Diffusion zur Herstellung von lateralen Transistoren. Untersuchungen haben ergeben, daß für strahlungsbeschleunigte Diffusion nur Wasserstoffimplantation anwendbar ist. Beim Beschuß mit Helium oder Argon, also Edelgasen, die an sich nicht mit Silicium oder den anderen Halbleitern reagieren, bleiben permanente Strahlenschäden und Ausscheidungen der implantierten Ionen wegen ihres niedrigen Diffusionskoeffizienten (im Extremfall tritt Blasenbildung, "bubbles", auf) zurück, die die elektrischen Eigenschaften negativ beeinflussen.

Die Möglichkeiten dieser neuen Methode, implantierte oder diffundierte Fremdatomverteilungen in Festkörpern bei relativ niedrigen Temperaturen (800°C bis 900°C) selektiv durch die Verwendung geeigneter Maskierungsschichten in kurzen Zeiten wesentlich weiter als durch thermische Diffusion zu diffundieren, sind jedoch bisher nur durch erste Experimente abgetastet worden. Die große Reichweite der Protonen ermöglicht die Dotierung wesentlich tieferer Bereiche des Halbleiters als dies bisher mit der Implantation möglich war.

3.8.4 Andere Diffusionseffekte

Die Diffusion im Zusammenhang mit der Ionenimplantation kann außer durch die in den vorangegangenen Abschnitten diskutierten Mechanismen auch durch andere Effekte beeinflußt werden. Die sehr starke Ionisierung während der Implantation kann bewegliche Defekte erzeugen, die das Ausheilen von Strahlenschäden und die Diffusion von Fremdatomen beeinflussen [96]. Eine strahlenschädenabhängige Diffusion kann ebenfalls auftreten. Darunter sind zwei an sich unterschiedliche Effekte zu verstehen. Einmal das Freiwerden von Leerstellen während des Ausheilens als Folge der Gitterrestauration und ein daraus resultierender erhöhter Diffusionskoeffizient für die implantierten Ionen [380], zum anderen die Wirkung der durch die Implantation entstandenen stabilen Versetzungen mit einem damit verbundenen erhöhten Diffusionskoeffizienten wie bei Bor- und Phosphordiffusionen mit hoher Konzentration. Ersteres Problem läßt sich analog der strahlungsbeschleunigten Diffusion in Abschn. 8.2 behandeln, mit dem Unterschied, daß die Leerstellenkonzentration mit der Zeit abnimmt. Untersuchungen von Itoh [380] lassen vermuten, daß die Quelle der Leerstellen im Übergangsbereich vom amorphen zum ungeschädigten Gebiet liegt und nicht mit der Restauration des Gitters verknüpft ist. Die Leerstellen werden erst bei Temperaturen über 600°C frei. Die Zeitkonstante dieser

Leerstellenemission liegt im Minutenbereich. Nimmt man Gleichgewicht für die Leerstellenkonzentration an, so kann man näherungsweise den Ausdruck von Gl. (3.46) verwenden, wenn man die Generationsrate mit einem Faktor $\exp(-t/\tau)$ multipliziert, wobei τ die Zeitkonstante für das Freiwerden der Leerstellen ist.

3.9 Probenerwärmung

Bei der Implantation hoher Dosen kann die Erwärmung der Proben durch den Ionenstrahl zum Problem werden. Die in der Probe freiwerdende Leistung errechnet sich zu

$$P = \frac{E}{q} jA = UI \tag{3.49}$$

(E Beschleunigungsenergie; j Stromdichte; A Fläche der Probe; U Beschleunigungsspannung; I Strahlstromstärke).

Bei einer Implantationsenergie von 150 keV und einer Stromdichte von 10 µA/cm² beträgt die abzuführende Leistung am Target z. B. 1,5 W/cm². Bei einer Implantationsdosis von 10^{15} cm^{-2} ist das eine Energie von 150 Ws.

Implantiert man mehrfach geladene Teilchen, so gilt Gl. (3.49) ebenfalls. Im allgemeinen ist man daran interessiert, die Implantationszeit so niedrig wie möglich zu halten, um einen großen Durchsatz zu ermöglichen. Die Scheibenführung erfordert eine minimale Implantationszeit von einigen, meist 5 bis 10 Sekunden. Bei hohen Dosen wird die Implantationszeit entweder durch die zur Verfügung stehende Stromstärke oder durch eine unzulässig hohe Probenerwärmung begrenzt.

Die Probentemperatur hängt wesentlich auch von der Wärmeableitung über die Probenhalterung ab. Meist wird die Probe durch Metallklammern oder -federn auf eine ebenfalls metallische Halterung gedrückt. Dies sind sicher keine definierten thermischen Verhältnisse. Daher können sich extrem ungleichmäßige Resultate bei Bauelementen, besonders nach Temperung bei niedrigen Temperaturen, ergeben, obwohl die Implantation an sich homogen war. In die Berechnung der Probenaufheizung durch den Strahl geht vor allem die Emissivität der Probe, die Wärmeleitungsverluste zum Probenhalter und die Dicke der Probe ein. Gibt die Probe nur Energie durch Strahlung nach beiden Seiten ab, d. h. ist der Wärmekontakt zur Halterung vernachlässigbar und die Abstrahlung beidseitig, so ergibt sich die Temperaturerhöhung der Probe durch Lösung der Differentialgleichung unter der Annahme einer gleichmäßigen Temperatur innerhalb der Probe:

$$\frac{\partial T}{\partial t} = \frac{P}{Ad\varrho C} - \frac{2\varepsilon\sigma}{d\varrho C}(T^4 - T_0^4) \tag{3.50}$$

A ist die Fläche; d die Dicke; ϱ die Dichte und C die Wärmekapazität der Probe (für Si ist $C = 0{,}753$ Ws/gK); P die Leistung, die durch den Strahl zugeführt wird;

102   3 Probleme bei der Implantation in reale Festkörper

σ ist die Strahlungskonstante des schwarzen Körpers ($\sigma = 5{,}67 \times 10^{-12}$ Wcm^{-2} K^{-4}); T_0 die Umgebungstemperatur und ε der Emissionsfaktor der Probenoberfläche.

Die Gleichgewichtstemperatur T erhält man für $\partial T/\partial t = 0$.

$$T_\infty = \left(\frac{P}{2A\varepsilon\sigma} + T_0^4\right)^{1/4} \tag{3.51}$$

Die Aufheizzeit bis zu einer Temperatur T erhält man durch Integration von Gl. (3.50) zu

$$t = \frac{d\varrho C}{8\varepsilon\sigma}\frac{1}{T_\infty^3}\left(\ln\frac{T_\infty+T}{T_\infty-T}\frac{T_\infty-T_0}{T_\infty+T_0} + 2\tan^{-1}\frac{T}{T_\infty} - 2\tan^{-1}\frac{T_0}{T_\infty}\right) \tag{3.52}$$

Für die Emissivität bei höherer Temperatur sind nur wenige Werte bekannt, die bei Halbleitern vor allem auch durch aufgebrachte Maskierungsschichten aus SiO$_2$, Si$_3$N$_4$ usw. oder metallische Kontaktschichten modifiziert werden. Sie dürften jedoch

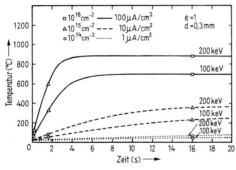

Fig. 3.58 Temperatur einer Siliciumprobe abhängig von Implantationszeit und Strahlstromdichte für 100 und 200 keV $d = 0{,}3$ mm; $\varepsilon = 1{,}0$

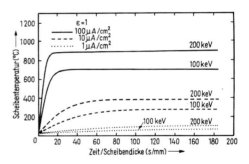

Fig. 3.59 Normierte Darstellung der Aufheizung einer Siliciumscheibe abhängig von Implantationszeit und Strahlstromdichte

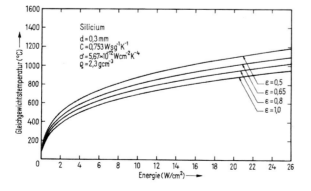

Fig. 3.60
Gleichgewichtstemperatur einer Siliciumprobe während der Implantation abhängig von der Strahlleistung mit dem Emissionsfaktor als Parameter

zwischen 0,5 und 1 liegen. Bei Silicium ist ε (300 K) $\approx$ 0,65 und nähert sich bei 900 °C dem Wert 1.

In Fig. 3.58 ist die Aufheizung einer Siliciumprobe mit einer Dicke von 0,3 mm abhängig von der Implantationszeit und der Strahlstromdichte für 100 keV und 200 keV angegeben. Eingezeichnet sind ebenfalls die Werte der Temperatur für bestimmte Implantationsdosen. Bei der Verwendung von dickeren bzw. dünneren Proben verschieben sich die Aufheizkurven nach rechts bzw. nach links. Eine auf die Dicke normierte Darstellung der Aufheizkurven ist in Fig. 3.59 wiedergegeben. Die Aufheizzeit ergibt sich durch Multiplikation der normierten Werte mit der Scheibendicke in cm. Eine Auswertung von Gl. (3.51) bringt Fig. 3.60. Hier ist die Gleichgewichtstemperatur, die unabhängig von der Scheibendicke ist, als Funktion der Strahlleistung mit dem Emissionsfaktor als Parameter aufgetragen.

Zu starke Aufheizung durch die Implantation läßt sich durch einen guten Wärmekontakt mit einem Halter hoher Wärmeleitfähigkeit vermeiden. Verwendet werden kann z. B. Leitsilber, Indium oder Vakuumfett [2]. Für Routineimplantationen sind diese Verfahren vor allem aus Gründen der Probenkontamination nicht geeignet. Eine bessere Methode ist deshalb, mehrere Scheiben gleichzeitig zu implantieren und so die effektive Stromdichte pro Scheibe niedriger zu halten. Dies ist z. B. mit einer Implantationskammer mit karusselförmiger, rotierender Targethalterung möglich. Einzelheiten über solche Anordnungen sind in Kapitel 4 dargestellt.

4 Ionenimplantationsapparaturen

Es gibt eine Vielzahl von unterschiedlichen Ionenbeschleunigern. Ihr Energiebereich liegt zwischen etwa 10 keV und einigen MeV, meist jedoch zwischen 20 keV und 300 keV, die Strahlstromstärken liegen zwischen einigen µA und mehreren mA. Die Gründe für die Beschränkung auf einige hundert keV sind die wachsenden Kosten der Apparaturen und die Komplexität der Ionenerzeugung und -analyse. Für spezielle Anwendungen oberhalb 300 keV stehen für die Kernphysik entwickelte Beschleuniger zur Verfügung.

Das Prinzip aller Ionenbeschleuniger ist gleich. In einer Ionenquelle werden gasförmige, flüssige oder feste Stoffe ionisiert, durch ein elektrostatisches Feld beschleunigt und der entstehende Ionenstrahl nach der Masse der Ionen separiert – wobei letzteres auch vor der Beschleunigung direkt nach der Extraktion aus der Quelle erfolgen kann. Der separierte Ionenstrahl wird auf die zu implantierende Probe gerichtet, um eine homogene Flächenbelegung meist nach rasterförmiger Ablenkung zu erzielen. Die implantierte Dosis wird durch Integration des Stromes über die Zeit bestimmt. Unterschiede bestehen für die verschiedenen Beschleunigertypen weiterhin in der Erzeugung der Beschleunigungsspannung, der Spannungen für Extraktion, Fokus und Quelle (z. B. durch Transformator, Bandgenerator, Motor-Generatorsystem) sowie in der Aufteilung der Beschleunigungsspannung in bezug auf das Erdpotential.

Probleme bei Hochstrommaschinen, den Beschleunigertypen der Zukunft, sind die Erwärmung der Proben während der Implantation, die Manipulation zahlreicher Scheiben in kurzer Zeit und die Homogenität der Implantationen.

Zwei Bücher befaßten sich in letzter Zeit mit den maschinentechnischen Aspekten der Ionenimplantation: Das Buch von Dearnaley und Mitarbeitern [2] und das Werk von Wilson und Brewer [13], dessen Schwerpunkte Ionenquellen, Strahltransport und Systembetrachtungen sind.

4.1 Ionenquellen

Die zur Implantation benötigten Strahlströme liegen zwischen einigen µA und mehreren mA. Während die niedrigen Stromstärken für MOS-Bauelemente (z. B. Anpassung der Einsatzspannung) ausreichend sind, werden für Anwendungen bei bipolaren Transistoren und zur Veränderung chemischer Materialeigenschaften hohe Strahlströme benötigt, um mit kurzen Implantationszeiten auszukommen.

Die bekanntesten Ionenquellen sind die Glühkathoden-, Hochfrequenz-, Penning-, Duoplasmatron- und Sputterquellen. Je nach Verwendungszweck ist die eine oder andere Quelle besser geeignet. Grundsätzlich muß man unterscheiden zwischen Quellen für gasförmige Substanzen und für Feststoffe, sowie zwischen Hochstromquellen und Quellen mit niedrigen Ionenströmen, aber hoher Lebensdauer. Je nach Quellentyp hat man mit einer unterschiedlichen Energieunschärfe zu rechnen. Dies kann für die Massenseparation von Bedeutung sein. Für Forschungssysteme sind in der Regel Werte unter 10 eV notwendig, die für Industriesysteme (z. B. für ein reines Bor-System) unter Umständen wesentlich überschritten werden können.

Der größte Unterschied zwischen Forschungs- und Produktionsimplantationssystemen liegt bei dem Spektrum der Ionen, das von einer Quelle geliefert werden muß. Während bei ersterem möglichst viele Elemente bzw. deren Verbindungen ionisierbar sein sollen (gasförmige, flüssige und feste mit Schmelzpunkten bis über 2000°C) genügen für die Produktion meist eine bis vier Ionensorten (Bor, Phosphor, Arsen und Antimon). Um eine Ionensorte leichter erzeugen zu können, verwendet man oft gasförmige oder flüssige Verbindungen. Wichtig ist ein einfaches Umstellen der Ionenquelle auf andere Ionensorten, z. B. durch die Verwendung mehrerer Gaseinlaßventile oder Vakuumschleusen für Feststoffe.

Speziell für Produktionssysteme ist eine einfache Wartung und eine hohe Standzeit bis zur Reinigung bzw. Überholung der Quelle sehr wichtig. Bereits 100 Stunden sind eine gute Betriebsdauer.

Um den Energiebereich des Beschleunigers zu höheren Energien hin ausdehnen zu können, ist die Erzeugung von doppelt oder dreifach geladenen Ionen wünschenswert. Ionenquellen mit Glühkathode oder kalter Entladung liefern bis zu 10% doppelt bzw. 1% dreifach geladene Ionen. Die Separation mehrfach geladener Ionen ist kein Problem. Wegen ihrer größeren Geschwindigkeit sind sie bei einem geringeren Feld als einfach geladene separierbar. Damit ist es z. B. möglich, mit einem relativ einfachen 300 kV-System Ionen mit einer Energie von maximal 600 oder 900 keV zu erzeugen.

Man kann Ionenquellen nicht isoliert betrachten, stets ist die Anpassung an den Beschleuniger für ihr Verhalten maßgeblich. Entscheidend ist neben der Energieunschärfe letztlich die erzielbare Stromstärke am Target. Eine sehr ausführliche Diskussion des derzeitigen Standes auf dem Gebiet der Ionenquellen geben Dearnaley und Mitarbeiter [2]. Sehr umfassend mit zahlreichen Zitaten von Originalarbeiten ist das Buch von Wilson und Brewer [13]. Grundlegende Arbeiten zu Ionenquellen findet man z. B. bei von Ardenne [43].

106 4 Ionenimplantationsapparaturen

4.1.1 Glühkathodenquellen

Am weitesten verbreitet dürfte z. Zt. dieser Quellentyp sein. Die Gründe liegen in der Flexibilität in bezug auf die ionisierbaren Ionenarten und die hohen erzielbaren Strahlströme. Das Prinzip der Glühkathodenquellen ist relativ einfach. Von einer direkt geheizten Wolframkathode aus brennt zur Anode hin eine ionisierende Entladung. Durch ein Magnetfeld wird im allgemeinen der Weg der Elektronen verlängert, um eine höhere Ionisationsrate zu erzielen. Wegen des hohen Gasdruckes (typisch 1 bis 10^{-2} Pa) brennt ein stabiler Bogen zwischen Kathode und Anode. Die Energieunschärfe beträgt je nach Ausführung 1 bis 50 eV, ist jedoch meist kleiner 10 eV, der Arbeitsdruck kann 10^{-4} Pa bis 1 Pa betragen.

Zwei unterschiedliche Arten der Ionenextraktion sind gebräuchlich, axial oder senkrecht zur Achse des Plasmas. Im ersten Fall wird im allgemeinen ein Strahl mit kreisförmigem Querschnitt bei Strömen von einigen μA, im zweiten Fall aus einer schlitzförmigen Blende mit keilförmiger Gestalt extrahiert. Bei letzterer Geometrie sind wegen der größeren Extraktionsöffnung Ströme bis zu einigen mA möglich. Bei sehr großen Ausführungen für Isotopenseparatoren sind sogar Ströme bis einige 100 mA möglich (Calutronquelle [310], [413]). Die meisten Quellen dieses Typs sind mit Öfen ausgerüstet, um Feststoffe verdampfen zu können. Deshalb gehören sie zu den universellsten Quellen.

In Fig. 4.1 ist ein Querschnitt durch eine Ionenquelle für kleinere bis mittlere Ströme dargestellt. Diese sog. Sideniusquelle [676] zeichnet sich besonders durch ihre kleine Bauform und ihren niedrigen Energiebedarf (≈ 200 W) aus. Außerdem ist sie mit einem Ofen ausgerüstet, der Temperaturen bis ca. 1800 °C erlaubt. Glühka-

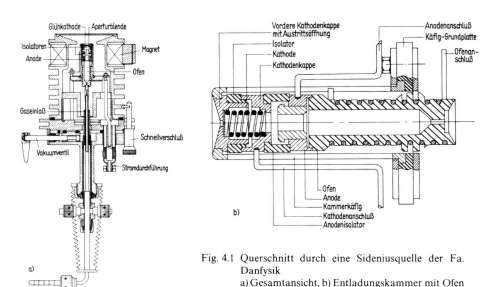

Fig. 4.1 Querschnitt durch eine Sideniusquelle der Fa. Danfysik
a) Gesamtansicht, b) Entladungskammer mit Ofen

thode und Anode sind axial angeordnet, der Ionenstrahl wird durch eine Blende mit ca. 0,5 mm Durchmesser extrahiert.

Ein typischer Vertreter der Schlitzextraktionsquellen ist die sog. Freemanquelle [257], Fig. 4.2. Sie liefert Ströme bis zu 5 mA, die Kathode hat eine Lebensdauer von ca. 23 mAh. Die Kathode liegt parallel zum und extrem dicht am Extraktionsspalt, um eine starke Entladung in der günstigsten Lage zu erzielen. Deshalb wird auch nur ein sehr geringes Magnetfeld ($\leq 10^{-2}$ T) benötigt. Der Ofen erreicht Temperaturen bis 1000 °C. Für die Erzeugung von Ionen hochschmelzender Elemente kann eine Sputterelektrode eingebaut werden.

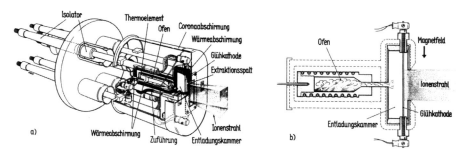

Fig. 4.2 Hochstromionenquelle nach Freeman [257]
a) schematische Gesamtansicht, b) schematische Darstellung der Entladungskammer und des Ofens

Grundsätzlich kann man bei jeder Quelle einen gewissen Anteil gesputterter Ionen der Quellenmaterialien, vor allem der Glühkathode (also Wolfram, Tantal oder Molybdän) erwarten. Spezielle Sputterquellen besitzen eine negativ geladene Sputterelektrode, die Ionen aus dem Plasma auf ihre Oberfläche zu beschleunigt und Atome absputtert. Der Wirkungsgrad solcher Quellen ist relativ niedrig, obwohl maximale Ströme im mA-Bereich extrahiert wurden. Wegen des hohen Anteils an neutralen gesputterten Teilchen ist die Kondensation leitender Filme auf Isolatoren in der Quelle ein besonders großes Problem. Die Energieunschärfe der Sputterquellen ist meist etwas größer als die einfacher Glühkathodenquellen, ca. 10 eV bis 50 eV, der Arbeitsdruck beträgt 10^{-2} Pa bis einige Pa.

Duoplasmaquellen, eine Abart der Glühkathodenquellen (von Ardenne [43]), werden seltener zur Erzeugung schwerer Ionen angewendet, obwohl sie fähig sind, gepulste Ströme von mehreren Ampere Wasserstoff oder Deuterium abzugeben. Um schwere Ionen zu erzeugen, werden in der Plasmaexpansionskammer durch primär erzeugte Ionen, gewöhnlich Helium, mittels einer Ladungsaustauschreaktion eingeleitete Gase oder Dämpfe ionisiert [475]. Dadurch läßt sich die Korrosion der Kathode reduzieren. Die Energieunschärfe beträgt ca. 10 eV, der Arbeitsdruck 1 bis 10 Pa.

Problematisch bei allen Glühkathodenquellen ist die Abscheidung leitender Filme auf Isolatoren, sowie die Korrosion und das Absputtern der Kathode. Ein wichtiger

108   4 Ionenimplantationsapparaturen

Vorteil dieser Quellen ist ihre geringe Energieunschärfe, die im Bereich einiger eV liegt. Dies ist besonders bei Elementen mit zahlreichen Isotopen, wie z. B. Zink, für eine ausreichende Massenseparation wichtig.

4.1.2 Hochfrequenzionenquellen

Hochfrequenzionenquellen [83] haben trotz ihres geringen Leistungsbedarfes und ihrer Einfachheit nur beschränkt Anwendung gefunden. Eine Hochfrequenzquelle, wie sie in Fig. 4.3 dargestellt ist, besteht aus einem Glas- oder Quarzzylinder mit zwei Elektroden, Anode und Kathode. Das ionisierende Hochfrequenzfeld kann

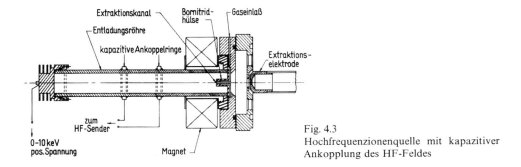

Fig. 4.3
Hochfrequenzionenquelle mit kapazitiver Ankopplung des HF-Feldes

kapazitiv (s. Fig. 4.3) oder induktiv angekoppelt werden. Die Frequenz liegt im MHz-Bereich, die Leistung beträgt einige hundert Watt. Ein Magnetfeld dient zur Stabilisierung der Entladung; bei induktiver Kopplung sollte es senkrecht, bei kapazitiver Kopplung parallel angelegt werden [270]. Eine Anodenspannung von einigen kV ist notwendig, um ein stabiles Plasma zu erzeugen und die Extraktion der Ionen zu erleichtern. Im allgemeinen verwendet man als Kathode einen Metallkanal mit einer isolierenden Verkleidung. Dadurch wird der Gasverbrauch stark reduziert, jedoch werden in dem engen Kanal auch zahlreiche Ionen neutralisiert. Die Energieunschärfe von HF-Quellen liegt bei 10 bis 500 eV, somit ist die Massenauflösung geringer als bei Glühkathodenquellen, der Arbeitsdruck liegt zwischen 10^{-2} Pa und 1 Pa. Mit derartigen Quellen ist es möglich, von Edelgasen und Stickstoff Ionenströme bis zu einigen mA zu erzeugen. Problematisch wird es jedoch, wenn man andere Ionen erzeugen will. Schichten, die sich auf dem Quarz- oder Glasrohr niederschlagen, beeinträchtigen die Wirkung der Quelle. Infolge der Erwärmung durch absorbierte HF-Leistung können die Verunreinigungen eingebrannt werden. Dadurch wird die Feldverteilung geändert und ein stabiler Betrieb unmöglich gemacht. Besonders störend wirkt sich dies bei Verbindungen wie BF_3 und PF_5 zur Erzeugung von Bor- und Phosphorionen oder bei Metallen aus. Dennoch gelang es in Laborversuchen, Ionen von Na, Ni, Si, Ge, B, P, Si, Ag, teilweise mit Stromstärken von einigen mA [415] zu erzeugen. Weitere Forschungsarbeit wäre notwendig, um vergleichbare universelle Eigenschaften wie bei Glühkathodenquellen zu erzielen.

Ein wichtiges Anwendungsgebiet haben Hochfrequenzquellen jedoch da, wo es auf sehr lange ungestörte Betriebsdauer mit inerten Gasen ankommt. Deshalb sind praktisch alle Van-de-Graaff-Beschleuniger mit solchen Quellen bestückt.

4.1.3 Penning-Quellen

Penning- oder Kaltkathodenionenquellen benützen das von den Vakuummeßröhren bekannte Penningprinzip [69]. Durch Anlegen einer hohen Spannung werden Elektronen aus der Kathode emittiert, die durch ein Magnetfeld zur Oszillation gezwungen werden und das Gas in der Quelle ionisieren.

Penning-Quellen sind extrem einfach und können sehr robust gebaut werden, um eine lange Lebensdauer zu erzielen. Im allgemeinen werden sie ausschließlich zur Ionisierung von Gasen verwendet und liefern Ströme bis zu einigen 100 µA. Edelgase lassen sich in Penning-Quellen nur sehr schwer ionisieren. Ihr Hauptanwendungszweck ist für Routineimplantationen von Bor, Arsen und Phosphor aus BF_3-, AsH_3-, PF_5-Gas, wobei der etwas hohe Energiebedarf, ihre geringe Flexibilität und die große Energieunschärfe (etwa 100 eV) durch den einfachen Betrieb aufgewogen werden. Eine weitere Anwendung finden sie da, wo ihre Eigenschaft, zahlreiche mehrfachgeladene Ionen zu erzeugen, ausgenützt werden kann. Ihr Arbeitsdruck ist im allgemeinen sehr hoch, 10 Pa bis 100 Pa, deshalb ist eine Pumpe in der Nähe der Quelle notwendig.

4.1.4 Andere Ionenquellen

Nur der Vollständigkeit halber sei eine Reihe anderer Ionenquellen aufgeführt, die für Spezialfälle vereinzelt verwendet werden. Oberflächenionisationsquellen [424] gestatten die Erzeugung relativ großer Ströme, natürlich nur bei Elementen mit geeignetem Ionisationspotential. Ihre Energieunschärfe beträgt nur 0,2 bis 0,5 eV. Laserquellen [225] verwenden einen fein fokussierten Lichtstrahl und verdampfen die Quellensubstanz in einem im Vergleich zu den anderen besprochenen Quellen guten Vakuum. Erstaunlicherweise wurde bisher noch nicht versucht, eine Elektronenstrahlkanone, wie sie zur Vakuumbedampfung verwendet wird, als Ionenquelle zu verwenden. Die Funkenionenquelle [778] arbeitet nach dem Prinzip des Wagnerschen Hammers, wobei eine Elektrode aus dem zu ionisierenden Material, die andere z. B. aus Graphit besteht. Die Energieunschärfe beträgt ca. 100 eV, in Extremfällen bis 10^4 eV, es werden ähnlich wie bei der Penning-Quelle zahlreiche mehrfachgeladene Ionen erzeugt. Auch diese Quelle kann in einem hohen Vakuum arbeiten, nachteilig wirkt sich die geringe Konstanz des Stroms aus. Als letztes Quellenprinzip soll die Verwendung einer Glimmentladung besprochen werden. Die Verwendung von Glimmentladungen zur Reinigung von Proben vor dem Auf-

110 4 Ionenimplantationsapparaturen

dampfen war früher weit verbreitet und wird jetzt noch bei der Aufdampfung auf Glassubstrate verwendet. Auf diese Weise können sehr hohe Stromdichten erzeugt werden, jedoch ist die Beschleunigungsenergie der Ionen schlecht definiert und liegt praktisch zwischen 0 und der Maximalspannung. Dennoch ist es eine extrem einfache Methode, um Ionen zu implantieren. Die ersten erfolgreichen Versuche wurden bereits 1963 von Strack [708] durchgeführt. Einschränkend ist zu sagen, daß nur eine relativ geringe Anzahl von Ionen geeignet ist, Entladungen zu unterhalten. Außerdem ist die Eindringtiefe relativ gering. Deshalb würde sich die Methode vorwiegend für die Implantation von ohmschen Kontakten oder extrem flachen Strukturen eignen. Jedoch sind erstaunlicherweise zu dieser einfachen Art der Implantation ohne zusätzliche Beschleunigung und Separation der Ionen kaum Arbeiten durchgeführt worden.

4.1.5 Der Betrieb von Ionenquellen

Sehr wichtig für den erfolgreichen Betrieb von Ionenquellen ist die Auswahl geeigneter Substanzen als Quellenmaterial. Hilfreich dazu sind Dampfdrucktabellen oder -tafeln, z. B. von Honig [345]. Der nötige Druck liegt je nach Quellentyp und Ionisationsquerschnitt zwischen 10^{-2} und 10 Pa. In Tab. 4.1 sind für die in der Halbleitertechnologie wichtigsten Dotierungsstoffe und auch für einige andere Elemente geeignete Ausgangssubstanzen angegeben. Die empfohlenen Substanzen beruhen hauptsächlich auf unseren Erfahrungen mit einer Glühkathodenquelle (Danfysik Typ 911 A) und sind im allgemeinen in guter Übereinstimmung mit den von Dearnaley und Freeman [2], [259] angegebenen Werten. Weitere Daten über geeignete Quellen-

Tab. 4.1 Ausgangssubstanzen zum Betrieb von Ionenquellen

Element	Symbol	atomare Masse der häufigsten Isotope	empfohlenes Quellenmaterial*)	Schmelzpunkt (°C)	Referenz	Bemerkungen
Aluminium	Al	27	Al	659		
Antimon	Sb	121, 123	Sb	630		
Argon	Ar	40	Ar	−189		
Arsen	As	75	As	817		giftig
			GaAs	1 237	[2]	
Beryllium	Be	9	Be	1 284		giftig (karzinogen)
Bor	B	10, 11	BF_3	−128		hoher Ionenstrom bei relativ geringer Korrosion in der Quelle
			BCl_3	−107	[2]	
			B	2 300	[261]	

*) Bei festen Substanzen wird während des Betriebs oder zum Zünden der Quelle ein Hilfsgas, im allgemeinen Argon, benötigt. Bei festen Substanzen ist im allgemeinen grobes Pulver oder Granulat wegen des kontrollierten Abdampfens besser als feines Pulver oder massive Stücke.

Fortsetzung Tab. 4.1

Element	Symbol	atomare Masse der häufigsten Isotope	empfohlenes Quellenmaterial*)	Schmelzpunkt (°C)	Referenz	Bemerkungen
Cadmium	Cd	114, 112	Cd	321		giftig
			CdS	1 750	[2]	
Fluor	F	19	BF_3	−128		giftig (ätzend)
			NaF		[2]	
Gallium	Ga	69, 71	Ga	30		
Germanium		74, 72, 70	Ga	936		
Helium	He	4	Ga	−272		
Krypton	Kr	84, 86	Ga	−157		
Lithium	Li	7	Ga	179		
			LiCl	614	[2], [261]	
Magnesium	Mg	24	Mg	657		
Mangan	Mn	55	Mn	1 244		
Nickel	Ni	58, 61	Ni	1 453		
			$NiCl_2$	1 001	[2], [261]	
Phosphor	P	31	P	44		roter Phosphor
			PCl_3	−28	[2], [261]	
Platin	Pt	194, 195, 196	Pt	1 773		
Quecksilber	Hg	202, 200, 199	Hg	−39		giftig
			HgF_2		[2]	
Sauerstoff	O	16	O_2	−219		
Schwefel	S	32	S	118	[261]	Betriebstemperatur vieler Quellen ist zu hoch, um ein kontinuierliches Verdampfen des S zuzulassen
			H_2S			problemlos SO_2 [261], [2]: Infolge gleicher Massen von S und O_2 keine Separation durch Magnet möglich
			CdS		[2]	
			CO_2		[2]	
Selen	Se	80, 78	Se	220		giftig
			CdSe	1 350	[2], [261]	
			SeO_2	345	[261]	
Stickstoff	N	14	N_2	−210		
Tellur	Te	130, 128, 126	Te	450		giftig
			CdTe		[2]	
Wasserstoff	H	1	H	−262		
			H_2O		[2]	
Zink	Zn	64, 66, 68	Zn	417		ZnS [261], [2]: Infolge gleicher Massen von ^{64}Zn und $^{32}S_2^+$ keine Separation durch Magnet möglich.
Zinn	Sn	120, 118, 116	Sn	232		
			$SnCl_4$		[2], [261]	

substanzen findet man bei Ryding [605], der Arbeiten in Oak Ridge zwischen 1942 und 1960 zitiert und bei Axmann [46]. Im Anhang sind die Dampfdrucktafeln von Honig und Kramer [345] wiedergegeben, die es sehr erleichtern festzustellen, ob man eine gewünschte Ionenart direkt aus dem Element ionisieren kann oder ob man den Umweg über eine Verbindung gehen muß.

Probleme, die allen Ionenquellen gemeinsam sind und durch geeignete Maßnahmen nur zeitweise unterdrückt oder beseitigt werden können, sind Kondensation von leitenden Filmen auf Isolatoren, chemische Reaktionen zwischen Ionen und Metallteilen (Korrosion), aber auch Isolatoren der Quelle und Absputtern. Besonders betroffen davon sind negativ geladene Teile der Quelle. Auch diese Punkte können entscheidend für die Auswahl von Quellensubstanzen sein.

Wegen der zahlreichen Ionen in einem Ionenstrahl ist es oft schwer, ein gesuchtes Isotop zu identifizieren. Speziell ist dies der Fall, wenn Moleküle die Ausgangssubstanz bilden. Wird etwa BF_3 verwendet, um Borionen zu erzeugen, so hat man im Ionenstrahl neben den beiden Bor-Isotopen $^{10}B^+$ und $^{11}B^+$, auch alle Kombinationen mit Fluor, also $^{11}BF^+$, $^{10}BF^+$, $^{10}BF_2^+$, $^{11}BF_2^+$, $^{10}BF_3^+$, $^{11}BF_3^+$, und außerdem mehrfach geladene Moleküle. In Fig. 4.4 ist ein typisches Spektrum für diesen Fall wiedergegeben.

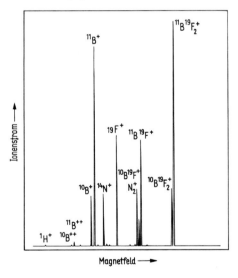

Fig. 4.4
Ionenspektrum von Bor mit BF_3 als Quellensubstanz

Sehr hilfreich zur Identifizierung ist eine Darstellung aller Isotope über ihrer Masse entsprechend ihrer Häufigkeit. Mit der gleichen Verteilung erhält man sie im Ionenstrom. Im Anhang sind die Isotope aller Elemente maßstäblich aufgetragen.

4.2 Beschleunigung und Fokussierung

Die zur Beschleunigung benötigte Hochspannung wird meist durch einen Transformator mit anschließender Gleichrichtung erzeugt. Bei höheren Spannungen (500 keV bis 2 MeV) werden auch Cockroft-Walton- und Van-de-Graaff-Generatoren verwendet. Die zum Betrieb der Ionenquelle nötige Betriebsspannung wird entweder über einen Trenntrafo oder ein Motor-Generatorsystem auf Hochspannungspotential gebracht.

4.2.1 Beschleunigung

Die erforderliche Maximalenergie bzw. Spannung hängt von der gewünschten Eindringtiefe der verwendeten Ionen ab, entsprechendes gilt für die kleinste Energie. Niederenergiesysteme (bis $\approx$ 50 keV) verwenden eine einzelne Beschleunigungselektrode. Bei höherer Energie wird ein Beschleunigungsrohr mit mehreren Elektroden (bis zu 20) verwendet. Die erstere Anordnung ist wesentlich einfacher und vakuumtechnisch günstiger; die zweite hat den Vorteil besserer ionenoptischer Eigenschaften. Für Forschungssysteme ist eine Maximalenergie von 300 bis 400 keV angebracht, die man relativ leicht mit luftisolierten Systemen erreichen kann. Für Spezialfälle geht man bis 2 MeV. Dazu benötigt man einen Drucktank und verwendet im allgemeinen einen Van-de-Graaff-Generator. Systeme mit Drucktank bringen den großen Nachteil mit sich, daß die Quelle schwer zugänglich ist. Prinzipiell ist es nicht möglich, einen Beschleuniger für alle Energiebereiche zu bauen. Typische Bereiche sind etwa 2 bis 15 keV; 10 bis 100 keV; 50 bis 300 keV und 0,5 bis 2 MeV. Produktionsanlagen kommen für heutige Anwendungen meist mit einer Maximalenergie von 150 keV aus. Die Grenze der Beschleunigungsspannung nach unten wird durch die Abnahme sowohl des Strahlstromes als auch dessen Fokussierbarkeit bestimmt.

Sehr wesentlich ist die Frage, wie schnell man die Beschleunigungsspannung verändern kann. Oft wird der Ionenstrahl erst nach der Beschleunigung separiert, so daß eine Änderung der Spannung nur in Zusammenhang mit einer Neueinstellung der Separationsparameter möglich ist. Besonderes Augenmerk hat auch der Stabilität und Brummfreiheit der Beschleunigungsspannung zu gelten.

Verschiedene Konzepte wurden für die Anordnung der Beschleunigungselektroden in Bezug auf die Massenseparation und den Erdbezugspunkt entwickelt. In Fig. 4.5a bis c sind die häufigsten Konfigurationen schematisch dargestellt. Daneben sind auch noch Mischtypen denkbar. Der Vorteil der Bauweise nach Fig. 4.5a liegt darin, daß nur die Quellen- und Extraktionsparameter auf Hochspannungspotential geregelt werden müssen. Alle anderen Elemente der Strahlmanipulation und -messung liegen auf Erdpotential. Der Separationsmagnet jedoch muß relativ groß sein. Separiert man vor der Beschleunigung (Fig. 4.5b), so genügt ein sehr kleiner Magnet und eine Veränderung der Beschleunigungsspannung ist während

114   4 Ionenimplantationsapparaturen

der Implantation ohne weiteres möglich. Damit könnte man gezielt Profile erzeugen. Dank der modernen Technik (Lichtleiter, optoelektronische Koppler) bietet diese Art heutzutage keine technischen Probleme mehr und dürfte deshalb die günstigste Konfiguration sein. In Fig. 4.5c ist der Vollständigkeit halber die Möglichkeit

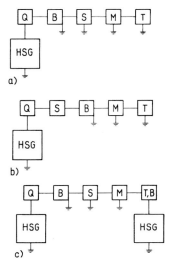

Fig. 4.5
Prinzipieller Aufbau von Ionenbeschleunigern. HSG Hochspannungsgenerator, Q Ionenquelle, B Beschleunigung, S Ionenseparation, M Strahlmanipulation, T Target
a) konventionelle Bauart, nur Ionenquelle auf Hochspannungspotential, großer Analysiermagnet nötig. Energieprogrammierung benötigt Nachstellen des Magneten
b) Analyse des Strahls auf Hochspannungspotential. Nur kleiner Analysiermagnet nötig. Energieprogrammierung durch Einstellung der Hochspannung
c) Nachbeschleunigung der Ionen am Target. Energie programmierbar durch Änderung der Nachbeschleunigungsspannung, relativ kleiner Analysiermagnet, Target schwer zugänglich (Strom-, Temperaturmessung)

der Nachbeschleunigung skizziert. Diese Methode wird nur zur Erzielung höherer Beschleunigungsspannungen verwendet, wenn der eigentliche Beschleunigungsteil nicht genügend spannungsfest ist. Man gibt jedoch durch das Anlegen der Nachbeschleunigungsspannung die leichte Zugänglichkeit des Targets (Heizen, Kühlen, Strommessung) auf. Dies ist zum Beispiel bei Anlagen mit einer einzelnen Beschleunigungselektrode der Fall, die häufig bei schlitzförmiger Extraktion des Ionenstrahls (z. B. [255]) verwendet wird. Eine neue Anlage der Fa. Extrion benötigt deshalb einen den keilförmigen Ionenstrahl etwa zu einem Kreis fokussierenden Separationsmagneten, um höhere Beschleunigungsspannungen mittels einer mehrstufigen Beschleunigungsröhre erzielen zu können.

4.2.2 Fokussierung

Fokussiert wird mit einer Fokus- und einer Extraktionselektrode direkt nach der Ionenquelle vor der Beschleunigung. Bei Niederenergiesystemen findet man auch Kombinationen von Beschleunigung und Fokussierung. Um die Niederenergieeigenschaften von Hochenergiesystemen zu verbessern, wird gelegentlich nach der Separation noch eine fokussierende Einzellinse oder ein Quadrupol auf Erdpotential verwendet. Eine Vergrößerung des Strahls und Verschlechterung der Fokussierbarkeit ergibt sich stets bei niedrigen Energien oder sehr hohem Strom durch Raumladungseffekte. Wilson und Brewer [13] bringen eine eingehende Betrachtung dieses

4.2 Beschleunigung und Fokussierung   115

Problems. In Fig. 4.6 ist ein Diagramm aus ihrem Buch wiedergegeben, das den möglichen Raumladungseinfluß leicht abzuschätzen gestattet. Im feldfreien Raum nach den Beschleunigungs- und Fokussierelektroden kann der Ionenstrahl Elektronen oder negative Ionen einfangen bis er neutral ist. In diesem Zustand bildet

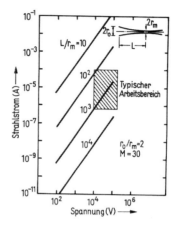

Fig. 4.6
Einfluß von Raumladungseffekten auf den Ionenstrahl. Oberhalb der Linien können Raumladungseffekte wichtig werden, unterhalb sind sie wahrscheinlich ohne Einfluß [13]

der Strahl ein Plasma mit gleicher Anzahl positiver wie negativer Ladungen. Besonders bei Niederenergie-Hochstrom-Implantationsanlagen ist eine solche Kompensation wesentlich für den Strahltransport. Die Relaxationszeit zum Erreichen von Neutralität wurde z. B. von Bernas und Mitarbeitern [71] als Funktion von Druck und Energie gemessen und liegt im Bereich von Mikrosekunden.

Weitere Einflüsse auf die Strahlform haben Abbildungsfehler der optischen Komponenten. Da im Gegensatz zu elektronenoptischen Systemen, vorwiegend elektrostatische Elemente verwendet werden, können sie die Strahlqualität sehr stark beeinflussen. Eine ausführliche Diskussion bringen auch hierzu Wilson und Brewer [13].

Um den Ionenstrahl beobachten zu können, verwendet man in den Strahl einfahrbare Blenden oder besser Strahlprofilmonitore, deren es eine ganze Reihe auf dem Markt gibt und die speziell bei langen Systemen zur Fokussierung vorteilhaft sind. Neben rotierenden und oszillierenden Drähten sind Anordnungen von mehreren Faradaybechern gut geeignet. Einfacher jedoch sind Metallblenden z. B. aus Tantal, die bei Strömen über 1 µA lumineszieren und bei hohen Strömen zu glühen beginnen. Bei niedrigen Spannungen und Strömen ist eine Quarzplatte mit feinem Drahtnetz davor oder Leuchtphosphor geeignet.

4.2.3 Feinfokussysteme

Bei der klassischen Ionenimplantation werden die Proben ganzflächig implantiert, entweder durch eine Defokussierung des Strahls oder üblicherweise durch eine Rasterung des Strahls bzw. Bewegung der Probe. Eine neue Anwendungsmöglichkeit

4 Ionenimplantationsapparaturen

der Ionenimplantation (gelegentlich „Strahlschreiben" genannt) besteht darin, ohne Verwendung maskierender Schichten einen fein fokussierten Ionenstrahl gezielt über das zu implantierende Gebiet zu führen. Eine Alternative zu dieser Methode ist die Verwendung abbildender Systeme [72], die jedoch wegen der niedrigen resultierenden Dosisraten wenig aussichtsreich sind. Eine wichtige Bedingung um realistische Schreibgeschwindigkeiten zu erzielen, ist die Entwicklung einer Ionenquelle hoher Leuchtdichte und einfacher Fokussiersysteme, die keinen hohen Intensitätsverlust verursachen, d. h., die weitgehend auf Blenden verzichten können. Anwendungsmöglichkeiten sind die selektive Aktivierung von "read only memories" (ROMs) [655], die Implantation ganzer integrierter Schaltungen unter Verwendung verschiedener Ionenarten für p- und n-Dotierung und die Implantation von Lichtleitern [293]. Während die zweite Anwendung noch sehr viel Entwicklungsarbeit erfordert, sind die anderen beiden Anwendungen wahrscheinlich mit geringerem Aufwand realisierbar, da sie nicht so hohe Strahlströme erfordern.

Brewer [100] analysierte die kleinsten erzielbaren Strahldurchmesser auf der Probe. Er konnte zeigen, daß Raumladungseffekte, chromatische Aberration und Beugung vernachlässigbar sind. Einen einfachen Aufbau unter der Verwendung einer Einzellinse und zweier Blenden, der minimale Strahldurchmesser von etwa 5 µm bei einer Strahlenergie von 60 keV und einem Gesamtstrom von maximal 20 nA (errechnet aus den angegebenen Daten) ergab, erprobten Seliger und Fleming [655]. Ihr prinzipieller Aufbau ist in Fig. 4.7 wiedergegeben. Der Strahl wird durch zwei Blenden im Abstand l auf die gewünschte Größe reduziert und in einer Einzellinse nach Liebmann [436] fokussiert. Für den Strahldurchmesser gilt

$$D = \left(\frac{4 I_2 f^2 / S_0^2}{\pi j_1 [1 - \exp(-\Theta^2 f^2 / 2\sigma^2)]} + \frac{1}{4} C_s^2 \Theta^6 \right)^{1/2} \tag{4.1}$$

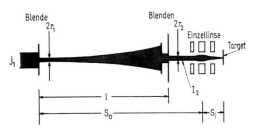

Fig. 4.7 Prinzipieller Aufbau eines Feinfokussystems nach [655]

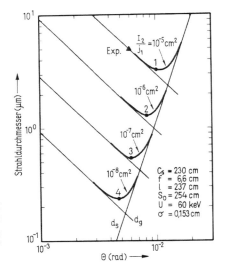

Fig. 4.8
Ionenstrahldurchmesser eines Feinfokussystems, abhängig von Strahlhalbwinkel Θ am Target und dem Verhältnis zwischen Sekundärstrom I_2 und Primärstromdichte j_1. d_g bzw. d_s sind die Strahldurchmesser, erzeugt durch gaußsche Verkleinerung bzw. sphärische Aberration [655]

4.2 Beschleunigung und Fokussierung 117

In Gl. (4.1) bedeutet j_1 die Stromdichte vor der ersten Blende; I_2 den Strom an der Probe; Θ den Halbwinkel des Strahls an der Probe ($\Theta \approx r_2/f$); f die Brennweite ($f = 1,92\, D \approx S_i$); σ die Standardabweichung des Strahlprofils an der zweiten Blende; C_s den Koeffizient der sphärischen Aberration der Linse und D den Durchmesser der Linse. Für S_i und S_0 siehe Fig. 4.7.

Nach Gl. (4.1) berechnete Durchmesser des Ionenstrahls abhängig von Θ und dem Verhältnis von I_2/j_1 sind in Fig. 4.8 wiedergegeben. Das Dreieck zeigt einen experimentellen Punkt mit einem Strahldurchmesser von ca. 5 μm an [655]. Unter optimalen Bedingungen sind Strahldurchmesser unter 1 μm erreichbar. Die Implantationszeit hängt sehr stark von der Strahlstromdichte vor der ersten Blende (j_1) ab. Ein zur Zeit realistischer Wert ist 200 μAcm^{-2}. Für einen Strahldurchmesser von 0,6 μm bedeutet das einen zur Verfügung stehenden Strom von nur 20 pA. Einige Implantationszeiten für Ionendosen von 10^{13} cm^{-2} und 10^{15} cm^{-2} und Strahldurchmesser zwischen etwa 0,55 μm und etwa 1,3 μm für die obige Stromdichte, berechnet für ein 5×5 mm^2 großes Halbleiterchip unter der Annahme, daß 10%

Tab. 4.2 Implantationszeit in Abhängigkeit von Dosis und Strahldurchmesser bei einem Feinfokussystem für eine effektive Fläche von 0,25 mm^2 (berechnet nach Fig. 4.8)

Strahldurchmesser (μm)	Dosis (cm^{-2})	Implantationszeit (s)
0,55 μm	10^{15}	2×10^5
0,55 μm	10^{13}	2×10^3
1,3 μm	10^{15}	2×10^4
1,3 μm	10^{13}	2×10^2

der Fläche implantiert werden muß, sind in Tab. 4.2 wiedergegeben. Für kleine Strahldurchmesser und hohe Dosen können diese Zeiten bei dem augenblicklichen Stand der Ionenquellentechnik indiskutabel groß werden (weitere Betrachtungen zu diesem Thema bei Wilson [13]). Zur praktischen Anwendung dieser Technik sind Ionenquellen notwendig, die Stromdichten von 10^{-4} bis 10^{-3} A/cm^2 mit geringer Energiestreuung (< 10 eV) liefern können.

4.2.4 Beispiele von Ionenbeschleunigern

Als Beispiele für die unterschiedlichen Ausführungsformen von Ionenbeschleunigern sind in den Fig. 4.9 bis 4.13 einige Beschleunigerkonstruktionen dargestellt. In Fig. 4.9 ist einer der ersten kommerziellen Beschleuniger von der Fa. Accelerators, Inc. gezeigt. Die Hochspannung wird mittels Transformator erzeugt. Als Ionenquellen sind HF-, Penning- und Glühkathoden-Quellen verwendbar, deren Betriebsspannung durch einen Trenntransformator der Hochspannung überlagert wird; die Massenseparation findet auf Erdpotential durch ein Wienfilter (s. Abschn. 4.3) statt. Eine

118   4 Ionenimplantationsapparaturen

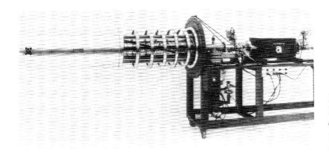

Fig. 4.9
Implantationsanlage der Fa. Accelerators, Inc. mit Separation nach der Beschleunigung. Maximale Spannung 300 keV

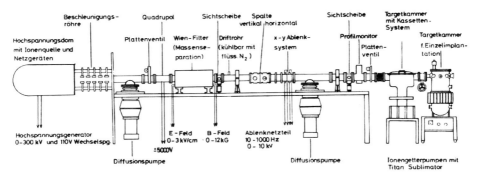

Fig. 4.10 Schematische Darstellung eines 300 keV Beschleunigers der Fa. Accelerators, Inc.

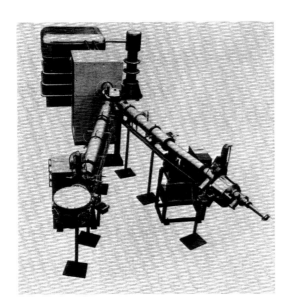

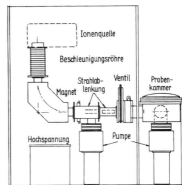

Fig. 4.12 Ionenbeschleuniger für Bor und Phosphor der Fa. Accelerators, Inc.

Fig. 4.11
High-Voltage-Engineering/Danfysik-Beschleuniger mit Separation vor der Beschleunigung. Maximale Spannung 350 kV; 2 Strahlführungssysteme

4.2 Beschleunigung und Fokussierung   119

schematische Darstellung dieses Beschleunigers einschließlich Targetkammern ist in Fig. 4.10 wiedergegeben. Als weiteres Beispiel ist in Fig. 4.11 ein moderner High-Voltage-Danfysik-Beschleuniger für universelle Laboranwendungen dargestellt. Die Hochspannung wird ebenfalls durch einen Transformator erzeugt. Die zum Betrieb der Quelle, der auf Hochspannungspotential befindlichen Pumpen und weiterer Aggregate notwendigen Spannungen werden durch ein Motor-Generator-System geliefert. Als Ionenquelle wird eine Glühkathodenquelle verwendet. Dieser Beschleuniger ist ein zur Zeit weit verbreitetes Implantationssystem für Forschungszwecke. In Fig. 4.12 ist ein kleiner Beschleuniger für Bor- und Phosphorimplantationen niedriger Energie und Dosis für Zwecke der MOS-Produktion von der Fa. Accelerators, Inc. dargestellt. Die Stromversorgung ist wegen der relativ niedrigen Spannung von max. 100 keV unproblematisch. Als Ionenquelle wird eine robuste, langlebige Penning-Quelle verwendet, deren schlechte Energieauflösung bei Bor und Phosphor kaum eine Rolle spielt und Ströme von 40 µA für beide Ionenarten liefert. Neben Accelerators und Danfysik gibt es noch zwei wichtige Hersteller von Implantationsanlagen. Die Fa. Lintott fertigt einen ursprünglich in Harwell entwickelten Hochstrombeschleuniger, der mit der sog. Freemanquelle (s. Fig. 4.2) ausgerüstet ist. Diese Anlage eignet sich für die Produktion und wegen ihrer universellen Quelle auch ebenso für Forschungszwecke. Das größte Spektrum an Beschleunigern bietet die Fa. Extrion. Alle von ihr hergestellten Systeme sind für die Halbleiterproduktion bestimmt und erfordern nur einen relativ geringen Bedienungsaufwand. Eine ausgesprochene Hochstrommaschine aus dieser Serie ist in Fig. 4.13 wiedergegeben.

Fig. 4.13
Hochstrombeschleuniger der Fa. Extrion. Maximalenergie 200 keV. Der Beschleuniger liefert Bor-Ströme bis zu 1 mA

Der Beschleuniger hat eine maximale Beschleunigungsspannung von 200 kV. Für seinen hohen Leistungsbedarf auf Hochspannungspotential wird ein Motor-Generator-System verwendet. Die Ionenquelle ist vom Freemantyp und hat eine schlitzförmige Extraktion. Im Gegensatz zu den anderen dargestellten Ionenbeschleunigern benützt dieser, ähnlich wie die Anlagen von Harwell-Lintott, eine mechanische Rasterung des Strahls über die zu implantierenden Proben. Typisch ist die geschlossene Bauform des Beschleunigers. Ähnliche Hochstrombeschleuniger werden in der UdSSR gebaut.

4.3 Strahlanalyse

Da ein Vakuumsystem stets einen gewissen Restgasanteil hat und als Quellensubstanz nicht vollständig reine Substanzen oder sogar Verbindungen der gewünschten Ionensorte verwendet werden, ist es notwendig, die einzelnen Anteile des Ionenstrahls nach ihrer Masse zu separieren. Dafür gibt es im Prinzip mehrere Möglichkeiten. Ausschließlich verwendet werden z. Zt. entweder rein magnetische Separation oder Wien-Filter ($E \times B$-Filter). Ein wichtiger Punkt bei der Beurteilung von Strahlanalysesystemen ist die Massenauflösung des Systems in die neben den Eigenschaften des Separators auch die Energiestreuung der Quelle eingeht.

Wie bereits erwähnt, gibt es zwei Stellen, an denen separiert werden kann, zum einen direkt nach der Ionenquelle und vor der Beschleunigung, zum anderen nach der Beschleunigung. Beides hat Vor- und Nachteile. Im ersten Fall liegt der Filter auf Hochspannungspotential – was die Bedienung erschwert – ist dafür aber sehr klein. Der wesentliche Vorteil in der Separation vor der Beschleunigung liegt aber darin, daß bei einer Energieänderung die Separationsparameter nicht geändert werden müssen, da man ja den bereits separierten Strahl beschleunigt. Dadurch ist es möglich, die Energie während der Implantation zu ändern und sehr einfach ein von der gaußschen Form abweichendes Dotierungsprofil – das fast beliebig geformt sein kann – zu erzielen. Im zweiten Fall liegt der Massefilter auf Erdpotential, muß also relativ groß sein, da er die bereits beschleunigten Ionen separieren muß. Bei Veränderung der Beschleunigungsspannung muß das Magnetfeld nachgeregelt werden. Als einziger Vorteil ergibt sich eine einfache Stromversorgung des Magneten.

Für eine einfache Bedienung kommt es auf gute Reproduzierbarkeit und Stabilität der Einstellung an. Das Magnetfeld sollte feldgeregelt sein (und nicht stromgeregelt) was bei käuflichen Anlagen bis jetzt noch nicht der Fall ist. Für gewisse kommerzielle Anwendungen dagegen wäre es sogar überflüssig, eine stufenlos einstellbare Separation zu haben. Sie kämen mit einer oder einigen festeingestellten und umschaltbaren Einstellungen für Ionensorte und Energie aus.

Die Güte der Separation wird durch das Auflösungsvermögen $M/\delta M$ bestimmt (δM ist der minimal auflösbare Massenunterschied). Für einfache Implantationssysteme kommt man mit Werten um 70 aus, für manche Produktionssysteme (z. B. reines Bor-System) kann die Auflösung auch niedriger liegen. Forschungssysteme jedoch benötigen eine bessere Auflösung, einmal um die nötige Separation bei höheren Massen zu erzielen, wie man sie etwa bei der Implantation von GaAs benötigt, zum anderen zur genauen Ionenidentifizierung. Bei Anlagen, die Isotopenseparatoren nahe stehen, werden Werte bis 1000 erreicht.

Die Auflösung $M/\delta M$ wird jedoch nicht ausschließlich durch den Magneten bestimmt, sondern neben der Energiestreuung der Ionen vorwiegend durch die Fokussierung des Ionenstrahls. Je besser die Fokussierung, um so besser die Trennung benachbarter Isotope. Man verwendet deshalb nach der Separation Spalte, um die unerwünschten Strahlen auszublenden.

4.3.1 Magnetische Separation

Geladene Teilchen bewegen sich in einem homogenen Magnetfeld auf einer Kreisbahn mit dem Radius R

$$R = \frac{Mv}{qB} = \frac{1}{B}\left(\frac{2M}{q}U\right)^{1/2} \tag{4.2}$$

q Ladung der Teilchen; M Masse der Ionen; B magnetische Induktion; U Beschleunigungsspannung; v Geschwindigkeit der Teilchen.

Wie man aus Gl. (4.2) ersieht, werden Teilchen mit verschiedener Masse und gleicher Energie unterschiedlich abgelenkt. Die Separation bei einer Ablenkung um 180° und einem Massenunterschied ΔM ist etwa

$$D = \frac{\Delta M}{M} R \tag{4.3}$$

Der Magnet wirkt außerdem als Linse. Hat der Strahl eine Divergenz von 2α, so ergibt sich die Breite des abgebildeten Strahls zu [2]

$$W = 2R(1 - \cos\alpha) = R\alpha^2 \quad \text{für kleine } \alpha \tag{4.4}$$

Die Einflüsse von nichtstabiler Beschleunigungsspannung und Schwankungen im Magnetfeld lassen sich einfach durch Differentiation aus Gl. (4.2) ableiten.

In der Praxis werden für die Separation homogene Sektormagnete verwendet. Ihre Berechnung ist recht aufwendig und wurde z. B. von Herzog [329] durchgeführt. Weitere Analysen geben Steffen [702] und Enge [226].

Wenn der Ionenstrahl senkrecht in den Magnet eintritt und ihn auch wieder senkrecht verläßt (vgl. Fig. 4.14), so ist die Analyse einfacher [226], und man erhält für die Separation bei einem Massenunterschied ΔM

$$D = \frac{R\Delta M}{2M}\left(1 + \frac{q}{p}\right) \tag{4.5}$$

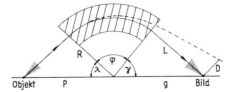

Fig. 4.14
Schematische Darstellung eines homogenen Sektormagneten

4 Ionenimplantationsapparaturen

und die Aufweitung der Abbildung zu

$$W = \frac{\alpha^2}{2} R \left(\frac{p^2}{q^2} + \frac{q}{p} \right) \qquad (4.6)$$

Für einen symmetrischen Aufbau des Magneten, also $p=q$ und $\gamma=\lambda$, ergeben sich die gleichen Ausdrücke wie für den homogenen 180°-Magneten. Liegen Objekt und Bild nicht auf einer Ebene, so gilt anstatt Gl. (4.5) [2], [13]

$$D = \frac{1}{2} \frac{R \Delta M}{M} \left[1 - \cos \varphi + \frac{L}{R} \sin \varphi \right] \qquad (4.7)$$

Bisher wurden Effekte, die von Randfeldern herrühren, vernachlässigt. Eine ausführliche Behandlung findet man in [227], [786]. Durch speziell geformte Polschuhe ist es möglich, diese Effekte in Richtung der Analyse zu unterdrücken; senkrecht dazu kann das Randfeld ausgenützt werden, um die Divergenz des Strahls zu verringern.

4.3.2 Wienfilter

Die Verwendung von Wien- oder $E \times B$-Filtern [656], [775] ist auf die Verwendung in Implantationsanlagen mit niedrigen Strömen ($\leqslant 100$ µA) beschränkt, da Raumladungseffekte bei höheren Strömen die Separationswirkung verschlechtern. Im Wienfilter stehen ein Magnetfeld und ein elektrisches Feld senkrecht aufeinander. Ist die Kraft beider Felder auf ein geladenes Teilchen gleich, also

$$q\vec{E} = q(\vec{v} \times \vec{B}) \qquad (4.8)$$

($\vec{B}$ magnetische Feldstärke; $\vec{v}$ Geschwindigkeit des Ions; $\vec{E}$ elektrische Feldstärke), so wird dieses Teilchen nicht beeinflußt, alle Teilchen mit größerer oder kleinerer Masse werden nach links oder rechts abgelenkt.

Für die separierte Masse gilt, wenn das Magnetfeld senkrecht zur Einfallsrichtung des Ionenstrahls steht,

$$M = 2qU \left(\frac{B}{E} \right)^2 \qquad (4.9)$$

Teilchen der Masse $M + \Delta M$ beschreiben Kreisbahnen mit dem Radius

$$R = 2 \frac{U}{E} \cdot \left[\left(\frac{M}{M + \Delta M} \right)^{1/2} - 1 \right]^{-1} \qquad (4.10)$$

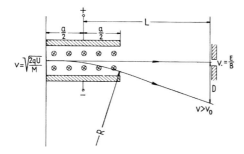

Fig. 4.15
Schematische Darstellung eines Wienfilters

Eine schematische Darstellung eines Wienfilters ist in Fig. 4.15 gegeben. Für kleine Winkel ergibt sich die Separation am Target, das die Strecke L von der Mitte des Filters entfernt ist, zu

$$D = \frac{1}{2} La \frac{E}{U} \left[\left(\frac{M}{M + \Delta M} \right)^{1/2} - 1 \right] \approx \frac{1}{4} La \frac{E}{U} \frac{\Delta M}{M} \qquad (4.11)$$

Die Separation und damit das Auflösungsvermögen des Filters kann durch Veränderung des elektrischen und des magnetischen Feldes verändert werden. Ein Nachteil dieses Separatortyps ist, daß die Neutralteilchen ungehindert durch den Filter auf das Target treffen können. Es ist deshalb unbedingt die Verwendung einer zusätzlichen elektrostatischen Ablenkung (Neutralstrahlfalle) notwendig. Außerdem besitzt er ohne besondere Maßnahmen [13], [656] Abbildungsfehler, er ist deshalb nur für spezielle Anwendungsfälle und niedrige Ströme verwendbar.

Sind Teilchen mehrfach geladen, so ist anstatt q in Gl. (4.2) und (4.9) nq zu schreiben, wobei n die Anzahl der Ladungen bedeutet. Das Teilchen wird dann separiert, als hätte es die Masse M/n. Doppelt geladene Ionen erscheinen also mit halber Masse, dreifach geladene mit einem Drittel ihrer Masse im Ionenspektrum.

4.3.3 Auflösungsvermögen

Das Auflösungsvermögen eines Beschleunigungssystems hängt außer vom Separator noch von der Energieunschärfe der Ionenquelle, der Regelung der Beschleunigungsspannung, dem Strahldurchmesser und der Spaltbreite des Ionendetektors ab. Zwei Ionenstrahlen sind auflösbar, wenn die Separation der Ionenstrahlen größer als die Summe aus Strahldurchmesser $2R$ und Spaltbreite S ist:

$$D \geq S + 2R \qquad (4.12)$$

Das Auflösungsvermögen ergibt sich damit für den Massenunterschied 1 zu

$$\frac{M}{\delta M} = \frac{D \cdot M}{2R + S} \qquad (4.13)$$

Bei Magneten wird stets ein Wert $M/\delta M$ nach Gl. (4.13) für $S=0$ und einer Separation D nach den Gl. (4.7) oder (4.11) für einen Massenunterschied von eins angegeben. Für ein Gesamtsystem wertet man Gl. (4.13) mit am Target gemessenen Größen aus. Der Wert für den Strahldurchmesser $2R$ wird am günstigsten als Halbwertsbreite oder als der Standardabweichung bei Vorliegen eines gaußförmigen Strahls ($R=\sigma$) definiert. In isotopenreinen Implantationen reicht die Definition der Auflösung nach Gl. (4.13) nicht aus. Man muß von Fall zu Fall auf „schädliche" benachbarte Massen und die Form des Ionenstrahls achten. Besonders bei inhomogenen Strahlprofilen (Astigmatismus) mit weitreichenden Ausläufern ist Vorsicht angebracht.

Ein Problem, das in letzter Zeit besonders in Zusammenhang mit Hochstrommaschinen aufgetaucht ist, bilden abgesputterte Teilchen von den Spalten und Blenden,

124   4 Ionenimplantationsapparaturen

die zum Teil in die Probe implantiert werden. Abhilfe kann die Verwendung von geeigneten Materialien bringen, z. B. Blenden bzw. Spalte aus Silicium oder Graphit bei einer Anlage zur Dotierung von Silicium.

4.4 Strahlablenkung und Homogenität

Da es aus ionenoptischen Gründen günstig ist, einen möglichst feinen Strahl (einige mm bis 1 cm Durchmesser) zu haben, muß man zur homogenen Implantation den Strahl ablenken, die Probe bewegen oder den Strahl defokussieren. Letztere Methode ergibt sehr inhomogene Implantationen und ist nur für primitive orientierende Untersuchungen geeignet; sie wurde deshalb nur in der Anfangszeit der Implantation angewendet. Speziell für Halbleiteranwendungen ist eine sehr homogene Implantation (Inhomogenität $\leq \pm 1\%$) über Proben mit einem Durchmesser von 2″ bis 3″ notwendig.

Zahlreiche Faktoren sind von Einfluß auf die Auslegung eines Strahlablenkungssystems. Neben der Probengröße, dem Strahldurchmesser, dem Channelingwinkel und Abbildungsfehlern sind auch die Länge der Maschine, vakuumtechnische Gesichtspunkte und Aufheizeffekte durch den Strahl wichtige Punkte.

Die einfachste Methode zur Ablenkung des Ionenstrahls ist eine elektrostatische Ablenkung in X- und Y-Richtung. Besonders muß man darauf achten, daß durch ein geeignetes Spaltsystem vor den Ablenkplatten sichergestellt wird, daß nur die gewünschte Ionenart abgelenkt wird. Deshalb ist auch eine Strahlablenkung vor der Massenseparation nicht praktikabel.

Die Ablenkung des Ionenstrahls durch ein Plattensystem am Target, vgl. Fig. 4.16, ergibt sich für kleine Ablenkwinkel zu

$$D = L \tan \alpha \approx L \frac{a}{2d} \frac{U_a}{U} \qquad (4.14)$$

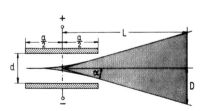

Fig. 4.16
Schematische Darstellung einer Strahlrasterung mittels Ablenkkondensator

(a ist die Plattenlänge, d der Plattenabstand, L der Abstand des Plattensystems vom Target, U_a die Ablenkspannung, U die Beschleunigungsspannung).

Die Ablenkspannungen sind im allgemeinen sägezahnförmig, ihre Frequenzen liegen zwischen 1 Hz und 10 kHz. Hierbei ist es wichtig, darauf zu achten, daß keine Lissajousfiguren entstehen und eine inhomogene Implantation verursachen. Bewährt haben sich ein sehr großer Frequenzunterschied, z. B. 10 Hz und 1 kHz oder ein sehr geringer Frequenzunterschied, z. B. 999 Hz und 1 kHz. Auf jeden Fall muß sichergestellt sein, daß die Probe genügend oft in dicht liegenden Zeilen über-

4.4 Strahlablenkung und Homogenität

schrieben wird. Eine weitere Bedingung für eine homogene Implantation ist eine ausreichende Ablenkung über die Probe hinaus, um Randeffekte auszuschließen. Der Zeilenabstand soll etwa $\sqrt{2}\sigma$ sein, wenn man einen gaußförmigen Strahl mit einer Standardabweichung von σ (dies ist etwa der optische Strahlradius) annimmt. Die Ablenkung über die Probe hinaus sollte wenigstens 3 Strahldurchmesser betragen. Unter diesen Umständen ist die Homogenität der Implantation besser 1%, wenn keine zusätzlichen Effekte durch die Ablenkspannungen auftreten. Der Stromverlust durch diese Ablenkung über die Probe hinaus kann sehr groß sein. Bei einer 5×5 cm^2-Blende wie man sie z. B. vor 2″-Scheiben verwendet, bedeutet dies bei einem Strahldurchmesser von 1 cm, daß nur 20% und bei 0,5 cm nur 40% des Gesamtstromes ausgenützt werden können.

Wie man aus Abb. 4.16 ersieht, erzeugt die Ablenkung integral gesehen einen divergenten Strahl. Das Ablenksystem muß soweit vom Target entfernt sein, daß der maximale Ablenkwinkel, der notwendig ist, um die gesamte Probe zu implantieren, kleiner als der kritische Winkel für Channeling ist. Man wählt ihn meist kleiner als 1°. Für Implantationen in Channellingrichtung kann das zuviel sein. Man verwendet in diesem Fall ein Parallelablenksystem mit dem doppelten Satz Ablenkplatten, die dazu dienen, den abgelenkten Strahl wieder zurückzubiegen. Jedoch handelt man sich bei einfachen Konstruktionen dadurch Abbildungsfehler und damit inhomogene Implantationen ein. Im Fall von 300 keV Bor z. B. ist der kritische Winkel für Channeling in ⟨100⟩-Richtung 2,03°, die Entfernung zwischen Ablenkplatten und Target müßte bei einer 2″-Scheibe 70 cm betragen, um Channelingexperimente zu ermöglichen. Der Ablenkwinkel muß aus einem weiteren Grund möglichst klein sein: Aus der Verkippung, die zur Vermeidung des Channelings notwendig ist, resultiert zusammen mit dem Ablenkwinkel des Strahls eine inhomogene Flächenbelegung. In Fig. 4.17 ist ein Beispiel für eine 7°-Verkippung einer 100 mm-Scheibe und einem Abstand der Probe von den Ablenkplatten von 1 m [254] wiedergegeben.

Magnetische Ablenksysteme, obwohl prinzipiell möglich, wurden bisher noch nicht verwendet. Ihr Vorteil geringer Abbildungsfehler bei größeren Ablenkwinkeln käme

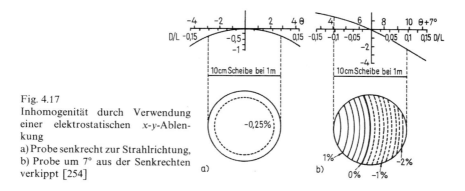

Fig. 4.17
Inhomogenität durch Verwendung einer elektrostatischen x-y-Ablenkung
a) Probe senkrecht zur Strahlrichtung,
b) Probe um 7° aus der Senkrechten verkippt [254]

hier kaum zum Tragen. Auch ist die Ablenkung in magnetische Systeme massenabhängig, wodurch ein weiterer Parameter zu beachten wäre.

Je nach Betriebsvakuum können bei einem elektrostatischen Ablenksystem starke Inhomogenitäten durch neutralisierte Ionen auftreten. Ein Teil der Ionen wird nach Beschleunigung und Massenseparation durch Stöße mit Atomen des Restgases, verbunden mit Elektroneneinfang, neutralisiert und bildet, da diese Teilchen im statischen Feld nicht abgelenkt werden, einen „heißen" Fleck auf der Probe mit stark erhöhter Dosis. Dieser zusätzliche Anteil kann, da er neutral ist, auch durch die Strommessung nicht festgestellt werden.

Die Inhomogenität $\Delta N_\Box / N_\Box$ die durch diesen Strahlanteil erzeugt wird, ergibt sich zu [nach 605]

$$\frac{\Delta N_\Box}{N_\Box} = 2{,}48 \cdot 10^{14} P L \sigma_{10} \frac{A}{a} \qquad (4.15)$$

(P Druck (Pa); L Weglänge der Teilchen (cm); σ_{10} Wirkungsquerschnitt für die Bildung von Neutralteilchen (cm²) aus einfach geladenen Teilchen; A Fläche, über die der Strahl abgelenkt wird; a Fläche des unabgelenkten (fokussierten) Strahls).

Der Wirkungsquerschnitt zum Einfang eines Elektrons durch ein Ion der Geschwindigkeit v läßt sich nach Bohr und Lindhard [94] berechnen

$$\sigma_{10} = \pi a_0^2 \, Z_1^2 \, Z_2^{1/3} \left(\frac{v_0}{v}\right)^3 \qquad (4.16)$$

a_0 ist der Bohrradius ($a_0 = \varepsilon_0 h^2 / \pi m q^2 = 0{,}0529$ nm); v_0 ist die Bohrgeschwindigkeit ($v_0 = q^2 / 2\varepsilon_0 h$). Die Werte von σ_{10} liegen bei etwa 10^{-16} cm².

Bei einem Druck von 10^{-4} Pa, einer Weglänge von 8 m, einer Strahlquerschnittfläche von 1 cm² und einer Fläche von 25 cm², über die abgelenkt wird, ergibt sich für ein σ_{10} von 2×10^{-16} cm² die prozentuale Inhomogenität $\Delta N_\Box / N_\Box$ zu 5%.

Der Anteil des Neutralstrahls kann verkleinert werden durch ein besseres Vakuum und durch eine „Neutralstrahlfalle", die die geladenen Teilchen zusätzlich ablenkt. Entweder verwendet man ein drittes Paar Ablenkelektroden oder besser eine überlagerte Gleichspannung auf dem letzten Plattenpaar. Diese beiden Möglichkeiten

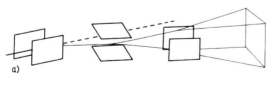
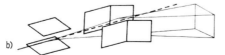

Fig. 4.18
Ausblenden des Neutralstrahls bei elektrostatischer Ablenkung durch die Verwendung separater Ablenkplatten (a) oder einer überlagerten Gleichspannung auf einem Plattenpaar (b)

4.4 Strahlablenkung und Homogenität   127

sind schematisch in Fig. 4.18 dargestellt. In der gleichen Größenordnung wie σ_{10} bewegt sich der Wirkungsquerschnitt σ_{12} zur Erzeugung doppelt geladener Ionen [507]. Dieser Effekt ist jedoch nur bei sehr schlechtem Vakuum wegen der Verfälschung der Strommessung störend. Ein einfaches Verfahren zur Untersuchung der Homogenität der Implantation bietet die Verwendung von glasklaren Kunststoffolien (gut geeignet ist z. B. Kalle Hostaphan BN 250 (klar) oder Mylar-Folie), die sich durch die Implantation von Ionen verfärben. Je nach Ionensorte und Intensität ergeben sich bräunliche bis rote Töne. Dosisunterschiede kleiner als 5% können sicher unterschieden werden. Besonders zum Auffinden von Neutralstrahlen läßt sich diese Methode vorteilhaft anwenden. Bei Implantation mit großen Energiedichten des Strahls ($>0{,}1$ W/cm^2) ist wegen der Erwärmung und dem dadurch verursachten Abgasen der Folie Vorsicht angebracht.

Eine weitere Fehlermöglichkeit liegt in der homogenen Implantation von anderen Ionensorten mit gleichem effektiven Molekulargewicht, z. B. im Fall einer $^{32}S^+$-Implantation von Sauerstoffmolekülen (O_2^+) oder doppelt geladenen Zinkionen ($^{64}Zn^{++}$). Um solche Effekte zu vermeiden, muß man sorgfältig die zur Ionisierung verwendeten Substanzen und die Materialien der Ionenquelle beachten. ZnS etwa wäre ein praktisches Material, um Zink- und Schwefelionen zu erzeugen, da aber $^{64}Zn^{++}$ die gleiche effektive Masse wie $^{32}S^+$ hat, ist diese Substanz höchstens für Zink geeignet.

Auch Ladungsaustauschreaktionen können je nach Druck im Vakuumsystem die Homogenitäten von Implantationen stark beeinflussen. Wird ein Ion umgeladen, oder verändert es seine Molekularbindung

$$A_p^{n+} \to A_q^{m+} \tag{4.17}$$

(n, m Anzahl der Ladungen; p, q Anzahl der Atome), so ergibt sich eine neue effektive Masse M'

$$M' = \frac{q^2}{p}\frac{n}{m^2} M \tag{4.18}$$

Dieser Effekt wird besonders bei mehrfach geladenen Ionen eine Rolle spielen, die man häufig verwendet, um den Energiebereich des Beschleunigers auszudehnen. Alle Ladungsaustauschreaktionen sind entsprechend Gl. (4.15) druckabhängig. Noch kompliziertere Reaktionen können bei Molekülionen wie BF_2^+, PF_3^+ usw. auftreten. Bei elektrostatischen Ablenksystemen sind im Bereich großer Stromstärken Schwierigkeiten durch Raumladungseffekte zu erwarten. Die bereits erwähnte alternative Methode zur großflächigen Implantation, die hierbei Abhilfe schafft, ist die mechanische Bewegung der Proben durch den Ionenstrahl. Notwendig erweist sich diese Methode meist bei Beschleunigern mit Stromstärken im mA-Bereich, da die entsprechenden Ionenquellen im allgemeinen eine schlitzförmige Extraktion besitzen und eine elektrostatische Ablenkung relativ aufwendig wäre. Typische Strahlabmessungen sind $0{,}2 \times 4$ cm^2. Bei kleinen Scheiben ist eine Bewegung nur in X-Richtung

128 4 Ionenimplantationsapparaturen

durch den Strahl ausreichend, bei größeren muß die mechanische Bewegung in X- und Y-Richtung durchgeführt werden. In diesem Fall treten die weiter oben diskutierten Probleme mit einem Neutralstrahlanteil in bezug auf die Homogenität nicht mehr auf. Die Dosismessung wird jedoch ebenfalls verfälscht. Ein Vorteil

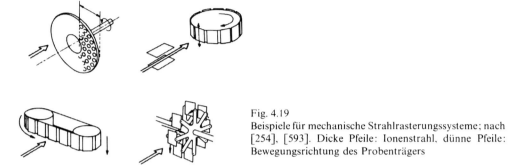

Fig. 4.19
Beispiele für mechanische Strahlrasterungssysteme; nach [254], [593]. Dicke Pfeile: Ionenstrahl, dünne Pfeile: Bewegungsrichtung des Probenträgers

der mechanischen Ablenkung ist, daß der Ionenstrahl durch die Ablenkung keine zusätzliche Divergenz erhält. Bei rotierenden Trommelsystemen kann andererseits die Definition des Winkels ein Problem werden. In Fig. 4.19 sind Beispiele der verschiedenen mechanischen Strahlrasterungssysteme schematisch dargestellt.

4.5 Probenkammer

Der letzte Teil in dieser Betrachtung der Komponenten eines Ionenbeschleunigers ist die Vakuumkammer, in der die Proben implantiert werden. Je nach Verwendungszweck sind verschiedene Anforderungen an sie zu richten. Diese Anforderungen unterscheiden sich sehr stark je nachdem, ob eine universelle Experimentieranlage oder eine industrielle Produktionsanlage betrachtet wird. Während im ersten Fall Flexibilität in bezug auf Probentemperatur, -orientierung und -abmessung entscheidend sind, muß man im zweiten Fall vorwiegend auf den Scheibendurchsatz, die Homogenität der Implantation und die Betriebssicherheit Wert legen. Entsprechend unterschiedlich sind die Ausführungen der Implantationskammern.

4.5.1 Strommessung

Für alle Ionenimplantationsexperimente ist die Kenntnis der exakten Dosis, also des zeitlichen Integrals der implantierten Ionenstromdichte notwendig. Ein großes Problem dabei sind die Sekundärelektronen, die beim Beschuß mit Ionen erzeugt werden. Da sie negativ geladen sind, addiert sich ihr Stromanteil zum positiven Ionenstrom. Neutralteilchen, die selbst nicht gemessen werden, aber ebenfalls Sekundärelektronen erzeugen können, müssen auf jeden Fall durch geeignete Maßnahmen ausgeblendet werden. Ist das Strommeßinstrument sehr hochohmig, so kann sich der Probenhalter positiv aufladen und dadurch die Sekundärionenausbeute verringern, ja sogar zusätzliche negative Ladungen anziehen und dadurch den angezeigten Strom unter den tatsächlichen Ionenstrom verkleinern. Die Messung von Ionenstrahlen an sich ist nicht neu. Bei der Ionenimplantation wird jedoch im allgemeinen eine relativ große Fläche bestrahlt, die Probe wird unter Umständen gekühlt oder geheizt und soll durch ein Fenster sichtbar sein. Da man stets an der implantierten Dosis interessiert ist, in die nur die Stromdichte eingeht, muß sich vor der Probe eine Blende befinden, die eine exakte Definition der implantierten Fläche erlaubt. Zur Strommessung verwendet man ein Strommeßgerät mit kleinem Eingangswiderstand, das mit einem Integrator verbunden ist (Stromintegrator). Dieser Stromintegrator ist im allgemeinen in der Lage, nach Erreichen einer voreingestellten Ionendosis bzw. -ladung ein Signal abzugeben, mit dem z. B. der Ionenstrahl unterbrochen oder die nächste Implantation eingeleitet werden kann.

Die Unterdrückung der Sekundärelektronen geschieht am einfachsten durch eine negativ geladene Elektrode (Suppressionselektrode) vor dem Probenhalter. Die Ausbildung des Targethalters als Faradaybecher verbessert die Sekundärelektronenunterdrückung weiter. Es ist auch möglich, die negativ geladene Elektrode als Zylinder auszulegen. Der Ionenstrahl darf nicht auf die Suppressionselektrode fallen, da er sonst Sekundärelektronen erzeugen würde, die am Probenhalter gemessen werden könnten. Die Zerstäubung von Teilchen des Targethalters und von ihnen erzeugte Sekundärelektronen verursachen weitere Fehler, die aber gering sein dürften. Eine weitere Methode zur Unterdrückung von Sekundärelektronen besteht in der Verwendung von schwachen Magnetfeldern ($\approx 10^{-2}$ T), die die Elektronen auf das Target

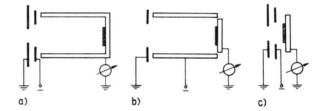

Fig. 4.20
Anordnungen zur Sekundärelektronensuppression
a) Faradaykäfig
b) Suppressionszylinder
c) Suppressionselektrode

zurücklenken: Meist ist jedoch hierfür der Aufwand zu groß, wenn Systeme mit Probenwechslern verwendet werden. In Fig. 4.20 sind drei Beispiele, Faradaykäfig, Suppressionszylinder und einfache Suppressionselektrode, wiedergegeben. Die notwendige Spannung ergibt sich vorwiegend aus der Geometrie der Anordnung und muß experimentell gefunden werden.

4.5.2 Probenorientierung

Für Grundlagenuntersuchungen ist es oft notwendig, in exakt orientierte Proben zu implantieren. Man bedient sich dazu optischer bzw. röntgenographischer Verfahren (Lauekamera), die eine Genauigkeit von $\pm 0.5°$ erlauben, oder am gün-

130   4 Ionenimplantationsapparaturen

stigsten Messungen der Rückstreuausbeute von Ionen. Im allgemeinen werden für das zuletzt genannte Verfahren Helium oder Protonen verwendet (s. Abschn. 5.8). Die erzielbare Genauigkeit dieser Orientierung ist etwa ±0,02°. An orientierten Proben können dann z. B. auch Channelingexperimente vorgenommen werden oder die Implantation in situ meßtechnisch durch Rückstreumessungen erfaßt werden. Die Proben sind für solche Experimente an aufwendigen Goniometern montiert, die eine Kippung der Proben um alle Achsen auf ±0,01° genau erlauben. Für die meisten Experimente und für Bauelementanwendungen ist man lediglich an einer Unterdrückung des Channeling-Effektes interessiert. Deshalb werden die Halbleiterproben, die vom Hersteller auf ±0,5° genau orientiert sind, zwischen 7° und 10° aus der Senkrechten verkippt, wobei auf die richtige Verdrehung der Probe zu achten ist. Eine größere Kippung ist nicht angebracht, da man sofort wieder in die Richtung von niedrig indizierten Kanälen oder Ebenen käme. Am günstigsten wäre sicher eine Verkippung, die durch Rückstreumessungen optimiert

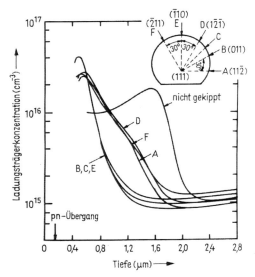

Fig. 4.21
Abhängigkeit der Profilgestalt von Probenkippung und Drehung für eine Siliciumprobe nach Reddi [585]

wird. Für praktische Anwendungen ist dieses Verfahren jedoch zu aufwendig. In Fig. 4.21 ist der Einfluß der Probenorientierung abhängig vom Drehwinkel ⟨111⟩-orientierter Siliciumscheiben am Beispiel einer Phosphorimplantation nach Reddi [585] dargestellt. Man sieht deutlich, daß ein gewisser Chanellinganteil auch bei perfekt fehlorientierten Proben auftritt.

4.5.3 Heizung und Kühlung

Heizung oder Kühlung der Proben während der Implantation vermag bei gewissen Halbleitern zu einem besseren Einbau der implantierten Ionen zu führen (z. B. bei GaAs und InSb) oder ermöglicht Grundlagenuntersuchungen zur Strahlenschädenerzeugung bzw. -ausheilung. Die meisten Forschungsanlagen verfügen deshalb über entsprechende Möglichkeiten. Produktionsanlagen jedoch verzichten vollständig auf diese Möglichkeiten, da sie bei Silicium kaum Verbesserungen ergeben und der Aufwand extrem hoch ist. Wird bei Produktionsanlagen die Aufheizung der Proben durch den Strahl selbst zum Problem (vgl. Abschn. 3.6), so versucht man durch gleichzeitige Implantation mehrerer Scheiben diesen unerwünschten Effekt zu vermeiden (vgl. Abschn. 5.4 dieses Kapitels).

Kühlung wird praktisch ausschließlich durch Kontaktkühlung vorgenommen. Üblicherweise wird bei der Temperatur des flüssigen Stickstoffs (77 K) gearbeitet. Einige wenige Experimente wurden bei 4 K vorgenommen. Eine stufenlose Temperaturregelung durch gleichzeitiges Heizen, wie man es z. B. in Verdampferkryostaten macht, wird praktisch nicht verwendet und ist kommerziell nicht erhältlich. Es versteht sich von selbst, daß nur Einzelscheiben implantiert werden können und die Rüstzeiten wegen der notwendigen Verdampfung des Kühlmittels (Kondensatbildung!) vor Öffnung der Vakuumkammer groß sind. Um eine Kontamination der gekühlten Probe durch die Kondensation von Atomen des Restgases (vgl. dazu auch Abschn. 4.6) zu vermeiden, ist eine Kühlfalle in der Nähe der Probe anzuordnen; noch günstiger ist eine Kältewand, die den gesamten Probenhalter umgibt.

Die Heizung der Proben kann durch Elektronenbeschuß, Strahlungsheizung oder Kontaktheizung erfolgen. Beim ersten Verfahren ergeben sich Schwierigkeiten bei der Ionenstrommessung. Die beiden anderen sind etwa gleich gut geeignet, wobei letzteres konstruktiv einfacher ist und die Probentemperatur leichter zu messen und zu regeln ist. Besonders gut als Heizelemente sind im Vakuum koaxiale Mantelheizleiter[1]. Üblich sind Temperaturen bis 500°C, in Ausnahmefällen bis 900°C.

4.5.4 Beispiele von Implantationskammern

Eine sehr universelle Kammer für Forschungszwecke wurde in Harwell entwickelt [300]. In Fig. 4.22 ist sie dargestellt. Die Kammer kann bis zu 36 Proben aufnehmen. Der Scheibenwechsel erfolgt wie in einem Diaprojektor. Ein Einachsengoniometer erlaubt eine genaue Ausrichtung vororientierter Proben. Die Proben können mit flüssigem Stickstoff gekühlt oder mit einer Strahlungsheizung erwärmt werden. In Harwell wurden auch Targetkammern für industrielle Anwendungen entwickelt. In Fig. 4.23 ist ein Kassettensystem für einen Beschleuniger mit keilförmigem Ionenstrahl dargestellt, das 20 Halter mit bis zu 120 Stück 2″-Scheiben aufnehmen kann. Bei diesem System wird nicht der Strahl abgelenkt, sondern der Scheibenträger, wie durch die Pfeile angedeutet, durch den Strahl bewegt. Von Extrion wurde eine Karusselltargetkammer entwickelt, die 200 Proben in Rähmchen faßt (Fig. 4.24). Oft jedoch sind so große Scheibenmengen nicht kompatibel mit Produktionserfordernissen. Überdies erfordert die Auspumpzeit bei der großen notwendigen Va-

---

[1] z. B. Thermocoax der Fa. Philips.

132 4 Ionenimplantationsapparaturen

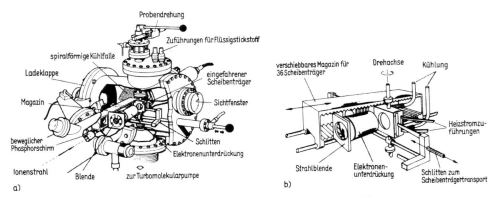

Fig. 4.22 Universelle Targetkammer von Harwell für Forschungszwecke [300]
a) Gesamtansicht, b) Detail des Kasettensystems

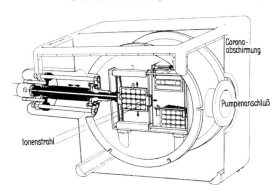

Fig. 4.23
Industrielle Targetkammer von Harwell [255]

Fig. 4.24 Trommelförmige Targetkammer der Fa. Extrion für die Implantation von 200 Scheiben in einem Arbeitszyklus

Fig. 4.25
Targetkammer der Fa. Extrion mit Kassettensystem und Vakuumschleusen zum quasikontinuierlichen Betrieb

kuumkammer einen beträchtlichen Zeitaufwand. Das lineare Kassettensystem der Fig. 4.25 erlaubt einen quasikontinuierlichen Betrieb mit Hilfe zweier kleiner Vakuumkammern, die als Schleusen für Kassetten mit je 20 Proben dienen. Die Schleusen sind hinter den beiden Vakuumschiebern angebaut. Auf diese Weise wird der Ionenstrahl viel effektiver ausgenützt und die Ausfallzeit ist auf die Zeit des Probenwechsels, d. h. des Ein- und Ausfahrens der Probenrähmchen aus der Kassette, beschränkt.

Alle bisher vorgestellten Anlagen waren sog. "batch"-Anlagen, d. h., die Scheiben werden in Gruppen in die Targetkammer gebracht und anschließend implantiert. Im Fall der Harwellanlagen stets mehrere Scheiben gleichzeitig, bei den Extrionanlagen jede Scheibe für sich.

Durchlaufsysteme, bei denen einzelne Scheiben, evtl. auf einen Halter montiert, mittels differentieller Pumpstufen in die Targetkammer transportiert werden, kommen dem augenblicklichen Trend in der Industrie nach vollautomatischer, kontinuierlicher Fertigung entgegen. Anlagen dieses Typs befinden sich im Entwicklungsstadium [722], [780] und werden zum Teil bereits vertrieben. Fig. 4.26 zeigt eine

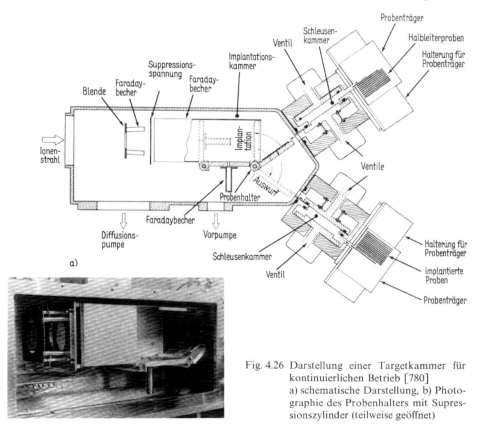

Fig. 4.26 Darstellung einer Targetkammer für kontinuierlichen Betrieb [780]
a) schematische Darstellung, b) Photographie des Probenhalters mit Supressionszylinder (teilweise geöffnet)

134 4 Ionenimplantationsapparaturen

schematische Darstellung einer Kammer von Extrion. Die Proben gleiten aus dem Scheibenträger in die Eingangsschleuse, das obere Ventil schließt sich und das kleine Kammervolumen wird rasch ausgepumpt. Das untere Ventil öffnet sich und die Probe gleitet auf den Probenhalter, der zur Implantation hochklappt. Nach der Implantation verläßt die Probe das Hochvakuum analog durch die Ausgangsschleuse und gleitet in den unteren Scheibenträger. Ein klappbarer Faradaybecher erlaubt die Zentrierung des Ionenstrahls; vier Faradaybecher an der Aperturblende werden zur Einstellung der Ablenkspannung benützt. Fig. 4.26b zeigt eine Photographie dieser kontinuierlich arbeitenden Kammer zusammen mit dem Faradaykäfig, der Suppressionselektrode, der Aperturblende und den zusätzlichen Faradaybechern. Diese Kammer kann anstatt mit Scheibenträgern auch mit kontinuierlichen Transportsystemen gekoppelt werden.

Für Hochstrommaschinen ist die Probenerwärmung ein extrem wichtiges Problem. In Fig. 4.27a ist die Gleichgewichtstemperatur von Siliciumproben abhängig von

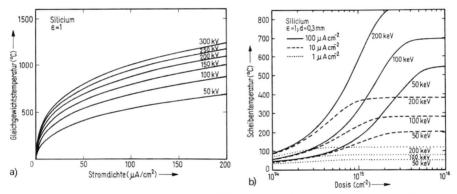

Fig. 4.27 a) Gleichgewichtstemperatur von Siliciumproben abhängig von der Stromdichte bei 50 bis 300 keV
b) Temperaturerhöhung abhängig von der Implantationsdosis für 50 bis 200 keV mit der Stromdichte als Parameter

der Stromdichte bei Implantationsenergien von 50 bzw. 300 keV dargestellt (berechnet nach Gl. (3.51)). Die Temperaturerhöhung, abhängig von der Implantationsdosis mit der verwendeten Stromdichte als Parameter, ist in Fig. 4.27b wiedergegeben (nach Gl. (3.52)). Aus dieser Abbildung ersieht man deutlich, daß ab Dosen von 10^{14} cm^{-2} die Temperaturerhöhung zum ernsthaften Problem wird. Die Lösung ist eine gleichzeitige Implantation mehrerer Scheiben wie in der Anlage nach Fig. 4.23 von Harwell oder durch die Verwendung scheiben- [593] bzw. trommelförmiger Probenträger, um die effektive Stromdichte während der Implantation durch eine Flächenvergrößerung zu reduzieren. In Fig. 4.28 ist der trommelförmige Probenträger der Hochstromimplantationsanlage von Extrion (vgl. Fig. 4.13) abgebildet. Fig. 4.28a zeigt die Trommel, aus der Kammer nach hinten für Wartungszwecke ausgefahren,

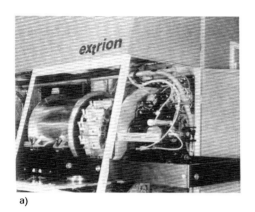

Fig. 4.28 Trommelförmige Targetkammer eines Hochstrombeschleunigers der Fa. Extrion
a) gesamte Kammer, Trommel zu Wartungszwecken nach hinten ausgefahren, b) Einzelansicht der Trommel

Fig. 4.28b die Trommel separat mit Probenhalter für 2″- und 3″-Scheiben. Trommelförmige Anlagen erlauben i. allg. neben der gleichzeitigen Implantation der auf dem Umfang befindlichen Scheiben auch Einzelimplantationen.

4.6 Vakuum

Ein wesentlicher Gesichtspunkt bei der Konstruktion von Ionenimplantationsanlagen ist das Vakuumsystem. Benötigt wird ein betriebssicheres System mit möglichst gutem Vakuum. Das Vakuum sollte mindestens 10^{-4} Pa noch besser 10^{-5} Pa betragen. Bei gutem Vakuum ist der Strahl besser fokussierbar und der Anteil der neutralen Atome im Strahl ist wesentlich geringer. Die Neutralisierung ist direkt proportional zum Druck und der Länge des Systems, und wurde bereits in Abschn. 4.4 behandelt. Auch die Oberflächenkontamination der Proben hängt von der Güte des Vakuums ab. Geeignete Pumpsysteme sind Diffusionspumpen und Turbomolekularpumpen mit entsprechender Vorpumpe oder eine Ionengitterpumpe, die lediglich zum Erreichen des Vorvakuums Sorptionspumpen, evtl. in Verbindung mit einer ölfreien Kohleschieberpumpe, benötigt. Die Auswahl wird sich nach dem Gasanfall (Art und Menge) und der notwendigen Ölfreiheit des Vakuums richten. Ionengitterpumpen erzeugen ein absolut ölfreies Vakuum, können jedoch Edelgase nur schlecht pumpen, haben eine geringe Saugleistung und reagieren empfindlich auf Lufteinbrüche. Sie sind am besten geeignet an Stellen des Vakuumsystems, die selten belüftet werden und keine große Saugleistung erfordern (z. B. Strahlführungssystem), oder wenn es auf extrem gutes Vakuum ($<10^{-5}$ Pa) und absolute Ölfreiheit ankommt. Unter Beachtung einiger Vorsichtsmaßnahmen (z. B.

belüften mit getrocknetem Stickstoff; Druckstufe zum restlichen System; Vorpumpen bis 10^{-2} Pa mittels Sorptions- und Kohleschieberpumpen) sind solche Pumpen auch für Probenkammern geeignet. Robuster und praktisch ölfrei sind Turbomolekularpumpen. Sie benötigen keinen flüssigen Stickstoff zum Betrieb, sind jedoch sehr teuer und können bei manchen Anwendungen durch Vibrationen stören. Öldiffusionspumpen sind der am weitesten verbreitete Pumpentyp. Sie sind billig, betriebssicher und haben eine hohe Saugleistung. Man muß jedoch Diffusionspumpen mit Kühlfallen für flüssigen Stickstoff, Frigenkühler oder thermoelektrischen Kühlfallen ausrüsten, um eine Kohlenwasserstoffkontamination der Proben zu reduzieren. Eine vollständige Vermeidung ist jedoch nicht möglich. In der Nähe der Ionenpumpe ist man wegen des großen Gasanfalls wohl auf diesen Pumpentyp angewiesen, während am Strahlführungssystem und der Probenkammer je nach den technischen Anforderungen auch Ionenpumpen und besonders Turbopumpen geeignet sind. Für den Betrieb von Diffusionspumpen ist ein Treibmittel am günstigsten, das unempfindlich gegenüber Lufteinbrüchen ist. Besser als Siliconöle haben sich dabei Polyphenyläther[1] bewährt, die keinerlei Kriecheffekte zeigen und einen niedrigeren Dampfdruck besitzen.

Um die Leckrate klein zu halten, sind Metalldichtungen vorzuziehen, speziell in Produktionssystemen, die einmal installiert, ohne Änderungen betrieben werden. Bei Forschungssystemen ist ein Kombinationssystem, das Metall- oder Vitondichtungen erlaubt, aus Gründen der Flexibilität besser. Bei langen Systemen empfiehlt es sich unter Umständen, in das Strahlführungssystem Kühlfallen einzubauen. Der Einbau von Kühlfallen in Targetnähe ist nötig, wenn man bei tiefen Temperaturen implantieren will, um die Kontamination der gekühlten Proben durch Kondensation von Restgasen zu vermeiden. Die Hauptverunreinigungen sind polymensierte Kohlenwasserstoffe, die vom Pumpenöl herrühren. Die Abscheiderate der Verunreinigungen ist bei hohem Partialdruck, niedriger Beschleunigungsspannung und -temperatur größer und kann auch von der Stromdichte abhängen [788a].

---

[1] Convalex der Fa. CVC, Santovac der Fa. Edwards.

5 Meßmethoden zur Untersuchung ionenimplantierter Schichten

Da durch die Ionenimplantation neben einer gewünschten elektrischen Dotierung oder der gewünschten Veränderung von physikalischen oder chemischen Eigenschaften fast immer eine Anzahl unerwünschter Effekte auftreten, ist eine sorgfältige meßtechnische Untersuchung der implantierten Schichten notwendig. Im Fall der Dotierung von Halbleitern betrifft dies vor allem den Einfluß von Strahlenschäden und die elektrische Aktivierung der implantierten Ionen.

Im folgenden sollen die wichtigsten Methoden zur Messung der Strahlenschäden, der Verteilung der implantierten Ionen und der elektrischen Aktivierung derselben dargestellt und die Grenzen dieser Methoden aufgezeigt werden.

Die Ionenimplantation stellt an Meßmethoden strengere Anforderungen als andere Dotierverfahren wegen der geringen Eindringtiefe der Ionen und der daraus resultierenden steilen Profilverläufe. Eine Reihe von Verfahren wurde zur Vermessung von Implantationsprofilen neu entwickelt oder abgewandelt. Grundsätzlich ist man an der Profilgestalt der implantierten Verteilungen interessiert; oft jedoch ist eine integrale Information über die implantierte Verteilung ausreichend – oder muß es sein, sei es aus Gründen der Nachweisempfindlichkeit oder der Schnelligkeit der Messung.

Die verschiedenen Meßmethoden lassen sich grob in drei Gruppen einteilen: a) chemische, b) elektrische und c) andere physikalische Methoden. Zur ersten Gruppe gehört das chemische Anätzen von pn-Übergängen, zur zweiten u. a. Halleffekt-, Schichtwiderstand-, Kapazität-Spannungs-, Ausbreitungswiderstands- und Stromspannungsmessungen. Die dritte Gruppe umfaßt eine Reihe sehr unterschiedlicher Meßverfahren. Die wichtigsten Vertreter sind die Rutherford-Rückstreutechnik, die Aktivierungsanalyse, die Anregung von Kernreaktionen durch den Beschuß mit hochenergetischen Atomen und die Anregung von charakteristischen Röntgenstrahlen.

Dotiert man Halbleiter, so ist man i. allg. an der Verteilung elektrisch aktiver Ionen, genauer an der Verteilung der Majoritätsträger interessiert. Für prinzipielle Untersuchungen der Implantation können nichtelektrische Verfahren besser geeignet sein, vor allem auch deshalb, weil den elektrischen Verfahren große Fehler anhaften können. Deshalb sollen hier auch die nichtelektrischen Meßmethoden relativ ausführlich diskutiert werden, obwohl nur wenigen Forschungslaboratorien und kaum einer Halbleiterfabrik alle oder nur ein Teil dieser Untersuchungsmethoden zur Verfügung stehen.

138 5 Meßmethoden zur Untersuchung ionenimplantierter Schichten

Es ist schwer, für diese unterschiedlichen Meßverfahren ein Ordnungsschema zu finden. Je nach Problem müßte man sie z. B. in Profilmeßverfahren, Strahlenschädenmeßverfahren usw. oder nach der Natur des Meßprinzips in chemische, elektrische, physikalische Meßmethoden einteilen. Stets wird es Überschneidungen geben, so daß es besser ist, auf eine Einordnung nach einem strengen Schema zu verzichten und die einzelnen Meßverfahren einfach nacheinander zu besprechen. Ein Vergleich ihrer speziellen Eignung wird im letzten Abschnitt gebracht.

5.1 Anätzen von pn-Übergängen

Ein altes Verfahren zur Bestimmung der Tiefe von diffundierten pn-Übergängen ist das Anätzen oder Dekorieren. Auch bei ionenimplantierten Übergängen läßt sich dieses Verfahren erfolgreich anwenden. Wegen der relativ oberflächennahen pn-Übergänge ist jedoch stets (falls keine "drive-in"-Diffusion vorgenommen wurde) ein Schrägschliff zur Auflösung der Tiefe erforderlich. Die notwendigen Winkel liegen im Bereich von einem Grad ($34'40'' \triangleq 1:100$; $1°9' \triangleq 1:50$). Sehr bewährt zur

Tab. 5.1 Ätzen zum Sichtbarmachen von pn-Übergängen

Halbleiter	Zusammensetzung der Ätze	Ätzzeit	Bemerkungen	Referenz
GaAs	3 g KOH in 25 ml H_2O gelöst 2 g K_3[Fe(CN)$_6$] in 25 ml H_2O gelöst	einige Sek.	auch bei GaAlAs, GaAsP und GaP verwendbar; vor dem Ätzen mischen; auch für n^+n und p^+p geeignet; es ergibt sich eine Linie	
	3 CP4:CH_3OH:H_2O CP4[10 HNO_3 (conc.): 5 HF (48%): 11 CH_3COOH]	einige Sek.	p wird hell, n wird grau	[317]
Si	2 g H_6JO_6, 1 ml HF (48%), 20 ml H_2O	ca. 30 Sek.	unter UV-Licht; auch für Leitfähigkeitsstufen; Verfärbung	[317]
	5 HNO_3 (conc.): 95 HF (48%)	einige Sek.	unter UV-Licht	[265]
	0,5 HNO_3 (conc.): 99,5 HF (48%)	einige Min.	unter UV-Licht; Verfärbung	[90]
Ge	2 HNO_3 (conc.): 1 HF (48%)	einige Sek.		[90]

Herstellung von Schrägschliffen bei Silicium hat sich eine Aufschwemmung von 0,3 μm Al$_2$O$_3$-Pulver in Wasser. Bei ⟨100⟩-orientierten III-V-Halbleitern verwendet man möglichst ⟨110⟩-orientierte Spaltflächen oder Schrägschliffe, die mittels feiner Diamantpaste hergestellt werden. Geeignete Ätzen zum Sichtbarmachen von pn-Übergängen sind in Tab. 5.1 zusammengestellt. Je nach Ätze wird das p- und n-Gebiet unterschiedlich eingefärbt, oder es ergibt sich eine feine Linie am pn-Übergang.

Mittels dieser Methode ist es nur möglich, die Tiefe festzustellen, in der die Substratdotierung gleich der implantierten Dotierung ist. Implantiert man nun gleichzeitig in Material unterschiedlicher Grunddotierung, so ist es möglich, nach der Temperung aus den unterschiedlichen Lagen des pn-Überganges ein Tiefenprofil zu konstruieren [289], [412]. Die Temperung ist notwendig, da die Ätzung von der Ladungsträgerkonzentration abhängt. In Fig. 5.1 ist die Profilbestimmung schematisch dargestellt.

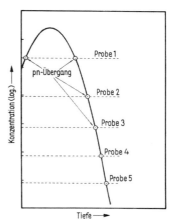

Fig. 5.1
Messung von Profilen durch gleichzeitige Implantation in Grundmaterialien unterschiedlicher Dotierung und Anätzen der pn-Übergänge (schematisch)

Diese Methode ist jedoch recht umständlich und ungenau, da bei hohen Konzentrationen unter Umständen mehrere Linien erscheinen können und bei niedrigen Konzentrationen nicht sicher ist, ob die Linie tatsächlich am metallurgischen pn-Übergang liegt. Sie wird deshalb kaum angewendet und wenn, dann im allgemeinen nur für orientierende Untersuchungen der erzielbaren pn-Tiefe.

5.2 Bestimmung des Leitungstyps

Die Feststellung des Leitungstyps ist auf mehreren Wegen möglich: durch Halleffekt-Messungen, durch Beobachtung eines pn-Überganges und durch eine Thermosonde. Die ersten beiden Verfahren benötigen Kontakte oder spezielle Meßstrukturen; sie werden weiter unten näher besprochen, da sie weit mehr Informationen als nur den Leitungstyp erbringen.

140 5 Meßmethoden zur Untersuchung ionenimplantierter Schichten

Die Verwendung einer Thermosonde ist ein sehr einfaches Verfahren, um untersuchen zu können, ob es durch die Implantation gelungen ist, den Halbleiter umzudotieren. Erhitzt man lokal ein Gebiet des Halbleiters, so diffundieren die Ladungsträger in Richtung des Temperaturgradienten (Seebeck-Effekt). Dadurch entsteht eine Potentialdifferenz im Halbleiter. Man verwendet z. B. 2 Spitzen, wovon eine geheizt ist, und drückt sie nebeneinander auf die Oberfläche des Halbleiters. Ist der Halbleiter n-leitend, so entsteht eine positive Spannung zwischen heißer und kalter Spitze, ist er p-leitend, so entsteht eine negative Spannung. Das Signal beträgt im allgemeinen einige mV und nimmt mit zunehmender Erwärmung des Kristalls ab. In Fig. 5.2 sind zwei Ausführungsformen schematisch dargestellt. Der Aufbau nach Fig. 5.2a ist universell verwendbar, die Kontakte können sperrend sein. Bei dem Aufbau nach Fig. 5.2b wird eine Vierspitzensonde verwendet und der Heizstrom direkt durch den Halbleiter geschickt. Dieses Verfahren ist nur für relativ hochdotierte Materialien geeignet (sonst Probleme mit sperrendem Metallhalbleiterkontakt).

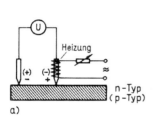
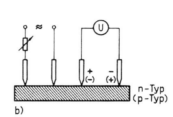
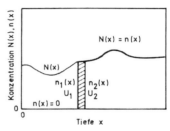

Fig. 5.2 Prinzipdarstellung von Thermosonden
a) Heizung durch eine Heizpatrone (z. B. Lötkolben), die einen Meßkontakt erwärmt
b) Verwendung einer Vierspitzensonde mit direkter Aufheizung des Halbleiters

Fig. 5.3
Verteilung von Dotierungsatomen und Majoritätsträgern, abhängig von der Vorspannung eines Schottkykontaktes im Fall der abrupten Näherung

5.3 Kapazität-Spannung-Messung

Die Messung von Dotierungsprofilen mittels differentieller Kapazität-Spannung-Messungen (C-U-Messungen) ist eine verbreitete Methode [334], [724]. Ein abrupter pn-Übergang oder ein Schottkykontakt wird an der Halbleiteroberfläche hergestellt und die Kapazität in Sperrichtung abhängig von der Spannung gemessen. Zur Auswertung verwendet man die Näherung nach Schottky [630], [631]. Bis zu einer Tiefe x ist der Halbleiter völlig verarmt an beweglichen Ladungsträgern, jenseits davon herrscht Ladungsneutralität (Fig. 5.3). Der Zusammenhang zwischen Kapazität $C(U)$ und Vorspannung U ist gegeben durch

$$\frac{1}{C^2(U)} = \frac{2}{q\varepsilon_0\varepsilon_r N(x)A^2}(U_D + U) \tag{5.1}$$

Die Dotierung ergibt sich aus Gl. (5.1) durch Differentiation:

$$N(x) = \frac{C^3(U)}{q\varepsilon_0\varepsilon_r A^2}\left(\frac{dC(U)}{dU}\right)^{-1} \tag{5.2}$$

(A Fläche des Schottkykontaktes; q Elementarladung; ε_0, ε_r absolute und relative Dielektrizitätskonstante; U_D Diffusionsspannung).
Die Weite der Raumladungszone und damit die zugehörige Ortskoordinate x wird nach der Kondensatorformel aus der gemessenen Kapazität ermittelt zu

$$x = \frac{\varepsilon_0\varepsilon_r A}{C(U)} \tag{5.3}$$

Diese Näherung beinhaltet die Annahme, daß die Debyelänge L_D gleich 0 ist. In den nächsten Abschnitten wird nun untersucht, inwieweit diese Näherung für steile Implantationsprofile anwendbar ist, welche weiteren Fehler auftreten können und welche unterschiedlichen Meßverfahren möglich sind.

5.3.1 Grenzen der Methode

Debyelänge Ein Kriterium für Quasineutralität [390] und damit der Zulässigkeit von Gl. (5.2) und Gl. (5.3) erhält man durch Betrachtung der Poissongleichung und der Stromgleichungen am Schottkykontakt. Alle Ableitungen werden im folgenden für n-Leiter gemacht, sind jedoch ohne Schwierigkeiten auf p-Leiter anwendbar. Die Poissongleichung lautet bei Vernachlässigung der Minoritätsträger

$$\frac{d^2\Phi}{dx^2} = -\frac{\varrho}{\varepsilon_0\varepsilon_r} = -\frac{q}{\varepsilon_0\varepsilon_r}[N(x) - n(x)] \tag{5.4}$$

Für den Stromfluß über den Schottkykontakt gilt:

$$I_n = qD_n\frac{dn(x)}{dx} - q\mu_n n\frac{d\Phi(x)}{dx} \tag{5.5}$$

Φ ist das Potential; $n(x)$ ist die Majoritätsträgerkonzentration.
Ist der Stromfluß über den Kontakt 0, ergibt sich unter Verwendung der Einsteinbeziehung $D_n = \mu kT/q$ für den Zusammenhang zwischen Dotierungskonzentration $N(x)$ und der Majoritätsträgerkonzentration $n(x)$ aus Gl. (5.4) und (5.5)

$$N(x) = n(x) - \frac{kT\varepsilon_0\varepsilon_r}{q}\frac{d}{q}\frac{d}{dx}\left(\frac{1}{n(x)}\frac{dn(x)}{dx}\right) \tag{5.6}$$

Für Quasineutralität muß gelten $N(x) \approx n(x)$, und damit erhält man

$$\left|N(x)\frac{d^2N(x)}{dx^2} - \left(\frac{dN(x)}{dx}\right)^2\right| \ll \left(\frac{N(x)}{L_D}\right)^2 \tag{5.7}$$

142 5 Meßmethoden zur Untersuchung ionenimplantierter Schichten

wobei L_D die Debyelänge ist und folgendermaßen definiert wird:

$$L_D = \sqrt{\frac{kT\varepsilon_0\varepsilon_r}{q^2 N(x)}} \qquad (5.8)$$

In Fig. 5.4 ist der Verlauf der Debyelänge abhängig von der Dotierung und der Temperatur für Si und GaAs aufgetragen. Bei 300 K und einer Dotierung von 10^{15} cm^{-3} ist die Debyelänge z. B. 0,13 µm, bei einer Bor-Implantation bei 30 keV ist $R_p = 0,099$ µm und $\Delta R_p = 0,037$ µm. Implantationsprofile ändern sich also je nach Dotierungskonzentration stark im Bereich einiger Debyelängen.

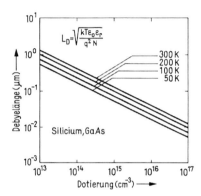

Fig. 5.4
Debyelänge in Silicium und GaAs abhängig von Temperatur und Dotierungskonzentration

Ein Kriterium für die Dotierungskonzentration, unterhalb welcher die Majoritätsträgerdichte einen abweichenden Verlauf hat, und Fehler bei der Anwendung von Gl. (5.2) auftreten können, ergibt sich unter Annahme eines gaußschen Profils

$$N(x) = N_{max} \exp\left[-\frac{(R_p - x)^2}{2\Delta R_p^2}\right]$$

Durch Einsetzen in Gl. (5.7) erhält man, wenn der Fehler <1% sein soll,

$$\frac{L_D}{\Delta R_p} \leq 0,1.$$

Damit läßt sich eine kritische Dosis definieren, für die gilt:

$$N_c = 100 \frac{kT\varepsilon_0\varepsilon_r}{q^2 \Delta R_p^2} \qquad (5.9)$$

In Fig. 5.5 ist der Verlauf dieser kritischen Dotierung für Bor und Phosphor in Silicium abhängig von der Energie dargestellt. Analog lassen sich Werte der kritischen Dotierung für andere Fehlergrenzen berechnen.
Um genauere Aussagen über die Abweichung des Majoritätsträgerverlaufes vom Dotierungsverlauf zu erhalten, ist eine ausführliche numerische Rechnung nötig.

5.3 Kapazität-Spannung-Messung 143

In Fig. 5.6 ist der Majoritätsträgerverlauf bei Vorliegen eines abrupten Dotierungssprunges gezeichnet. N bezeichnet den Verlauf der Dotierungskonzentration, n_0 ist die Gleichgewichtskonzentration der Ladungsträger, n_1 ist die Konzentration

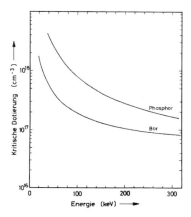

Fig. 5.5 Kritische Dotierung N_c für Bor- und Phosphor-Implantationen in Silicium. Unterhalb N_c kann die Abweichung zwischen der Dotierungskonzentration und der Majoritätsträgerkonzentration größer als 1% werden

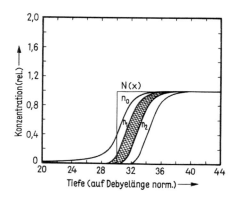

Fig. 5.6 Majoritätsträgerverlauf abhängig von der Vorspannung bei Vorliegen eines Dotierungssprunges um einen Faktor 100. Ortskoordinate bezogen auf die Debyelänge der hochdotierten Seite. Schottkykontakt bei $x/L_D = 0$. $N(x)$ ist der Dotierungsverlauf, n_0 der Majoritätsträgerverlauf ohne Vorspannung, $n_{1,2}$ Majoritätsträgerverläufe mit Vorspannung $U_{1,2}$ ($U_2 > U_1$) [606]

bei Anlegen einer negativen Vorspannung U_1 usw. Die x-Koordinate ist auf L_D normiert. Die Zunahme der Raumladung bei Änderung der Spannung von U_1 auf U_2 ist

$$\Delta Q = q \int_0^{\infty} (n_1 - n_2) dx \qquad (5.10)$$

Wie man sieht, ist ΔQ und damit $C = \Delta Q/\Delta U$ über mehrere Debyelängen verschmiert. Kennedy [405], [406] leitet nun ab, daß Gl. (5.3) die Majoritätsträgerkonzentration $n(x)$ ist und geht damit in Gl. (5.6), um so die Dotierungskonzentration $N(x)$ zu berechnen. Jedoch verwendet er in der Ableitung die Beziehung $dQ = qndx$, die, siehe Gl. (5.10), nicht korrekt ist und wieder $L_D = 0$ bedeutet. Um also Aussagen über die Abweichung zwischen dem $N(x)$ nach Gl. (5.2), der wahren Dotierungskonzentration, und der Konzentration der Majoritätsträger $n(x)$ machen zu können, muß man die Differentialgleichungen (5.4) und (5.5) lösen.

Der Verlauf der Dotierungskonzentration im Vergleich zur Majoritätsträgerverteilung n_0, die durch eine exakte Lösung der Poissongleichung gewonnen wurde, und zur scheinbaren Dotierung nach Gl. (5.2) ist in Fig. 5.7 für eine 40 keV

144 5 Meßmethoden zur Untersuchung ionenimplantierter Schichten

Borimplantation in Silicium bei einer Grunddotierung von 10^{15} cm^{-3} gegeben. Bei einer Konzentration von 10^{15} cm^{-3} beträgt die Debyelänge 0,13 µm, die Abweichung der Majoritätsträgerkonzentration von der Dotierungskonzentration klingt

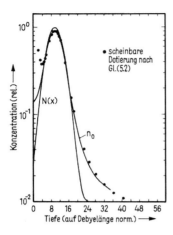

Fig. 5.7
Vergleich zwischen Dotierungsverteilung $N(x)$, Gleichgewichtsverteilung der Majoritätsträger n_0 und scheinbarer Dotierungsverteilung nach Gl. (5.2), ● für eine 40 keV-Borimplantation. Maximaldotierung 10^{17} cm^{-3}, Grunddotierung 10^{15} cm^{-3}, Ortskoordinate auf Debyelänge bei 10^{17} cm^{-3} normiert [606]

erst nach mehreren Debyelängen ab. Die Punkte in Fig. 5.7 bezeichnen die nach Gl. (5.2) berechneten Werte für $N(x)$. Wie man sieht, sind sie eine erstaunlich gute Näherung für $n(x)$. Verwendet man Material einer niedrigeren Grunddotierung als im Beispiel von Fig. 5.7, so wird die Abweichung zwischen $N(x)$ und $n(x)$ bei gleicher Dotierungskonzentration geringer. Trotzdem ist es mittels dieser Meßmethode nicht möglich, den Profilverlauf bei niedrigen Dotierungskonzentrationen zu bestimmen oder gemessene tiefe Profilausläufer zu interpretieren. Wie aus Fig. 5.6 ersichtlich, läßt sich für einen abrupten Dotierungssprung von 1:100 ein maximaler Dotierungsgradient von $0,3\, N_{max}/L_{D,max}$ messen. Diese Grenze läßt sich meßtechnisch nicht überschreiten, auch nicht mittels der Korrektur nach Kennedy. Außerdem kann man aus diesen Ergebnissen den Schluß ziehen, daß der Versuch, steile Implantationsprofile zu erzielen, nur bis zu einer gewissen Grenze sinnvoll ist. Ähnliche Betrachtungen wurden z. B. von Wu und Mitarbeitern [788] durchgeführt.

Neben dieser grundsätzlichen Begrenzung der C-U-Methode gibt es eine Reihe von weiteren Einschränkungen, die ihre Anwendbarkeit einengen. Eine Grenze bildet bei hohen Dotierungskonzentrationen und bei großen Meßtiefen der Durchbruch. Zusätzliche Meßfehler kommen durch Leckströme und durch Randeffekte zustande.

Durchbruch Die maximal verwendbare Vorspannung ist begrenzt durch den von der Dotierung abhängigen Durchbruch des Halbleiters. Die maximale Meßtiefe hängt von der Weite der Raumladungszone beim Durchbruch ab. Werte der Durchbruchspannung U_B und der maximalen Weite der Raumladungszone w_{max} sind in Fig. 5.8 und Fig. 5.9 wiedergegeben. Die Durchbruchspannung ergibt sich unter

5.3 Kapazität-Spannung-Messung

Vernachlässigung von Randeffekten, die besonders bei Schottkydioden oft stören, zu

$$U_B = \frac{E_{max} w_{max}}{2} = \frac{\varepsilon_r \varepsilon_0 E_{max}^2}{2qN_B} \qquad (5.11)$$

(E_{max} Durchbruchfeldstärke; ε_r, ε_0 relative bzw. absolute Dielektrizitätskonstante; N_B Substratdotierung).

Ein Näherungsausdruck nach Sze [713] ist

$$U_B \cong 60 \left(\frac{E_G}{1{,}1}\right)^{3/2} \left(\frac{N_B}{10^{16}}\right)^{-3/4} \quad (V) \qquad (5.12)$$

mit E_G Bandabstand in eV und der Substratdotierung N_B in cm^{-3}. Die maximal meßbare Dotierung ergibt sich etwa zu $U_B w_{max}$ und liegt bei etwa 10^{13} cm^{-2}. Durch Randeffekte des Übergangs können diese Werte noch weiter verringert werden. Gl. (5.11) und (5.12) gelten für Si, Ge und GaAs. Für schmalbandige Halbleiter, z. B. InSb [433] können sich andere Abhängigkeiten ergeben.

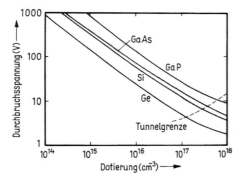

Fig. 5.8 Durchbruchspannung für abrupte pn-Übergänge in Silicium, Germanium und GaAs abhängig von der Dotierung [713]. Die gestrichelte Linie bezeichnet die Dotierung, ab der Tunnelströme dominieren

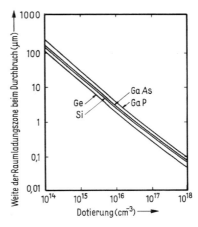

Fig. 5.9 Weite der Raumladungszone am Durchbruch für Silicium, Germanium, GaAs und GaP abhängig von der Dotierung [713]

Stromfluß Der Einfluß des Stromes über den pn-Übergang oder die Schottkydiode auf die Messung wurde bei der Ableitung von Gl. (5.2) vernachlässigt. Der Hauptanteil, besonders bei Schottkydioden, resultiert aus Oberflächenleckströmen. Die Güte Q ist gegeben durch

$$Q = \omega C R_p \qquad (5.13)$$

(R_p Parallelwiderstand zur Kapazität des Überganges).

146 5 Meßmethoden zur Untersuchung ionenimplantierter Schichten

Kapazitätsmeßgeräte gestatten noch Messungen bis zu einem Q von 3, also darf bei einer Kapazität von 10 pF und einer Meßfrequenz von 1 MHz der Parallelwiderstand ca. 50 kΩ betragen.

Randeffekte Eine relativ große Fehlermöglichkeit besonders bei kleinflächigen Dioden ergibt sich durch die Vernachlässigung von Randeffekten des Schottky- oder pn-Überganges. Eine Korrektur nach Copeland [151] ergibt die folgenden wahren Werte

$$x = \frac{x_{\text{Mess}} R}{(1 - K x_{\text{Mess}})} \qquad N(x) = \frac{N_{\text{Mess}}}{(1 + K x_{\text{Mess}}/R)^3} \qquad (5.14)$$

mit R Kontaktradius; K Konstante ($\approx 1{,}5$ für Silicium).

Bei Verwendung von pn-Übergängen ist eine zusätzliche Flächenkorrektur wegen der lateralen Diffusion nötig.

Tiefe Niveaus Tiefe Niveaus im verbotenen Band können ebenfalls die Profilmessung negativ beeinflussen [330], [613]. Solche Niveaus können bei nicht vollständig ausgeheilten implantierten Schichten auftreten. Auf der anderen Seite läßt sich dieser Effekt heranziehen, um die Dichte und energetische Lage der tiefen Niveaus zu bestimmen [302], [657]. Bei implantierten Verteilungen sind sie jedoch im allgemeinen nicht homogen verteilt, so daß eine ausführliche Diskussion den Rahmen dieses Buches überschreiten würde. Hat man jedoch sehr schmale Verteilungen von Niveaus niedriger Konzentration vorliegen, so lassen sich Kapazität-Spannung-Messungen zu deren Untersuchung heranziehen [634].

5.3.2 Meßverfahren

Bei dem üblichen Verfahren wird die Kapazität einer Schottky- oder pn-Diode abhängig von einer Gleichvorspannung von einigen mV bis kurz vor die Durchbruchspannung mit Hilfe einer Hochfrequenzmeßbrücke gemessen [334], [724] und die Kapazität-Spannung-Werte nach Gl. (5.2) ausgewertet. Die Amplitude der hochfrequenten Spannung muß niedrig sein (10 bis 20 mV), um Kleinsignalverhalten zu gewährleisten.

Von Meyer [493], Copeland [150] und Spiwak [699] wurden Verfahren beschrieben, die den Effekt ausnützen, daß im pn-Übergang bzw. der Schottkydiode wegen der Nichtlinearität der Kennlinie Oberwellen des Meßsignals erzeugt werden. Betreibt man die Diode mit einem Wechselstrom $I(t) = I_0 \sin \omega t$, so gilt für die Spannung an der Diode

$$U = \frac{I_0 \cdot \cos \omega t}{\varepsilon_0 \varepsilon_r A} x + \frac{I_0^2 (\cos 2\omega t + 1)}{4\omega^2 q \varepsilon_0 \varepsilon_r A^2} \frac{1}{N(x)} \qquad (5.15)$$

Dabei ist das Signal der Grundwelle proportional zur Tiefe x und die zweite Harmonische proportional zu $1/N(x)$. Mit Hilfe dieser Verfahren umgeht man Schwierigkeiten beim Differenzieren von Kapazitätsmeßwerten nach Gl. (5.2), die Weite der Raumladungszone wird ebenfalls wie beim Standardverfahren durch Variation der Gleichvorspannung verändert.

Eine weitere Methode wurde von Miller [498] angegeben. Er benützt ein Rückkopplungsverfahren, um die Ausdehnung der Raumladungszone zu kontrollieren. Es sind 2 Betriebsarten möglich: mit konstanter Modulation des elektrischen Feldes oder mit konstanter Modulation der Weite der Raumladungszone. Mit dieser Methode lassen sich sehr lange Zuleitungen verwenden und man kann z. B. während der Implantation Profile messen. Ein weiterer Vorteil ist, daß die Kapazität abhängig von der Temperatur bei konstanter Weite der Raumladungszone gemessen werden kann.

Auch die Verwendung von MOS-Strukturen zur Profilbestimmung ist möglich, man mißt bei dieser Methode die Serienschaltung von Oxidkapazität und Raumladungskapazität. Besonders zur Bestimmung von Trapniveaus läßt sich dieses Verfahren gut verwenden [231].

5.4 Schichtwiderstandsmessungen

Die Messung des Schichtwiderstandes ist ein wichtiges Problem der Halbleitertechnologie, und es wurden zahlreiche Verfahren hierfür entwickelt. Es sind dies (ohne Anspruch auf Vollständigkeit):

a) Vierspitzenmessung (Valdes [743], Smits [692], Severin [660]),

b) Messung des Ausbreitungswiderstandes (Spreading-Resistance-Technik) (Holm [341], Schumann [636], Mazur [488]),

c) Schichtwiderstandsmessung an Halleffekt-Proben (z. B. van der Pauw [744], [745] und

d) Schichtwiderstandsmessung an Widerstandsstrukturen,

e) Durchbruchverfahren (Gardner [278], Brownson [108], Frank [252], Schumann [637]).

Die erste Methode ist rasch, benötigt keine speziellen Strukturen, ist mehr oder minder zerstörungsfrei und ergibt direkt den Wert des Schichtwiderstandes. Messungen des Ausbreitungswiderstandes ergeben einen Widerstandswert, der zum Schichtwiderstand korreliert ist, aber sehr starke Korrekturen erfordert und deshalb nur als Profilmeßverfahren gut geeignet ist. Er wird in Abschn. 5.6 besprochen. Schichtwiderstandsmessungen an van-der-Pauw-Proben sind aufwendig und erfordern eine spezielle Struktur. Sie sind deshalb nur sinnvoll im Zusammenhang mit Halleffektmessungen und werden dort besprochen. Die Bestimmung des Schichtwiderstandes mit Hilfe von Widerstandsstrukturen ist zwar ebenfalls an Strukturen gebunden, ist aber wegen der kleinen notwendigen Abmessungen gut für Homogenitätsuntersuchungen geeignet. Die letzte Methode, die Bestimmung des Schichtwiderstandes durch Messung der Durchbruchspannung (Dreispitzen-Methode), ist nur für niedrig dotierte Schichten auf hochleitendem Substrat interessant.

148   5 Meßmethoden zur Untersuchung ionenimplantierter Schichten

5.4.1 Vierspitzenmessung

Die Vierspitzenmessung benützt vier im gleichen Abstand befindliche Metallspitzen, die auf die Halbleiteroberfläche gepreßt werden, siehe Fig. 5.10. Die beiden äußeren Kontakte 1 und 4 dienen der Stromzufuhr, über Kontakte 2 und 3 wird die zwischen den Kontakten auftretende Potentialdifferenz hochohmig mit einem Digitalvoltmeter gemessen. Der Abstand s der Spitzen (Material Wolfram, Auflagegewicht 50 bis 100 g) liegt bei den üblichen Meßanordnungen bei 0,5 mm bis 1,5 mm. Die Stromstärke wird möglichst klein gewählt, um eine Probenerwärmung zu vermeiden. Die Meßsignale liegen im mV-Bereich.

Der Schichtwiderstand in einer dünnen unendlich ausgedehnten Schicht ergibt sich nach Smits [692] zu

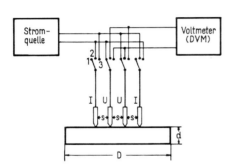

$$\varrho_S = \frac{\pi}{\ln 2} \frac{U}{I} \qquad (5.16)$$

Fig. 5.10
Schematische Darstellung einer Vierspitzensonde. In Stellung 1 werden die Spannungsmeßspitzen formiert, in Stellung 2 und 3 wird gemessen

Ist das Verhältnis zwischen Probendicke d und Abstand der Meßspitzen s kleiner als 0,6, so kann der spezifische Widerstand mit einem Fehler kleiner 1% berechnet werden zu

$$\varrho = \varrho_S \cdot d = \frac{\pi}{\ln 2} \frac{U}{I} d \qquad (5.16a)$$

Bei ionenimplantierten Schichten wird meist in Grundmaterial des umgekehrten Leitungstyps implantiert, und d ist gleich der Tiefe x_j des pn-Überganges, die im allgemeinen nicht bekannt ist, ganz abgesehen davon, daß ϱ_S beim Vorliegen eines Dotierungsprofils ein gewichteter Mittelwert ist, vgl. Abschn. 5 dieses Kapitels.

Meßfehler können verursacht werden durch
a) Oberflächeneffekte,
b) Leckströme,
c) Probenerwärmung,
d) Anpreßdruck der Meßspitzen,
e) Geometrische Effekte.

Oberflächeneffekte Hierunter sind z. B. Inversionsschichten oder durch Lichteinwirkung (Photoeffekt) erzeugte hochleitende Schichten zu verstehen. Solche Effekte treten besonders bei hochohmigen Schichten auf. Zur Abhilfe empfiehlt es sich,

5.4 Schichtwiderstandsmessungen

einmal in Dunkelheit zu messen, zum anderen eine geeignete Oberflächenbehandlung vorzunehmen. Nach Bader und Kalbitzer [50] ist bei n-leitenden Siliciumschichten eine Lagerung an Luft von 2 h nach vorhergehenden Ätzbehandlungen z. B. in HF, bei p-leitenden Schichten eine Überätzung in heißem H_2O_2 empfehlenswert.

Leckströme Um Leckströme über das Substrat zu vermeiden, sollen die Meßströme bei implantierten pn-Übergängen so klein wie möglich sein (ca. 1 µA bis 1 mA je nach Widerstand) und natürlich die pn-Charakteristik so gut wie möglich. Durch Messung bei verschiedenen Strömen läßt sich dieser Effekt erkennen.

Probenerwärmung Speziell bei flach implantierten Proben kann es bereits bei sehr niedrigen Strömen zu Erwärmungseffekten kommen. Der Schichtwiderstand ändert sich bei nicht vollständiger Ionisation der Dotieratome etwa exponentiell mit der Temperatur. Deshalb muß die Raumtemperatur konstant sein und eine Probenerwärmung durch den Meßstrom vermieden werden.

Anpreßdruck Der Anpreßdruck der Meßspitzen ist für implantierte Schichten fast stets zu groß. In Fig. 5.11 ist ein Abdruck einer mit 200 g aufgedrückten Meßspitze [705] abgebildet. Abhilfe schafft ein stark reduzierter Aufpreßdruck (ca. 10 bis

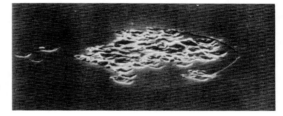

Fig. 5.11
Abdruck einer Meßspitze mit 200 g Belastung; Vergrößerung ca. 2000 × [705]

20 g), die Verwendung großflächiger Kontaktspitzen oder von Quecksilberkontakten nach Severin [661]. Diese Methode scheint speziell für implantierte Proben ausgezeichnet geeignet zu sein. In Fig. 5.12 ist eine graphische Darstellung einer entsprechenden Meßaufnahme gegeben. Nachdem die Probe auf die 4 Kontaktlöcher gelegt wurde, wird der Block gekippt und Druckluft angelegt, bis die Kanäle gefüllt sind. Dann wird die Probe wieder in die Horizontale gebracht und die Messung kann vorgenommen werden. Die Proben sollten vor der Messung sorgfältig in HF geätzt, in H_2O gespült und getrocknet werden. Die Methode ist nur für n-leitende Siliciumschichten geeignet.

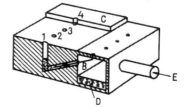

Fig. 5.12
Vierspitzensonde mit Quecksilberkontakten, Schnitt durch Quecksilberkanal 1. Durch Kippen wird Quecksilber aus dem Reservoir D in die Kanäle gebracht, es wird Druck über E angelegt und der Probenhalter zurückgekippt. Der Kontakt zum Quecksilber wird über einen Platindraht B vorgenommen. Durch Verwendung verschiedener Blenden C läßt sich der Kontaktradius variieren [661]

150   5 Meßmethoden zur Untersuchung ionenimplantierter Schichten

Geometrieeffekte Bei der Ableitung von Gl. (5.16) ist vorausgesetzt, daß sich die Meßspitzen in einer unendlich ausgedehnten Scheibe befinden. Diese Näherung gilt mit einem Fehler kleiner 1% für ein Verhältnis von Scheibendurchmesser D zu Spitzenabstand s größer 40. Bei einem kleineren Verhältnis D/s muß man Korrekturfaktoren verwenden [743], [692] und ϱ_S berechnen nach

$$\varrho_S = \frac{U}{I} C\left(\frac{D}{s}\right) \tag{5.17}$$

Die Korrekturfaktoren sind in Tab. 5.2 abhängig vom Verhältnis D/s angegeben. Korrekturfaktoren für andere Geometrien siehe [305], [526], [692]. Eine weitere Annahme bei der Ableitung von Gl. (5.16) und (5.17) ist, daß sich die Meßspitzen in der Mitte der Scheibe befinden. Ist ihr Mittelpunkt um a versetzt, so ist eine Korrektur für Scheibengröße und Versetzung notwendig. In Tab. 5.3 sind für 1''-, 2''- und 3''-Scheiben entsprechende Werte angegeben. Für andere Verhältnisse von D/d bzw. a/D errechnen sich die Korrekturfaktoren aus [445]

$$C\left(\frac{D}{s}, \frac{a}{D}\right) = \pi \left\{ \ln 2 + \frac{1}{2} \ln \frac{\left[1 - \left(\frac{2a}{D} + \frac{s}{D}\right)\left(\frac{2a}{D} - \frac{3s}{D}\right)\right]}{\left[1 - \left(\frac{2a}{D} - \frac{s}{D}\right)\left(\frac{2a}{D} - \frac{3s}{D}\right)\right]} \cdot \frac{\left[1 - \left(\frac{2a}{D} - \frac{s}{D}\right)\left(\frac{2a}{D} + \frac{3s}{D}\right)\right]}{\left[1 - \left(\frac{2a}{D} + \frac{s}{D}\right)\left(\frac{2a}{D} + \frac{3s}{D}\right)\right]} \right\}^{-1} \tag{5.18}$$

Auch bei homogen dotierten Proben geringer Schichtdicke müssen Korrekturfaktoren bei der Bestimmung des spezifischen Widerstandes verwendet werden, die von Smits [692] angegeben wurden. Dies ist z. B. wichtig bei der Charakterisierung von Ausgangsmaterial vor der Implantation. Es gilt

$$\varrho = \varrho_s d = \frac{U}{I} d \cdot \frac{\pi}{\ln 2} F\left(\frac{d}{s}\right) \tag{5.19}$$

Die Korrekturfaktoren sind nötig (Fehler $\geqslant 1\%$) für $d/s > 0{,}6$ und sind in Tab. 5.4 angegeben.

Sind die Sondenabstände nicht konstant, so ist ein weiterer Korrekturfaktor einzuführen [531]

$$F_{sp} = 1 + 1{,}082\left(1 - \frac{s_2}{s}\right) \tag{5.20}$$

s_2 ist der Abstand der zwei inneren Sonden, s der mittlere Probenabstand. Die verschiedenen geometrischen Korrekturfaktoren sind multiplikativ für $d/s < 4$.

Tab. 5.2 Korrekturfaktor C (D/s) für Vierspitzenmessungen bei endlichen Scheibenabmessungen [692]

D/s	C (D/s)	Fehler ohne C (%)
3	2,2662	50
4	2,9289	35,4
5	3,3625	25,8
7,5	3,9273	13,4
10	4,1716	7,9
15	4,3646	3,7
20	4,4364	2,1
25	4,4724	1,3
31,75	4,4934	0,9
40	4,5076	0,5
50,8	4,5172	0,3
76,2	4,5256	0,1
∞	4,5324	0

Tab. 5.4 Korrekturfaktoren für Vierspitzenmessungen an dünnen Proben [692]

d/s	F(d/s)	Fehler ohne F (%)
0,4	0,995	0,05
0,5	0,9974	0,26
0,5555	0,9948	0,52
0,6250	0,9898	1
0,7143	0,9798	2
0,8333	0,9600	4
1,0	0,9214	7,8
1,1111	0,8907	11
1,25	0,8490	15,1
1,4286	0,7938	20,6
1,6666	0,7225	27,7
2,0	0,6336	36,6

Tab. 5.3 Korrekturfaktor $C(D/s, a/D)$ für Vierspitzenmessungen, wenn die Sonde außerhalb der Probenmitte ist. Sondenabstand $s = 1,0$ mm (nach Gl. (5.18) [445])

a/D	1″-Scheibe (D/s = 25,4)	Fehler ohne C (%)	2″-Scheibe (D/s = 50,8)	Fehler ohne C (%)	3″-Scheibe (D/s = 76,2)	Fehler ohne C (%)
0	4,4724	0	4,5172	0	4,5256	0
0,1	4,4673	0,11	4,5159	0,03	4,5250	0,013
0,15	4,4600	0,28	4,5141	0,07	4,5242	0,03
0,2	4,4475	0,56	4,5109	0,14	4,5228	0,06
0,25	4,4260	1,04	4,5054	0,26	4,5203	0,12
0,3	4,3867	1,92	4,4954	0,48	4,5158	0,22
0,35	4,3036	3,78	4,4742	0,95	4,5064	0,42
0,40	4,0747	8,89	4,4158	2,25	4,4803	1
0,41	3,9797	11,0	4,3917	2,78	4,4695	1,2
0,42	3,8475	14,0	4,3582	3,52	4,4546	1,6
0,43	3,6544	18,3	4,3097	4,59	4,4330	2
0,44	3,3534	25,0	4,2355	6,24	4,3999	2,8
0,45	—	—	4,1131	8,95	4,3456	4

Unter gewissen Voraussetzungen ist es auch mit Hilfe von Schichtwiderstandsmessungen möglich, Dotierungsprofile zu messen. Auf diese Möglichkeit wird im Abschn. 5.5.2 eingegangen.

5.4.2 Widerstandsstrukturen

Eine einfache Methode bei integrierten Schaltungen Schichtwiderstände zu messen, bieten Widerstandsstrukturen. Ein weiterer Vorteil ist, daß Widerstände klein im Vergleich zum Meßspitzenabstand bei der Vierspitzenmessung sein können, deshalb sind Homogenitätsuntersuchungen an implantierten Schichten möglich und keine geometrischen Korrekturen nötig. Bei Testschaltungen ist es üblich, spezielle Widerstandsstrukturen für diesen Zweck vorzusehen.

In Fig. 5.13 sind zwei typische Strukturen angegeben. Meist liegt unter dem Kontakt noch ein hochdotiertes Gebiet, um Übergangswiderstände zu vermeiden. Der Widerstand ist durch einen pn-Übergang vom Substrat isoliert. Für den Schichtwiderstand gilt

$$\varrho_S = R \frac{B}{L} \qquad (5.21)$$

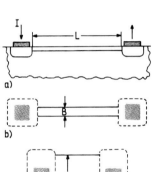

(L Länge; B Breite der Probe; R gemessener Widerstand).

Fehlerquellen sind:
a) Ungenauigkeiten in den Abmessungen,
b) Kontaktwiderstände,
c) Raumladungseffekte.

Fig. 5.13
Widerstandsstrukturen mit diffundierten Kontakten; schraffiert: Metallisierung

Um geometrische Fehler, die in der Größenordnung von µm liegen, zu vermeiden, verwendet man am besten die Struktur nach Fig. 5.13b. Den Einfluß von Kontaktwiderständen erkennt man durch Messung mit unterschiedlichem Strom; sie lassen sich durch die Verwendung diffundierter Kontakte eliminieren. Der Einfluß der Raumladungszone zwischen Substrat und Widerstand äußert sich ebenfalls in einer nichtlinearen Strom-Spannungskennlinie.

5.5 Halleffektmessungen

Im Unterschied zu reinen Schichtwiderstandsmessungen erhält man durch Halleffektmessungen in Verbindung mit Schichtwiderstandsmessungen eine weitere Information, wodurch es möglich wird, die Ladungsträgerkonzentration und ihre Beweglichkeit zu bestimmen. Für das Verständnis der Vorgänge beim Ausheilen der Strahlenschäden und der elektrischen Aktivierung sind diese Größen außerordentlich wichtig. Werden diese Größen nicht nur integral, sondern über die Tiefe gemessen, so erhält man die Profile des elektrisch aktiven Anteils der implantierten Ionen und kann sie vergleichen mit den Profilen der insgesamt implantierten Ionen, wenn man diese z. B. mit der Rückstreutechnik oder der Radiotracer-Methode gemessen hat.

5.5.1 Van-der-Pauw-Struktur

Es stehen im Prinzip mehrere Methoden zur Messung des Halleffekts [113], [144], [291] zur Verfügung. Als günstigste hat sich die von van der Pauw [745] angegebene erwiesen. Bei dieser Methode sind 4 Kontakte am Rand einer beliebig geformten Probe nötig, siehe Fig. 5.14a. Das Magnetfeld steht senkrecht zur Probe. Aus

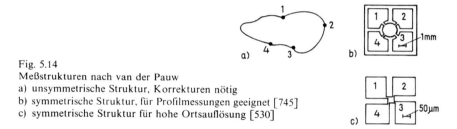

Fig. 5.14
Meßstrukturen nach van der Pauw
a) unsymmetrische Struktur, Korrekturen nötig
b) symmetrische Struktur, für Profilmessungen geeignet [745]
c) symmetrische Struktur für hohe Ortsauflösung [530]

praktischen Gründen wird man im allgemeinen symmetrische Proben verwenden, wie sie in Fig. 5.14b und c angegeben sind. Nach der Theorie von van der Pauw müssen die Kontakte unendlich klein sein und am Rand liegen, deshalb verwendet man Strukturen mit separaten Kontaktflecken am Umfang, die nur durch schmale Stege mit der zu messenden Fläche verbunden sind.

Bei symmetrischen Strukturen gilt nach van der Pauw [745] für den Schichtwiderstand

$$\varrho_S = \frac{\pi}{\ln 2} \cdot \frac{U_{34}}{I_{12}} \qquad (5.22)$$

und für den Schichthallkoeffizient $R_{H,S}$

$$R_{H,S} = \frac{\Delta U_{H,13}}{2 I_{24} B} \qquad (5.23)$$

(U_H Hallspannung; B magnetische Feldstärke).

In dieser Formel wird der Schichthallkoeffizient benützt im Gegensatz zum Hallkoeffizienten bei klassischen Halleffektmessungen, da die Dicke der Schicht im allgemeinen nicht bekannt ist. Die Hallspannung ergibt sich aus der Differenz der Spannungen zwischen 1 und 3 bei positivem und negativem Magnetfeld.

In der Praxis werden bei beiden Messungen die Strom- und Spannungselektroden zyklisch vertauscht, um Unsymmetrien der Struktur und störende magnetoelektrische

Effekte (Nernst, Ettinghausen und Righi-Leduc u. a.) zu eliminieren [582] und die Meßfehler bei den geringen Spannungen im mV-Bereich zu reduzieren. ϱ_S und R_S werden aus diesen Meßwerten durch Mittelung gewonnen. Die Flächenladungsträgerkonzentration $N_{S,eff}$ und die Schichthallbeweglichkeit $\mu_{S,eff}$ ergibt sich daraus zu

$$N_{S,eff} = \frac{r}{q R_{H,S}} \tag{5.24}$$

und $\quad \mu_{S,eff} = \dfrac{R_{H,S}}{r \varrho_S} = \dfrac{1}{N_{S,eff} q \varrho_S} \tag{5.25}$

Hierbei ist r der Streufaktor und gleich dem Quotienten aus Hall- und Driftbeweglichkeit.

Fehlermöglichkeiten sind bei dieser Methode vor allem
a) Streufaktor,
b) Mittelwertbildung,
c) Geometrieeffekte.

Streufaktor Der Streufaktor r ist der Quotient aus Hallbeweglichkeit und Driftbeweglichkeit. Es gilt

$$r = \frac{\mu_H}{\mu_D} = \frac{\overline{\tau_R^2}}{\overline{\tau_R}^2} \tag{5.26}$$

(τ_R Relaxationszeit der Ladungsträger).
Theoretische Betrachtungen ergeben den Wert $r=1$ für entartete Halbleiter und $3\pi/8$ für nichtentartete Halbleiter unter der Annahme, daß Gitterstreuung der dominierende Streuprozeß ist. Praktisch liegen die Werte zwischen 1,2 und 1,3 (n-Silicium) bzw. 0,7 und 0,8 (p-Silicium) [243], [603]. In Fig. 5.15 sind Kurven für r nach Runyan [603] aufgetragen. Da jedoch diese Werte nicht besonders gut etabliert sind, ist es üblich, den Wert $r=1$ zu verwenden und den relativ großen Fehler in Kauf zu nehmen.

Mittelwertbildung $N_{S,eff}$ und $\mu_{S,eff}$ sind bei Vorliegen eines Profils Mittelwerte [59], [567]. Es gilt

$$\mu_{S,eff} = \frac{\int_0^d n(x)\mu_H(x)\mu_C(x)\,dx}{\int_0^d n(x)\mu_D(x)\,dx} \tag{5.27}$$

$$N_{S,eff} = \frac{\left[\int_0^d n(x)\mu_D(x)\,dx\right]^2}{\int_0^d n(x)\mu_H(x)\mu_C(x)\,dx} \tag{5.28}$$

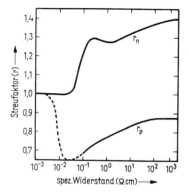
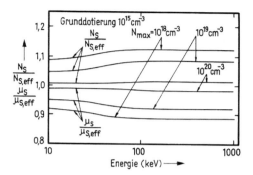

Fig. 5.15 Streufaktor für p- und n-leitendes Silicium nach Runyan [603]

Fig. 5.16 Fehlerkurve für $N_S/N_{S,eff}$ und $\mu_S/\mu_{S,eff}$ abhängig von der Energie für Maximaldotierungen von 10^{18} cm^{-3}, 10^{19} cm^{-3}, 10^{20} cm^{-3} bei Borimplantationen in Silicium

d ist die Dicke der implantierten Schicht bis zum pn-Übergang oder, bei Implantation in Material gleicher Dotierung, die Scheibendicke. Diese effektiven Mittelwerte sind nicht die exakten Mittelwerte und können deshalb (besonders bei Vorliegen einer hohen lokalen Beweglichkeit) einen beträchtlichen Fehler verursachen. Für die exakten Mittelwerte gilt

$$\mu_S = \frac{\int_0^d n(x)\mu_D(x)\,dx}{\int_0^d n(x)\,dx} \tag{5.29}$$

$$N_S = \int_0^d n(x)\,dx \tag{5.30}$$

In Fig. 5.16 sind Fehlerkurven für $\mu_S/\mu_{S,eff}$ und $N_S/N_{S,eff}$ für Borimplantationen unterschiedlicher Energie in Silicium unter der Verwendung von $r=1$ gegeben. Für das Rechenprogramm wurde ein gaußsches Profil und ein Verlauf der Beweglichkeit nach [243] angenommen. Die Fehler durch Verwendung von Gl. (5.26) und (5.27) können also relativ groß werden, besonders bei nicht voll ausgeheilten Proben, wie in [59] anhand einer Zweischichtstruktur gezeigt wurde.

Geometrieeffekte Sind die Kontakte nicht am Rand der Probe angeordnet bzw. von endlicher Ausdehnung, so lassen sich die Fehler nach van der Pauw [745] abschätzen. Fig. 5.17 zeigt die ungefähren Werte der relativen Fehler der Hall- und Schichtwiderstandsmessung, wenn jeweils ein Kontakt nicht ideal ist. Der Gesamtfehler ist in erster Näherung gleich der Summe der einzelnen Fehler. Eine exakte Rechnung für Kontakte, die innerhalb der Probe angeordnet sind, wurde von Buehler und Pearson [113] durchgeführt, die auch Korrekturfaktoren angeben.

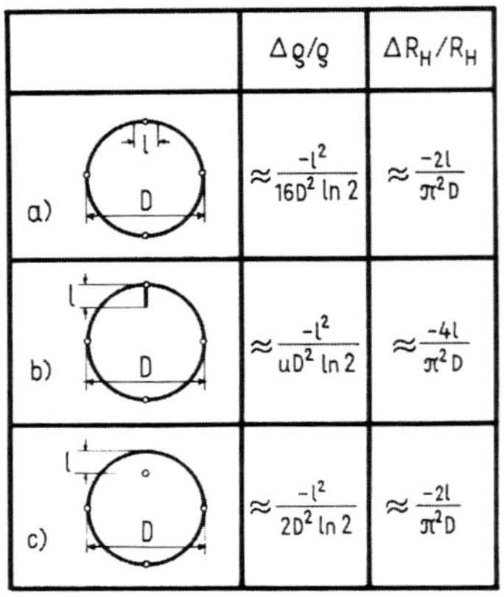

156 5 Meßmethoden zur Untersuchung ionenimplantierter Schichten

	$\Delta\varrho/\varrho$	$\Delta R_H/R_H$
a)	$\approx \dfrac{-l^2}{16D^2 \ln 2}$	$\approx \dfrac{-2l}{\pi^2 D}$
b)	$\approx \dfrac{-l^2}{uD^2 \ln 2}$	$\approx \dfrac{-4l}{\pi^2 D}$
c)	$\approx \dfrac{-l^2}{2D^2 \ln 2}$	$\approx \dfrac{-2l}{\pi^2 D}$

Fig. 5.17
Fehler bei nicht idealen van-der-Pauw-Strukturen [745]

Der große Vorteil der Verwendung von van-der-Pauw-Strukturen liegt darin, daß keine Korrekturen erforderlich sind und bei der Verwendung geeigneter Strukturen eine hohe Ortsauflösung erzielbar ist. Dies legt nahe, solche Strukturen auch für Routinemessungen des Schichtwiderstandes zu verwenden.

5.5.2 Profilmessung

Zur Bestimmung von Dotierungs- und Beweglichkeitsprofilen werden nacheinander dünne Schichten des Halbleiters abgeätzt und Hallkoeffizient bzw. Schichtwiderstand gemessen. Aus den Messungen vor und nach dem Abätzen der i-ten Schicht erhält man die Mittelwerte für Dotierung und Beweglichkeit dieser Schicht nach

$$\mu_{\text{eff},i} = \frac{R_{H,S,i}\sigma_{S,i}^2 - R_{H,S,i+1}\sigma_{S,i+1}^2}{\sigma_{S,i} - \sigma_{S,i+1}} = \frac{\int_{x_i}^{x_{i+1}} \mu_D(x)\mu_H(x)n(x)\,dx}{\int_{x_i}^{x_{i+1}} \mu_D(x)n(x)\,dx} \quad (5.31)$$

$$n_{\text{eff},i} = \frac{\sigma_{S,i} - \sigma_{S,i+1}}{q(x_{i+1} - x_i)\mu_{\text{eff},i}} = \frac{\left[\int_{x_i}^{x_{i+1}} n(x)\mu_D(x)\,dx\right]^2}{(x_{i+1} - x_i)\int_{x_i}^{x_{i+1}} n(x)\mu_D(x)\mu_H(x)\,dx} \quad (5.32)$$

Auch hier gilt für die Mittelwertbildung das weiter oben gesagte. Setzt man näherungsweise $r=1$, so gilt $\mu_{\text{eff},i} \approx \mu_{H,i} = \mu_{D,i}$, wobei der Fehler durch die nicht exakte Mittelwertbildung i. allg. kleiner sein wird als durch die Annahme $r=1$.
Der Einfluß der abgeätzten Schichtdicke auf die Werte von $\mu_{\text{eff},i}$ und $n_{\text{eff},i}$ läßt sich nur von Fall zu Fall abschätzen. In Fig. 5.18 sind Werte von $n_{\text{eff},i}$ abhängig von der abgeätzten Schichtdicke zusammen mit dem tatsächlichen Profil aufgetragen.

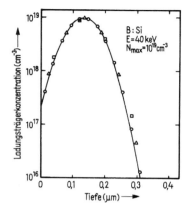

Fig. 5.18 Werte der effektiven Dotierung $n_{eff,i}$ nach Gl. (5.23) für den Fall einer 40 keV Borimplantation in Silicium: (Maximalkonzentration 10^{19} cm^{-3}) abhängig von dem Verhältnis abgeätzter Schichtdicke d zur Reichweite R_p. $d/R_p = 0,2$ (○); 0,4 (△); 0,6 (□)

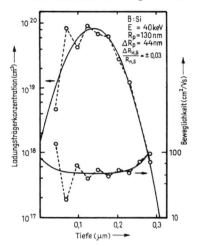

Fig. 5.19 Werte der Dotierungs- und Beweglichkeitsverteilung $n_{eff,i}$ und $\mu_{eff,i}$ nach Gl. (5.31) und (5.32) bei einem alternativen Meßfehler von 3% in $R_{H,S}$ für eine 40 keV-Borimplantation mit einer Dosis von 10^{15} cm^{-2} (Grunddotierung 10^{15} cm^{-3})

Obschon der Fehler an den Profilflanken beträchtlich sein kann, liegt er bei geeigneter Wahl von $d = x_{i+1} - x_i$ unterhalb der Fehlergrenze des Meßverfahrens.

Wie man aus Gl. (5.31) und (5.32) sieht, ist das Verfahren wegen der Differenzbildung nur praktikabel, wenn sich die Meßwerte ausreichend ändern, d. h., daß die abgetragene Schichtdicke im Vergleich zur Gesamtschichtdicke nicht zu klein ist.

Ist der Meßfehler in σ von der gleichen Größe wie die Änderung des Meßwertes von σ_i zu σ_{i+1}, so kann der Fehler ∞ werden. Man muß also stets darauf achten, daß die Änderung der Meßwerte wesentlich größer als der maximal mögliche Meßfehler ist. Eine exakte Berechnung des relativen Fehlers ist wegen der in Gl. (5.31) und Gl. (5.32) auftretenden Differenzen nicht möglich. In Fig. 5.19 sind die Verhältnisse an dem Beispiel einer 40 keV-Bor-Implantation für einen Fehler von abwechselnd + und -3% in $R_{H,S}$ dargestellt. Das erste Wertepaar von $n_{eff,i}$ und $\mu_{eff,i}$ ist negativ. Deutlich sieht man die Abnahme des Fehlers bei abnehmender Restdicke.

Grundsätzlich führt dieses Verfahren also nur bei Vorliegen eines steilen Dotierungsgradienten oder einer ausreichend großen Dicke der abgeätzten Schicht im Vergleich zur Gesamtschichtdicke zu befriedigend genauen Ergebnissen.

Zur Bestimmung von Dotierungsprofilen ist es nicht unbedingt notwendig, Halleffektmessungen durchzuführen. Ist man von anderen Experimenten her sicher, daß

158 5 Meßmethoden zur Untersuchung ionenimplantierter Schichten

der Zusammenhang zwischen Dotierungskonzentration und Beweglichkeit in der implantierten Schicht der gleiche wie in konventionell dotierten Kristallen ist, so reichen Schichtwiderstandsmessungen, kombiniert mit der Schichtabtragetechnik zur Profilbestimmung aus. Zur Berechnung der Dotierung verwendet man bei Silicium den Zusammenhang zwischen spezifischem Widerstand und Beweglichkeit nach Irvin [370] oder verbesserte Werte [48], [753], am günstigsten in der analytischen Näherung von Caughey und Thomas [124].

Den spezifischen Widerstand ϱ in der i-ten Schicht kann man aus den gemessenen Werten errechnen mit

$$\varrho_i = \frac{x_{i+1} - x_i}{\sigma_{S,i} - \sigma_{S,i+1}} \tag{5.33}$$

Für den Zusammenhang zwischen Beweglichkeit und Dotierung gilt [124]

$$\mu = \mu_{\min} + \frac{\mu_{\max} - \mu_{\min}}{1 + (N/N_{\text{ref}})^\alpha} \tag{5.34}$$

In Tab. 5.5 sind die Werte von $\mu_{\min}$, $\mu_{\max}$, N_{ref} und α für n- und p-leitendes Silicium angegeben. Die Berechnung der Dotierung mit Hilfe von Gl. (3.33) und (3.34) muß iterativ durchgeführt werden.

Tab. 5.5 Beweglichkeitsparameter nach dem Modell von Caughey und Thomas [124]

	$\mu_{\min}$	$\mu_{\max}$	N_{ref}	α	Referenz
p-Silicium	47,7	495	$6,3 \times 10^{16}$	0,76	[46]
	47,7	495	$1,9 \times 10^{17}$	0,76	[53]
n-Silicium	65	1 265	$8,5 \times 10^{16}$	0,72	[46]
	92	1 360	$1,3 \times 10^{17}$	0,91	[52]

5.5.3 Schichtabtragetechnik

Zum Abtragen definierter dünner Schichten muß man je nach Festkörper unterschiedliche Verfahren heranziehen.

Anodische Oxidation Am einfachsten zu handhaben und am genauesten ist die Abtragung dünner Schichten mittels anodischer Oxidation. Bei diesem Verfahren wird in einem geeigneten Elektrolyten die Probe anodisch oxidiert, wobei die gewünschte Dicke durch die angelegte Spannung bestimmt wird. Anschließend löst man das Oxid mit einer geeigneten Ätze ab. Erprobt ist das Verfahren bei Aluminium [177], Wolfram [453], Tantal [746], Gold [772], Silicium [115], [173], [207], [461], GaAs [321], [520], GaP [638] und InSb [188]. In Tab. 5.6 ist eine Liste geeigneter Elektrolyten für die gängigen Substrate angegeben. Die abtragbare Schichtdicke liegt bei ca. 0,2 bis 3 nm/V für alle Elektrolyten. Das Verfahren

5.5 Halleffektmessungen   159

Tab. 5.6 Elektrolyten zur anodischen Oxidation von Silicium, GaAs, InSb und GaP

Material	Elektrolyt	Bemerkungen	Referenz
Si	0,1 M H_3BO_3 in $Na_2B_4O_7$		[461]
	0,04 M KNO_3 in N-Methyl-azetamid (NMA)	Zugabe von 5 bis 10% H_2O ist für gute Oxidation nötig, ~0,2 nm/V	[461], [626]
	0,4% KNO_3-Äthylenglykol -10% H_2O	0,7 bis 1,3 nm/V	[461], [581]
GaAs	1 Teil 3% Weinsäure (od. Zitronensäure)+2 bis 4 Teile Äthylen oder Propylenglycol	pH-Wert mit NH_4OH auf 6 einstellen	[324], [777]
	30% H_2O_2-Lösung	pH-Wert mit H_3PO_4 oder NH_4OH auf 2 einstellen	[697], [777]
	N-Methylazetamid	pH-Wert mit NH_4OH auf 8,3 einstellen, 1,3 nm/V	[518]
GaP	30% H_2O_2-Lösung	pH $\leq$ 2,5 einstellen mit H_3PO_4; 1,2 nm/V	[230]
InSb	0,1 N KOH	Aufwachseigenschaften sehr kritisch vom Oxidationsstrom abhängig	[188], [777]

ist auf die Abtragung relativ dünner Schichten beschränkt, da pro Ätzschritt nur ca. 10 bis 100 nm (je nach Durchschlagsfestigkeit des Oxids) abgetragen werden können.

In Fig. 5.20 ist ein Querschnitt durch einen Meß- und Ätzaufbau dargestellt, der im gleichen Probenhalter das Abtragen von dünnen Halbleiterschichten durch anodi-

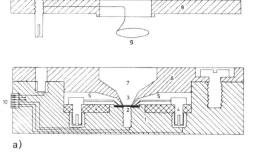
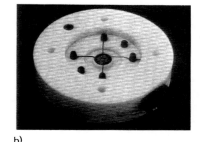

a)   b)

Fig. 5.20 Probenhalter für Schichtabtragung
    a) Schnitt durch den Halter. 1 Grundkörper, 2 verstellbare Auflage, 3 Probe, 4 Kontaktierstecker, 5 Kontaktierspitzen, 6 Ätzabdeckung, 7 Raum für Elektrolyten, 8 Kathodenhalter (wird zur Oxidation aufgesteckt), 9 Platinelektrode, 10 Stecker zum Meßgerät oder Konstantstromquelle
    b) Photographie des Probenhalters mit eingebauter Probe [611]

160   5 Meßmethoden zur Untersuchung ionenimplantierter Schichten

sche Oxidation, anschließendes Lösen des Oxids in Flußsäure und das Vermessen der Probe gestattet. Des weiteren ist die Stromzufuhr für die anodische Oxidation über die implantierte Schicht möglich, was für p-Implantationen in n-Material erforderlich ist, da ansonsten der pn-Übergang, der zur Isolation des implantierten p-Gebietes zum Substrat nötig ist, in Sperrichtung gepolt wäre. Durch Aufsetzen der Ätzabdeckung 6 wird die implantierte Fläche von den Kontakten abgetrennt. Im Gegensatz zu bisher üblichen Aufbauten, die zum Abdichten Viton- oder Gummiringe verwendeten, unter die der Elektrolyt beim Anlegen der Anodisierspannung kriechen kann, wird hier Teflon verwendet. Bei konstantem Strom I wird die Probe bis zu einem voreingestellten Spannungsabfall ΔU über der gebildeten Oxidschicht oxidiert und anschließend nachverdichtet, bis der Strom auf ca. 10% seines Anfangs-

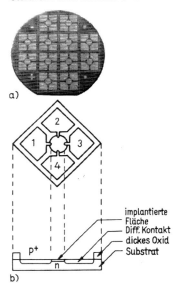

Fig. 5.21
a) Photographie eines Siliciumscheibchens mit 12 Meßstrukturen
b) Aufbau einer Meßstruktur

wertes abgesunken ist. In Fig. 5.21 ist die für diese Messungen entwickelte van-der-Pauw-Struktur mit 4 diffundierten Kontakten zusammen mit einem Siliciumscheibchen mit 12 Strukturen dargestellt. Diffundierte oder tief implantierte Kontakte sind bei Schichtabtragungsmessungen unbedingt nötig, um eine Abtrennung der zu messenden Fläche durch ein auftretendes Tieferätzen am Rand zu verhindern.

Ätzen Als weiteres Verfahren bietet sich das Ätzen an, jedoch ist die Konstanz der Abtragungsrate, die abhängig von Temperatur, Strahlenschäden und Dotierungskonzentration ist, problematisch. Eine sorgfältige Eichung oder eine Messung nach jedem Ätzschritt ist notwendig. In Tab. 5.7 sind einige für Halbleiter geeignete Ätzen angegeben.

Weitere Methoden Das Vibrationspolieren (Whitton [771], [773]) ist sehr universell anwendbar aber relativ aufwendig. Ionenzerstäubung ist ebenfalls ein universelles

Tab. 5.7 Langsame Ätzen zur Schichtabtragung

Material	Zusammensetzung der Ätze	Bemerkungen	Referenz
Si	CP4 [HF (40%): CH$_3$COOH (conc.): 1,7 HNO$_3$ (conc.) Br 0,5 ml auf 200 ml Ätzlösung]	Ätzrate bei 23°C 0,13 µm/min	[190]
GaAs	H$_2$O$_2$ (30%): 100 H$_2$O: H$_2$SO$_4$ (conc.)	Mischung in dieser Reihenfolge; Ätzrate bei 23°C 55 nm/min	[796]
GaAs$_{1-x}$P$_x$ ($x \approx 0,4$)	H$_2$O$_2$ (30%): 10 H$_2$O: H$_2$SO$_4$ (conc.)	23°C 75 nm/min	[796]
InSb	0,1% Br in Methanol	Ätzrate bei RT 50 nm/min	

Verfahren, das jedoch durch eine Strahlenschädigung und durch die „Implantation" der zerstäubenden Teilchen die Eigenschaften der Schichten verändern kann. Überdies ist es selten möglich, größere Schichten plan abzutragen. Dies ist auch ein großes Problem bei der SIMS-Methode (s. Abschn. 5.10), die auf Zerstäubung der zu analysierenden Oberfläche der Probe beruht, siehe dazu Abschn. 10 dieses Kapitels.

5.6 Messung des Ausbreitungswiderstandes

Eine weitere Möglichkeit zur Bestimmung von Dotierungsprofilen bieten Messungen des Ausbreitungswiderstandes ("spreading resistance") in Verbindung mit einem Schrägschliff über die Probe. An sich ist das Verfahren entwickelt worden, um Schichtwiderstände zu messen. Wegen der relativ großen Ungenauigkeit, der Notwendigkeit von Korrekturen und einer Eichung ist es jedoch auf diesem Gebiet der Vierspitzenmethode unterlegen. In Verbindung mit einem Schrägschliff bietet es sich trotzdem als rasches, über einen großen Dotierungsbereich anwendbares Meßverfahren an.

Für den Ausbreitungswiderstand in einer homogenen, halbunendlichen Probe mit einem Kontakt des Durchmessers D gilt theoretisch

$$R_S = \frac{\varrho}{2D} \tag{5.35}$$

Praktisch erhält man jedoch diesen Zusammenhang zwischen dem spezifischen Widerstand und dem Ausbreitungswiderstand nicht, und man schreibt

$$R_S = k(\varrho)\frac{\varrho}{2D} \tag{5.36}$$

162 5 Meßmethoden zur Untersuchung ionenimplantierter Schichten

Der Korrekturfaktor $k(\varrho)$ muß experimentell bestimmt werden. Als Meßstruktur werden Dreispitzen- oder Zweispitzensonden verwendet. In Fig. 5.22 sind die beiden möglichen Ausführungsformen schematisch dargestellt. Zahlreiche Arbeiten beschäftigen sich mit den nötigen Korrekturfaktoren, speziell bei Vorliegen eines Dotierungs-

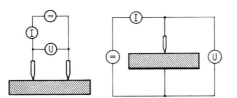

Fig. 5.22
Schematische Darstellung von Spreading Resistance Sonden

profils. Komplizierte Korrekturformeln wurden für Zwei- und Mehrschichtstrukturen entwickelt [352], [429], [515], [636]. Der mathematische Aufwand ist sehr hoch, so daß es in diesem Rahmen nicht möglich ist, näher darauf einzugehen. Seit einiger Zeit ist eine Zweispitzensonde[1] auf dem Markt. Einen Überblick über den derzeitigen Stand der Technik findet man in den Proceedings des Spreading Resistance Symposiums, das 1974 in Gaithersburg, USA, abgehalten wurde [216].

Ein typisches Meßbeispiel, das Dotierungsprofil eines Transistors, ist in Fig. 5.23 dargestellt. Der große Vorteil der Spreading Resistance Methode ist klar ersichtlich:

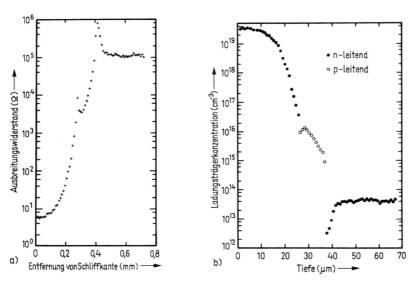

Fig. 5.23 Dotierungsprofil eines Transistors; gemessen mit einer Spreading Resistance Sonde durch Abtasten eines Schrägschliffes von 5°50' (1:10)
a) gemessener Ausbreitungswiderstand, b) errechnetes Dotierungsprofil

---

[1] Fa. Solid State Measurements, Inc.

Das Profil kann über pn-Übergänge hinweg gemessen werden. Dieser Vorzug macht den Nachteil der relativ großen Ungenauigkeit bei Routineuntersuchungen wett. Schrägschliffe können z. B. wie in Abschn. 5.1 erläutert, hergestellt werden. Der Zeitaufwand für eine Messung ist wesentlich geringer als bei anderen Methoden, auch wenn man die Präparation der Proben in Betracht zieht.

5.7 Strom-Spannung-Messung

Wesentliche Eigenschaften von Halbleiterbauelementen sind mit den elektrischen Kenngrößen von pn-Übergängen verbunden. Dennoch sind bisher nur wenige Untersuchungen der Eigenschaften implantierter pn-Übergänge durchgeführt worden. Die meisten Arbeiten befassen sich mit der elektrischen Aktivierung durch die Messung von Halleffekt und Schichtwiderstand und dem Ausheilen von Strahlenschäden durch Rückstreumessungen. Im ersten Fall werden nur Majoritätsträgereigenschaften, im zweiten nur kristallographische Eigenschaften erfaßt. Die Eigenschaften von pn-Übergängen hängen wesentlich von der Minoritätsträgerlebensdauer und diese von der Konzentration von Rekombinationszentren ab.

Wenn man die elektrischen Eigenschaften implantierter Schichten untersucht, so stellt man fest, daß zunächst die implantierten Ionen elektrisch aktiv werden ($\cong$ Majoritätsträger), anschließend erreicht die Beweglichkeit den der Dotierungskonzentration entsprechenden Wert – zumindest bei Silicium ist dies stets der Fall, bei III-V- und anderen Halbleitern nicht unbedingt – und bei weiterer Temperung, oft erst bei wesentlich höheren Temperaturen, erhöht sich die Minoritätsträgerlebensdauer. Im allgemeinen wird sie jedoch nicht gemessen, und man stellt sie erst indirekt bei der Realisierung eines Bauelementes fest. Der Grund für die Vernachlässigung der meßtechnischen Erfassung von Minoritätsträgerlebensdauern liegt wohl darin, daß dieser Parameter schon beim Ausgangsmaterial schwankt, durch fast jeden technologischen Prozeß (Oxidation, Temperung, Getterung) verändert wird, und seine direkte meßtechnische Erfassung schwierig ist, besonders in inhomogenen dotierten Schichten.

Die Untersuchung der Eigenschaften implantierter pn-Übergänge, obschon auch ein indirektes Verfahren, ist die günstigste Methode, Einblick in die Beeinflussung der Lebensdauer durch die Implantation zu nehmen, und soll daher im folgenden näher besprochen werden.

5.7.1 pn-Charakteristik

Der Stromfluß über einen pn-Übergang ist in der Literatur bereits ausführlich behandelt worden, z. B. bei Shockley [674], Sah und Mitarbeitern [614], Spenke [695] und Sze [713].

164   5 Meßmethoden zur Untersuchung ionenimplantierter Schichten

Folgende Mechanismen können für den Stromfluß über einen pn-Übergang verantwortlich sein:
a) Diffusion von Minoritätsträgern über die Raumladungszone,
b) Rekombination-Generation von Ladungsträgern in der Raumladungszone,
c) Tunneleffekt (spielt nur bei hochdotierten Proben eine Rolle),
d) Oberflächenleckströme,
e) Serienwiderstand.

Diffusionsstrom Für den Diffusionsanteil der Stromdichte gilt nach Shockley [674] mit den bekannten Einschränkungen:

$$j_{\text{Diff}} = q n_i^2 \left(\frac{D_n}{L_n N_A} + \frac{D_p}{L_p N_D} \right) \left(\exp \frac{qU}{kT} - 1 \right) \quad (5.37)$$

(n_i Eigenleitungsdichte in cm^{-3}; $D_{n,p}$ Minoritätsträgerdiffusionskoeffizient für Elektronen bzw. Löcher; $L_{n,p}$ Diffusionslängen für Elektronen bzw. Löcher; k Boltzmannkonstante ($k = 1{,}38 \times 10^{-23}$ J/K $= 8{,}625 \times 10^{-5}$ eV/K); U Spannung über dem pn-Übergang; $N_{A,D}$ Akzeptor- bzw. Donatorkonzentration).
Die Diffusionslänge ist mit der Lebensdauer $\tau_{n,p}$ der Minoritätsträger verknüpft durch

$$L_{n,p} = \sqrt{D_{n,p} \tau_{n,p}} \quad (5.38)$$

Für n$^+$p-Übergänge ergibt sich aus Gl. (5.36) wegen $N_D \gg N_A$

$$j_{\text{Diff}} = j_S \left(\exp \frac{qU}{kT} - 1 \right) = q \frac{D_p}{L_p} \frac{n_i^2}{N_D} \left(\exp \frac{qU}{kT} - 1 \right) \quad (5.39)$$

j_S ist die Sättigungsstromdichte, die bei Sperrspannungen wesentlich größer kT/q fließt. Ein analoges Ergebnis ergibt sich für p$^+$n-Übergänge.

Generation-Rekombination-Strom Nach dem Modell von Shockley-Read-Hall [314], [614], [675] mit einem einzelnen Rekombination-Generation-Zentrum (RG-Zentrum) in der Mitte des verbotenen Bandes ergibt sich die Stromdichte in Sperrichtung auf Grund von Generation zu

$$j_{\text{Gen}} = \frac{q n_i w}{\tau_{\text{eff}}} \quad (5.40)$$

w ist die Weite der Raumladungszone; τ_{eff} eine effektive Lebensdauer, die gegeben ist durch

$$\tau_{\text{eff}} = \frac{\sigma_n \exp\left(\dfrac{E_t - E_i}{kT}\right) + \sigma_p \exp\left(\dfrac{E_i - E_t}{kT}\right)}{\sigma_p \sigma_n v_{\text{th}} N_t} \quad (5.41)$$

mit σ_n, σ_p dem Elektronen- und Löchereinfangquerschnitt; v_{th} der thermischen Geschwindigkeit ($v_{th} = 3kT/m^* \approx 10^7$ cm/s bei Raumtemperatur für Silicium, m^* effektive Masse); N_t der Dichte der RG-Niveaus; E_t dem Energieniveau des RG-Niveaus und E_i dem Intrinsic-Fermi-Niveau.

Für $E_t \approx E_i$ (d. h., das RG-Niveaus liegt etwa in Bandmitte) und $\sigma_n \approx \sigma_p \approx \sigma$ gilt

$$\tau_{\text{eff}} = \frac{1}{\sigma v_{th} N_t} \tag{5.42}$$

In diesem Fall folgt $\tau_{\text{eff}} \approx \tau_n \approx \tau_p$.

Der Sperrstrom ist (s. Gl. (5.40)) proportional der Raumladungsweite. Für abrupte pn-Übergänge gilt

$$j_{\text{Gen}} \sim w \sim (U_D - U)^{1/2} \tag{5.43}$$

Für pn-Übergänge mit linearem Dotierungsprofil gilt

$$j_{\text{Gen}} \sim w \sim (U_D - U)^{1/3} \tag{5.44}$$

Für den gesamten Sperrstrom ergibt sich für einen n^+p-Übergang ($|U| > 3kT/q$)

$$j_{\text{Ges}} = q \frac{D_p}{L_p} \frac{n_i^2}{N_D} + \frac{q n_i w}{\tau_{\text{eff}}} \tag{5.45}$$

Bei Halbleitern mit großem n_i (Germanium) überwiegt der Diffusionsanteil, bei Halbleitern mit kleinem n_i und relativ geringer Lebensdauer (GaAs) überwiegt der Generationsstrom; bei Silicium sind im allgemeinen beide Anteile maßgeblich. Ist der Generationsstrom vorherrschend, so läßt sich durch Messung der Sperrkennlinie die Art des Profilverlaufes am pn-Übergang abschätzen.

In Vorwärtsrichtung ergibt sich der Rekombinationsstrom für $U > kT/q$ zu

$$j_{\text{Rek}} = \frac{qw}{2} \sigma v_{th} N_{th} n_i \exp\left(\frac{qU}{2kT}\right) \tag{5.46}$$

und der Gesamtstrom zu ($U > kT/q$)

$$j_{\text{Ges}} = q \frac{D_p}{L_p} \frac{n_i^2}{N_D} \left(\exp \frac{qU}{kT}\right) + \frac{qw}{2} \sigma v_{th} N_t n_i \left(\exp \frac{qU}{2kT}\right) \tag{5.47}$$

In weiten Bereichen der Durchlaßkennlinie läßt sich deshalb annähernd schreiben

$$j_{\text{Ges}} \sim \exp \frac{qU}{nkT} \quad \text{mit } 1 \leq n \leq 2 \tag{5.48}$$

Leckstrom und Serienwiderstand Ein unerwünschter Effekt bei realen pn-Übergängen sind Oberflächenleckströme, die durch Inversionsrandschichten, Stöchiometriestörungen an der Oberfläche und Verunreinigungen wie Feuchtigkeit oder Lösungsmittel verursacht werden können. Im allgemeinen sind sie linear,

166 5 Meßmethoden zur Untersuchung ionenimplantierter Schichten

können jedoch auch spannungsabhängig sein. Die Oberfläche von Halbleitern muß meist passiviert werden, um diesen Einfluß niedrig zu halten. Oft empfiehlt sich die Verwendung einer Feldelektrode über der Passivierung, um die Oberflächenzustände zu kontrollieren.

Bei hohen Strömen wirkt der Serienwiderstand des Substratmaterials, der Kontakte und eine noch nicht ausgeheilte strahlengeschädigte Schicht als ohmsche Begrenzung. Dieser zusätzliche Spannungsabfall verursacht eine sublineare Charakteristik der I-U-Kennlinie in halblogarithmischer Darstellung. Der Wert des Widerstandes kann leicht errechnet werden zu

$$R_s = \frac{\Delta U}{j_{Ges}} A \qquad (5.49)$$

mit ΔU der Abweichung von der linearen Kennlinie in halblogarithmischer Darstellung; A der Fläche der Diode.

In Fig. 5.24a ist eine I-U-Kennlinie in Durchlaßrichtung dargestellt, die alle diskutierten Anteile zeigt. Bei niedriger Spannung in Durchlaßrichtung herrscht Oberflächenleckstrom vor, bis sich der Generation-Rekombination-Strom (Steigung 2 der halblogarithmischen Geraden) bemerkbar macht. Bei höheren Strömen überwiegt schließlich der Diffusionsstrom (Steigung 1 der halblogarithmischen Geraden), bis die ohmsche Begrenzung des Serienwiderstandes zum Tragen kommt. Fig. 5.24b zeigt das Sperrverhalten von pn-Übergängen in doppeltlogarithmischer Darstellung. Kurve a zeigt die ideale Kennlinie nach Shockley (Gl. (5.37)), Kurve b den Verlauf des Gesamtstromes eines abrupten pn-Überganges bestehend aus Diffusions- und Generationsstrom. Die Durchbruchspannung ist abhängig von der Dotierung (s. z. B. Sze [713]), sie soll in diesem Zusammenhang jedoch nicht näher diskutiert werden, da man daraus keine zusätzliche Information ziehen kann.

Aus der Sperrkennlinie bzw. deren Veränderung durch eine Temperung kann man also direkt auf den Einfluß von Rekombinationszentren, die durch Strahlenschäden erzeugt wurden, auf die Lebensdauer schließen.

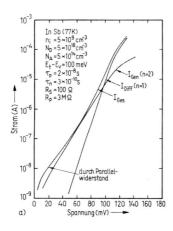
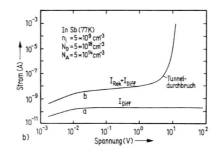

Fig. 5.24 Theoretische Strom-Spannung-Kennlinie für InSb bei 77 K
a) Durchlaß (halblogarithmische Darstellung)
b) Sperrkennlinie (doppeltlogarithmische Darstellung)

5.7.2 Bestimmung der Minoritätsträgerlebensdauer

Die Minoritätsträgerlebensdauer ist das empfindlichste Maß für die Perfektion der Kristallstruktur und für Verunreinigungen mit Niveaus in Bandmitte. Bei ionenimplantierten Schichten wird meist angenommen, daß die Wirkung der Implantation am metallurgischen pn-Übergang endet. Die Strahlenschäden jedoch – und auch Versetzungen, die durch sie hervorgerufen werden – können, obwohl das Maximum ihrer Verteilung näher zur Oberfläche liegt als das der Dotierungsatome (s. Abschn. 3.1), sehr weit in den Halbleiter reichen. Bogardus und Popaniak [89] konnten eine Wirkung bis zu der 4fachen projizierten Reichweite feststellen. Überdies können Versetzungen und andere Defekte bei den zur Ausheilung nötigen Temperaturen in den Halbleiter diffundieren. Alle diese Defekte können die Lebensdauer der Minoritätsträger durch die Erzeugung von Rekombination-Generationszentren verringern. Für die Lebensdauer gilt Gl. (5.42).

Schaltet man einen p^+n-Übergang abrupt von Durchlaß- in Sperrichtung um, so ergibt sich zunächst ein Stromfluß in Sperrichtung, der dann wieder bis zum Sperrsättigungsstrom abnimmt. In Fig. 5.25 ist dieser Stromverlauf über die Zeit dargestellt. Für die Minoritätsträgerlebensdauer gilt (Sze [713])

$$\text{erf}\sqrt{\frac{t_1}{\tau_p}} = \frac{1}{1 + I_R/I_F} \qquad (5.50)$$

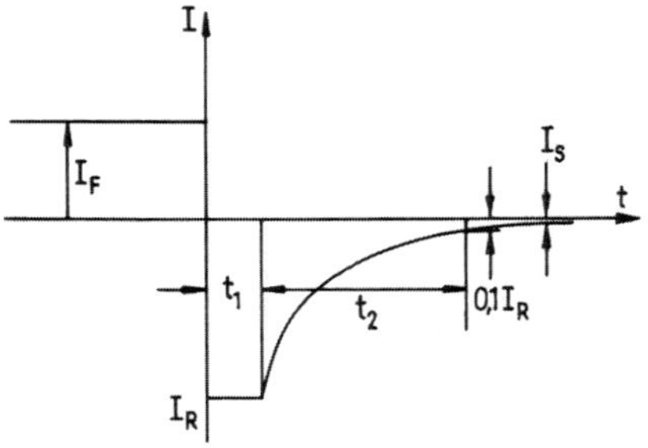

Fig. 5.25
Stromverlauf beim Umschalten des Stromflusses einer Diode von Durchfluß- in Sperrichtung zur Messung der Minoritätsträgerlebensdauer

Der in Sperrichtung zunächst konstante Strom wird durch einen Vorwiderstand eingestellt. Für $I_F/I_R = 1$ ergibt sich $t_1 = 0{,}3\,\tau_p$, für $I_F/I_R = 5$ ergibt sich $t_1 = \tau_p$. Ein weiteres Verfahren, das von Takusagawa und Mitarbeitern [716] angegeben wurde, ermöglicht die Messung sehr kleiner Lebensdauern mit Hilfe von Impedanzmessungen am pn-Übergang.

5.8 Analyse implantierter Schichten mit energiereichen, leichten Ionen

Wechselwirkungen, die beim Auftreffen energiereicher, leichter Ionen auf kristalline Festkörper ausgelöst werden, können vorteilhaft zur Analyse implantierter Schichten herangezogen werden, da die Sondiertiefe dieser Ionen gut an die Schichtdicken angepaßt werden kann, in denen Implantationseffekte zu untersuchen sind. Häufig verwendet werden Wasserstoff-, Deuterium- und Heliumionen im Energiebereich zwischen 0,1 MeV bis 5 MeV, vereinzelt auch schwerere Ionen wie Kohlenstoff oder Stickstoff. Die zur Analyse der Schichten herangezogenen Wechselwirkungen sind (s. Fig. 5.26):

a) elastische Stöße mit Atomkernen (Richtungs- und Energieänderung der einfallenden Ionen);

b) nichtelastische Stöße mit Atomkernen (Kernreaktionen unter Emission charakteristischer Reaktionsprodukte);

c) elastische und nichtelastische Stöße mit Elektronen (kontinuierliche Abbremsung der Ionen, Emission von charakteristischer Röntgenstrahlung).

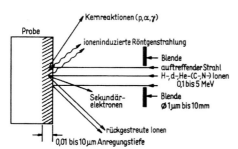

Fig. 5.26
Wechselwirkungen von energiereichen leichten Ionen mit Festkörpern

Die Analysemethode, die auf der Ausnutzung der elastischen Wechselwirkung mit Atomkernen beruht, wird meist als Rutherford-Rückstreutechnik bezeichnet (nach der Rutherford-Formel für den Wirkungsquerschnitt für elastische Stöße von α-Teilchen mit Atomkernen); dazu kommen die Techniken der ioneninduzierten Röntgenemissions-Spektroskopie und der ioneninduzierten Kernreaktionen. Der Vorteil all dieser Methoden ist, daß sie zerstörungsfrei arbeiten, keinen präparativen Aufwand erfordern und die Bestimmung der Gesamtzahl der implantierten Ionen ermöglichen. Zerstörungsfrei bedeutet hierbei und auch bei der Aktivierungsanalyse (s. Abschn. 5.9) nur, daß der Kristall durch die Messung nicht zerstört wird; eine Beeinträchtigung der elektrischen Eigenschaften, insbesondere der Beweglichkeit und Lebensdauer ist jedoch stets zu erwarten.

Die apparativen Voraussetzungen zur Durchführung derartiger Untersuchungen sind relativ aufwendig: Zur Beschleunigung der Ionen auf MeV-Energien wird ein elektrostatischer van-de-Graaff-Bandgenerator benutzt, Ionenquellen und Strahlführungssysteme sind denen einer Implantationsanlage vergleichbar; im Gegensatz zu Implantationsanlagen sind jedoch hier wegen der viel höheren Energien kostspielige Abschirmmaßnahmen gegen die auftretende Gammastrahlung erforderlich. Aus diesem Grund verfügen nur wenige der Laboratorien, die sich mit Ionenimplantation befassen, über die Analysemöglichkeiten mit energiereichen, leichten Ionen. Dennoch wurden zahlreiche grundlegende Experimente zu Implantationseffekten mit diesen Meßmethoden erfaßt. Dieses Kapitel soll zum besseren Verständnis dieser Arbeiten beitragen; für ausführliche Darstellungen wird auf die Bücher von Chu, Mayer und Nicolet [139] und von Ziegler [793a] verwiesen.

5.8.1 Rutherford-Rückstreuung

Die Rückstreutechnik bietet die Möglichkeit, ohne Schichtabtragung Tiefenprofile von implantierten Ionen und von Strahlenschäden (s. Abschn. 8.2 dieses Kapitels) zu erhalten. Die Methode ist quantitativ und relativ schnell; in einigen Fällen reicht jedoch die Empfindlichkeit nicht aus, so daß weitere Meßmethoden heranzuziehen sind. Gemessen wird die Energieverteilung der von der implantierten Schicht unter einem definierten Winkel zurückgestreuten Ionen; die auf die Probe auftreffenden Teilchen sind in fast allen Fällen monoenergetische (1 bis 5 MeV) He-Ionen. Die Energie eines rückgestreuten Ions wird durch zwei Parameter bestimmt:

a) durch die Masse des Atomkerns, mit dem der elastische Stoß erfolgt (je schwerer der getroffene Kern ist, desto weniger Energie verliert das stoßende, leichte Teilchen);
b) durch die Tiefe, in der der Stoß erfolgt (das leichte Ion verliert Energie durch Wechselwirkung mit den Elektronen).

Das Energiespektrum der rückgestreuten Ionen erlaubt also im allgemeinen keine eindeutige Element- bzw. Tiefenzuordnung. In vielen wichtigen Fällen – nämlich dann, wenn die Massen der getroffenen Kerne weit genug auseinanderliegen und die Verteilung des interessierenden Elements sich nur über einen begrenzten Tiefenbereich erstreckt –, ist eine Zuordnung einzelner Teile des Energiespektrums zu bestimmten chemischen Elementen möglich, so daß Tiefenprofile ermittelt werden können. Dies wird anhand von Fig. 5.27 illustriert. In einem Kristall mit Atomen

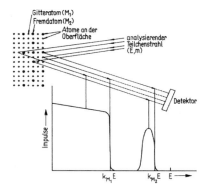

Fig. 5.27
Schematische Darstellung der Rückstreutechnik zur Bestimmung von Fremdatomverteilungen; $M_1 < M_2$

der Masse M_1 (hier Silicium) sind schwere Atome mit der Masse $M_2 > M_1$ (hier Antimon) implantiert, wobei sich das Antimonprofil im wesentlichen nur über eine Tiefe von 0,1 μm entsprechend einer Implantationsenergie von 100 keV erstreckt. Im Energiespektrum der rückgestreuten Ionen (Energie der einfallenden Ionen $E = 2$ MeV) sind die folgenden charakteristischen Energien von Bedeutung:

a) $k_{M_2}E$ ist die höchste mögliche Energie; sie entspricht einem Stoß des He$^+$-Ions mit einem Sb-Atom, das sich an der Oberfläche befindet (1,769 MeV);
b) $k_{M_1}E$ entspricht einem Stoß mit einem Si-Atom an der Oberfläche (1,170 MeV).

170   5 Meßmethoden zur Untersuchung ionenimplantierter Schichten

Der massenabhängige k_M-Faktor beschreibt dabei den Bruchteil der Energie, die ein leichtes Teilchen mit der Masse m (stoßendes Ion) auf ein schweres Teilchen mit der Masse M (getroffener Kern) überträgt, die das leichte Teilchen also verliert, wenn der Stoß unter dem Winkel Θ zur Einfallsrichtung erfolgt. k_M ist nach der Theorie des klassischen Stoßes zweier harter Kugeln gegeben durch

$$k_M = \left[\frac{m\cos\Theta}{m+M} + \left(\left(\frac{m\cos\Theta}{m+M}\right)^2 + \frac{M-m}{M+m}\right)^{1/2}\right]^2 \tag{5.51}$$

Beträgt der Winkel Θ nahezu 180°, so wird $k_M \approx \left(\dfrac{M-m}{M+m}\right)^2$.

Sind keine anderen Atome in der Probe vorhanden außer Silicium und Antimon, so können alle rückgestreuten Ionen mit Energien E_2, die größer sind als $k_{M_1} \cdot E$ Stößen mit Sb-Atomen zugeordnet werden, die in einer umso größeren Tiefe der Probe stattfinden, je kleiner die Energie der rückgestreuten Ionen ist. Die Energie-Tiefen-Zuordnung für die Atome der Masse M_2 läßt sich aus dem Energieverlust des Ions beim Eindringen bis zur Tiefe x, aus der Energieabgabe beim Stoß mit M_2 und aus dem Energieverlust bis zur Rückkehr zur Probenoberfläche berechnen. Für nicht zu große Tiefen gilt Proportionalität zwischen der Energiedifferenz $\Delta E = k_{M_2} \cdot E - E_2$ und der Tiefe x:

$$\Delta E = [S]_{M_2}^{M_1} x \tag{5.52}$$

Die Größe $[S]_{M_2}^{M_1}$ heißt „Energie-Tiefenumrechnungsfaktor" für Atome der Masse M_2 in einer Matrix der Masse M_1 und berechnet sich näherungsweise zu:

$$[S]_{M_2}^{M_1} = k_{M_2} \cdot S_{e,M_1}(E) + \frac{1}{\cos\Theta} S_{e,M_1}(k_{M_2} \cdot E) \tag{5.53}$$

Hier bedeutet $S_{e,M_1}(E)$ das elektronische Bremsvermögen der Matrix für Ionen der Energie E; Voraussetzung für die Gültigkeit der Formel ist eine geringe Schichtdicke („Oberflächen-Näherung") und eine kleine Konzentration der Atome M_2 verglichen mit der der Atome M_1. Im vorliegenden Beispiel ergibt sich $[S]_{Sb}^{Si} = 517$ keV/µm mit einer Genauigkeit von besser als 5% für eine Analysiertiefe von weniger als 0,3 µm, wenn die mittlere Sb-Konzentration kleiner als 10^{20} cm^{-3} ist.

Die mit der Rückstreutechnik erreichbare Tiefenauflösung wird begrenzt durch die Energieauflösung des Detektionssystems (ca. 12 keV Halbwertbreite für Silicium-Oberflächensperrschicht-Detektoren) und durch die Energieunschärfe der analysierenden Ionen, die aufgrund der statistischen Natur der atomaren Stoßprozesse mit zunehmender Tiefe anwächst ("straggling"). An der Siliciumoberfläche erhält man eine Tiefenauflösung von ca. 20 nm (mit elektrostatischen Detektoren oder durch starke Neigung der Probe lassen sich Auflösungen unter 5 nm erzielen [544], [554], [555]). Die Tiefe in der durch die Energieunschärfe der Teilchen die Tiefenauflösung auf 20 nm begrenzt wird, liegt für Silicium etwa bei 0,5 µm.

5.8 Analyse implantierter Schichten mit energiereichen, leichten Ionen

Die Nachweisempfindlichkeit der Rückstreutechnik hängt ab von der Masse, der Ordnungszahl und der Tiefe des nachzuweisenden Elements bezogen auf die Matrix, in der das Element eingebaut ist. Es sind zwei Fälle zu unterscheiden:

a) Das Energiespektrum der von den interessierenden Atomen zurückgestreuten Ionen (oder Teile desselben) überlagert sich dem Energiespektrum der von den Matrixatomen zurückgestreuten Ionen. Dies trifft immer zu für leichte Elemente in schwerer Matrix und es kann auch für schwere Elemente in leichter Matrix bei großen Analysiertiefen vorkommen, wenn die Massen nicht genügend voneinander verschieden sind. In diesen Fällen ist wegen des Untergrunds der Matrix die Nachweisempfindlichkeit gering, etwa 10 Atomprozent.

b) Die Energieverteilungen sind getrennt (schwere Atome in leichter Matrix, kleine Analysiertiefe). Dann liegt die Nachweisgrenze – abhängig von der Ordnungszahl – bei etwa 10^{18} cm^{-3} (As in Si) bis 10^{17} cm^{-3} (Sb in Si).

Für den Nachweis leichter Elemente in schwerer Matrix sind besser als die Rückstreutechnik die Methoden der ioneninduzierten Röntgenanregung (Abschn. 5.8.3) und der ioneninduzierten Kernreaktionen (Abschn. 5.8.4) geeignet.

5.8.2 Channeling und Gitterplatzlokalisierung

Werden die analysierenden Teilchen längs einer Kristallachse in die Probe geschossen, so dringen sie erheblich tiefer ein als bei mit dem Kristallgitter unkorrelierter Einstrahlungsrichtung („Random-Richtung", vgl. Abschn. 2.3), und die Ausbeute der rückgestreuten Ionen nimmt drastisch ab.

Fig. 5.28 zeigt die Ausbeute der in einem Winkel von 165° zum einfallenden Strahl rückgestreuten Ionen (über alle Energien integriert) als Funktion der Winkelabwei-

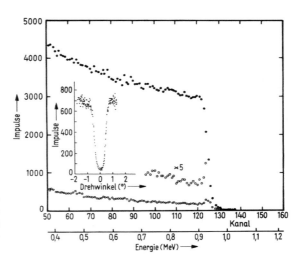

Fig. 5.28
Rückstreuspektrum von Silicium in Random- und in ⟨111⟩-Richtung („channel"-Richtung). Eingefügt ist ein Spektrum, das durch Kippung der Probe um die ⟨111⟩-Richtung gewonnen wurde

172   5 Meßmethoden zur Untersuchung ionenimplantierter Schichten

chung zwischen der ⟨111⟩-Achse eines Siliziumkristalls und der Richtung des einfallenden Strahls. Einen Vergleich der Energiespektren in Kanal- und Random-Richtung zeigt ebenfalls Fig. 5.28. Im Kanalspektrum erkennt man einen Oberflächenpeak, der von den ungeordneten Atomen der natürlichen SiO_2-Schicht (ca. 2 nm) und den Oberflächenatomen des Einkristalls herrührt. Tieferliegende Gitteratome liegen – in Strahlrichtung gesehen – im Schatten der Oberflächenatome und tragen nur mehr wenig zur Rückstreuausbeute bei.

Ist im Inneren des Kristalls ein Atom von einem Gitterplatz versetzt, so tritt eine erhöhte Rückstreuausbeute auf. Es kann sich hierbei um Wirtsgitteratome oder Fremdatome handeln. Somit ist es möglich, durch diese erhöhte Rückstreuausbeute die Verteilung versetzter (z. B. infolge von Strahlenschädigung durch die Ionenimplantation) Atome zu messen. Der Tiefenmaßstab in Channelrichtung ist wegen der geringeren Abbremsung unterschiedlich zum Maßstab in Randomrichtung. Es gilt etwa [9]

$$\frac{S_{e,\text{Kanal}}}{S_{e,\text{Random}}} = 0{,}7$$

In Fig. 5.29 sind die Rückstreuspektren einer 150 keV Borimplantation in Silicium abhängig von der Ausheiltemperatur dargestellt. Der Ausheilvorgang beginnt epitaktisch von der Rückseite her. Bei 650 °C ist eine starke Zunahme der Kristallinität zu beobachten, aber erst nach einer Temperung bei 900 °C verschwinden alle Strahlenschäden. Man erkennt aus den Spektren, daß die Rückstreuausbeute aus Schichten, die tiefer liegen als das geschädigte Gebiet, nicht auf den Wert für einen gänzlich ungeschädigten Kristall zurückgeht. Dies ist so zu erklären: Ionen, die beim Durchlaufen der geschädigten Schicht an versetzten Atomen um einen Winkel vorwärts gestreut werden, der größer ist als der kritische Winkel, verlassen den Kanal ("dechanneling") und durchlaufen von da an den Kristall in Random-Richtung; sie werden deshalb mit erhöhter Ausbeute gegenüber den weiter in Kanalrichtung laufenden

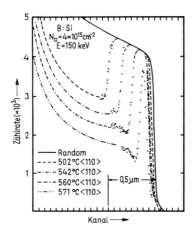

Fig. 5.29
Rückstreuspektren einer 150 keV Borimplantation in Silicium nach Temperung bei Temperaturen zwischen 502 und 571 °C [409]

Ionen zurückgestreut und überlagern sich im registrierten Energiespektrum den Ionen, die direkt von versetzten Atomen zurückgestreut werden. Da die Intensität des Dechanneling-Anteils ihrerseits wieder von der Verteilung der Gitterschäden abhängt, ist die Berechnung des tatsächlichen Konzentrationsprofils versetzter Atome aus dem Kanalspektrum eines geschädigten Kristalls eine komplizierte Aufgabe, die über Iterationsverfahren [624], [754] gelöst werden muß. In der Praxis interessiert jedoch meist der Ausheilvorgang nur qualitativ, d. h., man wählt diejenigen Ausheilbedingungen, bei denen aus den Rückstreuspektren maximale Rekristallisation zu erkennen ist.

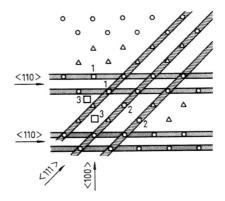

Fig. 5.30
Möglichkeiten der Gitterplatzlokalisation in Silicium. Dargestellt ist die ⟨110⟩-Ebene. Die Kreise bezeichnen reguläre Gitterplätze, die Dreiecke reguläre Zwischengitterplätze entlang der ⟨110⟩-Richtung. Die Zeilen markieren die Thomas-Fermi-Abschirmentfernung um die Gitterplätze, die sich für MeV-Teilchen entlang den ⟨111⟩- und ⟨110⟩-Richtungen ergeben. Die Vierecke stellen Dotierungsatome auf Gitterplätzen (1), regulären Zwischengitterplätzen (2) und „random"-Plätzen (3) dar; nach [485]

Durch Einstrahlung in verschiedene Kristallrichtungen ist es im Prinzip möglich, Aussagen über die Position von Fremdatomen im Gitter zu treffen. In Fig. 5.30 ist schematisch gezeigt, wie die Lage von Fremdatomen im Siliciumgitter bestimmt werden kann.

a) Ist die Probe in ⟨111⟩-Richtung orientiert, so werden Atome in Random-Positionen gemessen,

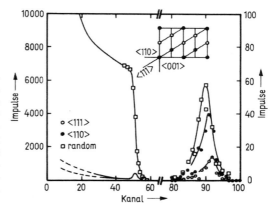

Fig. 5.31
Energiespektren von Heliumionen, die von thalliumimplantiertem Silicium zurückgestreut wurden. Die Primärenergie war 1 MeV. Durch Vergleich der Flächen unter den Tl-Kurven erkennt man, daß ca. 40% der Tl-Atome auf Gitterplätzen, ca. 40% auf tetrahedralen Zwischengitterplätzen und der Rest auf Random-Plätzen sitzen; nach [528a]

b) Ist die Probe in ⟨110⟩-Richtung orientiert, so werden Atome auf Random- und regulären Zwischengitterplätzen erfaßt.

c) Alle Atome werden erfaßt, wenn die Probe random-orientiert ist.

Ein Spektrum von Thallium in Silicium, das in verschiedenen Channelingrichtungen aufgenommen wurde (Fig. 5.31), zeigt deutlich die unterschiedlichen Anteile der implantierten Ionen auf regulären Gitterplätzen und auf Zwischengitterplätzen [528a].

Gleiche Methoden der Gitterplatzlokalisation sind auch bei der Anregung von Kernreaktionen und charakteristischer Röntgenstrahlung anwendbar (s. Abschn. 5.8.3 und 5.8.4).

5.8.3 Ioneninduzierte Röntgenstrahlung

Die Analyse der chemischen Elementzusammensetzung von Festkörpern über die bei geeigneter Anregung von den Atomen ausgesandte charakteristische Röntgenstrahlung ist eine der ältesten Methoden zur zerstörungsfreien Materialcharakterisierung. Neben den herkömmlichen Anregungsmechanismen durch kurzwellige Röntgenstrahlung (Röntgenfluoreszenz) oder Bestrahlung mit Elektronen im Energiebereich von 10 keV bis 100 keV im Rasterelektronenmikroskop (Elektronen-Mikrosonde) gewinnt in den letzten Jahren zunehmend die Anregung mit hochenergetischen Ionen im Energiebereich von 0,1 MeV bis 5 MeV an Bedeutung. Die Nachweisempfindlichkeit der Röntgenspektroskopie wird nämlich außer durch die Eigenschaften des Detektionssystems, wie Wirkungsgrad und Eigenrauschen, begrenzt durch den kontinuierlichen Röntgenstrahlungsuntergrund, dem die charakteristischen Linien überlagert sind. Dieser Untergrund entsteht im Falle der Elektronenanregung durch die Bremsstrahlung; bei Ionenanregung ist der Bremsstrahlungsuntergrund theoretisch um den Faktor (Elektronenmasse/Ionenmasse)^2, also um mehr als 10^6 reduziert. Jedoch kommt bei Verwendung von MeV-Ionen die Möglichkeit von Kernanregungen ins Spiel, die unter Aussendung von Gammastrahlung zerfallen, so daß sich in der Praxis Empfindlichkeitssteigerungen um den Faktor 10 bis 100 ergeben.

Zur Spektrometrie der Röntgenstrahlung werden meist mit flüssigem Stickstoff gekühlte, in Sperrichtung betriebene Siliciumdioden mit großer Fläche (z. B. 1 cm^2) und großer Raumladungszonenweite (mehrere mm, „Si(Li)"-Detektoren) verwendet. Sie geben energieproportionale Stromimpulse ab, so daß in Verbindung mit einem Vielkanal-Impulshöhenanalysator das gesamte Linienspektrum einer Probe simultan registriert werden kann. Diese sog. energiedispersiven Spektrometer sind zum Nachweis der charakteristischen Röntgenstrahlung von Elementen mit einer Ordnungszahl größer gleich 11 (Natrium, Energie der K-Linie 510 eV) geeignet; bei kleineren Energien absorbiert das gewöhnlich zum Schutz des gekühlten Detektors verwendete Berylliumfenster zu stark. Wird das Berylliumfenster durch eine 1 µm starke Polypropylen-Folie ersetzt oder eine fensterfreie Anordnung gewählt, so läßt sich die Kohlenstoff-K-Linie mit 280 eV noch registrieren. Zum Nachweis

5.8 Analyse implantierter Schichten mit energiereichen, leichten Ionen

von Elementen mit noch geringerer Ordnungszahl ist ein Drehkristall-Spektrometer (sog. wellenlängendispersives System) geeignet; hiermit kann jedoch immer nur eine Energie gemessen werden, entsprechend dem nach der BRAGG-Beziehung eingestellten Winkel des Analysatorkristalls.

Der Wirkungsquerschnitt σ_R für die Anregung eines Atoms mit nachfolgender Emission von charakteristischer Röntgenstrahlung durch leichte Ionen steigt steil mit der Energie E der eingestrahlten Ionen an (z. B. $\sigma_x \sim E^4$ für Arsen). Da die Ionen beim Eindringen in die Probe durch elektronische Abbremsung Energie verlieren, folgt daraus eine „effektive Anregungstiefe", aus der charakteristische Röntgenstrahlung emittiert wird. Sie liegt bei leichten MeV-Ionen etwa bei 1 bis 2 µm; ohne Schichtabtragung können deshalb i. allg. keine Tiefenprofile von Elementen gemessen werden. Da sich Implantationsprofile meist nur über wenige zehntel µm erstrecken, ist die Energievariation der einfallenden Ionen über diesen Tiefenbereich unerheblich, so daß die Flächenbelegung der implantierten Ionen gemessen wird. Aus dem Abfall der gemessenen Flächenbelegung nach stufenweisem Schichtabtragen erhält man durch Differentiation das Tiefenprofil. Fig. 5.32 zeigt ein über Protonenanregung (1,6 MeV) von charakteristischer Röntgenstrahlung gemessenes Arsenprofil in Silicium, verglichen mit elektrischen Messungen und der LSS-Theorie [304]. Als

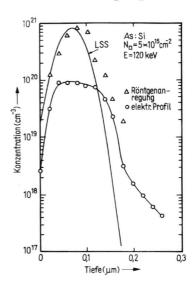

Fig. 5.32
As-Profil in Silicium, gemessen durch protoneninduzierte Röntgenstrahlung (△) im Vergleich zu einem Dotierungsprofil (o), das durch differentielle Schichtwiderstandsmessung gewonnen wurde; nach [304]

Schichtabtragetechnik wurde anodische Oxidation verwendet. Nach der Implantation bei 120 keV mit einer Dosis von 5×10^{15} cm^{-2} wurde bei 750°C für 1 h in Stickstoff getempert; eine Diffusion findet bei dieser Temperatur noch nicht statt. Die geringe elektrische Aktivierung bei Konzentrationen über 10^{20} cm^{-3} ist deutlich zu erkennen. Die Nachweisgrenze liegt bei etwa 2×10^{13} cm^{-2}, entsprechend einer Konzentration von 10^{19} cm^{-3} und 20 nm Tiefenauflösung.

Bei der Anregung charakteristischer Röntgenstrahlung durch schwere Ionen kommen bei bestimmten Elementen Schwellwertenergien vor, bei denen der Wirkungsquerschnitt plötzlich stark ansteigt. Ein Beispiel hierfür ist in Fig. 5.33 wiedergegeben. Bei Bestrahlung mit Krypton-Ionen existiert eine Schwelle von 65 keV für die Anregung der M-Linie von Antimon (0,93 keV); die K-Linie von Silicium (1,7 keV) wird erst ab etwa 140 keV emittiert. Hierdurch ist selektive Anregung möglich, d. h., bei einer Energie der Krypton-Ionen von etwa 100 keV wird bei antimonimplantiertem Silicium im wesentlichen nur die Antimonstrahlung emittiert und die Siliciumstrahlung, die – da sie höherenergetisch ist – nicht durch eine Absorptionsfolie

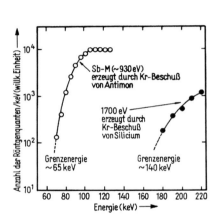
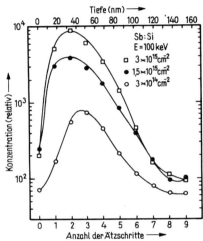

Fig. 5.33 Erzeugung von Röntgenstrahlung durch Kr-Ionen bei verschiedener Energie für Antimon- und Siliciumtargets [308], [308a]

Fig. 5.34 Antimonprofile in Silicium, gemessen durch Kr-induzierte Röntgenstrahlung in Verbindung mit anodischer Schichtabtragung [308], [308a]

abgeschwächt werden kann, wird unterdrückt. Damit läßt sich eine Nachweisempfindlichkeit von etwa 4×10^{12} cm^{-2}, entsprechend 2×10^{18} cm^{-3} bei 20 nm Tiefenauflösung, erzielen. Bei nichtselektiver Anregung, z. B. durch leichte Ionen, würde die dann wesentlich intensivere Matrixstrahlung im Si(Li)-Spektrometer mit seiner begrenzten Zählratenkapazität (maximal 10^4 Impulse pro Sekunde ohne Verschlechterung der Energieauflösung von etwa 200 eV Halbwertsbreite) das Antimonsignal überdecken. Mit dieser Technik gemessene Implantationsprofile zeigt Fig. 5.34.

Für ausführliche Diskussionen der Methode der ioneninduzierten Röntgenanregung und Daten wird auf die Arbeiten von Folkmann [245], und speziell für Halbleiteranwendungen von Chairns [127], [128], [129] und Gray [304] verwiesen.

5.8.4 Ioneninduzierte Kernreaktionen

Voraussetzung für eine Umwandlung eines an sich stabilen Atomkerns ist, daß das die Umwandlung erzwingende Teilchen sich bis auf eine Entfernung in der Größenordnung von 10^{-13} cm dem Kern nähert, da über diese Entfernungen die Kernkräfte wirksam sind. Positiv geladene Teilchen, z. B. Protonen, müssen dazu eine Energie besitzen, mit der sie die elektrische Abstoßung der ebenfalls positiven Kernladung, den sog. Coulomb-Wall, überwinden können. Dies ist im Energiebereich einfacher van-de-Graff-Beschleuniger (maximal ca. 5 MeV) nur für die leichtesten Elemente möglich. Eine besondere Rolle bei der Auslösung von Kernreaktionen spielen Deuteronen, Tritonen und ^{3}He-Teilchen, da sie relativ schwach gebundene Neutronen enthalten; bei der Annäherung an den Kern spalten sich diese Teilchen: die positiven Ladungen werden am Coulomb-Wall reflektiert, während die Neutronen ungehindert durch elektrische Kräfte zum Kern vordringen können. Deshalb gibt es mit diesen Teilchen als Projektilen eine Reihe von für Analysezwecke wichtigen Reaktionen mit Elementen höherer Ordnungszahl, die

Tab. 5.8 Kernreaktionen durch Protonen- und Deuteronenbeschuß bei einigen leichten Isotopen [38]

	Isotop A	Q_0 (MeV)	Isotop A	Q_0 (MeV)	Isotop A	Q_0 (MeV)
(p,α)-Reaktionen	^{7}Li	17,347	^{6}Li	4,02	^{9}Be	2,125
	^{11}B	8,582	^{18}O	3,970	^{31}P	1,917
	^{19}F	8,119	^{37}Cl	3,030	^{27}Al	1,594
	^{15}N	4,964	^{23}Na	2,379	^{17}O	1,197
					^{10}B	1,147
(d,α)-Reaktionen	^{10}B	17,819	^{11}B	8,022	^{32}S	4,890
	^{6}Li	22,36	^{15}N	7,683	^{18}O	4,237
	^{7}Li	14,163	^{9}Be	7,152	^{30}Si	3,121
	^{14}N	13,579	^{25}Mg	7,047	^{16}O	3,116
	^{19}F	10,038	^{23}Na	6,909	^{26}Mg	2,909
	^{17}O	9,812	^{27}Al	6,701	^{24}Mg	1,964
	^{14}N	9,146	^{29}Si	6,012	^{29}Si	1,421
	^{31}P	8,170	^{13}C	5,167		
(d,p)-Reaktionen	^{10}B	9,237	^{17}O	5,842	^{26}Mg	4,212
	^{25}Mg	8,873	^{27}Al	5,499	^{12}C	2,719
	^{14}N	8,615	^{24}Mg	5,106	^{16}O	1,919
	^{29}Si	8,390	^{6}Li	5,027	^{18}O	1,731
	^{32}S	6,418	^{23}Na	4,734	^{14}N	1,305
	^{28}Si	6,253	^{9}Be	4,585	^{11}B	1,138
	^{13}C	5,947	^{19}F	4,379	^{15}N	0,267
	^{31}P	5,712	^{30}Si	4,367		

178   5 Meßmethoden zur Untersuchung ionenimplantierter Schichten

mit guter Ausbeute auch bei niedrigen Energien verlaufen. Der Vorteil im Vergleich zur Rückstreutechnik ist, daß besonders leichte Kerne gemessen werden können. Kerne mit mittleren und hohen Ordnungszahlen geben praktisch keinen Beitrag. Nachteilig ist, daß die Nachweisempfindlichkeit wegen der teilweise geringen Wirkungsquerschnitte nur für einige Reaktionen ausreichend gut ist.

Eine Aufstellung praktisch bedeutsamer Kernreaktionen findet sich in Tab. 5.8 [38]. Zur Charakterisierung von Kernreaktionen verwendet man die Symbolik A(x,y)B. Dies bedeutet, daß sich der Kern A, von einem Projektil x getroffen, in den Kern B umwandelt, wobei ein energiereiches Teilchen y emittiert wird. Die angegebenen Q_0-Werte geben die Wärmetönung der Reaktion an, das ist die Differenz zwischen den Ruhemassen der an der Reaktion beteiligten Teilchen vor und nach der Reaktion. Dieser Massenunterschied wird als kinetische Energie der Teilchen ausgeglichen: Ist die Summe der Ruhemassen der Reaktionsprodukte kleiner als die Summe der Ruhemassen vor der Reaktion ($Q_0 > 0$, „exotherme" Reaktion), so erscheint die Massendifferenz als kinetische Energie des Endkerns und der ausgestoßenen Teilchen, einschließlich γ-Quanten. Andernfalls muß das anregende Teilchen mindestens eine der Massendifferenz entsprechende kinetische Energie besitzen (Schwellwert), um die Reaktion zu ermöglichen. Die in der Tabelle aufgeführten Reaktionen sind sämtlich exotherm, die emittierten Teilchen der Reaktion haben dann eine größere Energie als die anregenden Teilchen, so daß der Detektor durch eine Absorberfolie geeigneter Dicke von den rückgestreuten primären Teilchen abgeschirmt werden kann.

Als einfaches Beispiel für diese Meßtechnik soll zunächst der Nachweis von Sauerstoff in Silizium über die Reaktion $^{16}O(d,p)^{17}O$ dienen. Eine typische Anordnung ist schematisch in Fig. 5.35a gezeigt; zur Steigerung der Zählausbeute wird meist ein ringförmiger Silicium-Oberflächensperrschicht-Detektor ("annular Detektor") verwendet. In Fig. 5.35b ist das Teilchenspektrum gezeigt, das man erhält, wenn ein Siliciumkristall mit einer dünnen, sauerstoffhaltigen Schicht an der Oberfläche (z. B. natürliches Oxid) mit Deuteriumionen von 0,6 MeV bestrahlt wird. Die Reaktion mit ^{16}O liefert Protonen mit Energien von 1,02 MeV und 1,90 MeV,

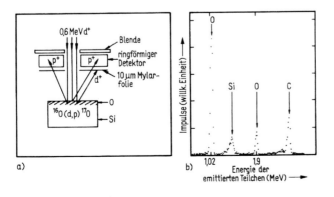

Fig. 5.35
Nachweis von Sauerstoff in Silicium durch die $^{16}O(d,p)^{17}O$-Kernreaktion
a) Meßanordnung (schematisch),
b) Teilchenspektrum

5.8 Analyse implantierter Schichten mit energiereichen, leichten Ionen 179

die dem angeregten bzw. dem Grundzustand von ^{17}O zuzuordnen sind. Daneben erkennt man die Teilchen aus der Reaktion $^{28}Si(d,\alpha)^{26}Al$; wegen der exponentiellen Abnahme des Wirkungsquerschnitts mit fallender Energie beim Eindringen der Deuteronen wird im wesentlichen nur die Oberflächenschicht angeregt, und deshalb tritt keine deutliche Verbreiterung in der Energieverteilung dieser Teilchen ein. Weiterhin erkennt man die Protonen aus der Reaktion $^{12}C(d,p)^{13}C$, die dünne Kohlenstoffschicht (einige nm) ist während der Analyse durch Kohlenwasserstoff-

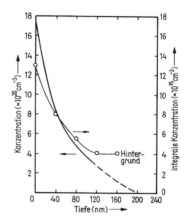

Fig. 5.36
Integrale Sauerstoffverteilung in verschiedenen Tiefen nach einer Arsenimplantation mit 180 keV und einer Dosis von 10^{16} cm^{-2} durch 125 nm SiO$_2$ und daraus berechnetes Sauerstoffprofil

Crackprodukte aus der Restgasatmosphäre entstanden. Eine Anwendung dieser Technik zeigt Fig. 5.36: Das Sauerstoffprofil, das in Silicium entsteht, wenn durch eine SiO$_2$-Schicht implantiert wird („knock-on"-Effekt), wurde durch sukzessives Abätzen ermittelt, wobei jeweils die Flächenkonzentration von Sauerstoff gemessen wurde. Die Absoluteichung erfolgte anhand der Sauerstoffbelegung einer SiO$_2$-Schicht bekannter Dicke. Der konstante Sauerstoffpegel entsteht durch das natürliche Oxid, das unmittelbar nach dem Abätzen aufwächst. Ein weiteres Beispiel für den Nachweis eines leichten Elements in schwerer Matrix zeigt Fig. 5.37a: Über die

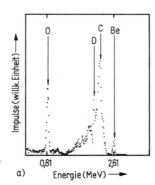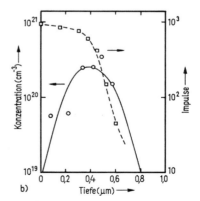

Fig. 5.37
Messung eines Be-Profils in GaAsP (E = 150 keV, $N_\square = 10^{16}$ cm^{-2}) durch die $^9Be(d,\alpha)^7Li$-Kernreaktion; Deuteronenenergie 0,5 MeV
a) typisches Spektrum,
b) Bestimmung des Profils durch Abätzen (Ätze s. Tab. 5.7), integraler Messung der Be-Konzentration und Differentiation der Meßkurve

180   5 Meßmethoden zur Untersuchung ionenimplantierter Schichten

Reaktion ^{9}Be(d,α)^{7}Li kann in GaAsP als Akzeptor implantiertes Beryllium gemessen werden. Die Abnahme des Berylliumsignals nach sukzessiver Schichtabtragung und das daraus abgeleitete Konzentrationsprofil ist in Fig. 5.37b gezeigt.

Mit dieser Meßmethode ist es außerdem möglich, bei Beschuß der Kristalle in unterschiedlichen Orientierungen nach den in Abschn. 8.2 dargestellten Prinzipien die Gitterposition von Fremdatomen festzustellen. So war es z. B. möglich, den Anteil von implantierten Boratomen in Silicium auf Gitter- bzw. Zwischengitterplätzen und die entsprechenden Profile zu messen [244], was mittels der Rückstreutechnik wegen der geringen Masse von Bor nicht möglich ist.

Bei einigen Reaktionen handelt es sich um scharfe Resonanzreaktionen z. B. mit einer Breite der Resonanz von 100 eV bei der ^{27}Al(p,γ)^{28}Si-Reaktion bei 992 keV. Bestrahlt man mit einem Ionenstrahl höherer Energie, so tritt die Reaktion erst nach Abbremsung der Teilchen bei Erreichen der Resonanzenergie auf. Durch Variation der Primärenergie kann man so ein Profil vermessen.

In vielen Fällen sind die als Folge einer Kernreaktion emittierten Teilchen monoenergetisch; aus ihrem Energieverlust vom Entstehungsort zur Probenoberfläche kann dann ein Tiefenprofil abgeleitet werden. Fig. 5.38 zeigt einen Vergleich von Teilchenspektren, die bei Bestrahlung mit 1,5 MeV Deuteriumionen von einer 70 nm dicken

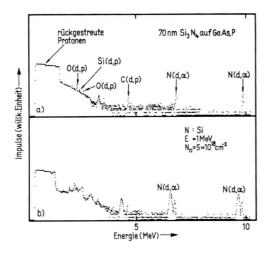

Fig. 5.38
Messung von Stickstoff durch die ^{14}N(d,α)^{12}C-Kernreaktion
a) dünne Si$_3$N$_4$-Schicht auf GaAsP,
b) N-implantierte Siliciumschicht ($E=1$ MeV, $N_\square=5\times 10^{18}$ cm^{-2})

Siliciumnitridschicht auf GaAsP bzw. von einer mit 5×10^{18} cm^{-2} Stickstoffatomen implantierten Siliciumprobe emittiert werden. Über die Reaktion ^{14}N(d,α)^{12}C entstehen α-Teilchen mit einer Energie von 6,7 MeV und 9,9 MeV, die in den Energiespektren rechts erscheinen. Bei niedrigen Energien sind noch die rückgestreuten Ionen zu erkennen, da für eine optimale Energieauflösung auf eine Absorberfolie vor dem Detektor verzichtet wurde. (Die Wasserstoffionen stammen von H$_2^+$-Molekülen aus der Deuteriumquelle, die gleiche Masse und Ladung wie d$^+$-Ionen haben und deshalb magnetisch nicht getrennt werden können.) Einen vergrößerten Ausschnitt

5.8 Analyse implantierter Schichten mit energiereichen, leichten Ionen 181

des 6,7 MeV Stickstoffsignals zeigt Fig. 5.39. Verglichen mit der dünnen Nitridschicht auf GaAsP weist die implantierte Schicht ein Tiefenprofil auf; die Hauptlinie erscheint um 220 keV versetzt entsprechend einer Tiefe von 1,7 µm (Implantationsenergie 1 MeV); daneben ist eine von der Oberfläche her abfallende Stickstoffverteilung

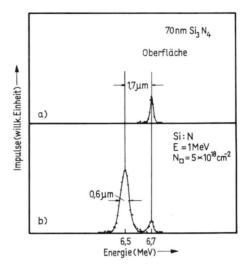

Fig. 5.39
Vergrößerte Ausschnitte der Spektren von Fig. 5.38
a) dünne Si$_3$N$_4$-Schicht, die Breite der Verteilung zeigt die Energie bzw. Tiefenauflösung des Spektrums
b) Stickstoffprofil nach einer Temperung bei 1000°C für 30 min

geringerer Konzentration zu erkennen. Die Tiefenskala errechnet sich analog den Ausführungen in Abschn. 8.1 dieses Kapitels.

Verwendet man einen fein fokussierten Ionenstrahl zur Messung, so lassen sich durch Abrasterung der Probe zweidimensionale Elementverteilungen in einer vorgegebenen Tiefe ermitteln. Damit kann z. B. die laterale Homogenität einer Implantation, Diffusion oder Legierung überprüft werden. Als Beispiel ist in Fig. 5.40 die

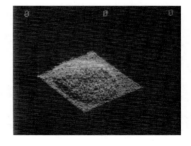

Fig. 5.40
Stickstoffkonzentration in 1,7 µm Tiefe in Silicium nach einer Hochenergieimplantation von Stickstoff ($E = 1$ MeV, $N_\square = 5 \times 10^{18}$ cm^{-2}; $T_A = 1000$°C, $t_A = 30$ min). Die Probe ist relativ inhomogen ($\pm 20\%$), da mit einem defokussierten Strahl durch eine Blende mit 4 mm Durchmesser ohne Ablenkung implantiert wurde

Stickstoffkonzentration in 1,7 µm Tiefe der stickstoffimplantierten Probe von Fig. 5.38 bzw. 5.39 gezeigt. Das Rastermaß beträgt 100 µm, der Durchmesser des analysierenden Strahls ebenfalls 100 µm (minimal ist für das Rastermaß und den Strahldurchmesser 1 µm möglich).

5.9 Aktivierungsanalyse

Diese Methode gehört zu den empfindlichsten Nachweismethoden für Fremdatome. Bei der Aktivierungsanalyse wird durch Neutronenbeschuß der Probe in einem Reaktor die zu untersuchende Fremdatomverteilung (und natürlich unter Umständen auch andere Komponenten des Festkörpers) aktiviert und durch Messung der beim Zerfall emittierten Strahlung untersucht. Eine Abart der Aktivierungsanalyse ist die Radiotracermethode. Hierbei wird ein zuvor aktiviertes Element in den zu untersuchenden Festkörper implantiert und danach dessen Verteilung analog zu aktivierten Proben gemessen. Die Nachweisempfindlichkeit der Tracermethode ist wesentlich höher, da keine anderen unerwünschten Bestandteile des Festkörpers aktiviert werden. Wegen der nicht vermeidbaren Kontamination der Ionenquelle und des Beschleunigers wird sie jedoch relativ selten angewendet. Eine große Anzahl grundlegender Experimente zum Channelingeffekt wurde in Harwell mit der Tracermethode vorgenommen. Weitere Einzelheiten und Anforderungen an die Beschleuniger findet man bei Dearnaley und Mitarbeitern [2].

Die Aktivierungsanalyse (oder die Herstellung der Quellensubstanzen bei der Radiotracermethode) wird mit thermischen Neutronen ($\approx 0{,}025$ eV) vorgenommen. Matrixeffekte sind dabei gewöhnlich zu vernachlässigen. Durch die Bestrahlung findet folgende Reaktion statt

$$^{A}_{Z}M + n \rightarrow {}^{A+1}_{Z}M + \gamma \tag{5.54}$$

die im allgemeinen $^{A}M(n,\gamma)^{A+1}M$ abgekürzt wird, wobei M das Element, A das Atomgewicht und Z die Ordnungszahl bedeutet. Durch die Anlagerung von Neutronen entstehen schwerere Isotope, die im allgemeinen instabil sind und unter der Aussendung von α-, β- oder γ-Strahlen, in einigen Fällen auch von Positronen, zerfallen. Diese Strahlung kann mit geeigneten Detektoren gemessen werden. Ihre Energie ist, ähnlich wie im vorherigen Abschnitt, charakteristisch für die einzelnen Elemente.

Die Aktivität D in Zerfällen pro Sekunde eines speziellen Isotops am Ende der Bestrahlung ergibt sich zu

$$D = \frac{N_L W \Phi_{th} \sigma_{eff}}{A}(1 - e^{-\lambda t}) \tag{5.55}$$

In dieser Gleichung ist W die Masse des bestrahlten Isotops; A das Atomgewicht; Φ_{th} der thermische Neutronenfluß; σ_{eff} der effektive Aktivierungsquerschnitt; λ die Zerfallskonstante ($\lambda = \ln 2/T_{1/2}$, $T_{1/2}$ Halbwertszeit); t ist die Bestrahlungszeit und N_L die Loschmidtzahl ($N_L = 6{,}02 \times 10^{23}$ mol^{-1}). Geht man in Gl. (5.55) von der Anzahl der implantierten Ionen aus, so gilt für die Aktivität pro Flächeneinheit

$$D_\square = N_\square \Phi_{th} \sigma_{eff}(1 - e^{-\lambda t}) \tag{5.56}$$

5.9 Aktivierungsanalyse

Tab. 5.9 Kernreaktionen durch thermische Neutronen in GaAs und einigen Dotierstoffen [785a]

Kernreaktion	Halbwertszeit	Typ*) des Zerfalls	Hauptenergie (keV)	Zerfallsprodukt (stabil)	Aktivierungsquerschnitt ($\times 10^{-24}$ cm^{-2})	Aktivität**) (Zerfälle/ s mg)
Matrix						
^{69}Ga(n,γ)^{70}Ga	20 m	β^-	1650	Ge	1,4	1,85 × 10^8
		γ	170			
^{71}Ga(n,γ)^{72}Ga	14,1 h	β^-	960	Ge	5,0	1,52 × 10^8
		γ	630, 840			
^{69}Ga(n,2n)^{68}Ga	68 m	β^+	1900	Zn	0,55	2,8 × 10^4
		γ	810 bis 1880			
^{69}Ga(n,p)^{69}Zn	14 h	IT	440	Ga	0,024	1,1 × 10^2
^{71}Ga(n,p)^{71}Zn	3,9 h	β^-	1500	Ga	0,0005	2,6 × 10^1
		γ	390, 490, 610			
^{69}Ga(n,α)^{66}Cu	5,1 m	β^-	2630	Zn	0,105	4,0 × 10^3
		γ	830, 1040			
^{71}Ga(n,α)^{68}Cu	30 s	β^-	3500	Zn	—	—
		γ	810 bis 1880			
^{75}As(n,γ)^{76}As	26,5 h	β^-	2970	Se	4,5	2,0 × 10^8
		γ	560 bis 2700			
^{75}As(n,2n)^{74}As	18 d	β^+	900	Ge	0,55	2,8 × 10^4
		β^-	1360	Se		
		γ	600, 640 bis 2530			
^{75}As(n,p)^{75}Ge	82 m	β^-	1200	As	0,118	5,0 × 10^1
		γ	70 bis 630			
^{75}As(n,α)^{72}Ga	14,1 h	β^-	960	Ge	0,123	5,2 × 10^1
		γ	630, 840			
		γ	560 bis 2700	—		—
Fremdatome						
^{197}Au(n,γ)^{198}Au	2,7 d	β^-	1370	Hg	98,8	5,7 × 10^{12}
		γ	410			
^{50}Cr(n,γ)^{51}Cr	27,8 d	γ	320	Mn	17	2,8 × 10^7
^{70}Ge(n,γ)^{71}Ge	11,4 d	EC		As	3,2	4,6 × 10^7
^{113}In(n,γ)^{114}In	50,1 d	IT		Sn	8	2,5 × 10^7
		γ	190			
^{31}P(n,γ)^{32}P	14,3 d	β^-	1710	S	0,19	2,3 × 10^7
^{30}Si(n,γ)^{31}Si	2,7 h	β^-	1470	P	0,4	1,85 × 10^6
^{64}Zn(n,γ)^{65}Zn	245 d	EC		Ga	0,46	8,1 × 10^5
		γ	1110			

*) β^- Elektron; β^+ Positron; γ γ-Teilchen; IT internes Konversionselektron; EC Elektroneneinfang.

**) Nach 12 h Bestrahlung mit einem thermischen Neutronenfluß von $2,5 \times 10^{13}$ cm^{-2} s^{-1} und einem schnellen Fluß von 2×10^{10} cm^{-2} s^{-1}.

184   5 Meßmethoden zur Untersuchung ionenimplantierter Schichten

Eine Beschränkung der Anwendbarkeit der Aktivierungsanalyse liegt im Fehlen von praktikablen Isotopen für eine Reihe interessanter Dotierstoffe, d. h. von Isotopen mit einem ausreichend hohen Wirkungsquerschnitt für die Aktivierung oder ausreichend hohen Halbwertzeiten (sollen Profile gemessen werden, sind einige Stunden nötig). In Tab. 5.9 sind für das Beispiel GaAs alle wesentlichen Kernreaktionen von Ga und As sowie für eine Reihe von Fremdatomen dargestellt [785a]. Man sieht, daß stets mit einer Vielzahl verschiedener Reaktionen zu rechnen ist: Am häufigsten werden γ-Zerfälle zur Messung herangezogen. Eine Aufstellung entsprechender Spektren findet sich z. B. bei Vogg [748a]. In Tab. 5.10 sind für eine Anzahl für Silicium wichtige Elemente die Halbwertzeit, die Energie der Hauptlinie und die maximale Aktivität für γ-Zerfälle aufgeführt. Bor, Stickstoff und Kohlenstoff sind für die Aktivierungsanalyse nicht geeignet, da sie eine kurze Lebensdauer

Tab. 5.10 γ-Zerfälle für Dotierungselemente in Silicium; nach [748a] und Gl. (5.54)

Isotop	aktiviertes Isotop	Halbwertszeit	Energie der Hauptlinie (keV)	Aktivität*) (Zerfälle/s)
^{27}Al	^{28}Al	2,27 m	1 779	$5,92 \times 10^3$
^{75}As	^{76}As	1,1 d	559	314
^{69}Ga	^{70}Ga	21 m	174	2×10^4
^{71}Ga	^{72}Ga	14 h	834	177,6
^{113}In	^{114m}In	50 d	190	555
^{115}In	^{116m}In	54 m	417	2×10^6
^{121}Sb	^{122}Sb	2,75 d	564	$1,15 \times 10^3$
^{123}Sb	^{124}Sb	60 d	603	21,1

*) Direkt nach der Bestrahlung von 10^{15} Atomen mit $2,8 \times 10^{13}$ cm^{-2} s^{-1} thermischen Neutronen.

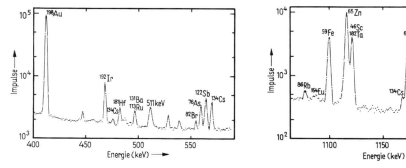

Fig. 5.41 Zwei Ausschnitte aus dem γ-Spektrum von SiO$_2$. Das Spektrum wurde an einer sehr reinen SiO$_2$-Probe gemessen, die Spurenverunreinigungen zwischen 0,01 und 100 ppb hatte. Jeder Punkt gibt die Anzahl der Impulse in einem Energieintervall von 1 keV. Bei 511 keV tritt ein Maximum wegen der Vernichtung von Elektronen und Positronen auf [745b]

5.9 Aktivierungsanalyse

und einen niedrigen Wirkungsquerschnitt besitzen, ^{32}P zerfällt mit einer Halbwertszeit von 14,3 Tagen unter Aussendung von β-Teilchen in Schwefel.

Wegen der zahlreichen auftretenden Linien ist es im allgemeinen nötig, Spektroskopie zu betreiben. Zur Vermessung der γ-Spektren werden Ge(Li)- oder NaJ-Detektoren in Verbindung mit Vielkanalanalysatoren verwendet. Ein Beispiel für die Messung von Verunreinigungen in SiO$_2$ ist in Fig. 5.41 wiedergegeben. In speziellen Fällen, z. B. Arsen in Silicium (und natürlich, wenn radioaktive Isotope implantiert wurden) ist dies nicht nötig, da das ebenfalls aktivierte Silicium mit einer Halbwertszeit von $T_{1/2} = 2,7$ h abklingt.

Profile der gesamten Dotieratomverteilung kann man gewinnen, wenn man die Aktivierungsanalyse mit einer Schichtabtragetechnik, z. B. der anodischen Oxidation bei Silicium (s. dazu Abschn. 5.5.3), verbindet. Meist mißt man die Aktivität der abgetragenen Schicht, um direkt ein Profil zu erhalten. Das auf diese Art gemessene Profil einer Arsenverteilung in Silicium (Implantationsenergie 200 keV, Dosis 10^{16} cm^{-2}, nachdiffundiert durch einen Protonenbeschuß mit ca. 10^{18} cm^{-2} Protonen bei 900°C) ist in Fig. 5.42 dargestellt. Für diese Messung wurde ein β-Zerfall des aktivierten Arsens verwendet. Ein gleichzeitiger β-Zerfall von Phosphor begrenzt in diesem Fall die Nachweisempfindlichkeit für Arsen auf 5×10^{15} cm^{-3}.

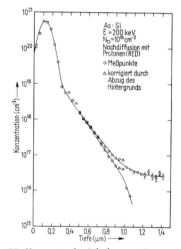

Fig. 5.42
Arsenprofil in einer Siliciumprobe gemessen durch Neutronenaktivierung. Implantationsenergie 200 keV, -dosis 10^{16} cm^{-2}, Nachdiffusion durch Protonen bei 800°C mit einer Dosis von 10^{18} cm^{-2} (RED)

Einige aktivierte Kerne haben eine extrem niedrige Halbwertszeit (einige ms), man kann deshalb während der Neutronenbestrahlung messen. Die Neutronen stammen aus einem Reaktor und werden mittels eines Neutronenleiters in die Probenkammer gebracht. Als Beispiel soll hier die ^{10}B(n,α)^{7}Li-Reaktion erläutert werden [162a], [496a], [515a], [611a], die einen so hohen Wirkungsquerschnitt ($3{,}837 \times 10^{-21}$ cm^2) hat, daß sie für Untersuchungen von Borverteilungen in Silicium angewendet werden kann. Einen ähnlich hohen Wirkungsquerschnitt haben nur noch He, Be und Li. Alle anderen Querschnitte sind um ca. 10^7 niedriger, so daß man einen sehr geringen Untergrund hat.

186   5 Meßmethoden zur Untersuchung ionenimplantierter Schichten

Es treten durch die Neutronenbestrahlung folgende Reaktionen auf:

$$^{10}B + n \rightarrow {}^7Li(859 \text{ keV}) + \gamma(1471 \text{ keV})$$
$$^{10}B + n \rightarrow {}^7Li(1010 \text{ keV}) + \alpha(1777 \text{ keV})$$

Die emittierten Teilchen sind monochromatisch. Die Energieverteilung außerhalb der Probe ist deshalb ein Maß für die Dotierungsverteilung in der Probe. Der Energie-Tiefenmaßstab wird wie in Abschn. 5.8.1 berechnet. Die α-Teilchen mit 1471 keV werden zur Messung verwendet, da ihre Intensität am größten ist. In Fig. 5.43 ist ein typisches Spektrum mit allen 4 emittierten Linien dargestellt.

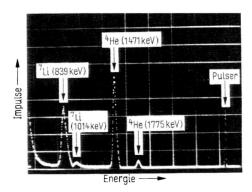

Fig. 5.43
Originalspektrum einer ^{10}B-Profilbestimmung durch die ^{10}B(n,α)^{7}Li-Reaktion. Die Probe wurde mit einer Dosis von 5×10^{14} cm^{-2} bei 60 keV implantiert und anschließend 5 h lang bei 900°C oxidierend getempert

Ausgewertete Borprofile sind in Fig. 5.44 wiedergegeben. Diese Untersuchung wurde gemacht, um das Diffusionsverhalten von Zweistoffsystemen, in diesem Fall Arsen und Bor in Silicium, zu untersuchen; mit elektrischen Meßmethoden ist dies nur schwer möglich, speziell in der Nähe des pn-Überganges.

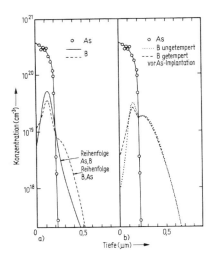

Fig. 5.44
Doppeldiffusionsprofile von As und B in Silicium. Die B-Profile wurden durch die ^{10}B(n,α)^{7}Li-Reaktion gemessen
a) Vergleich unterschiedlicher Reihenfolge von As- und B-Implantation; Temperung nach jeder Implantation
b) Hier wurde das B nach dem As implantiert und der Einfluß der Temperung nach der B-Implantation untersucht

Bortemperung: 30 min bei 900°C, Arsentemperung: 30 min bei 950°C

5.10 Sekundärionen-Massenspektroskopie

Sekundärionen-Massenspektroskopie (SIMS) ist ein relativ neues Verfahren zur Untersuchung von Fremdatomverteilungen in Festkörpern. Das Prinzip dieses Verfahrens ist in Fig. 5.45 dargestellt. Die Probe wird durch einen Beschuß mit Ionen

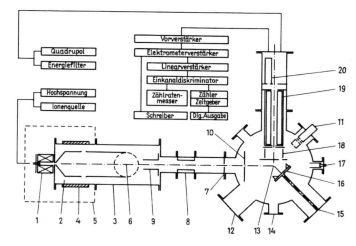

Fig. 5.45 Prinzipdarstellung einer SIMS-Anlage
1 Ionenquelle, 2 Extraktionselektrode, 3 Beschleunigungselektrode, 4 Keramik-Isolator, 5 Schutzhaube, 6 Turbopumpe, 7 Druckstufe, 8 Durchgangsventil, 9 Ablenkplatten (2 Paar), 10 Blende, 11 Restgasanalysator, 12 Sichtfenster, 13 Ionengetterpumpe, 14 Stromdurchführungen, 15 Drehdurchführung, 16 Targethalter, 17 Faradaykäfig, 18 Energiefilter, 19 Quadrupolmassenfilter, 20 Detektor

einer Energie von einigen keV durch Ionenzerstäubung abgetragen. Ein Teil der zerstäubten Atome ist elektrisch geladen und kann in einem Massenspektrometer analysiert werden. Probleme bei dieser Methode sind:

a) die Konstanz der Zerstäubungsrate,
b) plane Zerstäubung,
c) konstante Ionisierungsrate,
d) Störuntergrund durch Primärteilchen,
e) Knock-on Effekte.

Der große Vorteil der Methode liegt darin, daß alle Elemente gemessen werden können und daß die Nachweisempfindlichkeit relativ hoch ist, je nach Element zwischen 10^{15} cm^{-3} und 10^{18} cm^{-3}.

Zum Erzielen einer konstanten Zerstäubungsrate ist es nötig, eine stabile Ionenquelle zu verwenden. Die Zerstäubung kann erfolgen entweder durch einen fein fokussierten

188   5 Meßmethoden zur Untersuchung ionenimplantierter Schichten

Strahl, der über die zu analysierende Fläche gerastert wird oder durch einen Strahl mit einer konstanten Stromdichteverteilung über den Radius. Im ersten Fall hat man zusätzlich die Möglichkeit, „Ionenbilder" aufzunehmen[1], im zweiten Fall sind Probleme mit einer planen Oberfläche bei großen Abtragungstiefen geringer[2].

Die Ionisationsrate ist stark abhängig von der Gasbelegung der Probe [481]. Speziell Sauerstoff kann die Ionisationsrate bis um einen Faktor 100 vergrößern. Deshalb wird in einigen Anlagen mit Sauerstoff zerstäubt. Wird dies nicht getan, so hat man stets mit einem Anlaufeffekt, d. h. einer scheinbar höheren Fremdatomkonzentration an der Oberfläche, herrührend von der unvermeidbaren Sauerstoffbelegung, zu rechnen. Sehr kritisch für die Konstanz der Ionisationsrate ist auch der Druck im Vakuumsystem, der niedriger als 10^{-5} Pa sein sollte. Knock-on Effekte durch die abtragenden Teilchen treten bei hohen Beschleunigungsspannungen auf, die man braucht, um hohe Zerstäubungsraten zu erzielen. Ein Kompromiß liegt bei einer maximalen Energie der abtragenden Teilchen von 20 keV.

Sind alle störenden Einflüsse unter Kontrolle, so ergeben sich Dotierungsprofile mittels dieser Methoden einfach durch Zählen der Anzahl der zerstäubten Fremdatome über der abgetragenen Tiefe. Es können durch Umschalten des Analysators auf verschiedene Massen mehrere Fremdatomverteilungen gleichzeitig gemessen werden. Ausführliche Darstellungen dieser Meßtechnik findet man bei [69a], [434], [435] und mit dem Schwerpunkt Implantation bei [366], [481], [765], [782]. Der prinzipielle Aufbau einer SIMS-Apparatur mit Vakuumkammer, Ionenquelle und Analysator ist in Fig. 5.45 dargestellt. Beispiele von Profilen, die mit dieser Methode gemessen wurden, sind in Kapitel 6 wiedergegeben.

5.11 Weitere Meßverfahren

Eine Vielzahl weiterer Meßverfahren wurde entwickelt, um ionenimplantierte Schichten zu untersuchen. Der Vollständigkeit halber wird eine Reihe dieser Verfahren in diesem Abschnitt zitiert, ohne daß näher auf sie eingegangen wird.

Strahlenschäden machen sich nicht nur durch eine Veränderung elektrischer oder röntgenographischer Größen bemerkbar, sondern auch durch eine Volumenänderung des Festkörpers. Meßbar ist dies durch die Volumenzunahme eines isoliert implantierten Gebietes oder durch die Verbiegung dünner Schichten. Die Ergebnisse solcher Messungen [489] befinden sich in guter Übereinstimmung mit Rückstreumessungen. Wichtig sind diese Effekte bei Halbleiteranwendungen, wo zur Passivierung (vgl. Kapitel 3) Abdeckschichten notwendig sind. Durch diese Volumenänderung, die durch die Temperung in den meisten Fällen, d. h. bei den Elementhalbleitern

---

[1] Kommerzielle Anlagen werden von der Fa. Cameca und der Fa. Hitachi vertrieben.
[2] Die Fa. Atomika, München, fertigt ein entsprechendes Gerät.

und den untersuchten III-V-Halbleitern, rückgängig gemacht wird, kommt es zu Haftproblemen mit den Passivierungsschichten.

Weitere Verfahren, Strahlenschädigung oder Rekristallisation implantierter Schichten festzustellen, bieten Laueaufnahmen, die Untersuchung von Pseudo-Kikuchi-Linien und insbesondere elektronenmikroskopische Untersuchungen [73], [718], [719]. Auch das Reflexionsverhalten von Halbleitern wurde zur Bestimmung der Strahlenschädenkonzentration von Halbleitern herangezogen [455], [790].

Elektronspinresonanz und paramagnetische Resonanz sind klassische Verfahren zur Bestimmung von Kristalldefekten und natürlich auch anwendbar auf ionenimplantierte Schichten [162], [323], [672]. Wegen ihrer geringen Relevanz zu elektrischen Parametern und ihrer schweren Interpretierbarkeit werden sie hier nicht näher besprochen.

Durch rein optische Inspektion erkennt man amorphe Schichten in den meisten Halbleitern (z. B. Silicium, Germanium, GaAs, InSb), wahrscheinlich in allen, wenn nicht ein sekundärer Effekt (Ionenätzen oder -zerstäuben) auftritt, durch eine milchige Verfärbung (vgl. dazu auch Abschn. 3.6), die bei nicht amorphen Schichten sich auch in Farberscheinungen ähnlich den Interferenzfarben äußern kann.

Meßmethoden, die ursprünglich als reine Oberflächenanalyseverfahren entwickelt wurden, haben sich in letzter Zeit in Verbindung mit der Zerstäubungstechnik auch als tiefenanalytische Verfahren etabliert. Dazu gehört als Hauptvertreter die Augermethode. Besonders in Verbindung mit der Sekundärionen-Massenspektroskopie (SIMS) könnte dieses Verfahren eine große Zukunft besitzen.

Gemeinsam ist allen diesen Verfahren zur Zeit noch die relativ geringe Nachweisempfindlichkeit, die sie nur für die Untersuchung von Hochdosisimplantationen geeignet erscheinen läßt. Besonders für Mehrschichtstrukturen jedoch, wo elektrische Methoden meist versagen, haben diese Meßverfahren in der Halbleitertechnologie eine Zukunft und selbstverständlich ganz besonders in Anwendungsgebieten außerhalb der Halbleitertechnologie, die ja sowieso mit den meist relativ unempfindlichen nichtelektrischen Meßverfahren auskommen müssen.

5.12 Vergleich der verschiedenen Meßmethoden

In diesem Abschnitt soll eine Wertung der verschiedenen Meßmethoden vorgenommen werden. Die Kriterien richten sich vorzugsweise nach der Nachweisempfindlichkeit für die Messung der Strahlenschädigung und der elektrischen Aktivierung implantierter Ionen. Die Veränderungen weiterer physikalischer und chemischer Eigenschaften können derart vielgestalt sein, daß es in diesem Zusammenhang nicht möglich ist, sie zu diskutieren. Einige dieser weiteren Effekte der Ionenimplantation werden jedoch in Kapitel 8 besprochen, das sich mit der Implantation in Nichthalbleiter befaßt.

5 Meßmethoden zur Untersuchung ionenimplantierter Schichten

In diesem Abschnitt werden die Meßmethoden deshalb nur in Bezug auf ihre Möglichkeiten zur Bestimmung von

a) Strahlenschädenverteilungen,

Tab. 5.11 Vergleich verschiedener Meßmethoden

Meß-verfahren	gemessene Größen	Meßtiefe (μm)	Durchmesser d. Meßflecks oder d. Meßstruktur (μm)	Nachweisempfindlichkeit optimal (cm^{-3})	Meß-bereich	laterale Auflösung (μm)	Tiefenprofil Auflösung (μm)	Tiefenbereich (μm)
Anätzen pn-Übergang (Abschn. 5.1)	Leitfähigkeitsstufen	Raumladung?	—	?	?	~1	~0,1	0,1 bis 10^5
Thermosonde (Abschn. 5.2)	Leitungstyp	1 bis 100	~10^4	~10^{13}	10^7	~10^4	—	—
Kapazität-Spannung-Messung (Abschn. 5.3)	Dotierung	10^{-2} bis 10 (1)	100 bis 10^4	10^{13}	10^4	—	10^{-2} bis 10 (1)	10^{-1} bis 10^3 (2)
Schichtwiderstand (Abschn. 5.4)	Widerstand	(3)	20 bis $2 \cdot 10^4$ (4)	10^{12}	10^8	—	~0,01 (5)	0,1 bis 10^5 (5)
Ausbreitungswiderstand (Abschn. 5.6)	Widerstand	einige μm	~10	10^{12}	10^8	—	—	0,1 bis 10^5
Halleffekt (Abschn. 5.5)	Dotierung; Beweglichkeit	(4)	20 bis $2 \cdot 10^4$ (7)	10^{12}	10^8	—	~0,01 (8)	0,1 bis 10^5 (8)
Strom-Spannung-Messung (Abschn. 5.7)	Lebensdauer	0,1 bis 10^2	~10^2	(9)	(9)	100	—	—
Rückstreutechnik (Abschn. 5.8)	Fremdatomverteilung; Strahlenschäden; Gitterplatzlokalisation	4	10 bis 10^4	10^{18} bis 10^{20} (10)	10^4	10 bis 10^4	0,3	~4
Kernreaktion (Abschn. 5.8)	Fremdatomverteilung; Gitterplatzlokalisation	~1 bis 10	10 bis 10^4	10^{15} (11)	(11)	10 bis 10^4	0,01 bis 3 (12)	1 bis 10
Mikrosonde-Elektronen	Fremdatome	0,03 bis 1	1	10^{18} bis 10^{19}	10	1	—	—
Mikrosonde-Ionen (Abschn. 5.8)	Fremdatome	1 bis 10	1 bis 10^3	10^{16}	10^3	1 bis 10^3	—	—
SIMS (Abschn. 5.10)	Elemente	10^{-3}	1 bis 10^4	10^{15} bis 10^{18}	10^5	einige μm	—	einige μm
Auger-Spektroskopie	Elemente	10^{-2}	10 bis 100	10^{19}	20	einige μm	—	einige μm
Aktivierungsanalyse (Abschn. 5.9)	Fremdatome	(12)	10^5	10^{12} bis 10^{17} (13)	(13)	—	—	0,01 (14)

5.12 Vergleich der verschiedenen Meßmethoden

b) elektrischer Aktivierung,
c) Dotierungsprofilen

verglichen. Je nach Anwendungszweck der Implantation wird der eine oder andere Aspekt mehr Gewicht besitzen. In Tab. 5.11 sind die in Abschn. 5.1 bis 5.10 behandel-

Nachweis von Elementen	typische Analysierzeit	Reproduzierbarkeit (%)	Bemerkungen
—	einige h mit Präparation	±5	Es ist unsicher, was angeätzt bzw. dekoriert wird.
—	1 m	—	
—	1 bis 10 m	±2	(1) abhängig von Debyelänge; (2) abhängig von Substratdotierung; auch in Verbindung mit Schichtabtragetechnik
—	1 m; Profil einige h	±2	(3) Scheiben- bzw. Schichtdicke; (4) mit spez. Strukturen 20 µm, sonst ca. 2 mm; (5) in Verbindung mit Schichtabtragetechnik; Tiefenbereich je nach Scheibendicke
—	10 m homogenes Material; 20 m Tiefenprofil (ohne Präparation eines Schrägschliffes)	±5	Tiefenprofile in Verbindung mit Schrägschliffen; Profil nur durch umfangreiche Berechnungen ermittelbar, Fehler dabei ca. ±20%
—	10 m; Profil einige h	±5	(6) Scheiben- bzw. Schichtdicke; (7) spezielle Meßstrukturen notwendig; (8) in Verbindung mit Schichtabtragetechnik; Tiefenbereich je nach Scheibendicke
—	1 m	±10	(9) Lebensdauern von ca. 10^{-8} bis 10^{-6} s
gut (10)	10 m; Strahlenschäden und Gitterplatzlokalisation 1 h	±10	zerstörungsfrei; (10) Nachweisempfindlichkeit von Masse der Fremdatome abhängig
gut (11)	1 h	—	(11) abhängig von Wirkungsquerschnitt; (12) in Verbindung mit Schichtabtragung hohe Auflösung, sonst abhängig von der Art der Reaktion
$z \geq 4$	1 h	±2	zerstörungsfrei;
$z \geq 4$	1 h	±2	zerstörungsfrei;
praktisch alle	30 m Oberfläche; einige h für Tiefenprofil	±5	Tiefenbereich begrenzt durch große Meßzeit; laterale Auflösung nur bei Verwendung kleiner Strahldurchmesser; Matrixeffekte können auftreten
alle Elemente außer H, He	30 m Oberfläche; einige h für Tiefenprofil	±20	Tiefenprofil nur in Verbindung mit Absputtern der Probe; laterale Auflösung abhängig vom Durchmesser des anregenden Elektronenstrahls
gut	einige h	±2	(12) Scheibendicke; (13) je nach Element; (14) Schichtabtragung nötig, sonst nur Elementanalyse

ten Meßmethoden aufgeführt und ihre spezifischen Eigenschaften soweit als möglich angegeben.

Die günstigsten Verfahren zur Vermessung ionenimplantierter Halbleiter sind demnach, wenn man von ungewöhnlichen Problemen absieht:

a) Messung des Schichtwiderstandes und des Halleffektes (sie ergeben den Schichtwiderstand, die Ladungsträgerkonzentration und die Beweglichkeit).

b) Das gleiche Verfahren, aber in Verbindung mit einer Schichtabtragetechnik, um Dotierungsprofile und Beweglichkeitsprofile zu bestimmen.

c) Als sehr schnelles, aber wegen der zahlreichen Korrekturen relativ ungenaues Verfahren, die Messung des Ausbreitungswiderstandes (spreading resistance).

d) Kapazität-Spannung-Methode (keine Information über die Beweglichkeit).

e) Rückstreutechnik (mit Channelingeffekt) als absolutes Verfahren zur Bestimmung der Gesamtkonzentration der implantierten Ionen (nur für $M_{\text{Ion}} > M_{\text{Target}}$) und der Konzentration der Strahlenschäden.

f) Aktivierungsanalyse als vielseitiges Verfahren (leider nicht universell wegen fehlender Isotope), um mit höchster Empfindlichkeit die Gesamtkonzentration implantierter Ionen zu vermessen.

g) Sekundärionen-Massenspektroskopie (SIMS). Ihre Nachweisempfindlichkeit hängt jedoch stark von den Ionisationsbedingungen ab und erschwert deshalb eine absolute Eichung.

Je nach Problemstellung wird die eine oder andere Meßmethode eher angebracht sein oder durch die Gegebenheiten erzwungen werden. Praktisch ist es jedoch nie möglich, mit nur einer Meßmethode alle wichtigen Größen zu erfassen. Wird die Ionenimplantation nur zur Dotierung von Halbleitern verwendet, so sind die Halleffekt- und Schichtwiderstandsmessung nach van der Pauw, die Spreading Resistance Messung und mit gewissen Einschränkungen die Rückstreutechnik die wichtigsten Untersuchungsverfahren für implantierte Halbleiterschichten. Lebensdauermessungen werden am günstigsten indirekt an pn-Strukturen oder an fertigen Bauelementen vorgenommen.

6 Eigenschaften ionenimplantierter Halbleiterschichten

Eine Vielzahl praktischer Untersuchungen befaßten sich mit dem Verhalten implantierter Ionen in Halbleitern. Die wichtigsten Aspekte sind die Menge und Verteilung (Profil) der implantierten Ionen, ihre elektrische Aktivierung und die Strahlenschädigung des Kristallgitters. Dementsprechend werden vorwiegend elektrische Messungen, und zwar Halleffekt- und Schichtwiderstandsmessungen und Rückstreumessungen vorgenommen. Eine Anzahl indirekter Methoden wird verwendet, um die Strahlenschädigung der implantierten Kristalle zu untersuchen. Dazu gehören Messungen der Volumenänderung, der Elektronenspinresonanz, der paramagnetischen Resonanz und der Veränderung des Reflexionsfaktors, um nur einige Verfahren zu nennen.

Im folgenden werden eine Reihe von grundlegenden Ergebnissen im Detail wiedergegeben, die für die Anwendung der Ionenimplantation, insbesondere bei der Herstellung elektronischer Bauelemente, wichtig sind. Dabei liegt der Schwerpunkt eindeutig bei dem derzeit wichtigsten Halbleiter Silicium. Zweiter Schwerpunkt sind die Verbindungshalbleiter der III. und V. Gruppe des Periodensystems wie GaAs und InSb. Nur am Rande werden Arbeiten auf dem Gebiet der II-VI- bzw. IV-VI-Verbindungshalbleiter (PbTe, HgCdTe) und solche über Germanium betrachtet. Die Verbindungshalbleiter stellen eine Gruppe von Halbleitern dar, die trotz ihrer teilweise überragenden Eigenschaften bisher nur spezielle Verwendung fanden. Anwendungsfälle sind vor allem Lumineszenzdioden, Halbleiterlaser, Gunnelemente, die aus III-V-Halbleitern bestehen, und Infrarotdetektoren aus IV-VI- und II-VI-Verbindungshalbleitern. Mit Abstand der wichtigste dieser Halbleiter war bisher GaAs. Zur Zeit hat sich das Interesse je nach Anwendungszweck auf ternäre und quaternäre Mischkristalle verlagert, in denen Gallium und Arsen teilweise durch Aluminium und Phosphor ersetzt sind.

Zu Beginn der Ionenimplantation war die Meinung weitverbreitet, daß ihr Hauptanwendungsgebiet die Dotierung der Verbindungshalbleiter werden würde, da in Silicium die Diffusion gut beherrscht wurde. Tatsächlich aber war das Gegenteil der Fall. Während die Implantation wegen der exakten Prozeßkontrolle, der Dotierungshomogenität und der Reproduzierbarkeit bei zahlreichen Siliciumbauelementen bereits routinemäßig angewendet wird, sind die Aktivitäten auf dem Gebiet der III-V-, II-VI- und IV-VI-Verbindungshalbleiter gering geblieben, vor allem wegen Schwierigkeiten bei der elektrischen Aktivierung implantierter Ionen, dem Ausheilen von Strahlenschäden, der geringen Reichweite geeigneter Ionen und der problematischen Kontaktierung der implantierten Schichten.

6.1 Implantation in Silicium

Wie oben bereits erwähnt, wurde die Mehrzahl der Implantationsexperimente an Silicium durchgeführt. Der Grund liegt neben der Wichtigkeit von Silicium in der Halbleitertechnik und dem entsprechend starken Interesse an diesem Material hauptsächlich darin, daß das Silicium als Elementhalbleiter nur aus einer Komponente besteht, die Rekristallisation von Strahlenschäden also relativ einfach ist und sich Erfolge schon bei den ersten Experimenten einstellten.

Ein wesentlicher Parameter bei der Anwendung der Implantation zur Herstellung von Bauelementen ist der Schichtwiderstand. Nimmt man an, daß alle implantierten Ionen elektrisch aktiv werden und die Strahlenschäden durch eine Temperung vollständig ausheilen, so lassen sich mit Hilfe des bekannten Zusammenhanges zwischen Beweglichkeit und Dotierungskonzentration Kurven des theoretischen Schichtwiderstandes abhängig von der Standardabweichung der implantierten Verteilung angeben. In vielen Fällen genügt dann die Kenntnis des Schichtwiderstandes zur Charakterisierung des implantierten Materials. Für den Schichtwiderstand ϱ_s gilt

$$\varrho_s = \frac{1}{\sigma_s} = \frac{1}{q} \left[\int_0^d N(x)\,\mu_D(x)\,dx \right]^{-1} \tag{6.1}$$

d ist die Dicke der Scheibe bei Implantation in Material gleichen Leitungstyps oder sonst Tiefe des pn-Überganges, σ_s Schichtleitfähigkeit, μ_D Driftbeweglichkeit, N Dotierungskonzentration. Unter der Annahme eines gaußschen Dotierungsprofils lassen sich daraus numerisch, am einfachsten mit dem Ausdruck von Caughey und Thomas für die Beweglichkeit [124], Kurvenscharen für verschiedene Implantationsenergien angeben. In Fig. 6.1 und 6.2 sind für p- und n-dotierende Elemente nach Gl. (6.1) berechnete Kurven dargestellt. Die gestrichelten Kurven bedeuten, daß sich in diesem Dosisbereich eine vergrabene Schicht ausbildet, d. h., wegen des gaußförmigen Implantationsprofils ergeben sich 2 pn-Übergänge. In Fig. 6.3 wurde für eine 100 keV Borimplantation die Substratdotierung variiert. Während bei niedrig dotiertem Substrat kaum ein Einfluß zu sehen ist, macht sich bei höheren Konzentrationen eine starke Kompensation bemerkbar. Um bei implantierten Schichten in Silicium diese Werte des Schichtwiderstandes zu erzielen, ist im allgemeinen nach der Implantation eine Temperung notwendig. Dabei kann wegen thermischer oder gegebenenfalls beschleunigter Diffusion (vgl. Abschn. 3.8) eine Profilverbreiterung auftreten. Bei Dosen größer 10^{14} cm^{-2} kann die maximale Löslichkeit überschritten werden und der erreichbare Schichtwiderstand bleibt höher. Im Anhang ist die maximale Löslichkeit für übliche Dotierelemente abhängig von der Temperatur aufgetragen. Für Standardabweichungen ab etwa 0,15 µm ergeben sich profilunabhängige Kurven.

Das Ausheilverfahren bei Silicium unterscheidet sich für alle Dotierungsstoffe prinzipiell danach, ob der Halbleiter durch die Implantation oberflächlich amorphisiert

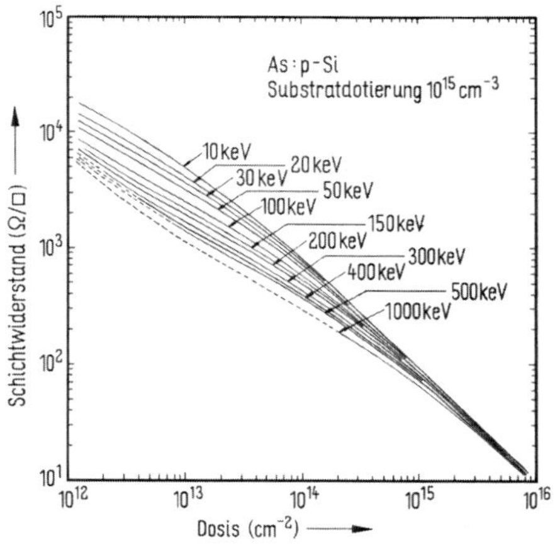

6.1 Implantation in Silicium   195

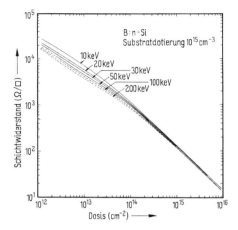

Fig. 6.1 Schichtwiderstand abhängig von der implantierten Dosis und der Energie für Bor in Silicium unter der Annahme vollständiger elektrischer Aktivierung bei einer Substratdotierung von 10^{15} cm^{-3}. Im gestrichelten Bereich ergibt sich eine vergrabene Schicht

Fig. 6.2 Schichtwiderstand abhängig von der implantierten Dosis und der Energie für Arsen in Silicium unter der Annahme vollständiger elektrischer Aktivierung bei einer Substratdotierung von 10^{15} cm^{-3}. Im gestrichelten Bereich ergibt sich eine vergrabene Schicht

Fig. 6.3 Schichtwiderstand einer 100 keV Bor-Implantation in Silicium abhängig von der Implantationsdosis und der Substratdotierung. Im gestrichelten Bereich ergibt sich eine vergrabene Schicht

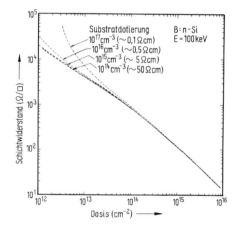

wurde oder nicht. Im ersten Fall tritt bei etwa 650 °C eine epitaktische Rekristallisation ein mit gleichzeitiger elektrischer Aktivierung, im zweiten Fall sind Ausheiltemperaturen um 900 °C erforderlich. Die Amorphisierung kann durch die implantierten Ionen selbst oder durch eine zusätzliche Implantation von inerten Ionen (Ne, Ar usw.) erfolgen.

6.1.1 Aluminium

In der Siliciumtechnologie wird Aluminium häufig als Material für ohmsche Kontakte verwendet. Zur Dotierung durch thermische Diffusion ist es wegen seiner geringen Löslichkeit und der Bildung eines Eutektikums mit Silicium bei 577 °C nicht beson-

196 6 Eigenschaften ionenimplantierter Halbleiterschichten

ders geeignet. Durch Ionenimplantation ist es leichter möglich, Silicium mit Aluminium definiert zu dotieren. Wegen der geringen Bedeutung dieses Dotierstoffes (mit Ausnahme von einigen Hochstrombauelementen) wurden relativ wenige Experimente durchgeführt [59], [114], [385], [470], [552], [704].

Die elektrische Aktivierung ist, besonders bei hohen Dosen, gering und liegt zwischen 50% (10^{14} cm^{-2} bei 60 keV nach einer Temperung bei 950°C für 10 min [385]) und ca. 6% (10^{15} cm^{-2} bei 30 keV nach einer Temperung bei 900°C [59]). Die maximal erreichbare Dotierungskonzentration liegt bei etwa 2×10^{18} cm^{-3} und damit eine Zehnerpotenz unter der maximalen Löslichkeit [731]. Bei aluminium-implantierten Schichten konnten Itoh und Mitarbeiter [376] einen durch Strahlenschäden beschleunigten Diffusionseffekt beobachten. Das Dotierungsprofil (implantiert mit 90 keV und einer Dosis von 10^{15} cm^{-2}) erstreckt sich nach einer Temperung bei 800°C für 20 min bis 0,58 µm (Fig. 6.4). Ätzt man die oberflächennahe Schicht ab, so reduziert sich die Tiefe des Profils auf 0,26 µm. Itho erklärt dies durch eine Erhöhung des Diffusionskoeffizienten durch Leerstellen, die während der Temperung der strahlengeschädigten Oberflächenschicht frei werden. Ein derart tiefes Eindringen von Aluminiumionen wurde auch von Bader und Kalbitzer [51] gemessen.

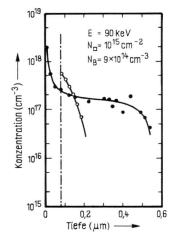
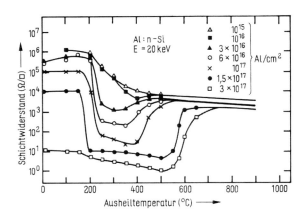

Fig. 6.4 Dotierungsprofil einer Al-implantierten Siliciumschicht mit (o) und ohne (●) Abätzung vor der Temperung; nach [376]

Fig. 6.5 Schichtwiderstand Al-implantierter Silicium-Schichten abhängig von Ionendosis und Ausheiltemperatur bei extrem hohen Dosen [418]

Kräutle und Mitarbeiter [418] untersuchten die Eigenschaften von Siliciumschichten, die mit extrem hohen Aluminiumdosen implantiert wurden. In Fig. 6.5 sind Messungen des Schichtwiderstandes abhängig von der Dosis wiedergegeben. Der Übergang zur „metallischen" Leitfähigkeit liegt bei einer Dosis von ca. 5×10^{16} cm^{-2} (Implantationsenergie 20 keV).

6.1 Implantation in Silicium   197

Für Bauelementeanwendungen scheint Aluminium wenig geeignet zu sein, obwohl Runge [601] zeigen konnte, daß aluminiumimplantierte Widerstände im Vergleich zu borimplantierten wegen der geringeren Beweglichkeit der Ladungsträger Vorteile bieten können.

6.1.2 Antimon

Antimon ist ein häufig benutzter Dotierstoff für Subkollektordiffusionen, da es einen sehr niedrigen Diffusionskoeffizienten besitzt. In letzter Zeit wird jedoch mehr und mehr auf Arsen wegen seiner höheren Löslichkeit und den damit möglichen niedrigeren Schichtwiderständen übergegangen. Für Emitter- oder Basisdiffusion wird Antimon nicht verwendet.

Bei den Untersuchungen zur Antimonimplantation in Silicium handelt es sich vorwiegend um ältere Arbeiten. Das Bild ist etwas uneinheitlich. Die maximal erzielte elektrische Aktivierung bei Implantationen oberhalb der amorphen Dosis beträgt 100%, die minimale 3% [59], [160]. Implantationen in geheizte Substrate ergeben bei Antimon schlechtere Ergebnisse [159]. Implantationen unterhalb der amorphen Dosis benötigen relativ hohe Ausheiltemperaturen [385]. Der Anteil des auf Gitter-

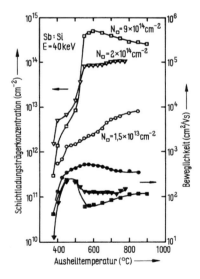
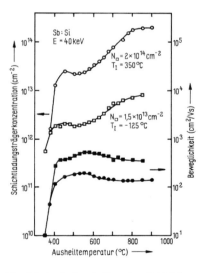

Fig. 6.6 Ausheilverhalten der Schichtladungsträgerkonzentration $N_{S,eff}$ und der -hallbeweglichkeit $\mu_{S,eff}$ für 100 Ωcm p-Siliciumproben, die mit 40 keV Antimonionen bei Raumtemperatur implantiert wurden. Die Ausheilzeit war jeweils 15 min [385]

Fig. 6.7 Ausheilverhalten der Schichtladungsträgerkonzentration $N_{S,eff}$ und der -hallbeweglichkeit $\mu_{S,eff}$ für 100 Ωcm p-Siliciumproben, die mit 40 keV Antimonionen bei −125°C (□) und 350°C (○) implantiert wurden. Die Ausheilzeit war jeweils 15 min [385]

plätzen eingebauten Antimons ist außer von der Ionendosis auch von der Ausheiltemperatur abhängig. So ist etwa der Anteil der Atome auf Gitterplätzen einer $2,6 \times 10^{15}$ cm^{-2} Implantation bei 40 keV 0% nach einer Temperung bei 550°C, er steigt auf 50% bei 650°C und sinkt auf 25% bei 750°C [385]. Bei Dosen $\leqslant 1,3 \times 10^{15}$ cm^{-2} werden ab etwa 600°C 90% des Antimons auf Gitterplätzen eingebaut und zeigen bis 900°C keine Abnahme dieses Anteils. In Fig. 6.6 ist die Abhängigkeit der Schichtladungsträgerkonzentration und der Schichtbeweglichkeit von Ionendosis und Ausheiltemperatur aufgetragen. Nach Implantation mit Dosen, die zur Ausbildung einer amorphen Schicht führen ($\geqslant 10^{14}$ cm^{-2} bei Raumtemperatur [9]) zeigt sich eine sprunghafte Aktivierung um 550°C. In Fig. 6.7 ist eine Messung der Schichtladungsträgerkonzentration für eine Implantation bei 350°C aufgetragen. Da sich keine amorphe Schicht ausbildet, sind wesentlich höhere Temperaturen zur elektrischen Aktivierung nötig. Eingetragen ist ebenfalls eine Niedertemperaturimplantation mit einer Dosis, die ebenfalls keine amorphe Schicht erzeugt; das Ausheilverhalten ist deshalb sehr ähnlich.

Profilmessungen zeigen, daß die Reichweite mit den Werten der LSS-Theorie übereinstimmt [159], [534]. Ein Beispiel dafür ist in Kapitel 5 Fig. 5.20 wiedergegeben. Nachdem eine ganze Reihe von Untersuchungen zur Antimonimplantation vorliegen (s. außer den bereits zitierten Arbeiten [157], [174], [470]) läßt sich sagen, daß Antimon wie auch bei der Diffusion offensichtlich nicht besonders gut als Dotiersubstanz in Silicium zur Herstellung von pn-Übergängen geeignet ist. Unter Umständen wäre es – in Konkurrenz zu Arsen – als Dotierstoff für Subkollektoren geeignet. In der Diffusionstechnik sind Antimonsubkollektoren wie bereits erwähnt Standard. Von Drum [205] liegen erste Ergebnisse dazu vor. Er diffundierte

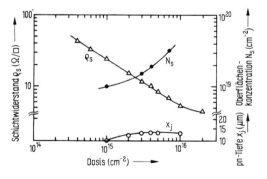

Fig. 6.8
Schichtwiderstand, Oberflächenkonzentration und Tiefe des pn-Überganges abhängig von der Ionendosis für 150 keV Antimon in $\langle 111 \rangle$-orientiertes, 10 Ωcm, p-Silicium nach einer Diffusion bei 1250°C, 2 h oxidierend und 8 h inert [205]

implantierte Antimonverteilungen oxidierend und inert bei 1250°C. In Fig. 6.8 sind Werte des Schichtwiderstandes, der Oberflächenkonzentration und der pn-Tiefe angegeben. Es konnten Schichtwiderstände bis herab zu 50 Ω/□ erzielt werden, ein Ergebnis, das mit arsenimplantierten Schichten vergleichbar ist. Es war möglich, Epitaxieschichten guter Qualität auf diesen Schichten wachsen zu lassen. Bei Antimon ist eine oxidierende Temperung nötig, um Ausdiffusion zu vermeiden [519].

6.1.3 Arsen

Arsen hat erst in den letzten Jahren – später als Bor, Phosphor, Gallium und Indium – das Interesse im Bereich der Ionenimplantation gefunden, das ihm zukommt. Arsen besitzt von allen Dotierelementen in Silicium die höchste Löslichkeit [731], ca. 10^{21} cm^{-3} bei 1000 °C. Da Arsen nur in geschlossenen Systemen (Ampulle) oder aus dotierten Oxidschichten diffundiert werden kann und nicht, wie in der Siliciumplanartechnologie üblich, im offenen System, bietet die Ionenimplantation als Dotierverfahren große Vorteile. Hauptanwendungen bei integrierten Schaltungen sind vergrabene Schichten (buried layers) und Emitter für schnelle ECL-Schaltungen, bei Einzelbauelementen sind es Emitter für Hochfrequenztransistoren.

Elektrische Aktivierung Arsen wird in Silicium bei Dosen bis 3×10^{15} cm^{-2} nach einer Temperung bei 800 bis 900 °C zu etwa 100% elektrisch aktiv. Versuche, durch Implantation bei erhöhten Temperaturen eine hohe elektrische Aktivierung ohne Temperung zu erzielen [160], waren nicht erfolgreich. Sie wurde im Gegenteil durch eine Bildung stabiler Komplexe erschwert. Oberhalb der amorphen Dosis von 2×10^{14} cm^{-2} [9] (bei RT) zeigt sich eine vollständige elektrische Aktivierung nach einer Temperung von 600 °C, die auf eine epitaktische Rekristallisation des zerstörten Kristallgitters zurückzuführen ist. Sehr hohe Konzentrationen implantierten Arsens werden erst elektrisch aktiv, wenn durch eine drive-in-Diffusion die Konzentration im Maximum der Verteilung so weit abgesunken ist, daß die Löslichkeit von Arsen in Silicium nicht mehr überschritten wird. In Fig. 6.9 ist die Zeitabhängigkeit der elektrischen Aktivierung einer Arsenimplantation mit einer Dosis von

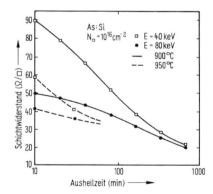

Fig. 6.9
Elektrische Aktivierung von Arsen abhängig von der Ausheilzeit bei 900 und 950 °C. Implantationsenergie 80 keV und 40 keV, Ausheiltemperatur 900 und 950 °C [521]

10^{16} cm^{-2} aufgetragen, die dieses Verhalten auf Grund der Diffusion deutlich zeigt. Bei niedrigen Temperaturen hat Arsen je nach Dosis ein unterschiedliches Ausheilverhalten. Durch isothermische Ausheilmessung bei niedrigen Temperaturen (s. Fig. 3.16) war es möglich, die Aktivierungsenergie des Ausheilvorganges zu messen. Nimmt man an, daß für den Einbau des Arsens keine zusätzliche Energie während der epitaktischen Rekristallisation notwendig ist (dies wird gerechtfertigt durch die

200 6 Eigenschaften ionenimplantierter Halbleiterschichten

passende Größe des Arsenatoms), so ergibt sich eine Aktivierungsenergie von 2,75 eV. Bei Dosen kleiner als die amorphe Dosis sind wesentlich höhere Ausheiltemperaturen notwendig, um vollständige Aktivierung zu erzielen. Alle Versuche, durch Implantation bei höheren Temperaturen (500 bis 600 °C) ein nachträgliches Tempern zu vermeiden und trotzdem eine hohe elektrische Aktivierung zu erzielen [59], [160], [388], [487] waren erfolglos; im Gegenteil, sie resultierten in wesentlich höheren Schichtwiderständen. Diese Ergebnisse können durch Rückstreumessungen [229] erklärt werden, die zeigen, daß nur 65% der Arsenionen unabhängig von der Dosis auf Gitterplätzen sitzen, wenn man bei 450 °C implantiert. Die Arsenionen werden also vorzugsweise während der epitaktischen Rekristallisation der amorphen Schicht auf Gitterplätzen eingebaut. Diese Resultate bestätigen die oben getroffene Annahme.

Reichweite und Profile In Fig. 6.10 sind eine Anzahl von Messungen der projizierten Reichweite und der Reichweitestreuung aufgetragen und mit den Berechnungen nach Gibbons und Mitarbeitern [5] verglichen. Trotz der Schwankungen der Meßwerte ist die Übereinstimmung in Bezug auf R_p gut, ΔR_p ist etwas größer als nach der Theorie vorausgesagt wird. Dies scheint ein generelles Problem zu sein, wenn das implantierte Ion eine größere Masse als die Targetatome hat.

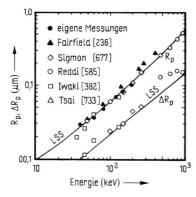

Fig. 6.10
Experimentelle Werte von R_p und ΔR_p von Arsen in Silicium im Vergleich zu theoretischen Werten nach der LSS-Theorie

Dotierungsprofile von Arsen bei unterschiedlichen Dosen nach Schwettmann sind in Fig. 6.11 wiedergegeben [639]. Eingetragen ist ebenfalls die theoretische Verteilung nach LSS für eine Dosis von 10^{15} cm^{-2}. Deutlich sieht man eine Abflachung des Profils bei Konzentrationen über 10^{20} cm^{-3} bei den höheren Dosen, es existiert eine Aktivierungsgrenze [243] bei ca. 3×10^{20} cm^{-3}, die unter der maximalen Löslichkeit von ca. 10^{21} cm^{-3} [616] liegt. Bei niedrigen Konzentrationen zeigen alle Profile einen exponentiellen Ausläufer, den wir im Gegensatz zu Reddi auf den Channelingeffekt vor Ausbildung einer amorphen Schicht zurückführen (s. dazu auch die Ergebnisse von Blood und Mitarbeiter [85], [86] bei Phosphor). Der Abfall auf $1/e$ findet in etwa 100 nm statt.

Ein Vergleich zwischen Dotierungskonzentration und Gesamtkonzentration, wie sie mittels Rückstreutechnik gemessen wurde, ist in Fig. 6.12 wiedergegeben. Die

6.1 Implantation in Silicium   201

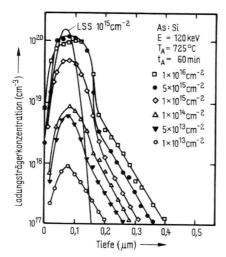

Fig. 6.11 Dotierungsprofile von Arsen in Silicium bei unterschiedlichen Implantationsdosen. $E = 120$ keV, $T_A = 725°C$ [639]

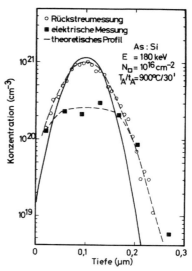

Fig. 6.12 Vergleich zwischen Dotierungskonzentration und Gesamtkonzentration. $E = 180$ keV, $N_\square = 10^{16}$ cm^{-2}, $T_A = 900°C$, $t_A = 30$ min

Übereinstimmung mit der LSS-Theorie ist für die Gesamtverteilung, wie die eingezeichnete theoretische Verteilung zeigt, sehr gut. Die maximale Dotierungskonzentration ist ebenfalls nur ca. 3×10^{20} cm^{-3}. Bereits bei der niedrigen Ausheiltemperatur von 900°C tritt eine thermische Diffusion auf, die das Profil verbreitert. Die Nachweisempfindlichkeit der Rückstreutechnik ist etwa 10^{19} cm^{-3}, so daß Profilausläufer nicht gemessen werden können.

Implantiert man Arsen in Channeling-Richtung, so ergeben sich wesentlich größere Reichweiten, wenn auch die Kontrolle der Profile wegen ihrer extremen Abhängigkeit

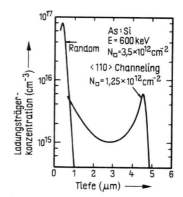

Fig. 6.13
Ladungsträgerprofile nach Arsenimplantationen bei 600 keV in ⟨110⟩-orientiertes bzw. fehlorientiertes Silicium [558]

202 6 Eigenschaften ionenimplantierter Halbleiterschichten

vom Einfallwinkel schwer und daher für Bauelementeanwendungen nicht geeignet ist. In Fig. 6.13 ist ein recht eindrucksvolles Beispiel für ein Profil einer 600 keV Implantation in $\langle 110 \rangle$-Richtung im Vergleich zu dem Profil nach einer Implantation in eine 10° verkippte Probe nach Reddi und Yu [585] dargestellt. Die Profile wurden mit der Kapazität-Spannung-Methode gemessen. Während das Channeling-Profil eine wahrscheinliche Reichweite von ca. 4,5 µm hat, ergibt sich nach der Kippung der Probe nur noch eine mittlere Reichweite von 0,35 µm, was sehr gut mit dem theoretischen Wert nach Gibbons und Mitarbeitern [5] von 0,3435 µm übereinstimmt.

Um bei arsenimplantierten pn-Übergängen gute elektrische Eigenschaften zu erzielen, ist es notwendig, eine Nachdiffusion der Arsenverteilung vorzunehmen, um den pn-Übergang in ein ungeschädigtes Gebiet zu legen, da offensichtlich nicht alle Strahlenschäden ausheilen. Fig. 6.14 zeigt typische Diffusionsprofile ausgehend von implantierten Verteilungen. Die Implantationsparameter waren 120 keV, 10^{16} cm^{-2}. Wegen des hohen Dampfdruckes von Arsen empfiehlt sich eine Temperung in oxidierender Atmosphäre oder nach Beschichtung mit SiO_2, um eine Ausdiffusion zu verhindern. Charakteristisch bei den Profilen von Fig. 6.14 sind die steilen Profilabfälle ins Halbleiterinnere, die von dem stark konzentrationsabhängigen Diffusionskoeffizienten (vgl. Abschn. 3.4) verursacht werden, und die annähernd konstante Maximalkonzentration, die von der sog. Aktivierungsgrenze und der fortlaufenden weiteren Aktivierung ausdiffundierenden Arsens hervorgerufen wird. Die Ursache der Aktivierungsgrenze könnte in einer Komplexbildung des Arsens liegen [235], entsprechende Messungen existieren jedoch nicht. Erst wenn die Arsenkonzentration

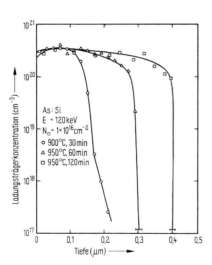

Fig. 6.14 Diffusionsprofile einer arsenimplantierten Siliciumprobe. $E = 120$ keV, $N_\square = 10^{16}$ cm^{-2} [610]

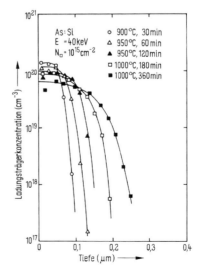

Fig. 6.15 Diffusionsprofile einer arsenimplantierten Siliciumprobe. $E = 40$ keV, $N_\square = 10^{15}$ cm^{-2} [612]

unter diese Grenze sinkt, ergibt sich eine niedrigere Maximalkonzentration. Weniger steile Profile erhält man bei niedrigeren Implantationsdosen, da dann die Konzentrationsabhängigkeit des Diffusionskoeffizienten geringer wird.

Ein Beispiel ist in Fig. 6.15 für eine Implantationsenergie von 40 keV mit einer Dosis von 10^{15} cm^{-2} wiedergegeben. Die Profile in Fig. 6.14 und 6.15 wurden inert getempert und verloren so einige Prozent an Arsen. Dieser Prozentsatz ist geringer als erwartet, unter Umständen wegen des natürlichen Oxids, das eine Ausdiffusion verringert. Weitere Profilmessungen an arsenimplantierten Schichten wurde von Baldo und Mitarbeitern [54] und Iwaki und Mitarbeitern [382], [382a] durchgeführt. In diesen beiden Arbeiten wurden die Profile durch Neutronenaktivierung und mittels Halleffekt- und Schichtwiderstandsmessungen ermittelt. Bei niedrigen Implantationsdosen zeigt sich ein noch mehr als in Fig. 6.15 ausgeprägter exponentieller Ausläufer, der in einer der Arbeiten [382] durch Zwischengitterdiffusion erklärt wird, den wir jedoch wieder der Streuung von Arsenionen in Kanäle zuschreiben.

pn-Übergänge Wie weiter oben bereits erwähnt wurde, verbessert man den pn-Übergang, indem man ihn durch eine drive-in Diffusion in ein nichtgeschädigtes Kristallgebiet vortreibt. Messungen an ionenimplantierten Dioden wurden von Bogardus und Poponiak [89] sowie Michel und Mitarbeitern [497] durchgeführt. In der ersten Arbeit wurde festgestellt, daß Versetzungen, die von der Implantation herrühren, sich weit über den pn-Übergang hinaus erstrecken, jedoch keinen Einfluß auf die Leckströme haben, wenn ein zusätzlicher Getterschritt verwendet wird. Grundsätzlich zeigt sich, daß zum Erreichen guter pn-Eigenschaften höhere Temperaturen erforderlich sind als für eine maximale elektrische Aktivierung der implantierten Ionen und eine unverminderte Beweglichkeit der Ladungsträger. In Fig. 6.16 sind Messungen der Sperrstromdichte abhängig von der Ausheiltemperatur für arsenimplantierte Dioden aufgetragen und mit den Eigenschaften eines diffundierten pn-Überganges verglichen [497]. Es sind Ausheiltemperaturen größer 900°C nötig, um minimale Sperrströme zu erzielen. Dies ist verständlich, da die Lebensdauer der Minoritätsträger wesentlich empfindlicher auf Defekte reagiert als die Ladungsträgerkonzentration.

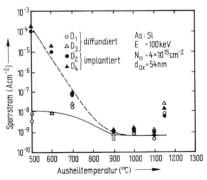

Fig. 6.16
Sperrstrom abhängig von der Ausheiltemperatur eines As-implantierten pn-Überganges im Vergleich zu einem diffundierten. $E = 100$ keV, $N_\square = 4 \times 10^{15}$ cm^{-2} [497]

Epitaxie Arsen ist wegen seiner hohen Löslichkeit ein besonders interessanter Dotierstoff für Subkollektorstrukturen. Es wurden deshalb eingehende Untersuchungen zur epitaktischen Abscheidung von Si auf arsenimplantierten Schichten vorgenommen [205], [206], [508]. Dabei stellte sich heraus, daß gute Epitaxieschichten nur herstellbar sind, wenn ein Teil der geschädigten Oberfläche vor der Epitaxie „aboxidiert" wurde. Wichtig ist auch eine HCl-Ätzung ($>0,2$ µm) vor dem epitaktischen Wachstum. Moline und Mitarbeiter [508] implantierten z. B. mit 300 keV und 150 keV. Sie mußten vor der Epitaxie 0,35 µm SiO_2, d. h. ca. 0,15 µm Silicium abtragen, um gute epitaktische Schichten zu erhalten. Dabei spielt es keine wesentliche Rolle, ob die Temperung oxidierend oder die Oxidation nach einer inerten Temperung erfolgt. Im ersten Fall hat man einen geringen Arsenverlust durch Ausdiffusion zu verzeichnen, dafür wachsen aber unter Umständen Versetzungen in den Halbleiter (vgl. Abschn. 3.1). Bei Implantationsdosen unterhalb der amorphen Dosis ist diese Oxidation unnötig. Eine inerte Temperung (1000°C, 20 min) ist dann ausreichend, um exzellente epitaktische Schichten abscheiden zu können. Ebenso kann auf die oxidierende Temperung verzichtet werden, wenn man bei Temperaturen zwischen 500°C und 600°C implantiert [508], um die Ausbildung einer amorphen Schicht zu vermeiden. Diese Methode erscheint vom praktischen Standpunkt her allerdings ungeeignet.

Defekte in getemperten Schichten Wie bereits in Kapitel 3 diskutiert, existieren auch in getemperten Schichten noch zahlreiche Defekte. Im letzten Abschnitt wurde gezeigt, daß durch Oxidation und HCl-Ätzung diese Schichten entfernt werden müssen, um eine einwandfreie Epitaxie zu gewährleisten. Das Problem der Sekundärimplantation (knock-on, recoil) bei der Implantation durch SiO_2-Schichten und der dabei entstehenden Defekte wurde ebenfalls in Kapitel 3 angeschnitten. Die meisten Untersuchungen zu derartigen Schäden wurden mit dem Transmissionselektronenmikroskop (TEM) [456], [456a], [505] oder mit Rutherford-Rückstreumessungen (Sigmon und Mitarbeiter [678]) vorgenommen.

Tab. 6.1 Versetzungen in Silicium, das mit 80 keV As^+-Ionen implantiert wurde, nach einer Nachdiffusion [456]

Dosis ($\times 10^{16}$ cm^{-2})	Ausheilung (°C, min)	Versetzungen, Schleifendurchmesser	Tiefe (nm)
0,5	970, 30	6 Schleifen µm^{-2}, 80 nm	200
0,5	1 000, 60	4 Schleifen µm^{-2}, 50 nm	
2	970, 30	1,5 Schleifen µm^{-2}, 150 nm irreguläre, an der Oberfläche endende Halbschleifen	
2	1 000, 60	reguläre Halb-Schleifen, Kanten-Versetzung	220

6.1 Implantation in Silicium   205

Mader und Michel [456], [456a] untersuchten ausführlich die Gitterdefekte nach Implantation von Arsen in blankes Silicium und in SiO_2-bedecktes Silicium mit Hilfe des TEM. Sie verwendeten Energien von 40 bis 150 keV und Dosen von 5×10^{15} bis 2×10^{16} cm^{-2}. Das Ausgangsmaterial war ⟨100⟩-orientiertes Silicium. Nach einer Temperung bei 800°C entsteht eine hohe Dichte kleiner interstitieller Versetzungsschleifen (Durchmesser ≈ 20 nm, Dichte 300 bis 650 μm^{-2}). Sie befinden sich etwas tiefer als der mittleren Reichweite entsprechend. Weiteres Tempern bei 1000°C führt zu größeren Versetzungsstrukturen, deren Art von den Implantationsbedingungen abhängt. Wurde ein blankes Material mit 40 keV implantiert, so sind nach einer Temperung bei 1000°C nur wenige kleine Versetzungsschleifen (Dichte <0,1 μm^{-2}) vorhanden; wurde dagegen mit 80 keV implantiert, so entstehen große Schleifen, deren Ebenen manchmal senkrecht zur Oberfläche stehen. In Tab. 6.1 werden einige Strukturen aufgeführt, Fig. 6.17 zeigt ein Beispiel für eine Dosis von 5×10^{15} cm^{-2} und einer Temperung bei 1000°C für 60 min. Nach Implantation mit sehr hohen Dosen entstehen nur große Halbschleifen (s. Fig. 6.18). Diese Versetzun-

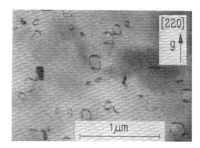
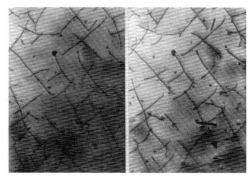

Fig. 6.17 Prismatische Versetzungsschleifen in Silicium, das mit 5×10^{15} cm^{-2} Arsen bei 80 keV implantiert und bei 1000°C für 60 min getempert wurde [456]

Fig. 6.18 Stereo-TEM-Aufnahme von Versetzungslinien in Silicium. Implantationsenergie 80 keV, Dosis 10^{16} As/cm^2, Ausheilzeit bei 1000°C für 60 min. Vergrößerung 1500× [456]

Tab. 6.2 Versetzungen in Silicium, das durch eine SiO_2-Schicht implantiert wurde, nach einer Temperung bei 970°C für 30 min [456]

Dosis ($\times 10^{16}$ cm^{-2})	Energie (keV)	Versetzungen, Schleifendurchmesser	Tiefe (nm)
1	40	<0,1 Schleifen μm^{-2}	
	40	20 Schleifen, 50 nm	65
0,5	80	80 Schleifen μm^{-2}, 100 nm	85
1	80	gewundene Scherungsschleifen	90
2	80	3dimensionales Gewirr	

206   6 Eigenschaften ionenimplantierter Halbleiterschichten

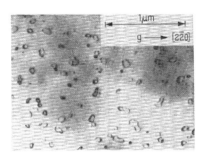

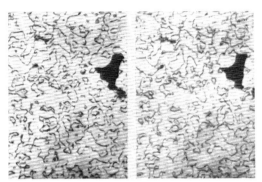

Fig. 6.19 Interstitielle Versetzungsschleifen in Silicium, das mit 2×10^{16} cm^{-2} Arsen bei 40 keV durch 10 nm SiO$_2$ implantiert und bei 970 °C für 30 min ausgeheilt wurde [456]

Fig. 6.20 Stereo-TEM-Aufnahme von mäanderförmigen Versetzungsschleifen mit Scherungscharakter in Silicium. Die Probe wurde mit 80 keV As-Ionen mit einer Dosis von 10^{16} cm^{-2} durch 20 nm SiO$_2$ implantiert und bei 970 °C für 30 min getempert. Vergrößerung 3500× [456]

gen haben den Charakter von "misfit"-Versetzungen (Fehlanpassung), wie sie durch Phosphordiffusion erzeugt werden. Wurde durch SiO$_2$ implantiert, so entstehen kletternde Versetzungsschleifen vom Scherungstyp. In Tab. 6.2 sind einige Ergebnisse über Defekte nach Arsenimplantationen zusammengestellt. Nach einer Implantation bei 40 keV durch 10 nm SiO$_2$ sind außer Versetzungen auch Oxidpartikel (Sekundärimplantation) sichtbar, s. Fig. 6.19. Nach Implantation mit 80 keV bei niedrigen Dosen zeigt sich eine große Dichte prismatischer interstitieller Schleifen, die fast parallel zur Siliciumoberfläche liegen. Wird eine Dosis von 10^{16} cm^{-2} verwendet, ergeben sich mäanderförmige Versetzungslinien (s. Fig. 6.20). Bei der höchsten verwendeten Dosis von 2×10^{16} cm^{-2} ergibt sich ein dreidimensionales Gewirr von verbundenen Versetzungslinien.

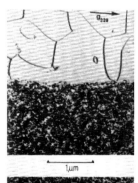

Fig. 6.21
a) Arsenimplantierte und getemperte Siliciumprobe. Die untere Hälfte der Probe war mit 43 nm SiO$_2$ bedeckt [505] und zeigt zahlreiche Kristalldefekte.
b) As- und O-implantierte und getemperte Siliciumproben (kein Oxid während der Implantation)

Ein weiteres Beispiel für den Einfluß von sekundärimplantiertem Sauerstoff gibt Fig. 6.21 (Moline [505]). Hier wurde in eine nur teilweise mit SiO_2 bedeckte Probe implantiert. Die obere Hälfte der Scheibe war maskiert und zeigt nur wenige Versetzungslinien, während im unteren Teil die Versetzungsdichte extrem hoch ist. Die Versetzungen kommen wahrscheinlich im Zusammenspiel zwischen dem Ausheilen von Strahlenschäden, dem sekundärimplantierten Sauerstoff, Abweichung von chemischem Gleichgewicht und evtl. durch eine (geringe) Änderung der Gitterkonstanten durch das Arsen zustande.

6.1.4 Bor

Bor ist die wichtigste Dotiersubstanz für p-leitende Schichten. Entsprechend groß war das Interesse bereits zu Beginn der Ionenimplantation [401], [411], [473], [559], [599]. Dieses Element hat auch bisher die weiteste Anwendung in der Halbleitertechnologie gefunden, besonders auf dem Gebiet integrierter MOS-Schaltungen und bipolarer Transistoren.

Elektrische Aktivierung Die amorphe Dosis liegt für Bor bei 2×10^{16} cm^{-2} [9]. Deshalb kann, wenn der Kristall nicht durch eine zusätzliche Implantation amorphisiert wurde [81], [609], keine Moleküle implantiert wurden [522], [609], oder die Implantation nicht bei tiefen Temperaturen vorgenommen wurde [81], [170], mit relativ geringen Strahlenschädenkonzentrationen gerechnet werden, deren Ausheilverhalten jedoch sehr komplex ist. In Fig. 6.22 ist die Flächenladungsträgerkonzentration abhängig von der Ausheiltemperatur für eine Implantation bei 34 keV mit Dosen von 10^{13} cm^{-2} bis 10^{15} cm^{-2} angegeben [10]. Zwischen 550°C und 650°C zeigt sich bei Dosen über 10^{13} cm^{-2} ein rückläufiger Verlauf der Ladungsträgerkonzentration (reverse annealing). Die Ursache dieses Verhaltens ist noch nicht

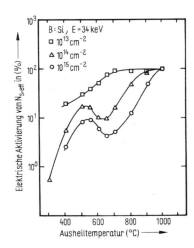

Fig. 6.22
Relative Zunahme der elektrischen Aktivierung als Funktion der Ausheiltemperatur für 10^{13}, 10^{14} und 10^{15} cm^{-2} Bor in Silicium [10]

208   6 Eigenschaften ionenimplantierter Halbleiterschichten

schlüssig erklärt. Blamires [81] nimmt eine Bildung von Borpaaren in diesem Temperaturbereich an. North und Gibson [542] konnten durch Channeling-Messungen zeigen, daß sich bei Raumtemperatur 30%, bei 100°C nur etwa 5% der Borionen auf Gitterplätzen befinden, nach einer Temperung bei 1000°C dagegen über 90%. Auch dies wäre eine plausible Erklärung für das rückläufige Ausheilen. In Schichtwiderstandsmessungen ist der Effekt des rückläufigen Ausheilens nicht so deutlich sichtbar, da er vom Gang der Beweglichkeit mit der Ausheiltemperatur teilweise überlagert wird.

Temperaturen von 900°C sind notwendig, um eine nahezu vollständige Aktivierung zu erzielen. Ist die Implantationsdosis so niedrig, daß nur sehr wenige Strahlenschäden entstehen, so tritt das rückläufige Ausheilen nicht auf. Erzeugt man durch einen zusätzlichen Beschuß mit anderen Ionen (Si, Ne, O) oder durch Implantation des Bors bei 77 K eine amorphe Schicht, so zeigt sich kein rückläufiges Ausheilen und alle implantierten Ionen werden bereits nach einer Temperung bei etwa 650°C elektrisch aktiv. Zur Erzielung einer Beweglichkeit, die der im homogen dotierten Ausgangsmaterial entspricht (Bulk, Substrat), sind allerdings ebenfalls Temperaturen von 900 bis 950°C notwendig. Ein Beispiel zu diesem für amorphe Schichten typischen Ausheilverhalten gibt Fig. 6.23. Die amorphen Schichten wurden durch den Beschuß mit Neon, Silicium, BF$_2$-Molekülen oder durch Implantation bei 77 K erzeugt.

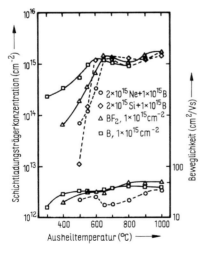

Fig. 6.23
Ausheilverhalten der Schichtladungsträgerkonzentration $N_{S,eff}$ und der -hallbeweglichkeit $\mu_{S,eff}$ von borimplantierten Siliciumproben, die durch Neon-, Silicium-, BF$_2$-Implantation bzw. durch eine Borimplantation bei 77 K amorph gemacht wurden [10]

Bei der Implantation einer zusätzlichen amorphisierenden Ionenart muß man besonders auf die Beeinflussung von Beweglichkeit und Lebensdauer achten. Bei der mit Neon amorphisierten Probe z. B. ist eine deutlich niedrigere Beweglichkeit bis zu Ausheiltemperaturen von 1000°C zu erkennen.

Ausführliche Untersuchungen des Ausheilverhaltens von Schichten, die mit Bor oder Bormolekülen (BF, BF$_2$, BCl, BCl$_2$) implantiert wurden, führte Beanland [66] durch. Ein Vergleich für verschiedene Kombinationen ist in Fig. 6.24 dargestellt.

6.1 Implantation in Silicium   209

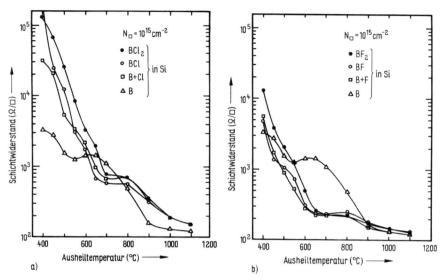

Fig. 6.24 Isochronales Ausheilverhalten des Schichtwiderstandes von implantiertem Silicium: B$^+$ 25 keV; Cl$^+$ 80 keV + B$^+$ 25 keV; BCl$^+$ 105 keV; BCl$_2^+$ 184 keV; F$^+$ 43 keV + B$^+$ 25 keV; BF$^+$ 68 keV; BF$_2^+$ 111 keV; nach [66]

Bei den reinen Borimplantationen zeigt sich ein rückläufiges Ausheilen. Da sich bei den Molekülimplantationen oder den Implantationen von Bor und Chlor bzw. Fluor amorphe Schichten bilden, tritt dort kein rückläufiges Ausheilen auf. Insgesamt zeigte sich, daß die Fluorverbindungen des Bors besser zur Implantation geeignet sind. Im nächsten Abschnitt wird auf Molekülimplantationen näher eingegangen.

Zur Bildung von vergrabenen Schichten (buried layers) werden Implantationen bei sehr hohen Energien benötigt. Das Ausheilverhalten des Schichtwiderstandes einer Hochenergieimplantation mit 8 MeV ist in Fig. 6.25 wiedergegeben. Ein Beispiel eines $E-dE/dx$-Detektors, der eine solche Schicht verwendet, ist in Abschn. 7.3.5 angeführt.

Reichweite und Profile In Fig. 6.26 sind Messungen von Reichweite und Reichweitestreuung mit der Theorie nach LSS [442] verglichen. Die Übereinstimmung ist trotz der relativ großen Streuung der Meßwerte gut. Für die LSS-Werte wurden die neuen Berechnungen von Gibbons und Mitarbeitern verwendet [5], die eine früher auftretende Diskrepanz zwischen Experiment und Theorie durch die Verwendung von experimentellen Werten für S_e nach Eisen [221] anstatt des theoretischen Wertes nach LSS ausräumen. Brice verwendete ebenfalls diese Werte für S_e in seinen Berechnungen [102], [103].

Hofker und Mitarbeiter [337], [338] veröffentlichten Profile, die in amorphem und polykristallinem Silicium gemessen wurden. Die Schichten wurden durch Neonimplantation bzw. chemische Abscheidung hergestellt und die Borprofile mittels

210   6 Eigenschaften ionenimplantierter Halbleiterschichten

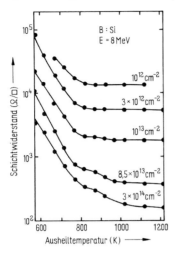

Fig. 6.25 Ausheilverhalten des Schichtwiderstandes von Silicium, das mit 8 MeV Borionen und Dosen von 10^{12} bis 3×10^{14} cm^{-2} implantiert wurde [417]

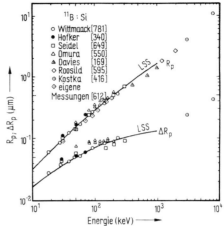

Fig. 6.26 Experimentelle Werte der Reichweite R_p und der Reichweitestreuung ΔR_p von Bor in Silicium

der SIMS-Technik gemessen. Die Reichweiten sind innerhalb 2% gleich und wegen der geringeren Dichte etwas größer als in einkristallinem Silicium. In Tab. 6.3 sind die Werte der wahrscheinlichen Reichweite (die bei den gemessenen unsymmetrischen Profilen nicht gleich der mittleren Reichweite ist) wiedergegeben. Fig. 6.27

Tab. 6.3 Reichweitenvergleich von Bor in amorphem, polykristallinem und einkristallinem Silicium [337]

Energie keV	Reichweite (nm)		
	amorphes Si	polykristallines Si	einkristallines Si
30	117	117	112
50	187	190	188
70	261	251	244
100	351	339	336
150	487		
200	583	597	572
300		787	768
400		960	970
600		1295	1260
800		1573	1538

6.1 Implantation in Silicium   211

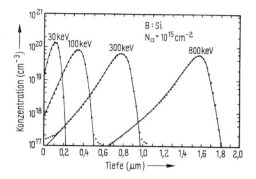
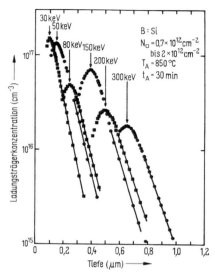

Fig. 6.27 Borprofile in amorphem Silicium, gemessen mit der SIMS-Technik [337]. Die durchgezogenen Linien sind angepaßte Pearson-Verteilungen

Fig. 6.28 Borprofile in einkristallinem Silicium, gemessen mit der Kapazität-Spannung-Methode. Die exponentiellen Ausläufer fallen in 60 bis 100 nm auf 1/e ab [649]

zeigt einige gemessene Profile in amorphem Silicium, die durch Pearson-Funktionen [32] angepaßt wurden. Dadurch ist es möglich, Momente höherer Ordnung zu bestimmen. Deutlich sieht man bei den Profilen einen flachen Abfall zur Halbleiteroberfläche hin, der im Widerspruch zu den Ergebnissen nach LSS, aber in Übereinstimmung mit exakteren Berechnungen höherer Momente nach Winterbon [779] ist.

In einkristallinem Silicium ergeben sich stets Profile, die einen flachen Ausläufer ins Halbleiterinnere zeigen [609], [649]. Diese Ausläufer sind auf Ionen zurückzuführen, die in Kanäle gestreut werden und so eine größere Reichweite haben. Daher lassen sie sich auch durch eine Verkippung der Proben nicht beseitigen. Fig. 6.28 zeigt Profile nach Seidel [649], die mit der Kapazität-Spannung-Methode gemessen wurden. Die exponentiellen Ausläufer der Profile zeigen einen Abfall auf $1/e$ nach etwa 60 bis 100 nm. Der Einfluß der Debyelänge (vgl. Abschn. 5.3.1) auf die Messung ist nicht ausreichend, diesen Effekt zu erklären. Auch bei Erniedrigung der Implantationstemperatur und der Implantation von BF_2-Molekülen [522] ergeben sich bei Dosen kleiner 10^{14} cm^{-2} Profile mit dem gleichen Gradienten. Zwischengitterdiffusion oder beschleunigte Diffusion sind deshalb auszuschließen. Ist die Ionendosis so groß, daß eine amorphe Schicht gebildet wird, so wird durch die größere Streuung der Ionen dieses Channeling weitgehend unterdrückt.

Die Abhängigkeit der Profilgestalt bei niedrigen Ausheiltemperaturen von der Strahlenschädigung zeigten Ryssel und Mitarbeiter für eine Reihe unterschiedlicher experimenteller Bedingungen [609]. Die Strahlenschäden wurden durch einen zusätzlichen Beschuß mit Neon oder Silicium erzeugt, durch die Implantation schwerer Molekülverbindungen des dotierenden Ions oder durch eine Implantation bei tiefen Temperatu-

212 6 Eigenschaften ionenimplantierter Halbleiterschichten

ren. Fig. 6.29 zeigt ein Beispiel einer Implantation von Bormolekülen mit einer Energie von 34 keV. Bei niedrigen Ausheiltemperaturen ergibt sich eine elektrische Aktivierung nur in der oberflächennahen Schicht, die durch die Implantation amorphisiert wurde und bei niedrigen Temperaturen bereits epitaktisch rekristallisiert, während im Bereich, wo die Strahlenschädigung nicht ausreichte, ein amorphes Gebiet zu erzeugen, eine Temperatur von ca. 900 °C nötig ist, um eine vollständige elektrische Aktivierung der implantierten Ionen zu erreichen. Die Kurven sind im Vergleich zur Originalveröffentlichung [609] wegen eines damals verwendeten zu großen Tiefenmaßstabes umgezeichnet.

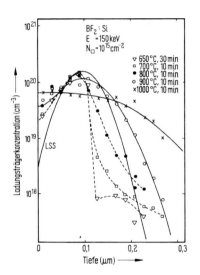
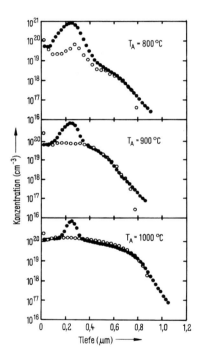

Fig. 6.29 Strahlenschädenabhängige elektrische Aktivierung von Bor in Silicium nach einer BF_2-Implantation mit einer Energie von 150 keV und einer Dosis von 10^{15} cm^{-2} [609]

Fig. 6.30 Vergleich zwischen Dotierungskonzentration (○) und Gesamtkonzentration (●) nach der Implantation von 10^{16} cm^{-2} Bor bei 70 keV in Silicium
a) $T_A = 800\,°C$; b) $T_A = 900\,°C$; c) $T_A = 1000\,°C$; nach [339]

Durch Vergleiche zwischen SIMS- und elektrischen Profilmessungen konnten Hofker und Mitarbeiter [339] zeigen, daß bei sehr hohen Borkonzentrationen (10^{16} cm^{-2}) im Bereich der Maximalkonzentration ein Teil des Bors elektrisch nicht aktiv eingebaut wird und während der Temperung auch nicht diffundiert, Fig. 6.30. Einen nicht aktiven Teil der Ionen im Ausläufer des Profils zum Halbleiterinneren hin, den sie bei Dosen zwischen 10^{14} cm^{-2} und 10^{16} cm^{-2} fanden, erklären sie als rasch diffundierendes Bor auf Zwischengitterplätzen. Schwettmann [640] erhielt

6.1 Implantation in Silicium   213

bei Implantationsdosen von 2×10^{15} cm^{-2} bis 6×10^{15} cm^{-2} (Energie 82 keV, Ausheiltemperatur 800 °C) stets eine Maximalkonzentration von ca. 10^{20} cm^{-3}, was etwa der Löslichkeit entspricht.

Als Beispiel von Hochenergieimplantationen sind in Fig. 6.31 zwei Profile wiedergegeben, die mit einer Bordosis von 3×10^{13} cm^{-2} bei 3 MeV und 8 MeV implantiert wurden [416]. Die Profile wurden durch Anätzen des pn-Überganges gemessen; zum Vergleich ist eine Kapazität-Spannung-Messung eingetragen, die qualitativ nur bei höheren Konzentrationen eine Übereinstimmung zeigt. Die durchgezogenen Linien sind Gaußkurven, die den Meßpunkten angepaßt wurden. Die Reichweite wurde zu 4 µm bzw. 10,4 µm gemessen, für die Reichweitestreuung ergab sich 0,25 µm bzw. 0,43 µm.

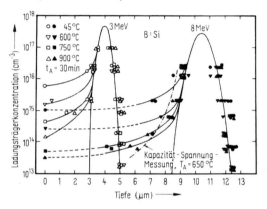 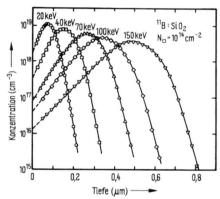

Fig. 6.31 Hochenergie-Borprofile in Silicium; Energie 3 und 8 MeV, Dosis 3×10^{13} cm^{-2}; nach [416]

Fig. 6.32 Borprofile in SiO$_2$, gemessen mit der SIMS-Technik; nach [781]. Die durchgezogenen Linien sind angepaßte Pearson-Verteilungen

Für die Verwendung der Ionenimplantation in der Siliciumplanartechnologie ist die Reichweite von Bor nicht nur in Silicium, sondern auch in SiO$_2$ interessant. Wittmaack und Mitarbeiter [781] haben Bor-Profile in SiO$_2$ mit Hilfe der SIMS-Technik untersucht. Sie erhielten Profile von der gleichen Gestalt wie Hofker in amorphem Silicium [337] und konnten sie ebenfalls durch Pearson-Funktionen anpassen. In Fig. 6.32 sind gemessene Profile dargestellt, die mit Energien zwischen 20 keV und 150 keV und Dosen um jeweils 10^{14} cm^{-2} implantiert wurden. Ihre Werte der Reichweite und Reichweitestreuung in SiO$_2$ und Silicium sind zusammen mit theoretischen Werten [103], [269], [387], [527] in Fig. 6.33 wiedergegeben. Die Übereinstimmung ist recht gut, die experimentelle Reichweite in SiO$_2$ scheint jedoch geringer als nach der Theorie zu sein, während die Streuung von Bor in SiO$_2$ und Silicium etwas größer als nach der Theorie ist.

Bor wird zur Implantation häufig aus BF$_3$-Molekülen gewonnen. Stets ist dabei der BF$_2$-Strom größer als der Borionenstrom. Wegen der größeren Masse des

214 6 Eigenschaften ionenimplantierter Halbleiterschichten

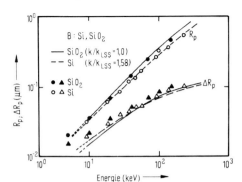

Fig. 6.33 Reichweite und Reichweitestreuung von Bor in SiO₂ und amorphem Silicium. Theoretische Kurven nach [387] (SiO₂) und [103], [269], [527] (Silicium); Experimente nach [781]. k ist die Proportionalitätskonstante der elektronischen Abbremsung, k_{LSS} ist der theoretische Wert nach Gl. (2.16)

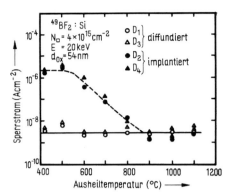

Fig. 6.34 Sperrstromdichte von Siliciumdioden, die durch BF₂-Implantation hergestellt wurden. Ab einer Temperung bei 900°C erzielt man gleich gute Resultate wie mit der Diffusion [497]

BF₂ im Vergleich zum Bor hat man damit ein einfaches Mittel zur Hand, neben einem höheren Strom auch flachere Borverteilungen zu erzielen und außerdem bereits bei Raumtemperatur amorphe Schichten zu erhalten [522]. Für die effektive Borenergie bei einer Molekülimplantation von BF₂ gilt [522]

$$E_B = \frac{M_B}{M_{BF_2}} E_{BF_2} \tag{6.2}$$

Man erhält also z. B. bei einer Implantation mit BF₂-Ionen von 150 keV das gleiche Profil wie bei einer Implantation mit B-Ionen von 34 keV. Nur würden bei Überschreiten der amorphen Dosis für BF₂ (ca. 5×10^{14} cm⁻² [517]) die exponentiellen Profilausläufer unterdrückt.

pn-Eigenschaften Bereits bei niedrigen Ausheiltemperaturen zeigen borimplantierte pn-Übergänge gute Sperr- und Durchlaßeigenschaften [408], [704]. Um jedoch zu diffundierten Dioden vergleichbare Sperrströme zu erzielen, ist eine Temperung bei mindestens 900°C für 30 min notwendig [497]. Auch BF₂-implantierte Dioden (Fig. 6.34) geben gleich gute Werte, zeigen bei niedrigeren Ausheiltemperaturen jedoch eine hohe Dichte von Oberflächenladungen, die wahrscheinlich auf die Fluorkomponente zurückzuführen ist [497]. Liegt eine Borimplantation im Bereich eines pn-Überganges (Source bzw. Drain), wie z. B. bei der Einsatzspannungseinstellung bei MOS-Transistoren (s. Kapitel 7), so ergeben sich durch die Strahlenschäden größere Leckströme, die eine Temperung von 900°C zu ihrer Reduzierung erfordern [497].

6.1 Implantation in Silicium 215

Defekte in getemperten Schichten Auch in borimplantierten Schichten zeigen sich zahlreiche Defekte nach der Temperung. Die Problematik der oxidierenden Temperung wurde bereits in Abschn. 9.1 erwähnt. Fig. 6.35 und 6.36 zeigen typische Versetzungslinien, wie man sie nach einer oxidierenden Temperung bei 1100°C erhält [579]. Die Dosis betrug 10^{14} und 10^{15} cm^{-2} bei einer Energie von 30

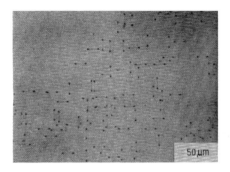
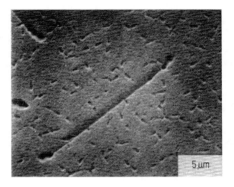

Fig. 6.35 Borimplantierte Siliciumprobe ($E = $ 30 keV, $N_\Box = 10^{14}$ cm^{-2}, $\langle 100 \rangle$-Orientierung) nach feuchter Oxidation bei 1100°C. Die Versetzungen wurden durch eine Sirtlätzung von 30 s sichtbar gemacht [579]

Fig. 6.36 Rastermikroskopische Aufnahme von Versetzungen (Bor in Silicium, $E = $ 30 keV, $N_\Box = 10^{15}$ cm^{-2}, $\langle 100 \rangle$-Orientierung) nach feuchter Oxidation bei 1100°C für eine Stunde und einer Sirtlätzung von 15 s [579]

keV. Eine umfangreiche Untersuchung der Defekte nach Implantation von B, BF, BF$_2$ und F wurde von Prussin [579a] für Dosen zwischen 10^{14} und 10^{15} cm^{-2} durchgeführt. Die Energien wurden entsprechend Gl. (6.2) so gewählt, daß sie einer 30 keV Borimplantation äquivalent waren. Eine inerte Temperung bei 1100°C für 1 h mit anschließender Oxidation vermeidet bei praktisch allen Implantationen die Ausbildung von Versetzungen. Bei einer inerten Temperung bei 1000°C treten einige Versetzungen auf, während man bei sofortiger oxidierender Temperung bei 1100°C je nach Dosis zahlreiche Versetzungen und Stapelfehler erhält. Zwischen den B-, BF- und BF$_2$-Implantationen zeigte sich kein wesentlicher Unterschied. Weitere Arbeiten zu diesem Thema wurden von Comer und Roosild [149], Madden und Davidson [455], Hasegawa und Mitarbeitern [322], [323], Tamura und Mitarbeitern [718], Lecroisnier und Mitarbeitern [425] sowie Prussin [580] durchgeführt. Es konnten Siliciumborid-Ausscheidungen [149] gefunden werden, die sich bei Temperungen über 1100°C ausbilden, während die Versetzungen ausheilen. In Fig. 6.37 sind Versetzungen nach inerter Temperatur bei 1000°C für 30 min in unterschiedlichen Tiefen dargestellt. Die Implantation wurde mit 1 MeV und einer Dosis von 10^{15} cm^{-2} durchgeführt. Bis zu einer Tiefe von 1,5 μm sind keine Versetzungen sichtbar. Dagegen zeigen sich bei 1,6 und 1,7 μm Versetzungsschleifen und stabförmige Versetzungen. Zu größeren Tiefen nehmen die Defekte wieder ab. In einer umfangreichen Arbeit versuchte Prussin [580] die Defektgeneration während des

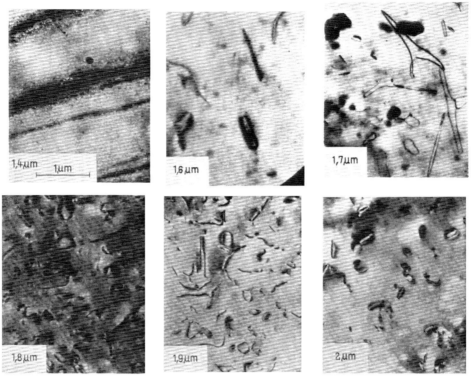

Fig. 6.37 Mikrophotographie von Defekten in unterschiedlichen Tiefen nach einer Borimplantation mit 1 MeV und 10^{15} cm^{-2}; Temperung bei 1000°C für 30 min [425a]

Ausheilens und Diffundierens borimplantierter Schichten zu klären. Während der Implantation entwickeln sich kleine Versetzungsschleifen. Zu Beginn der Temperung können die Schleifen durch Aufnehmen von Punktdefekten ihre maximale Größe erreichen. Beim weiteren Ausheilen tritt eine Reihe von Effekten auf:

a) Rekombination von Leerstellen und Zwischengitteratomen,

b) Verschwinden von intrinsischen oder extrinsischen Versetzungsschleifen unter Generation von Leerstellen oder Zwischengitteratomen,

c) Anlagerung von Leerstellen oder Zwischengitteratomen an Versetzungen,

d) Wirkung der Oberfläche als Senke für Versetzungen und Zwischengitteratome.

Die Effekte a), c) und d) würden die Leerstellen-Zwischengitteratom-Konzentrationen wieder zum Gleichgewicht bringen. Bei oxidierender Temperung können wegen der Verarmung an Leerstellen extrinsische Versetzungen nicht ausheilen.

6.1 Implantation in Silicium 217

6.1.5 Gallium

Die Bedeutung von Gallium ist in der Halbleitertechnik relativ gering, da es durch SiO_2 nicht maskiert wird und seine Löslichkeit in Silicium ($1,4 \times 10^{19}$ cm^{-3} bei 1000°C [731]) niedrig ist. Anwendung findet es für tiefe, ganzflächige Diffusionen, z. B. für Thyristoren. Trotzdem wurde eine ganze Anzahl von Implantationsexperimenten durchgeführt [59], [385], [470], [485], zum Teil wohl deshalb, weil Gallium mit Hilfe der Rückstreutechnik sehr gut gemessen werden kann. Die elektrische Aktivierbarkeit des Galliums ist gering und liegt bei maximal 30% [59]. Ursache ist der geringe Einbau auf Gitterplätzen. In Fig. 6.38 ist ein Rückstreuspektrum einer Galliumimplantation in $\langle 110 \rangle$- und Randomrichtung nach einer Temperung bei 900°C wiedergegeben. Scheinbar sind alle Atome auf Randompositionen. Durch Abätzen dünner Schichten und wiederholte Messungen zeigt sich jedoch (Fig. 6.39), daß nur die Gallium-Atome in der oberflächlichen Schicht auf Randompositionen sitzen, aber in der Tiefe sich zum Teil auf regulären Zwischengitterplätzen und auf Gitterplätzen befinden. Die Autoren erklären das Verhalten durch leerstellenunterstützte Diffusion.

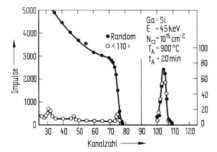

Fig. 6.38 Rückstreuspektrum einer Ga-implantierten Siliciumprobe in Random- und $\langle 100 \rangle$-Richtung. $E = 45$ keV, $N_\square = 10^{15}$ cm^{-2}, $T_A = 900$°C [476]

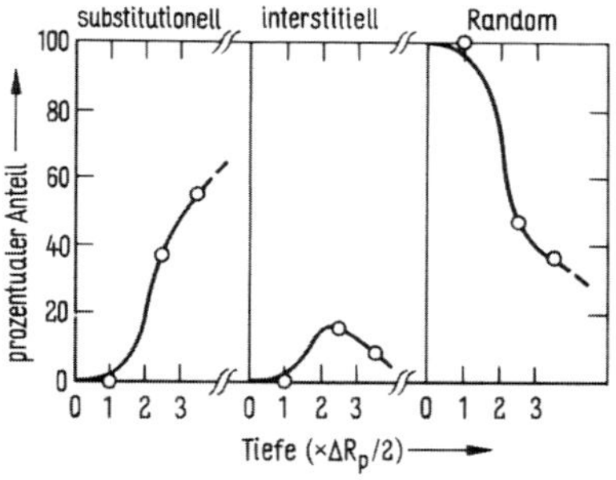

Fig. 6.39 Anzahl der Atome auf Gitterplätzen (a), Zwischengitterplätzen (b) und Random-Plätzen (c), abhängig von der Tiefe für eine Ga-implantierte Siliciumschicht. $E = 45$ keV, $N_\square = 10^{15}$ cm^{-2}, $T_A = 900$°C [476]

Galliumprofile wurden von Crowder [157], Gamo und Mitarbeitern [275] und in letzter Zeit von Dearnaley und Mitarbeitern [184] gemessen. Die Reichweite und die Standardabweichung entsprechen etwa der LSS-Theorie, es treten jedoch starke Profilausläufer auf. In Fig. 6.40 ist ein Profil nach Dearnaley und Mitarbeitern [184] aufgetragen, das durch Implantation von radioaktiven ^{72}Ga-Ionen gewonnen wurde. Die Implantationsenergie war 45 keV, die Dosis 10^{13} cm^{-2}, die Probe war um 10° verkippt, um Channeling zu vermeiden. Dearnaley und Mitarbeiter erklären den Profilausläufer durch Ionen, die in Kanäle (axial oder planar) gestreut wurden und vermuten, daß dies auch die Ursache der Ausläufer bei Gamo [275]

218   6 Eigenschaften ionenimplantierter Halbleiterschichten

sowie Crowder [157] ist, und nicht eine beschleunigte Zwischengitterdiffusion. In Übereinstimmung mit uns deuten sie die große Mehrzahl ähnlicher Ausläufer stets als Folge der Streuung von Ionen in Kanäle und als nicht von einem speziellen Diffusionseffekt herrührend. Die teilweise zu beobachtende Temperaturabhängigkeit

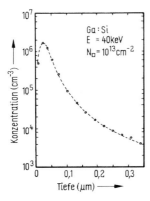

Fig. 6.40
Tiefenverteilung von ^{72}Ga-Ionen, die in einen fehlorientierten Siliciumkristall mit 40 keV und einer Dosis von 10^{13} cm^{-2} bei Raumtemperatur implantiert wurden; nach [184]

(z. B. Gamo und Mitarbeiter [275]) rührt von der geringeren bleibenden Strahlenschädenkonzentration bei höheren Implantationstemperaturen her. Stephen und Grimshaw [704] implantierten Dioden, erhielten jedoch schlechte pn-Eigenschaften, außerdem sind Arbeiten zur Absenkung der Einsatzspannung [602], der Implantation von Widerständen [552] und von Kernstrahlungsdetektoren bekannt [349]. In letzter Zeit gelang es [758], pn-Übergänge zu implantieren, die es erlaubten, Solarelemente mit einem Wirkungsgrad von 6% ohne Antireflexbelag herzustellen.

Insgesamt läßt sich zu Gallium sagen, daß es wohl besser als Aluminium zur p-Dotierung von Silicium geeignet ist. Die vorliegenden Ergebnisse zeigen jedoch, daß nur bei niedrigen Konzentrationen mit einer ausreichenden elektrischen Aktivierung zu rechnen ist.

6.1.6 Indium

Die meisten Arbeiten zur Implantation von Indium in Silicium befaßten sich nicht mit der elektrischen Aktivierung, sondern mit Gitterplatzlokalisation und Diffusionseffekten [114], [229], [476], [598]. Indium wird nur zu einem sehr geringen Teil (10% bei einer Dosis von 2×10^{15} cm^{-2}, Energie 45 keV, Implantation bei Raumtemperatur) auf regulären Gitterplätzen eingebaut (s. Tab. 6.4). Tiefenabhängige Rückstreumessungen [476] zeigten ein Anwachsen des Anteils auf regulären Zwischengitterplätzen bis auf maximal 50% durch eine Zwischengitterdiffusion in größeren Tiefen. Durch Messungen mittels Neutronenaktivierung [273] konnte ein anormaler Diffusionseffekt während Hochtemperaturimplantationen gefunden werden. In Fig.

6.1 Implantation in Silicium 219

6.41 ist ein Beispiel für Indiumimplantationen mit 45 keV und Dosen von 10^{15} cm^{-2} bei Temperaturen zwischen 100°C und 500°C gegeben. Ab 300°C zeigt sich eine temperaturunabhängige beschleunigte Diffusion, wahrscheinlich über Zwischengitterplätze. Unterstützt wird dieses Modell durch die Möglichkeit, den Diffu-

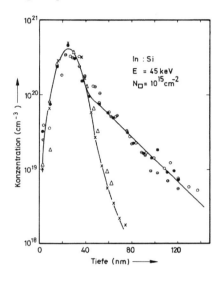
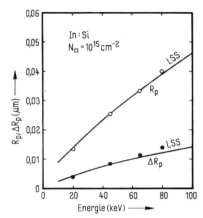

Fig. 6.42 Reichweite und Reichweitestreuung von Indium in Silicium [273]. Durchgezogene Linien nach Gibbons und Mitarbeiter [5]

Fig. 6.41
Konzentrationsprofile von 45 keV In-Ionen, implantiert mit 10^{15} cm^{-2} bei 100°C (×), 200°C (△), 300°C (⊖), 400°C (●) und 500°C (○). Ab 300°C zeigt sich eine temperaturunabhängige beschleunigte Diffusion [273]

sionseffekt durch eine zusätzliche Implantation mit Stickstoffionen zu unterdrücken, aber auch das Modell von Dearnaley und Mitarbeitern [184] im letzten Abschnitt wäre eine Erklärung. Gemessene Reichweitewerte [274] zeigten eine recht gute Übereinstimmung mit den LSS-Werten nach Gibbons und Mitarbeitern [5] und sind in Fig. 6.42 wiedergegeben.
Elektrische Messungen wurden wenige durchgeführt [384], [556]. Die elektrische Aktivierung ist niedrig (<1%), die pn-Eigenschaften implantierter Dioden sind extrem schlecht [2]. Indium ist aufgrund der bisher vorliegenden Forschungsergebnisse als Dotierelement nur für spezielle Siliciumbauelemente (z. B. extrinsische Photoleiter) geeignet.

6.1.7 Phosphor

Phosphor ist neben Arsen der wichtigste Dotierstoff der V. Gruppe in Silicium. Deshalb wurden sehr früh zahlreiche Implantationsexperimente durchgeführt [289], [292], [309], [412], [462], [463].

220 6 Eigenschaften ionenimplantierter Halbleiterschichten

Elektrische Aktivierung Liegt die Implantationsdosis über der amorphen Dosis (3×10^{14} cm^{-2} [9]), so zeigt sich auch bei Phosphor das typische steile Ausheilverhalten mit fast vollständiger elektrischer Aktivierung bei 600°C. Niedrigere Dosen zeigen einen langsamen Anstieg der Aktivierung bis 300°C. In Fig. 6.43 sind Werte des Schichtwiderstandes abhängig von Ionendosis und Ausheiltemperatur wiedergegeben [662]. Deutlich sieht man die Ausheilstufe bei 600°C, worauf eine leichte Erhöhung der elektrischen Aktivierung bei weiterer Temperung folgt. Hochdosisimplantationen ($>10^{16}$ cm^{-2}) werden erst nach einer Diffusion elektrisch völlig aktiv, da im Bereich der Maximalkonzentration direkt nach der Implantation die Löslichkeit überschritten wird.

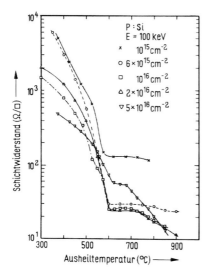

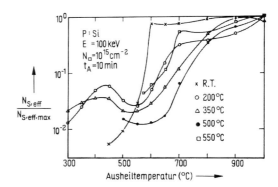

Fig. 6.44 Isochronales Ausheilen von phosphorimplantiertem Silicium. $E = 100$ keV, $N_\square = 10^{16}$ cm^{-2}, die Implantationstemperatur wurde von Raumtemperatur bis 550°C variiert [791]

Fig. 6.43 Schichtwiderstand abhängig von der Ausheiltemperatur für phosphorimplantierte Schichten mit unterschiedlicher Dosis bei 100 keV [662]

Eine Implantation bei höheren Temperaturen vermeidet die Ausbildung einer amorphen Schicht, erzeugt aber zahlreiche schwer ausheilende Defekte, so daß letztlich höhere Ausheiltemperaturen als nach Raumtemperatur-Implantationen nötig sind [662], [770]. Überdies tritt in diesem Fall ähnlich wie bei Bor ein rückläufiges Ausheilen (reverse annealing) zwischen 400 und 600°C auf [791]. In Fig. 6.44 ist ein Beispiel einer 100 keV Implantation mit einer Dosis von 10^{16} cm^{-2} bei unterschiedlichen Implantationstemperaturen wiedergegeben. Korreliert mit dem unterschiedlichen Ausheilverhalten ist das Auftreten von Defekten, die durch elektronenmikroskopische Untersuchungen gefunden wurden [791]. Phosphor wird, ebenso wie Arsen und Bor, nach einer Temperung zwischen 600 und 900°C zu etwa 100% elektrisch aktiv, soweit die Löslichkeitsgrenze (s. Anhang) nicht überschritten wird.

Reichweite und Profile Phosphorprofile zeigen stets einen Channelingausläufer oder ein zweites Maximum in der Konzentrationsverteilung, wenn die Proben während der Implantation nicht aus einer Kristallrichtung verkippt wurden. Eine Zusammenstellung veröffentlichter Reichweitemessungen bringt Fig. 6.45. In dieser Abbildung sind nur die Werte des „Random"-Anteils der Profile enthalten. Die Übereinstimmung mit den theoretischen Berechnungen ist, wie in den anderen diskutierten Fällen, ebenfalls gut. Die Veränderung von P-Profilen durch Verdrehen und Kippen der Proben wurde bereits in Fig. 4.21 gezeigt. Durch diese Versuche wird deutlich, daß auch bei optimaler Fehlorientierung des Kristalls ein Eindringen von Ionen in Kanäle nicht vollständig unterdrückt werden kann. Sehr ausgeprägte Channeling-

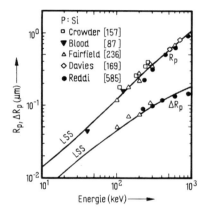

Fig. 6.45 Reichweite und Reichweitestreuung von Phosphor in Silicium

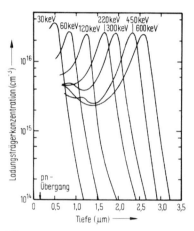

Fig. 6.46 Channeling-Profile gemessen nach Phosphorimplantation zwischen 30 keV und 600 keV in ⟨110⟩-orientiertes Silicium [584]

profile wurden von Reddi und Sansbury gemessen [584]. Sie implantierten in Kanalrichtung mit einem fokussierten Strahl, der bis zu ±1,5° während der Implantation der Siliciumscheiben abgelenkt wurde. Dadurch konnte perfektes Channeling in gewissen Gebieten der Scheibe sichergestellt werden. Die Profile wurden durch Kapazität-Spannung-Messungen an kleinen Dioden vermessen, und das Gebiet der Scheibe mit optimal in Kanalrichtung eingedrungenen Ionen festgestellt. Einige dieser Profile [584] sind als Beispiel in Fig. 6.46 dargestellt. Implantiert wurde bei Energien zwischen 30 keV und 600 keV in ⟨110⟩-orientiertes Silicium. Der für die Kapazität-Spannung-Messungen verwendete pn-Übergang befand sich in einer Tiefe von $0{,}15 \pm 0{,}02$ nm. Die wahrscheinliche Channelingreichweite ist bei der niedrigsten gemessenen Energie (30 keV) um ca. einen Faktor 20 größer als die projizierte Reichweite nach der LSS-Theorie. Diese Experimente wurden für ⟨110⟩-, ⟨111⟩- und ⟨100⟩-Orientierung vorgenommen. Wie zu erwarten, war die

222   6 Eigenschaften ionenimplantierter Halbleiterschichten

Reichweite in ⟨110⟩-Richtung vor der ⟨100⟩- und ⟨111⟩-Richtung am größten. Fig. 6.47 bringt eine Darstellung dieser Ergebnisse für die ⟨110⟩- und ⟨111⟩-Richtung, zusammen mit Resultaten von Moline [506], Goode und Mitarbeitern [301], Reddi und Sansburry [584] sowie Galaktionova und Mitarbeitern [272]. Eingetragen ist ebenfalls eine Gerade proportional zu $E^{1/2}$; bei rein elektronischer Abbremsung (vgl. Kapitel 2) sollte die Reichweite diese Abhängigkeit von der Energie besitzen. Dies gilt, wie man an der Abbildung sieht, in ⟨110⟩-Richtungen bei Energien über 100 keV und in ⟨100⟩- und ⟨111⟩-Richtungen bei Energien über 200 keV. Die Abweichung bei niedrigen Energien bedeutet, daß hier die Abbremsung durch Kernstöße bereits eine wesentliche Rolle spielt. R_{max} in Fig. 6.47 wurde bei 50% des maximalen Wertes der Verteilung gemessen, um Meßfehler zu reduzieren. Zahlreiche weitere Channelingprofile wurden von Dearnaley und Mitarbeitern nach Tracerimplantationen von ^{32}P gemessen [183]; einige dieser Messungen wurden in Kapitel 2 zur Erläuterung des Channelingeffektes gebracht. Cembali und Mitarbeiter [125], [126] untersuchten vor allem das Ausheilverhalten von Channelingprofilen und die Strahlenschädigung. Blood und Mitarbeiter [85], [86], [87] konnten zeigen, daß bei fehlorientiertem Silicium auftretende Profilausläufer auf in Kanäle gestreute Ionen zurückzuführen sind. Dazu verwendeten sie dünne Siliciumkristalle (ca. 0,2 µm), die auf dicke Siliciumsubstrate gelegt wurden und maßen nach der Implantation die Phosphorprofile im Substrat, d. h. die durch die dünne Siliciumscheibe in das Substrat implantierten Ionen, wodurch alle Diffusionseffekte als Ursache für Ausläufer eindeutig ausgeschieden werden konnten.

Die Anwendung von Channelingverteilungen für Bauelemente wäre wegen der größeren erzielbaren Tiefe interessant. Wegen der notwendigen genauen Orientierung der Scheiben, der geringen tolerierbaren Strahldivergenz und der kritischen Abhän-

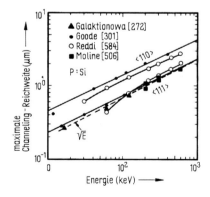
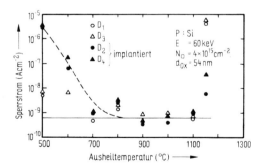

Fig. 6.47 Maximale Channeling-Reichweite von Phosphor in Silicium in ⟨110⟩- und ⟨111⟩-Richtung. Eingetragen ist ein $E^{1/2}$-Verlauf wie er bei rein elektronischer Abmessung zu erwarten wäre

Fig. 6.48 Leckstrom von phosphorimplantierten pn-Übergängen abhängig von der Ausheiltemperatur im Vergleich zu diffundierten Dioden [497]

gigkeit von Ionendosis und Implantationstemperatur ist dies jedoch derzeit nicht realisierbar.

pn-Eigenschaften An phosphorimplantierten pn-Übergängen wurden zahlreiche Messungen durchgeführt [82], [290]. Auch hier ist eine Temperung bei 900°C erforderlich, um minimale Sperrströme zu erzielen [497]. Die niedrigsten erzielten Werte sind 3×10^{-10} A/cm^2 bei 5 V Sperrspannung. Diese Werte sind besser als bei entsprechenden Dioden, die durch Borimplantation hergestellt wurden [497]. In Fig. 6.48 ist der Leckstrom implantierter Dioden in Abhängigkeit von der Ausheiltemperatur aufgetragen.

Defekte in getemperten Schichten Auch bei phosphorimplantierten Schichten treten während des Ausheilens zahlreiche Defekte auf. Tamura [717] untersuchte die Defekte mit dem Transmissions-Elektronenmikroskop. In Fig. 6.49 sind seine Ergebnisse für eine 100 keV Implantation mit der Dosis 5×10^{14} cm^{-2} in $\langle 111 \rangle$-orientiertes Material abhängig von der Implantationstemperatur abgebildet. In Fig. 6.50 sind zur Ergänzung Photographien der Defekte bei 3 Temperaturen wiedergegeben. Nach Implantationen bei Raumtemperatur zeigen sich Punktdefekte, die sich bei höheren Temperaturen zu Versetzungsschleifen verbinden und ab 1000°C wieder verschwinden. Nach Implantationen zwischen 200 bis 600°C ergeben sich zahlreiche unterschiedliche Defekte, die schwer ausheilen. Das Auftreten stabförmiger Defekte ist mit einem rückläufigen Ausheilen korreliert. Bei Implantationen über 600°C treten bereits nach der Implantation Versetzungsschleifen auf, die auch nach einer Temperung bei 1200°C nicht verschwinden. In einer weiteren Arbeit untersuchten Tamura und Mitarbeiter [719] den Einfluß der Tempatmosphäre und konnten zeigen, daß bei oxidierender Temperung Versetzungen in das Halbleiterinnere wach-

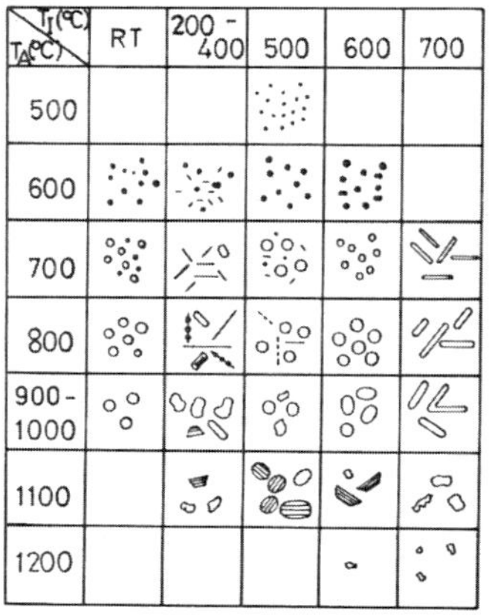

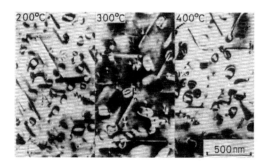

Fig. 6.50 Photographien von Defekten nach Temperung bei 800°C. Die Proben wurden bei 200 bis 400°C implantiert [717] (vgl. auch Fig. 6.49)

Fig. 6.49 Defekte in phosphorimplantiertem Silicium abhängig von Implantations- und Ausheiltemperatur. Implantationsenergie- und -dosis 100 keV bzw. 5×10^{14} cm^{-2} [584]. Die Profile wurden durch Kapazität-Spannung-Messungen bestimmt

224   6 Eigenschaften ionenimplantierter Halbleiterschichten

sen. Weitere Arbeiten zu Defekten in phosphorimplantierten Schichten siehe [322], [659], [718].

Phosphor ist, zusammen mit Bor und Arsen von allen Elementen der III. und V. Gruppe am besten zur Dotierung von Silicium durch Ionenimplantation geeignet. Wegen des stärker als bei Bor und Arsen ausgeprägten Channelings ist jedoch besondere Vorsicht bei der Realisierung von Bauelementen angebracht (z. B. Kompensation der Basis durch Profilausläufer des Emitters).

6.1.8 Implantation anderer Elemente

Eine ganze Reihe von anderen Elementen wurde über die bisher besprochenen hinaus in Silicium implantiert. Viele dieser Elemente haben bisher keine praktische Bedeutung, z. B. Wismut [157], [468], obwohl bis zu 60% elektrische Aktivität erreicht wurde [157]. Andere Elemente wurden auf ihre elektrischen Eigenschaften hin untersucht, z. B. Wasserstoff [449], [548], der bei niedrigen Dosen ein flaches Donatorniveau bei 26 meV hervorruft, oder Sauerstoff und Kohlenstoff, um die Wirkung von Strahlenschäden zu untersuchen [379], [691]. Die Strahlenschäden erzeugen in Silicium p-leitende Schichten [691]. Durch Beschuß von Silicium (p-Typ, 1 Ωm) mit hohen Wasserstoffdosen (4×10^{16} cm^{-2}, 1 MeV) wird es hochohmig [642]. Der Ausbreitungswiderstand (spreading resistance) wird 10^7 Ω; nach einer Temperung bei 600°C läßt er sich auf 5×10^3 Ω reduzieren. Durch Beschuß mit Stickstoffionen in niedriger Dosis wird n-Leitung erzeugt, bei hohen Dosen bildet sich eine Si$_3$N$_4$-Schicht aus [258], die jedoch schlechte elektrische Eigenschaften aufweist und nicht für Bauelementeanwendungen (z. B. vergrabene isolierende Schichten) geeignet erscheint. Die Implantation von Gold [635] hat in letzter Zeit starkes Interesse zur Einstellung der Minoritätsträgerlebensdauer gefunden.

6.1.9 Getterung

Die wichtigsten Mechanismen der Getterung sind die Anlagerung an Kristalldefekte und das Eingehen einer chemischen Verbindung. Die bekanntesten Methoden zur Getterung unerwünschter Verunreinigungen [295], [528] verwenden Phosphor- bzw. Borgläser [369], [491] oder Strahlenschäden [350], [478]. Hsieh und Mitarbeiter [350] untersuchten die Getterwirkung von implantiertem Phosphor, Argon und Arsen durch Messung der Sperrströme von Silicium-Multidioden-Targets. Dosen von 10^{16} P/cm^2, 10^{15} As/cm^2 oder 3×10^{15} Ar/cm^2 waren ausreichend, die gleiche Wirkung wie durch eine konventionelle Phosphorgetterung zu erzielen. Buck und Mitarbeiter [110], [111] untersuchten mittels Rückstreutechnik die Getterwirkung einer strahlengeschädigten Siliciumschicht. Die Strahlenschäden wurden durch Beschuß mit 10^{16} cm^{-2} Si-Ionen bei 100 keV erzielt. Eisen, Kobalt und Gold wurden langsam gegettert, Kupfer und Nickel sehr schnell. Die Konzentration in der geschädigten Schicht war 10^{13} cm^{-2} bis 10^{14} cm^{-2} für Eisen, Kobalt und Gold und zwischen 6×10^{14} cm^{-2} und 5×10^{16} cm^{-2} für Kupfer und Nickel. Die Erklärung für das unterschiedliche Verhalten der Elemente liegt in ihrer Löslichkeit und ihrem Diffusionskoeffizienten auf Zwischengitterplätzen. In Fig. 6.51 ist ein typisches Beispiel für die Getterung von Nickel wiedergegeben. In der Abbildung der Channeling-Messung sieht man rechts eine Nickelverteilung, die in der links davon sichtbaren

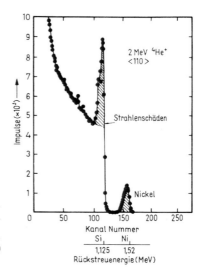

Fig. 6.51
Getterung von Nickel. Rückstreuspektrum (2 MeV He-Ionen) einer durch Implantation von 100 keV Si-Ionen in die Vorderseite geschädigte Si-Schicht. Nickel war vor der Temperung (900°C, 30 min) auf der Rückseite aufgedampft worden [111]

Strahlenschädenverteilung gegettert wurde. Seidel und Mitarbeiter [653], [654] untersuchten die Getterwirkung unterschiedlicher Ionen auf Gold. Es wurden Ionendosen von 10^{16} cm^{-2} bei einer Implantationsenergie von 200 keV verwendet. Die Proben wurden ebenfalls mittels Rückstreutechnik und teilweise durch Aufnahmen mit dem Transmissionselektronenmikroskop untersucht. Argon-Strahlenschäden getterten wesentlich besser als eine Phosphordiffusion bei Temperaturen unter 1000°C und gleich gut wie eine solche bei 1150°C. Die anderen Ionen getterten bei 1000°C schlechter als die Phosphordiffusion und zwar in der Reihenfolge Ar $\geq$ O > P > Si > As $\geq$ B. Insgesamt läßt sich sagen, daß die Getterwirkung von der Menge und der Art der verbleibenden Strahlenschädigung nach der Temperung abhängt. Bei Temperaturen unter 1000°C ist also Argon-Beschuß sehr wirksam zur effektiven Getterung von Gold, während die p- oder n-dotierenden Elemente, besonders Arsen, weniger geeignet sind.

6.1.10 Oxidation von implantiertem Silicium

Die Oxidationsrate von implantiertem Silicium kann durch eine hohe Strahlenschädenkonzentration oder durch chemische Wirkung der Dotierung erhöht bzw. durch letztere auch erniedrigt werden. Dieser Fall hat einiges Interesse gefunden, da

226 6 Eigenschaften ionenimplantierter Halbleiterschichten

dadurch selektive Oxidation möglich wäre [263], [752]. Es wurden Versuche mit Sauerstoff, Stickstoff und Kohlenstoff durchgeführt. In Fig. 6.52 ist die Zeitabhängigkeit des Oxidwachstums sowie die entsprechenden Brechungsindizes für eine Stickstoffimplantation bei 30 keV mit einer Dosis von 4×10^{15} cm^{-2} aufgetragen. Die trockene Oxidation wurde bei 1140°C durchgeführt. Die Schicht hat zunächst

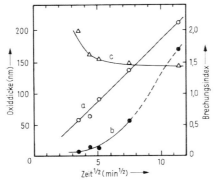

Fig. 6.52 Zeitabhängigkeit der Oxidation von Silicium von einer Stickstoffimplantation bei trockener Oxidation, im Vergleich zum nichtimplantierten Fall
a) nicht implantiert; b) implantiert;
c) Brechungsindex der implantierten Proben [263]

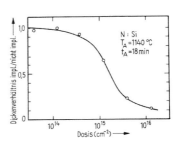

Fig. 6.53 Dosisabhängigkeit der Oxidation nach Stickstoffimplantation von Silicium [263]

einen höheren Brechungsindex als SiO_2, der sich jedoch später dem Wert von SiO_2 (1,46) annähert. Dies ist offensichtlich auf die Bildung einer SiO_2-Si_3N_4-Mischschicht zu Beginn der Oxidation zurückzuführen; diese Schicht hemmt im weiteren Verlauf die Oxidation. Bei niedrigeren Oxidationstemperaturen ergeben sich größere Unterschiede der Oxidationsrate. In Fig. 6.53 ist das Verhältnis der Oxiddicken für implantierte und nichtimplantierte Proben nach trockener Oxidation bei 1140°C (Dauer jeweils 18 min), abhängig von der Implantationsdosis, angegeben. Bereits bei relativ niedrigen Dosen zeigt sich eine deutliche Verringerung der Oxidationsrate. Kohlenstoffimplantation verringert die Oxidationsrate nur wenig. Bei Sauerstoff ist das Bild uneinheitlich. Während sich bei hohen Konzentrationen die Oxidationsrate erhöht, wird sie bei niedrigen Dosen verkleinert.

Die Erhöhung der Oxidationsrate durch Beschuß mit Antimon-, Phosphor-, Zinn- und Argonionen wurde von Nomura und Mitarbeitern [541] untersucht. In Fig. 6.54 sind Messungen der Oxiddicke nach feuchter Oxidation von antimonimplantierten Proben bei Temperaturen zwischen 900 und 1050°C abhängig von der Dosis wiedergegeben. Fig. 6.55 zeigt das Dickenverhältnis für antimon- und phosphorimplantierte Schichten abhängig von Oxidationszeit und -dosis. Die Erhöhung der Oxidationsrate beginnt unabhängig von der Ionenart bei einer Dosis von 5×10^{14} cm^{-2}. Durch Vortemperung zwischen 400°C und 1100°C in trockenem Stickstoff

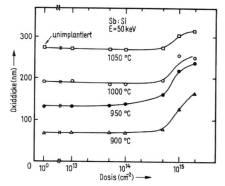
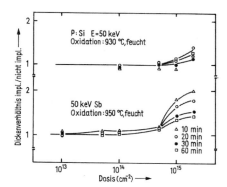

Fig. 6.54 Abhängigkeit der Oxiddicke als Funktion der Antimondosis für verschiedene Oxidationstemperaturen [541]

Fig. 6.55 Verhältnis der Oxiddicke von implantiertem zu nichtimplantiertem Gebiet für Sb und P abhängig von der Ionendosis bei feuchter Oxidation [541]

konnte gezeigt werden, daß die Erhöhung der Oxidationsrate kein Strahlenschaden-, sondern ein chemischer Effekt der implantierten Ionen ist. Offensichtlich wird die Oxidation nur im linearen Wachstumsbereich beeinflußt, im parabolischen Bereich ergibt sich wieder eine konstante Oxidationsrate (s. Abschn. 3.8.3). Die Ätzrate der Oxidschichten wird durch die beschleunigte Oxidation nicht beeinflußt.

6.2 Implantation in Germanium

Germanium hat in den letzten Jahren in der Halbleitertechnologie stark an Bedeutung verloren. Relativ wenige Untersuchungen wurden deshalb über die Eignung der Ionenimplantation zur Dotierung dieses Halbleiters durchgeführt. Da Strahlenschäden schon bei niedrigen Temperaturen ausheilen – die Rekristallisation einer amorphen Schicht ist bei ca. 420 °C bereits beendet – ist die Implantationstemperatur ein wichtiger Parameter und die Ursache für die teilweise widersprüchlichen experimentellen Ergebnisse.

Implantiert wurden alle Elemente der III. und V. Gruppe, dies sind Bor, Aluminium, Gallium [36], [47], [80], [328], [342], [343], [344], [389], [483], [545], [574], [728], und Germanium selbst, um Strahlenschäden und Sputtereffekte zu untersuchen. Mehrere Arbeiten befassen sich mit der Implantation von gleichrichtenden Kontakten für Kernstrahlungsdetektoren z. B. [574], eine Arbeit behandelt implantierte Mikrowellentransistoren [625], eine weitere die Implantation von Germanium-Sperrschichtfeldeffekttransistoren [756].

Herzer und Kalbitzer [328] untersuchten ausführlich das Ausheilverhalten und die Implantationsprofile von Arsen, Bor, Phosphor und Gallium in ⟨111⟩- und

228 6 Eigenschaften ionenimplantierter Halbleiterschichten

⟨110⟩-orientiertem Germanium. Die Implantationen wurden ohne Verkippung der Proben, d. h., in Channelingrichtung durchgeführt. Während Bor direkt nach der Implantation bereits seine maximale Aktivierung zeigt, sind bei den anderen Ionen Temperungen von 400°C (Gallium) bis 550°C (Arsen, Phosphor) notwendig, um die maximal mögliche elektrische Aktivierung zu erzielen. Für Implantationsdosen von 10^{14} cm^{-2} wurden nach einer Temperung bei 400°C folgende elektrische Aktivierungen gemessen: Bor 20%; Phosphor 20%; Gallium 80%. Als Beispiele dieser Messungen sind in Fig. 6.56 Borprofile dargestellt, die nach Implantation in ⟨110⟩-orientiertes Germanium bei 10 keV und 20 keV mit einer Dosis von 10^{14} cm^{-2} mit und ohne Temperung gemessen wurden. Es zeigt sich, wie zu erwarten, eine besonders große Eindringtiefe in ⟨110⟩-Richtung, eine thermische

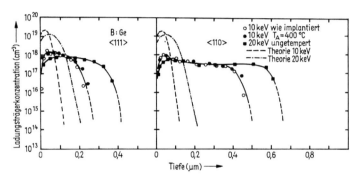

Fig. 6.56
Borprofile in ⟨111⟩- und ⟨110⟩-orientiertem Germanium unausgeheilt und nach einer Temperung bei 400°C im Vergleich zur Theorie [328]

Diffusion tritt nicht auf. Die relativ große Abweichung von der theoretischen Reichweite nach LSS [5] ist wahrscheinlich auf Channeling zurückzuführen, unter Umständen auch auf eine strahlungsbeschleunigte Diffusion während der Implantation [328]. Die phosphor- und galliumimplantierten Profile zeigen eine deutliche thermische Diffusion.

Sehr ähnliche Ergebnisse bezüglich des Ausheilverhaltens fanden Alton und Love [36], die überdies noch Aluminium, Antimon und Germanium untersuchten. Während Antimon eine Temperatur von 625°C zur maximalen Aktivierung benötigt, zeigt Aluminium eine steile Ausheilstufe bei 500°C. Im Unterschied zu der oben zitierten Arbeit besitzt auch Bor bei dieser Untersuchung eine Ausheilstufe bei ca. 450°C. Diese Diskrepanz ist wahrscheinlich auf einen Dosisrateneffekt zurückzuführen. Die germaniumimplantierten Proben zeigten nicht ausheilende Strahlenschäden bis zu Temperaturen von 700°C.

Björkquist und Mitarbeiter [80] untersuchten die Besetzung von Gitterplätzen durch implantierte Ionen in Germanium. Die Anzahl der Ionen auf Gitterplätzen ist in allen Fällen wesentlich größer als es der Löslichkeit im thermischen Gleichgewicht entspricht. Es zeigt sich im Gegensatz zu Implantationen in Silicium überhaupt keine Zwischengitterkomponente. In Tab. 6.4 sind die Ergebnisse dieser Arbeit zusammengefaßt und mit Ergebnissen bei Silicium verglichen. Die Implantationstemperaturen waren jeweils 300 bis 350°C (Ge) und 350 bis 450°C (Si).

6.2 Implantation in Germanium 229

Tab. 6.4 Vergleich der Gitterlokalisation von implantierten Ionen in Germanium und Silicium [80]

Ion	Germanium % entlang		Silicium % entlang	
	⟨111⟩	⟨110⟩	⟨111⟩	⟨110⟩
Sb	90	85	89	87
Bi	76	80	87	86
In	75	75	52	25
Tl	65	35	84	46
Sn	—	—	92	96
Pb	87	85	—	—

% entlang ⟨110⟩ ≈ % auf Gitterplätzen
% ⟨111⟩ − % ⟨110⟩ ≈ % auf Zwischengitterplätzen

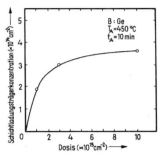

Fig. 6.57 Elektrische Aktivierung von Bor in Germanium abhängig von der Ionendosis. Implantationsenergie 78 keV (10^{15} cm^{-2}), 72 keV (3×10^{15} cm^{-2}), 60 keV (10^{16} cm^{-2}) [625]

Schmid und Mitarbeiter [625] untersuchten die Eignung der Implantation zur Herstellung von Mikrowellentransistoren in Germanium. Schwerpunkte ihrer Arbeiten waren das Verhalten von Bor, Aluminium und Arsen. In Fig. 6.57 ist die elektrische Aktivierung von Bor abhängig von der Dosis angegeben. Die Implantationsenergien (68 keV bis 78 keV) wurden so gewählt, daß der pn-Übergang immer in der gleichen Tiefe (500 nm) lag. Diese Messungen zeigen nach entsprechender Umrechnung, daß die Löslichkeit von Bor offensichtlich bei ca. 2×10^{19} cm^{-3} liegt. Gitterplatzlokalisation mittels der ^{11}B(p,α)^{8}Be-Reaktion zeigte bei einer Dosis von 10^{16} cm^{-2} und einer Temperung von 600°C nur etwa 5% der Ionen auf Gitterplätzen, was mit dem Ergebnis von Fig. 6.56 übereinstimmt. Ponpon und Mitarbeiter [574] studierten ebenfalls das Verhalten implantierter Borionen. Sie konnten durch Rückstreumessungen zeigen, daß praktisch alle Strahlenschäden nach einer Temperung bei 170°C ausheilen. Im Gegensatz dazu stellten Schmid und Mitarbeiter [625] auch bei einer 10fachen Dosis (10^{16} cm^{-2} gegenüber 10^{15} cm^{-2}) praktisch keine Strahlenschäden fest, während Sigurd und Mitarbeiter [687] für entsprechende Dosen sogar amorphe Schichten erhielten. Auch diese Unterschiede sind wahrscheinlich auf unterschiedliche Stromdichten während der Implantation zurückzuführen. Während die elektrische Aktivierung sich nach diesen beiden Untersuchungen durch eine Temperung fast nicht verändert, zeigt die Beweglichkeit bei niedrigen Dosen einen Einbruch bei ca. 200°C mit anschließender Erholung. Wesentlich bessere Ergebnisse wurden mit Aluminium erzielt. Es wurde eine ausgeprägte Ausheilstufe bei 500°C gefunden. Die gute elektrische Aktivierung bis zu hohen Dosen ist auf die hohe Löslichkeit von 4×10^{20} cm^{-3} [243] zurückzuführen. In Fig. 6.58 sind die erzielten Ladungsträgerkonzentrationen abhängig von Ionendosis und Ausheiltemperatur aufgetragen.

Arsen kann wegen seiner großen Masse nur zur Vorbelegung bei Bauelementeanwendungen verwendet werden [625]. Wegen seiner hohen Löslichkeit (ca. 10^{20} cm^{-3})

230   6 Eigenschaften ionenimplantierter Halbleiterschichten

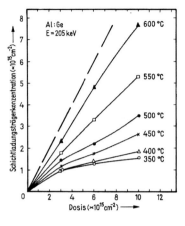

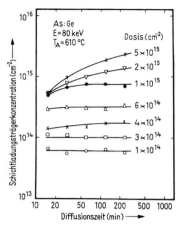

Fig. 6.58 Elektrische Aktivierung von Aluminium in Germanium abhängig von der Dosis und der Ausheiltemperatur [625]. Die gestrichelte Kurve gibt den Verlauf für 100% elektrische Aktivierung an

Fig. 6.59 Elektrische Aktivierung von Arsen in Germanium abhängig von Ionendosis und Diffusionszeit bei 610 °C [625]

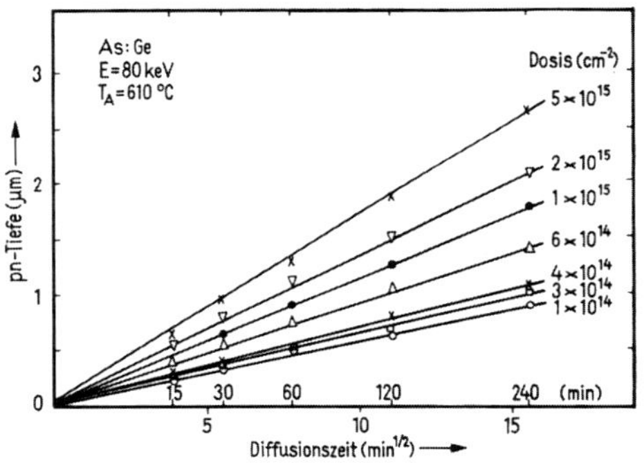

Fig. 6.60 Tiefe von pn-Übergängen in arsenimplantiertem Germanium abhängig von der Diffusionszeit bei 610 °C [625]

und seines ausreichend hohen Diffusionskoeffizienten ist es dadurch zusammen mit Aluminium sehr gut zur Implantation von Transistoren geeignet. In Fig. 6.59 ist für eine drive-in-Diffusion bei 610 °C die erreichbare elektrische Aktivierung aufgetragen. Sie beträgt für niedrige Dosen etwa 80%, und bei höheren Dosen steigt sie erst nach der Diffusion wegen der Löslichkeitsgrenze auf diesen Wert an.

Fig. 6.60 zeigt für Dosen zwischen 10^{14} cm^{-2} und 5×10^{15} cm^{-2} die Tiefe der pn-Übergänge abhängig von der Diffusionszeit bei 610 °C. Während der Diffusion wurde eine Abdeckschicht aus SiO_2 verwendet, um eine Ausdiffusion des Arsens zu verhindern. Sehr deutlich ausgeprägt ist die Konzentrationsabhängigkeit des Diffusionskoeffizienten.

Ähnliche Messungen führten Tinsley und Jones [728] durch. Sie implantierten bei Raumtemperatur und erzielten nach Temperungen zwischen 450 und 500 °C für Wismut und Antimon bzw. zwischen 550 und 600 °C für Indium einen maximalen Gitterplatzeinbau von 75 bis 80% mit anschließendem starken Abfall bei 700 °C (Implantationsdosis 5×10^{14} cm^{-2}). Sie erklären diesen Effekt durch Überschreiten der Löslichkeitsgrenze und Ausfall der überzähligen Ionen bei den höheren Tempera-

6.2 Implantation in Germanium   231

turen. Elektrische Aktivierungen wurden gemessen zu 50% (Ga), 80% (Bi), 15% (In). Letzgenannte Aktivierungshöhe ist im Widerspruch zu den Rückstreumessungen, die einen Anteil von 75% Indium auf Gitterplätzen zeigen. Eine Erklärung liegt in der geringen Ionisierung nach der Fermi-Dirac-Statistik.

Messungen der Beweglichkeit indium- und galliumimplantierter Schichten zeigten, daß die Beweglichkeit der des „bulk"-Materials entspricht [389], obwohl die elektrische Aktivierung nach Temperung bei 500°C für 45 min gering war (50% für Gallium, 10 bis 15% für Indium).

Dotierungsprofile von Sb-, As- und P-implantierten Schichten bestimmten Axmann und Mitarbeiter [47]. Sie implantierten mit Dosen zwischen 10^{12} cm^{-2} und 10^{13}

Tab. 6.5 Diffusionsverhalten implantierter Ionen in Germanium [47]

Element	Energie (keV)	D (cm^2/s)	Temperzeit (min)	nicht ausdiff. Anteil (%)	SiO$_2$-Abdeckung (nm)
Sb	700	$1,8 \times 10^{-13}$	20	60	0
	700	$1,8 \times 10^{-13}$	80	35	0
	200	$1,8 \times 10^{-13}$	30	20	0
	200	$1,8 \times 10^{-13}$	60	15	0
	200	$1,2 \times 10^{-13}$	30	30	300
	200	$1,2 \times 10^{-13}$	60	23	300
As	700	9×10^{-14}	45	60	0
	200	9×10^{-14}	45	40	0
P	200	4×10^{-14}	20	100	0
	200	4×10^{-14}	80	40	0

Die implantierten Dosen liegen zwischen 10^{12} und 10^{13} cm^{-2}

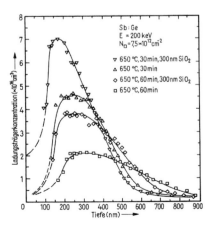

Fig. 6.61
Diffusionsprofile von Antimon in Germanium [47]

cm^{-2} bei 200 bis 700 keV. Durch Kapazität-Spannung-Messungen konnten sie die Ausdiffusion dieser Elemente bei der Temperung und die entsprechenden Diffusionskoeffizienten bestimmen. Durch Verwendung von SiO$_2$-Abdeckschichten ließ sich die Ausdiffusion verringern. In Tab. 6.5 sind einige charakteristische Ergebnisse nach Temperungen bei 600°C angegeben. Ein typisches Dotierungsprofil zeigt Fig. 6.61.

6.3 III-V-Halbleiter

Die III-V-Halbleiter, besonders GaAs, GaP, GaAs$_{1-x}$P$_x$ und Ga$_{1-x}$Al$_x$As, sind neben Silicium derzeit die wichtigsten halbleitenden Substanzen. Gründe dafür sind der direkte Band-Band-Übergang zahlreicher dieser Verbindungen, der eine strahlende Rekombination mit hohem Wirkungsgrad ermöglicht, die hohe Beweglichkeit der Elektronen, wodurch höhere Grenzfrequenzen bei Bauelementen möglich sind und der Gunneffekt [308], der den Aufbau einfacher Hochfrequenzoszillatoren erlaubt.

Einen Überblick über den Stand der Implantation bei III-V-Halbleitern geben Eisen [219] und Degen [186a], besonders viele Arbeiten zu diesem Thema wurden auf der Implantationskonferenz in Osaka 1974 [24] vorgestellt.

6.3.1 Galliumarsenid

GaAs ist im Hinblick auf Bauelementeanwendungen mit Abstand der wichtigste Verbindungshalbleiter. Die meisten Implantationsexperimente wurden deshalb auch in diesem Material vorgenommen. Als p-dotierende Elemente wurden Beryllium [364], Cadmium [355], [361], [363], Magnesium [364] und vor allem Zink [361], [363], [444], [462], [487], [598] untersucht. Anwendung könnten implantierte pn-Übergänge bei Lumineszenzdioden finden. n-Dotierung ist wegen der hohen Beweglichkeiten der Elektronen wichtig für Mikrowellenbauelemente wie Gunndioden und Schottky-Feldeffekttransistoren. Untersucht wurden in diesem Zusammenhang Schwefel [208], [361], [430], [618], Selen [248], Silicium [617], [618], Tellur [217], [315], [486] und Zinn [355].

Abdeckschichten Wegen der leichten Zersetzlichkeit von GaAs bei höheren Temperaturen ist die Verwendung von Abdeckschichten, die das Abdampfen einer Komponente des Halbleiters verhindern, unbedingt notwendig. Dies gilt für praktisch alle III-V-Halbleiter. Arsen dampft ab etwa 600°C merklich ab und verändert dadurch die Stöchiometrie an der Oberfläche. Anstelle einer Temperung unter einer Abdeckschicht kann sie unter Arsenüberdruck durchgeführt werden. Dies wäre jedoch vom implantationstechnischen Standpunkt aus ein Rückschritt.

Als einfachste Abdeckschicht bietet sich pyrolytisch bei 350 bis 450°C abgeschiedenes oder gesputtertes SiO$_2$ an. Damit wurden auch zahlreiche Experimente durchgeführt

[67], [312], [315]. SiO$_2$ maskiert ausgezeichnet gegen die Ausdiffusion von Arsen, hat jedoch einen hohen Diffusionskoeffizienten für Gallium, so daß sich durch Ausdiffusion Galliumleerstellen bilden können. Während dies bei p-Dotierung den Einbau der Dotierelemente auf Galliumplätzen erleichtern könnte, ist die Existenz von Galliumleerstellen für den Einbau der Fremdatome auf Arsenplätzen sicher von Nachteil, besonders wenn man an eine Reaktion zwischen Galliumleerstellen und Dotierungsatomen denkt. Als weitere Abdeckschicht bietet sich Si$_3$N$_4$ an, das ebenfalls in der Siliciumtechnologie weit verbreitet ist [67], [312], [315], [787]. Als Abscheideverfahren kommt vor allem die Ionenzerstäubung in Frage, da pyrolytische Schichten bei Temperaturen über 700°C abgeschieden werden müssen und sich GaAs dabei bereits zersetzen kann. Weitere Abdeckschichten, die möglich sind oder bereits erprobt wurden, sind AlN [764], Al$_2$O$_3$ [363] und SiO$_2$-Al$_2$O$_3$-Mischschichten, Silicium [502], Galliumoxid [327], [645] oder Metalle [646], [647], die bei den verwendeten Ausheiltemperaturen nicht mit GaAs legieren. Ein wichtiger Punkt für die erfolgreiche Dotierung von GaAs und anderen III-V-Halbleitern ist nach dem bisher Gesagten die Untersuchung und Auswahl geeigneter Abdeckschichten. Ein nahezu ideales Verfahren zur Untersuchung der passivierenden Wirkung von Abdeckschichten ist die Rückstreutechnik.

Die teilweise unzureichende passivierende Wirkung von SiO$_2$ auf GaAs wurde zuerst von Gyulai und Mitarbeitern [312] durch Rückstreumessungen festgestellt. Ein Rückstreuspektrum, das die Ausdiffusion von Gallium in SiO$_2$ nach einer Temperung bei 850°C zeigt, wurde bereits in Fig. 3.36 wiedergegeben. Bei p-Dotierung können dennoch ausreichend gute elektrische Eigenschaften implantierter Schichten erzielt werden. Dies liegt neben dem unter Umständen erleichterten Einbau der Dotierungsatome auf Galliumleerstellen hauptsächlich daran, daß die Atome während der notwendigen Temperung stets tief (im Vergleich zur geringen Implantationstiefe) in den Kristall diffundieren und die Oberflächeneigenschaften des Kristalls keine wesentliche Rolle spielen.

Woodcock und Mitarbeiter [787] untersuchten die Eigenschaften der maskierenden (z. B. gegen Ausdiffusion der implantierten Komponente) und passivierenden Wirkung von gesputtertem SiO$_2$ und Si$_3$N$_4$ sowie von pyrolytisch bei 750°C abgeschiedenen Si$_3$N$_4$-Schichten durch Photolumineszenzmessungen. Nach einer Temperung im Vakuum bei 600°C zeigt die mit SiO$_2$ abgedeckte Schicht eine völlige Degradation der Bandkantenemission, während sich unter den Nitridschichten keine Veränderung ergab. Bei den pyrolytischen Schichten war es wesentlich, die Proben wegen der hohen Abscheidetemperatur extrem rasch auf diese Temperaturen zu bringen.

Sato beobachtete die Bildung einer n-leitenden Schicht bei der Temperung (750°C) von semiisolierendem GaAs, das mit pyrolytischem SiO$_2$ bedeckt war [619]. Durch die Verwendung von Si$_3$N$_4$ ließ sich diese Schicht verhindern. Allerdings kann dieser Effekt auch bei Si$_3$N$_4$-bedeckten Schichten auftreten und ist möglicherweise auf Materialveränderung während der Temperaturbehandlung zurückzuführen.

Bell und Mitarbeiter [67] stellten fest, daß sich nach der Implantation von 10^{14} cm^{-2} Tellur unter SiO$_2$-Abdeckung Galliumoxid bildet. Bei elektrischen Messungen

234 6 Eigenschaften ionenimplantierter Halbleiterschichten

von p-dotierten Schichten zeigten sich keine entscheidenden Unterschiede bei SiO_2- oder Si_3N_4-Maskierung [796], während Eisen und Mitarbeiter [217], [315] bei tellurimplantierten Schichten eine höhere Aktivierung unter Si_3N_4-Abdeckungen messen konnten. Bei anderen Ionenarten sind die diesbezüglichen Ergebnisse nicht eindeutig. Bei schwefel- und selenimplantierten Schichten konnte praktisch die gleiche Aktivität nach Temperung bei 850 °C für 30 min unter SiO_2- wie unter Si_3N_4-Abdeckung gemessen werden [796].

Eine Ursache für teilweise widersprüchliche Ergebnisse könnte in den offensichtlich aus Gründen der Haftung der Abdeckschichten verwendeten niedrigen Ausheiltemperaturen von 700 bis 750 °C liegen, die keine vollständige elektrische Aktivierung gewährleisten. In den nächsten Abschnitten wird noch einige Male anhand spezieller Fälle auf die Problematik von Abdeckschichten eingegangen.

Eine sehr interessante Möglichkeit der Abdeckung wurde von Davies und Mitarbeitern [172], [180] angewandt. Durch gallium- und arsengesättigte SiO_2-Schichten kann die Ausdiffusion von Gallium aus dem Substrat beeinflußt werden. Bei einem Vergleich mit reinen SiO_2- sowie Si_3N_4-Schichten stellten sie je nach Gittereinbau der Dotieratome unterschiedliche Aktivierbarkeiten fest. So ist z. B. im Fall von Schwefel Ga-SiO_2, im Fall von Silicium reines SiO_2 am besten als Abdeckschicht geeignet, da im ersten Fall durch das Vermeiden von Ga-Leerstellen ein Einbau auf As-Plätzen, im zweiten Fall durch das Auftreten von Ga-Leerstellen ein Einbau auf Ga-Plätzen gefördert wird.

Tab. 6.6 Einfluß von semiisolierendem GaAs auf den Dotierungswirkungsgrad von Schwefel [357]

Probe	$N_{S,eff}$ (cm^{-2})	$\mu_{S,eff}$ (cm^2/Vs)	Dotierwirkungsgrad (%)
A_1 oben	$3{,}0 \times 10^{12}$	2910	20
A_1 unten	$2{,}1 \times 10^{12}$	2660	14
A_2 oben	$5{,}4 \times 10^{12}$	2620	36
A_2 unten	$3{,}6 \times 10^{12}$	2920	24
B_1	$4{,}1 \times 10^{12}$	2840	27
C_1	$4{,}4 \times 10^{12}$	3170	29
C_2 oben	$5{,}0 \times 10^{12}$	3620	33
C_2 unten	$4{,}4 \times 10^{12}$	3410	29
C_3 oben	$4{,}4 \times 10^{12}$	3360	29
C_3 unten	$3{,}8 \times 10^{12}$	3350	25
D_1 oben	$1{,}0 \times 10^{12}$	2540	6,7
D_1 unten	$1{,}2 \times 10^{12}$	2410	8

Dosis und Energie jeweils 5×10^{12} cm^{-2} (30 keV) und 10^{13} cm^{-2} (150 keV), getempert für 20 min bei 800 °C

n-Dotierung Während n-Dotierung in der Schmelze problemlos ist und den Stand der Technik darstellt, ist die Dotierung mittels Diffusion wegen der niedrigen Diffusionskoeffizienten sehr schwierig. Deshalb wird seit einigen Jahren versucht, GaAs durch Ionenimplantation zu dotieren. Hauptziel der Implantation von n-dotierten Schichten ist die Herstellung von Kontakten für Gunnelemente und Schottkyfeldeffekttransistoren, d. h., es ist eine hohe elektrische Aktivierung der implantierten Schichten erforderlich. Hunsperger hat den Einfluß des Substratmaterials auf die maximal erzielbare elektrische Aktivierung in semiisolierendem GaAs untersucht [357]. Für Schwefel fand er Werte zwischen etwa 7% und 46% für jeweils die gleichen Implantationsparameter (Energie 30 keV und 150 keV, Dosen 5×10^{12} cm^{-2} und 10^{13} cm^{-2}, Temperung 800°C für 20 min); die Ergebnisse sind in Tab. 6.6 wiedergegeben. Dieses Ergebnis zeigt deutlich, daß Messungen in GaAs bei dem augenblicklichen Stand der Kristallzucht nur verglichen werden können, wenn sie an gleichem Material vorgenommen werden.

Um eine hohe elektrische Aktivierung zu erzielen, scheint es bei n-Dotierung vorteilhaft zu sein, bei höheren Substrattemperaturen zu implantieren. Harris und Mitarbeiter [316] stellten fest, daß die elektrische Aktivierung niedriger ist, wenn während der Implantation eine amorphe Schicht erzeugt wird. Gute Ergebnisse bei Tellur wurden nach Implantation bei 150°C erzielt [315], bei Schwefelimplantation zwischen 150 und 450°C [172]. Rückstreumessungen von Gamo und Mitarbeitern [277] für tellur- und cadmiumimplantierte Schichten zeigten einen optimalen Einbau auf Gitterplätzen nach Implantation zwischen 200 und 300°C. In Fig. 6.62 sind diese Messungen, abhängig von der Kristallorientierung, wiedergegeben. Weitere Arbeiten zur Gitterplatzlokalisierung von Tellur wurden z. B. von Takai und Mitarbeitern [714] durchgeführt.

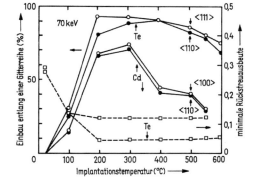

Fig. 6.62
Einbau von implantiertem Cadmium und Tellur in GaAs abhängig von Implantationstemperatur und Kristallorientierung [277], [715]

Sehr ausführliche Untersuchungen zur n-Dotierung von GaAs führten Woodcock und Mitarbeiter [787] und Davies und Mitarbeiter [172], [180] für Selen, Zinn, Silicium und Schwefel, sowie Eisen und Mitarbeiter [217], [315] für Tellur durch. Davies und Mitarbeiter verwendeten zur Passivierung neben reinen auch gallium- und arsendotierte SiO$_2$-Schichten, AlN und Si$_3$N$_4$ und implantierten zwischen Raumtemperatur und 650°C. In Fig. 6.63 ist ein Beispiel ihrer Ergebnisse

236 6 Eigenschaften ionenimplantierter Halbleiterschichten

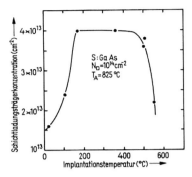

Fig. 6.63 Einfluß der Implantationstemperatur auf die elektrische Aktivierung implantierten Schwefels in GaAs [172]

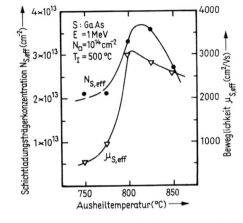

Fig. 6.64 Abhängigkeit der Schichtladungsträgerkonzentration und der Beweglichkeit von der Ausheiltemperatur von schwefelimplantiertem GaAs, das während der Temperung mit Ga-dotiertem SiO_2 abgedeckt war [180]

peratur für Schwefel wiedergegeben [172]. Bei Temperaturen zwischen 200 und 500°C ist $N_{S,eff}$ um einen Faktor 2,5 höher als bei ungeheizten Proben. Der Abfall bei höheren Temperaturen ist wahrscheinlich auf Galliumausdiffusion zurückzuführen. In Fig. 6.64 ist die Abhängigkeit von $N_{S,eff}$ von der Ausheiltemperatur unter Ga-SiO_2-Abdeckung für eine bei 500°C (die Temperatur ist etwas höher als optimal) mit Schwefel implantierte Probe aufgetragen. Die höchste Aktivierbarkeit wurde unter Ga-SiO_2-Abdeckung mit 40% bei einer Dosis von 10^{14} cm^{-2} bei 825°C gefunden. Für Si_3N_4 ist sie 25% und für reines SiO_2 geringfügig schlechter. AlN ergab eine Aktivierbarkeit kleiner 10%. Gallium in SiO_2 verhindert offensichtlich wirkungsvoll eine Galliumausdiffusion aus dem Substrat. Ähnliche Ergebnisse wurden für selenimplantierte Proben gefunden, jedoch ist hier die Beweglichkeit niedriger und die optimale Ausheiltemperatur liegt bei 850°C für eine Dosis von 10^{14} cm^{-2}. Bei siliciumimplantierten Proben (Dosis 10^{14} cm^{-2}, Implantationstemperatur zwischen 250 und 300°C) sind die Ergebnisse mit den Abdeckschichten genau umgekehrt. Ga-SiO_2-Abdeckschichten ergeben nur nach Temperung bei 800°C 6 bis 8%, dagegen reines SiO_2 bis zu 24% maximale Aktivierbarkeit; AlN und Si_3N_4 liegen dazwischen. In diesem Fall ist eine gewisse Ausdiffusion von Gallium offensichtlich hilfreich für den Einbau des Siliciums in das Kristallgitter. Die Schichtladungsträgerkonzentration steigt linear mit der Ausheiltemperatur bis zur Zerstörung der Abdeckschichten (ca. 900°C) an. In Tab. 6.7 sind die optimalen Ergebnisse für Implantationen bei Raumtemperatur und erhöhten Temperaturen unter optimalen Ausheilbedingungen verglichen. Während sich bei Schwefel und Selen eine deutliche Erhöhung von $N_{S,eff}$ bei Hochtemperaturimplantationen zeigt, tritt dieser Effekt bei Silicium praktisch nicht auf.

Tab. 6.7 Effekt der Implantationstemperatur und der Abdeckung auf die Aktivität von S, Se und Si in GaAs [180]

Ion	T_I (°C)	T_A (°C)	Abdeckung	$\mu_{S,eff}$ (cm²/Vs)	$N_{S,eff}$ (cm⁻²)	$\dfrac{N_{S,eff}\,(\text{heiß impl.})}{N_{S,eff}\,(\text{RT impl.})}$
S	360	825	Ga-SiO₂	3100	$4{,}0 \times 10^{12}$	2,5
	20	825	Ga-SiO₂	3000	$1{,}6 \times 10^{12}$	
Se	280	825	Ga-SiO₂	2050	$2{,}9 \times 10^{12}$	3,2
	20	825	Ga-SiO₂	1650	$0{,}9 \times 10^{12}$	
Si	235	825	As-SiO₂	2750	$2{,}2 \times 10^{12}$	1,2
	20	825	As-SiO₂	2700	$1{,}9 \times 10^{12}$	
Si	295	810	SiO₂	3000	$2{,}3 \times 10^{12}$	1,3
	20	810	SiO₂	3350	$1{,}8 \times 10^{12}$	

Auch Woodcock und Mitarbeiter [787] verglichen Implantationen bei Raumtemperatur und höheren Temperaturen. Getempert wurde unter Si₃N₄-Abdeckung bei 700 °C, doch sind die Schichten bei diesen Temperaturen noch nicht optimal aktiviert. Profilmessungen zeigten in allen Fällen (Selen, Zinn, Schwefel, Silicium) recht große Abweichungen von der LSS-Theorie. Beispiele sind in Fig. 6.65 bis 6.67 wiedergegeben. Bei dieser niedrigen Ausheiltemperatur ergaben sich nur bei Selen und Zinn bessere Ergebnisse durch Implantation in geheizte Proben. Implantationen bei erhöhten Temperaturen und bei hohen Dosen führen zu tiefer liegenden Verteilungen. Bei Zinn ergab sich eine Maximalkonzentration von 10^{18} cm⁻³ nach einer Implantation von $2{,}5 \times 10^{15}$ cm⁻² bei 200 °C.

Bei Tellur liegen für Dosen von $10^{14}-10^{15}$ cm⁻² die erreichbaren Werte von $N_{S,eff}$ bei ca. 3×10^{13} cm⁻². Es werden dazu Ausheiltemperaturen von 900 °C unter Si₃N₄-Abdeckungen benötigt. Sehr problematisch ist hierbei die Haftung der Schichten. Bei niedrigeren Dosen können höhere Werte der Aktivierung erzielt werden. Müller und Mitarbeiter [520] maßen für eine Dosis von 10^{13} cm⁻² ca. 75% nach einer Temperung bei 850 °C für 120 min (Si₃N₄-Abdeckung). Einige Profile, die sehr tiefe Ausläufer zeigen, sind in Fig. 6.68 dargestellt.

Auch zum Channelingeffekt wurden einige Untersuchungen bei GaAs durchgeführt. Whitton und Bellavance [769] maßen mit Hilfe von Radiotracer-Implantationen des Isotops ³⁵S Profile in GaAs. Fig. 6.69 zeigt die Abhängigkeit der Reichweite von der Kristallorientierung. Wie bei Silicium ist die Channelingwahrscheinlichkeit in ⟨110⟩-Richtung am größten. Die Abhängigkeit des Channelingeffektes von der Ionendosis ist in Fig. 6.70 dargestellt. Während im Dosisbereich bis 5×10^{13} cm⁻² keine Abhängigkeit zu beobachten ist, nimmt bei höheren Dosen der Channelingeffekt stark ab, weil die Ionen wegen der Zunahme der Strahlenschäden stärker gestreut werden.

238   6 Eigenschaften ionenimplantierter Halbleiterschichten

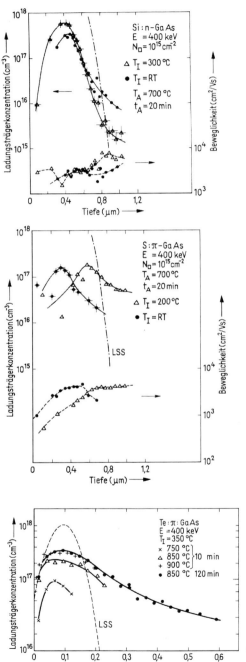

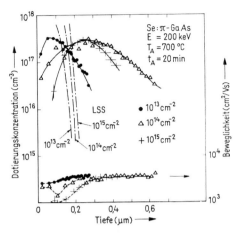

Fig. 6.66 Dotierungs- und Beweglichkeitsprofile von selenimplantierten GaAs-Schichten mit 200 keV und Dosen zwischen 10^{13} und 10^{15} cm^{-2}. Ebenfalls eingetragen sind die theoretischen LSS-Verteilungen. Temperung bei 700 °C für 20 min [787]

Fig. 6.65
Dotierungs- und Beweglichkeitsprofile für siliciumimplantierte GaAs-Schichten mit 400 keV und Dosen von 10^{13}, 10^{14} und 10^{15} cm^{-2}. Ebenfalls eingetragen ist die theoretische Verteilung [787]. Temperung bei 700 °C für 20 min

Fig. 6.67
Dotierungs- und Beweglichkeitsprofile von schwefelimplantierten GaAs-Schichten mit 400 keV (10^{15} cm^{-2}) bei Raumtemperatur und 200 °C [787]. Temperung bei 700 °C für 20 min

Fig. 6.68
Tellurprofile in GaAs nach unterschiedlicher Temperung. $E = 400$ keV, $N_\square = 10^{13}$ cm^{-2} [520]

6.3 III-V-Halbleiter 239

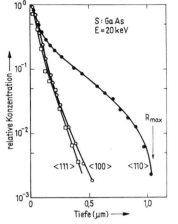

Fig. 6.69 Einfluß der Kristallorientierung auf Channelingprofile von 20 keV Schwefel in GaAs [769]

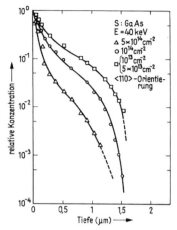

Fig. 6.70 Einfluß der Dosis auf Channelingprofile von 40 keV Schwefel in $\langle 110 \rangle$-GaAs [769]

p-Dotierung GaAs wird bei thermischer Diffusion ausschließlich mit Zink in einer Ampulle unter Arsenüberdruck dotiert. Die ersten Implantationsexperimente zur p-Dotierung wurden mit Zink und Cadmium durchgeführt [359], [360], [363], [377], [486], [632]. Alle Experimente, wenn nicht ausdrücklich anders erwähnt, wurden unter Verwendung von SiO_2-Abdeckschichten durchgeführt. Um die Ausbildung amorpher Schichten zu vermeiden, wurden die meisten früheren Experimente bei 400°C [359], [363], [486] vorgenommen. Es bildeten sich p-leitende Schichten, gleichzeitig jedoch auch isolierende Schichten, die sich abhängig von Substratdotierung und Ausheiltemperatur bis zu 160 µm in den Halbleiter erstreckten, wobei die Tiefen der pn-Übergänge einige µm betrugen [377]. Itoh und Mitarbeiter [377] konnten zeigen, daß dieser Effekt auf die Wirkung von Arsenleerstellen zurückzuführen ist, die während der Implantation entstehen und während der Temperung in den Halbleiter diffundieren. Durch eine zusätzliche Implantation von Arsen läßt sich die Ausbildung der semiisolierenden Zonen vermeiden. Hunsperger und Marsh [360] untersuchten die Abhängigkeit des Effektes von der Substratkonzentration und der Implantationstemperatur. Sie fanden eine Abhängigkeit der Weite der Zone vom Kehrwert der Substratdotierung. Während bei niedriger Substratdotierung die Weite der Zone durch Temperung zunimmt, verkleinert sie sich bei hoher Substratdotierung. Nach Implantation bei Raumtemperatur ist sie wesentlich kleiner ($<0{,}2$ µm, Substratdotierung $\approx 2 \times 10^{18}$ cm^{-3}), manchmal nicht existent und verschwindet nach einer Temperung bei 800°C. Neuere Messungen lassen vermuten, daß dieser Effekt stark vom verwendeten Substratmaterial abhängt und bei gutem Material zumindest nach Implantation bei Raumtemperatur nicht auftritt. In jedem Fall läßt sich aus diesen Messungen der Schluß ziehen, daß man p-dotierende Elemente am besten bei Raumtemperatur implantiert.

240 6 Eigenschaften ionenimplantierter Halbleiterschichten

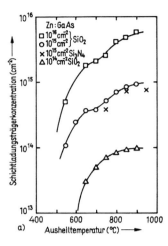
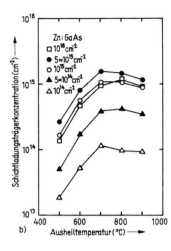

Fig. 6.71
Vergleich des isochronalen Ausheilverhaltens von implantiertem Zink in GaAs bei unterschiedlichen Dosen unter SiO_2-Abdeckung nach Zölch [796] $t_A = 30$ min (a), und Yuba und Mitarbeiter [792] $t_A = 30$ min (b)
Angegeben ist außerdem eine Messung unter Si_3N_4-Abdeckung [796]

In Fig. 6.71 wird das Ausheilverhalten diverser Zinkimplantationen, die jeweils mit SiO_2 zur Temperung abgedeckt wurden, verglichen [792], [796]. Man sieht aus diesen Messungen deutlich, mit wieviel Vorsicht man an den Vergleich von Implantationsexperimenten herangehen muß. Während für eine Dosis von 10^{16} cm^{-2} in der Arbeit von Yuba und Mitarbeitern [792] eine maximale Oberflächenladungsträgerkonzentration von ca. 10^{15} cm^{-2} gemessen wird, erhält Zölch [796] 2×10^{15} cm^{-2}. Auch die Unterschiede in den Kurvenverläufen mit einem stetigen Anstieg [796] bzw. einem Maximum der Ladungsträgerkonzentration bei Temperaturen zwischen 700 und 800°C [792] sind erstaunlich und z. Zt. nicht interpretierbar. Zink wird bis zu Implantationsdosen von 10^{15} cm^{-2} etwa 100% elektrisch aktiv, und es werden Maximalkonzentrationen der Dotierung erreicht, die der chemischen Löslichkeit (ca. $1{,}7 \times 10^{20}$ cm^{-3} bei 800°C [130]) entsprechen. In Fig. 6.72 sind einige Dotierungsprofile abhängig von der Ausheiltemperatur für eine Implantation bei 150 keV mit einer Dosis von 10^{15} cm^{-3} aufgetragen. Während bei den niedrigen

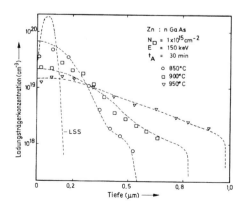

Fig. 6.72
Dotierungsprofile von zinkimplantiertem GaAs nach Temperung bei 850 bis 950°C, Energie 150 keV, Dosis 10^{15} cm^{-2} [796]

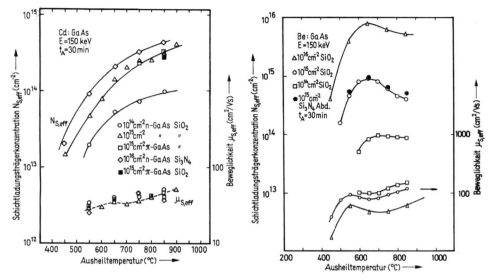

Fig. 6.73 Elektrische Aktivierung von cadmiumimplantiertem GaAs [796]. Energie 150 keV, Dosis 10^{14} bis 10^{16} cm^{-2}; getempert wurde mit Si$_3$N$_4$ oder SiO$_2$-Abdeckung

Fig. 6.74 Elektrische Aktivierung von berylliumimplantiertem GaAs [796]. Energie 150 keV, Dosis 10^{14} bis 10^{16} cm^{-2}; getempert wurde mit Si$_3$N$_4$ oder SiO$_2$-Abdeckung

Temperaturen die Aktivierung noch unvollständig ist, tritt ab 750°C bereits eine Diffusion auf, die jedoch wesentlich geringer als bei einer Ampullendiffusion entsprechender Temperatur ist. Dies ist wahrscheinlich auf unterschiedliche Diffusionsmechanismen (Gitterplatzdiffusion [796] bei implantiertem Zink) zurückzuführen. Die Beweglichkeit erreicht nur nach einer Temperung über 800°C die der Dotierung entsprechenden Werte.

Cadmium wird nur bis zu Dosen von 10^{14} cm^{-2} vollständig elektrisch aktiv und benötigt sehr hohe Ausheiltemperaturen. In Fig. 6.73 sind Messungen von Zölch für Dosen zwischen 10^{14} cm^{-2} und 10^{16} cm^{-2} verglichen [796]. Bemerkenswert ist die niedrige Beweglichkeit, die auf mangelhafte Ausheilung von Defekten hinweist. Dieser Befund wird auch durch Rückstreumessungen gestützt. Untersuchungen der Elektrolumineszenz cadmiumimplantierter Dioden zeigen damit übereinstimmend einen sehr niedrigen Lumineszenzwirkungsgrad [612].

Als weitere p-dotierende Elemente wurden Beryllium und Magnesium untersucht [796]. Beryllium wird für Dosen zwischen 10^{14} cm^{-2} und 5×10^{15} cm^{-2} nach einer Temperung bei 650°C für 15 bis 30 min etwa 100% elektrisch aktiv (Fig. 6.74). Bei höheren Ausheiltemperaturen sinkt dieser Wert wieder, unabhängig davon, ob eine SiO$_2$- oder Si$_3$N$_4$-Abdeckung verwendet wurde. Bei niedrigen Dosen sind Temperaturen von 700°C notwendig, um 100% elektrische Aktivierung der implantierten Ionen zu erreichen. Bei Beryllium findet auch bei hohen Dosen bereits nach einer Temperung bei 650°C eine maximale Aktivierung statt. Dies ist evtl.

242 6 Eigenschaften ionenimplantierter Halbleiterschichten

auf die niedrige Strahlenschädenkonzentration durch die geringe Masse von Beryllium im Vergleich zu GaAs zurückzuführen. Ungeklärt ist jedoch das Verhalten bei niedrigen Dosen und der Rückgang der Ladungsträgerkonzentration bei hohen Ausheiltemperaturen und hohen Dosen. Das Verhalten unter SiO_2- und Si_3N_4-Abdeckung ist etwa gleich, mit der Tendenz zu einer geringfügig höheren Aktivität bei Si_3N_4-Schichten. Vergleichbare Ergebnisse erhielten Hunsperger und Mitarbeiter [364]. Auch die Messung von Dotierungsprofilen läßt keine eindeutige Interpretation zu. In Fig. 6.75 sind Dotierungs- und Beweglichkeitsprofile wiedergegeben. Die Implantationen wurden bei 150 keV mit einer Dosis von 10^{15} cm^{-2} durchgeführt und die Ausheiltemperatur zwischen 600 und 850°C bei einer konstanten Temperzeit von 30 min variiert. Das Profil ist nach einer Temperung bei 700°C etwa gaußförmig und verbreitert sich bei weiterer Temperung, wobei entweder durch eine Ausdiffusion oder wahrscheinlicher durch eine Komplexbildung Beryllium verloren geht. Eine der Dotierung entsprechende Beweglichkeit wird bereits nach einer Temperung bei 600°C erreicht. Chatterjee und Mitarbeiter [132] untersuchten berylliumimplantierte Schichten durch Photolumineszenzmessungen abhängig von den Ausheilbedingungen. Die Intensität war unter Si_3N_4-Abdeckung besser als bei der Verwendung von SiO_2 oder einer Temperung unter Arsenüberdruck.

Magnesium zeigt ein anderes Ausheilverhalten als Beryllium [364], [796]. Nach einer Temperung bei 600°C sind nur 0,4% (Dosis 10^{15} cm^{-2}) bis 5% (Dosis 5×10^{13} cm^{-2}) elektrisch aktiv. Während bei Dosen $\leq 5 \times 10^{13}$ cm^{-2} eine Aktivierung von 100% erst nach einer Temperung bei 900°C erreicht wird [364], zeigt sich bei höheren Dosen ein Maximum nach einer Temperung bei 650 bis 750°C mit

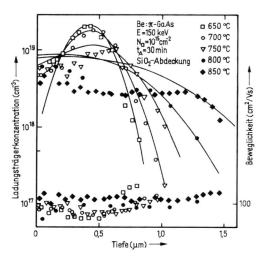
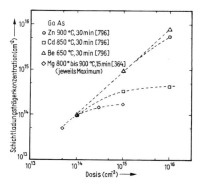

Fig. 6.75 Dotierungsprofile und Beweglichkeit von berylliumimplantiertem GaAs nach Temperung bei 650 bis 850°C; Energie 150 keV, Dosis 10^{15} cm^{-2} [796]

Fig. 6.76 Vergleich der maximal erreichbaren Schichtladungsträgerkonzentration von Zn, Cd, Be und Mg in GaAs [364], [796]

anschließender Abnahme in der Aktivierung. Die maximal erreichbare Oberflächenladungsträgerkonzentration beträgt etwa 2×10^{14} cm^{-2}. Die Lumineszenzeigenschaften magnesiumimplantierter Dioden sind wesentlich schlechter als die zink- und berylliumimplantierter Dioden [612]. Einen Vergleich der maximal erreichbaren Schichtladungsträgerkonzentration verschiedener Dotierelemente als Funktion der Dosis bei einer Implantationsenergie von 150 keV zeigt Fig. 6.76.

In einer interessanten Arbeit untersuchten Kachurin und Mitarbeiter [280], [392] den Einfluß von Leerstellen auf die Diffusion von Dotierungsatomen. Bei Cadmium und Zink konnten sie durch die zusätzliche Implantation von Arsen die Diffusion während der Temperung sehr stark reduzieren. Sie erklären dies durch Einfang des Zinks bzw. Cadmiums an überschüssigen Ga-Leerstellen, die durch die Arsenimplantation erzeugt wurden.

Herstellung von Mischkristallen Durch Implantation von Elementen der III. oder V. Gruppe (z. B. Al, In, P, Sb) des Periodensystems in GaAs sind Mischkristalle herstellbar. Wegen der notwendigerweise sehr hohen Dosen wurden nur wenige Experimente durchgeführt [68], [358], [512], [690], [696], [762]. Hunsperger und Marsh [358] konnten durch Implantation von Aluminium und Zink Dioden herstellen, die in Vorwärtsrichtung Licht mit einem Maximum bei 1,48 eV emittierten. Die verwendete Dosis war etwa 2×10^{16} cm^{-2} bei 30 keV, bei einer Implantationstemperatur von 400°C. Die Intensität der sichtbaren Strahlung war relativ niedrig trotz Temperung bei 900°C. Entsprechende Versuche mit Phosphor [762] zeigten eine ebenfalls geringe Intensität der kurzwelligen Strahlung. Skolnik und Mitarbeiter [690] und Spitzer [696] konnten sowohl für Aluminium als auch für Phosphorimplantationen mit Dosen zwischen 2×10^{16} cm^{-2} und $3,7 \times 10^{16}$ cm^{-2} bei 10 keV durch Infrarotabsorptionsmessungen nachweisen, daß nach Temperungen bei 900°C für 1 Stunde praktisch die gesamten implantierten Phosphor- und Aluminiumionen auf Gallium- bzw. Arsenplätzen eingebaut werden. Trotzdem wird offensichtlich durch nichtausheilende Strahlenschäden ein hoher Lumineszenzwirkungsgrad verhindert. Für indium- und zinkimplantierte GaAs-Dioden (Indiumdosis 10^{17} cm^{-2}, -energie 60 keV, Zinkdosis 10^{14} cm^{-2}, -energie 60 keV) konnten Monteith und Mitarbeiter [512] durch Messung der Photoempfindlichkeit nachweisen, daß bis zu 40% Indium aktiv in das GaAs eingebaut wurde. In einer neueren Arbeit von Belyi und Mitarbeitern [68], in der auch weitere russische Ergebnisse zitiert werden, wird über Experimente zur Herstellung von GaAs$_{1-x}$P$_x$ und Al$_x$Ga$_{1-x}$As durch die Implantation von Aluminium und Phosphorionen bei Raumtemperatur bzw. 420 bis 500°C berichtet. Der Einbau der Ionen wurde durch Photolumineszenzmessungen nachgewiesen. Nach Temperung bei 400°C nach Raumtemperaturimplantation bzw. direkt nach einer Hochtemperaturimplantation konnte ein ca. 30% betragender Einbau auf aktiven Gitterplätzen gemessen werden. Der Widerspruch zu den Ergebnissen von Hunsperger und Marsh [358] ist ungeklärt.

6.3.2 Andere III-V-Halbleiter

GaP oder Mischkristalle aus GaAs und GaP sind sehr wichtige Materialien zur Herstellung von Lumineszenzdioden für den roten, grünen und gelben Bereich. Trotzdem wurden nur wenige Untersuchungen zur Dotierung dieser Halbleiter durch Ionenimplantation vorgenommen [131], [774], während sich relativ viele Untersuchungen mit Rückstreumessungen in GaP befassen [122], [569], [769]. Ursache für dieses geringe Interesse dürfte bei der relativ gut beherrschten Zn-Diffusion zu suchen sein. Neben der Implantation von pn-Übergängen [368], [669], [774] fand auch das Einbringen von Stickstoff in GaP und $GaAs_{1-x}P_x$ zur Erhöhung der Lumineszenzausbeute Interesse [298], [490]. Für beide Anwendungsgebiete wäre die exakte Prozeßkontrolle und das gezielte Einbringen der Dotierung durch die Implantation vorteilhaft, z. B. um die dotierte Schicht in Bezug auf Emission und Absorption zu optimieren.

Wiemer und Mitarbeiter [774] zeigten als erste, daß zinkimplantierte $GaAs_{1-x}P_x$-Dioden ($x=0,4$) gleich gute Lumineszenzeigenschaften wie diffundierte Dioden erreichen können. Sie verwendeten sehr hohe Dosen (10^{16} cm^{-2}) und hohe Ausheiltemperaturen (920 °C für 30 min). Als wichtig erwies sich eine Getterung vor der Implantation und die Vermeidung zu langer Ausheilzeiten. Itoh und Oana [378], [381] maßen das Ausheilverhalten und Dotierungsprofile zinkimplantierter $GaAs_{0,62}P_{0,38}$-Schichten. Die Implantationen wurden mit 20 keV zwischen Raumtemperatur und 450 °C durchgeführt. In Fig. 6.77 ist die Temperatur- und Dosisabhängigkeit des Schichtwiderstandes aufgetragen. Es zeigt sich erst ab Dosen von

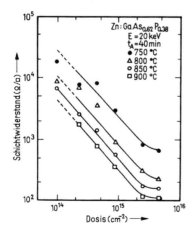

Fig. 6.77 Schichtwiderstand von Zn-implantierten $GaAs_{0,62}P_{0,38}$-Schichten abhängig von der Dosis bei unterschiedlichen Ausheiltemperaturen [378]

Tab. 6.8 Tiefe des pn-Überganges abhängig von Implantationsdosis und Ausheiltemperatur [551]

Dosis ($\times 10^{15}$ cm^{-2})	Ausheilzeit (h)	pn-Tiefe (µm)	Weite der p$^-$-Schicht (µm)
2	28	1,6	1,0
4	18	2,0	1,1
8	15	1,3	1,1
16	8	2,4	0,8
Diffusion	0,5	2,4	0

5×10^{15} cm^{-2} ein Sättigungseffekt. Die effektive Ladungsträgerkonzentration $N_{S,eff}$ der zinkimplantierten Schichten zeigt bei Raumtemperaturimplantation ein abnormales Verhalten. Bei niedrigen Dosen war die Aktivität des Zinks etwa 60% (Ausheilung bei 800 °C für 40 min), aber etwa 150% bei einer Dosis von 2×10^{15} cm^{-2} und 300% bei einer Dosis von 5×10^{15} cm^{-2}. Bei höheren Implantationstemperaturen ging dieser Effekt zurück [378]. Verbunden damit war eine Abnahme der pn-Tiefe und eine Zunahme des Lumineszenzwirkungsgrades. Die Ursache für diese Effekte konnte nicht geklärt werden. Ono und Mitarbeiter [551], [669] untersuchten das Verhalten zinkimplantierter Schichten unter definierteren Bedingungen. Alle Untersuchungen wurden bei einer pn-Tiefe von etwa 2 μm durchgeführt, die einen optimalen externen Quantenwirkungsgrad ergibt. In Tab. 6.8 sind die pn-Tiefen abhängig von Dosis und Diffusionszeit aufgeführt. Die Implantationen wurden bei 650 keV mit Dosen von 2×10^{15} bis 16×10^{15} cm^{-2} durchgeführt; getempert und diffundiert wurde unter einer SiO$_2$-Abdeckschicht bei 750 °C in einer Quarzampulle. Im Gegensatz zu der diffundierten Vergleichsprobe zeigen die implantierten Schichten eine p$^-$-Zone am pn-Übergang.

In Fig. 6.78 ist die relative Lumineszenzintensität abhängig von der Implantationsdosis und -temperatur aufgetragen. Das Maximum liegt bei etwa 4×10^{15} bis 8×10^{15} cm^{-2}. Ursache für den hohen Wirkungsgrad ist die relativ niedrige Zink-Konzentration am pn-Übergang. Die maximale Helligkeit der Dioden war 500 cd/m^2 bei 8,9 A/cm^2.

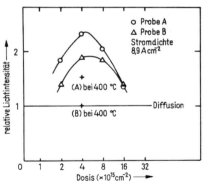

Fig. 6.78
Relative Lumineszenzintensität abhängig von der Ionendosis im Vergleich zu diffundierten Dioden. Implantationsenergie 150 keV. Dioden, die bei 400 °C implantiert wurden, zeigen einen geringeren Wirkungsgrad [551]

Ähnlich gute Ergebnisse konnte Chatterjee und Mitarbeiter [131] bei berylliumimplantierten Dioden erzielen. Beryllium hat einen niedrigeren Diffusionskoeffizienten als Zink, so daß höhere Ausheiltemperaturen möglich sind ohne die pn-Tiefe über den optimalen Wert von etwa 2 μm ansteigen zu lassen.

Inada und Ohnuki [368] implantierten bei 15 keV Magnesium und Zink in n-GaP. Besonders Magnesium ist eine attraktive Substanz für p-Dotierung wegen seiner hohen Löslichkeit und des hohen Grün-zu-Rot-Verhältnisses in der Lumineszenz [298]. Die Proben wurden vor der Temperung in Stickstoffatmosphäre mit SiO$_2$ passiviert. Zur Erzielung von pn-Übergängen mußte bei 900 °C für 30 min getempert

246   6 Eigenschaften ionenimplantierter Halbleiterschichten

werden. Die pn-Tiefe war dann 12,2 µm für Zink und etwa 0,1 µm für Magnesium. Die Lumineszenzeigenschaften solcher Dioden sind denen diffundierter Dioden vergleichbar.

Die Implantation von Stickstoff zur Erhöhung des Lumineszenzwirkungsgrades bei den indirekten Halbleitern der Zusammensetzung $GaAs_{1-x}P_x$ ($0{,}45 \leqslant x \leqslant 1$) durch die Bildung von isoelektronischen Haftstellen ist eine Alternative zur Dotierung mit NH_3 während des Wachstums der Kristalle. Es stellte sich heraus, daß Implantation bei höheren Temperaturen eine Steigerung des Lumineszenzwirkungsgrades verursacht [298], [490], [709]. Eine sorgfältige Untersuchung wurde von Gonda und Mitarbeitern [298] durchgeführt. Sie konnten zeigen, daß für $x=0{,}52$ die integrale Intensität bis um den Faktor 10^5 größer als im unimplantierten Fall ist (Implantationstemperatur 350°C, Dosis 10^{17} cm^{-2}, Ausheiltemperatur 800°C), d. h., daß implantierte Stickstoffatome auf Phosphorplätzen eingebaut werden und isoelektronische Haftstellen bilden. Ähnliche Ergebnisse wurden für $Al_xGa_{1-x}As$ gefunden [297], [460].

Mit den anderen III-V-Halbleitern wurden nur wenige Experimente durchgeführt. Das Hauptinteresse galt InSb [250], [448] und InAs [171], [448], [449]. Weitere Untersuchungen wurden mit GaN [474] durchgeführt. InSb und InAs sind Materialien für Infrarotdetektoren bzw. -emitter für den Bereich bis 5,3 µm bzw. 3,1 µm. McNally [448] konnte durch Schwefelimplantation in InSb und InAs und Zinkimplantation in InSb pn-Übergänge mit guten Sperr- und Durchlaßeigenschaften herstellen. Die Reichweite von Zinkionen in InSb entspricht etwa der LSS-Theorie [449]. In InSb ist es möglich, durch Protonenbeschuß von p-InSb n-leitende Schichten herzustellen [250] und gute pn-Eigenschaften zu erzielen. Diese n-Dotierung ist auf die Wirkung von Strahlenschäden zurückzuführen. Hurwitz und Donnelly [367] konnten durch Berylliumimplantation in InSb überragende IR-Detektoren herstellen (Einzelheiten darüber in Abschn. 7.3.5). Beryllium scheint, wie bereits die Ergebnisse bei GaAs und $GaAs_{1-x}P_x$ gezeigt haben, ausgezeichnet zur Dotierung von III-V-Halbleitern durch Ionenimplantation geeignet zu sein.

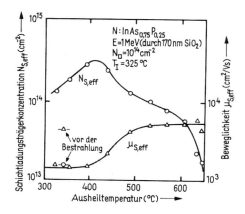

Fig. 6.79
Ausheilen von strahlenschädeninduzierten Änderungen der Ladungsträgerkonzentration und der Beweglichkeit in stickstoffimplantiertem $InAs_{0{,}75}P_{0{,}25}$ [171]

Davies und Mitarbeiter [171] untersuchten die Dotierung von $InAs_xP_{1-x}$ durch Schwefel und Silicium. Es stellte sich heraus, daß das Problem der Abdeckschichten wesentlich geringer als bei GaAs ist. SiO_2, Si_3N_4 und galliumgesättigtes SiO_2 wurden mit gutem Ergebnis verwendet. Je nach dem x-Wert (0,2; 0,5; 0,75 wurden untersucht) und damit dem Bandabstand, ändern sich die elektrischen Eigenschaften von Kompensation, bei annähernd InP ($x=0,2$), bis zur strahlenschädenerzeugten n-Leitung, bei den schmalbandigen Zusammensetzungen (analog zu InSb). Ein Beispiel letzteren Verhaltens ist in Fig. 6.79 für eine Stickstoffimplantation (10^{14} cm^{-2} bei 325 °C) wiedergegeben. Erst nach einer Temperung bei 650 °C werden die Ausgangswerte der Dotierung und der Beweglichkeit wieder erreicht. Schwefel und Silicium werden nach Implantation bei 200 bis 250 °C und Ausheiltemperaturen zwischen 675 und 725 °C bis 80 % elektrisch aktiv ($x=0,75$ und $x=0,5$) bzw. 50 % ($x=0,2$), jedoch liegen diese Werte noch fast eine Zehnerpotenz über den entsprechenden Werten bei GaAs.

6.3.3 Isolation durch Ionenbeschuß

Eine vollständig andere Anwendung der Ionenimplantation im Vergleich zu den bisher diskutierten Verwendungszwecken ist die Herstellung isolierender Bezirke in GaAs und anderen III-V-Halbleitern durch den Beschuß mit Wasserstoff [210], [238], [251], [698], [783] oder Sauerstoff [88], [239]. Während der Beschuß mit Wasserstoff zu kompensierend wirkenden Strahlenschäden führt, verursacht die Sauerstoffimplantation eine echte chemische Dotierung. Im ersten Fall kann die Kompensation deshalb durch Temperung beseitigt werden, im zweiten Fall ist eine Temperung zur Erzeugung des Effektes notwendig.

Anwendung können diese Verfahren bei der Herstellung von z. B. Schutzringdioden [251], Feldeffekttransistoren [577] und Streifenlasern [88] finden. Foyt und Mitarbeiter [251] maßen mit Hilfe der Kapazität-Spannung-Methode Dotierungsprofile in GaAs nach Implantation von 10^{13} cm^{-2} Protonen bei unterschiedlichen Energien. In Fig. 6.80 ist ein Beispiel für eine Energie von 100 keV wiedergegeben. Ohne

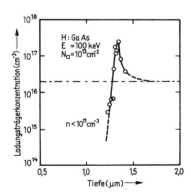

Fig. 6.80
Ladungsträgerkonzentration in n-GaAs ($n \approx 2 \times 10^{16}$ cm^{-3}) nach Protonenbeschuß mit 100 keV und 10^{13} cm^{-2} [251]

248   6 Eigenschaften ionenimplantierter Halbleiterschichten

Temperung zeigt die Probe bis etwa zur Reichweite der Ionen eine Ladungsträgerkonzentration unter 10^{11} cm^{-3}. Das Substrat hatte eine n-Dotierung von 2×10^{16} cm^{-3}. In der Nähe der mittleren Protonenreichweite steigt die Ladungsträgerkonzentration in einem schmalen Gebiet über die Substratkonzentration an. Die Ergebnisse für p-leitende Schichten waren ähnlich. Dyment und Mitarbeiter [210] untersuchten ausführlich die elektrischen und optischen Eigenschaften protonenisolierter p-GaAs-Schichten im Hinblick auf Laser mit Streifenstruktur für Dosen zwischen 10^{13} cm^{-2} und 10^{17} cm^{-2} bei einer festen Energie von 300 keV. Die Substrate hatten Dotierungen zwischen 2×10^{18} cm^{-3} und $1,4 \times 10^{19}$ cm^{-3}. Die Absorption für Licht mit einer Energie kleiner als der Bandabstand wird wesentlich größer. Bei 0,936 μm z. B. wird $\approx 89\%$ des sonst durchgelassenen Lichtes absorbiert (Dosis 10^{16} cm^{-2}). Je nach Dosis geht dieses erhöhte Absorptionsvermögen nach Temperungen zwischen 300 und 600 °C zurück, ohne daß deutliche Ausheilstufen zu beobachten sind. In Fig. 6.81 ist der mittlere spezifische Widerstand nach Protonenbeschuß von p-leitendem GaAs bei unterschiedlichen Dosen aufgetragen. Der spezifische Widerstand hat mit $2,5 \times 10^5$ Ωcm bei einer Dosis von 3×10^{15} cm^{-2} ein Maximum. Die Ursache dafür ist ungeklärt, wurde aber ebenfalls bei n-GaAs [577] und n- und p-GaP gefunden [698]. Eine Abschätzung der Ladungsträgerkonzentration für die gleiche Dosis ergibt einen Wert kleiner 10^{10} cm^{-3}. Ein Vergleich der optischen und der elektrischen Messungen zeigte, daß die erhöhte optische Absorption bei wesentlich niedrigeren Temperaturen zurückgeht als die Kompensation der Ladungsträger. Es ist also möglich, hochohmiges Material mit niedriger Absorption herzustellen, wenn man eine geeignete Temperaturbehandlung durchführt.

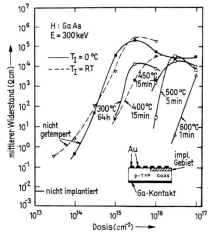

Fig. 6.81 Mittlerer spezifischer Widerstand von protonenimplantierten GaAs-Schichten abhängig von Dosis und Ausheiltemperatur nach Implantation bei 0 °C und Raumtemperatur [210]

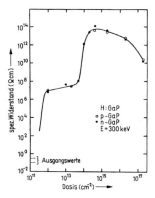

Fig. 6.82 Spezifischer Widerstand als Funktion der Protonendosis bei einer 300 keV Implantation in GaP [698]

Protonenisolation läßt sich nicht nur bei GaAs anwenden, sondern auch bei einer Reihe anderer III-V-Halbleiter. Bisher wurden Arbeiten über GaP [698] und $Ga_{1-x}Al_xAs$ [238] veröffentlicht. Im Gegensatz dazu lassen sich in InSb durch Protonenbeschuß n-leitende Schichten erzeugen [250]. In Fig. 6.82 ist der spezifische Widerstand für p- und n-leitendes GaP nach Protonenbeschuß mit 10^{11} bis 2×10^{17} cm^{-2} bei 300 keV aufgetragen [698]. Bei einer Dosis von etwa 4×10^{14} cm^{-2} ergibt sich ein Maximalwert von etwa 10^{14} Ωcm, der mit steigender Dosis auf etwa 10^{10} Ωcm absinkt. Die Ergebnisse für p- und n-Substrate sind praktisch gleich. Bei Ausheiltemperaturen bis 400°C bleibt ein Schichtwiderstand von mindestens 10^{10} Ωcm erhalten. Die Dicke der kompensierten Schicht beträgt wie bei GaAs etwa 1 µm pro 100 keV Implantationsenergie.

Besonders wichtig ist die Anwendung der Protonenisolation für Heterolaserstrukturen aus $Ga_{1-x}Al_xAs$. Favennec und Diguet [638] konnten für Schichten mit $x = 0,35$ zeigen, daß die Widerstandszunahme bei einer Dosis von 10^{13} cm^{-2} gesättigt war und bis zum 3500fachen des Ausgangswiderstandes ging. Die Schichten waren bei Temperversuchen stabil bis 180°C. Bei der Kompensation durch den Beschuß mit Sauerstoff handelt es sich um eine echte Dotierung, die semiisolierenden Schichten sind deshalb temperaturstabiler als die durch Protonenisolation hergestellten. Die optischen Eigenschaften lassen sich durch Tempern wesentlich verbessern [88]. Der große Nachteil der Methode liegt in der Höhe der Beschleunigungsenergie, die man benötigt, um eine ausreichende Tiefe der kompensierten Schicht zu erhalten. Während mit Protonen in GaAs und GaP etwa 1 µm pro 100 keV semiisolierend gemacht werden, ist bei Sauerstoff eine Beschleunigungsenergie von 2,5 MeV notwendig, um in GaAs eine Reichweite R_p von 2µm zu erzielen.

6.4 Implantation in II-VI- und IV-VI-Halbleiter

Die wichtigsten Halbleiter dieser Gruppe sind Cadmiumsulfid, Cadmiumtellurid, Zinksulfid, Zinkselenid. Auch verschiedene ternäre Verbindungen haben in den letzten Jahren starkes Interesse gefunden, da sie die Möglichkeit bieten, den Bandabstand durch Variation der Zusammensetzung fast beliebig einzustellen. Dazu gehören Cadmiumquecksilbertellurid, Bleizinntellurid und Bleizinnselenid, um nur einige zu nennen. Je nach Bandabstand sind diese Halbleiter für sehr verschiedene Anwendungsmöglichkeiten geeignet; als Lichtemitter (vor allem ZnS), als Solarelement (CdS) oder als Infrarotdetektoren (z. B. PbS, PbSnTe, HgCdTe).

Die ersten Arbeiten wurden an Zinkoxid [666], [667] und Zinktellurid [347] durchgeführt. ZnTe wird ähnlich wie GaAs durch Protonenbeschuß semiisolierend [196]. Die Tiefe des isolierten Gebietes ist ebenfalls ca. 1µm pro 100 keV. Durch Implantation von Fluor [347] und Chlor [467] lassen sich n-leitende Schichten herstellen. Gettings und Stephens [283] untersuchten argon-, indium-, tellur- und wismutimplantierte semiisolierende CdTe-Schichten. Die höchste elektrische Aktivität

(30%) erzielten sie durch eine Indiumimplantation mit einer Dosis von 10^{14} cm^{-2} bei 200 °C und einer Temperung bei 400 °C. Wismut ergab eine sehr geringe, Tellur und Argon dagegen zeigten keine elektrische Wirkung. Durch Rückstreumessungen untersuchten sie das Ausheilverhalten von Strahlenschäden und konnten eine teilweise Korrelation zu den elektrischen Messungen finden. SiO$_2$-Schichten erwiesen sich als nicht geeignet zur Passivierung während der Temperung. Nach Phosphor- [393] und Arsenimplantationen [194] konnte p-Leitung gefunden werden. CdS ist wegen seines Bandabstandes von 2,4 eV interessant als Material für Lumineszenzdioden. Es ist normalerweise n-leitend und läßt sich durch Diffusion nicht umdotieren. Durch Implantation von Phosphor [41], [348], Wismut [135], [223] und Stickstoff [668] gelang jedoch eine Umkehrung des Leitungstyps. Shiraki und Mitarbeiter [668] konnten durch Implantation zwischen 50 keV und 200 keV mit Dosen zwischen 10^{15} cm^{-2} und 5×10^{16} cm^{-2} unterschiedliche Typen von Dioden herstellen, die in Vorwärtsrichtung grünes, orange-gelbes und rotes Licht emittieren. Alle Dioden wurden bei Raumtemperatur implantiert, und die Temperung fand bei 400 °C in Helium oder Argon statt. Als Abdeckschicht wurde ein bei 200 °C abgeschiedenes Glimmoxid verwendet.

In den letzten Jahren sind Halbleiter mit kleinem Bandabstand zur Herstellung von Infrarotdetektoren wichtig geworden. Wegen der mit anderen Methoden schwierigen oder nicht möglichen Herstellung von pn-Übergängen bietet sich die Ionenimplantation als Alternative an. Die ersten Arbeiten befaßten sich mit n-Dotierung durch Protonenbeschuß von Hg$_{1-x}$Cd$_x$Te ($x=0,5$; 0,31; 0,25) [249] für den spektralen Bereich 1,6 bis 6 μm und von PbTe und Pb$_{1-x}$Sn$_x$Te ($x=0,12$) [193], [199] für den Bereich bis 5 μm bzw. 8 μm. Das Ziel dieser Arbeiten war die Herstellung von Photodetektoren. Entsprechend wurden nur optische Messungen (Detektivity) und teilweise pn-Charakteristiken mitgeteilt und nicht die erreichten Dotierungskonzentrationen, pn-Tiefen und Beweglichkeiten. Der Dotierungseffekt durch Protonen ist auf die Wirkung von Strahlenschäden zurückzuführen.

Es gibt bei dieser Gruppe von Halbleitern zwei weitere Methoden der Dotierung: Veränderung der Stöchiometrie und Fremddotierung. Für beide Methoden kann ebenfalls erfolgreich die Ionenimplantation verwendet werden. Durch Implantation von Antimon in p-PbTe [197], [198] konnten gute IR-Detektoren hergestellt werden. Als einziges Material für den 10 μm-Bereich konnte bisher Hg$_x$Cd$_{1-x}$Te ($x=0,18$ bis 0,30) durch Fremddotierung (Aluminium) umdotiert werden [466]. Die verwendeten Dosen lagen zwischen 10^{14} cm^{-2} und 10^{16} cm^{-2} bei einer Energie von 250 keV.

Die Dotierung auf Grund der Veränderung der Stöchiometrie durch Implantation einer Komponente des Halbleiters wurde für Hg$_{1-x}$Cd$_x$Te ($0,19 \leqslant x \leqslant 0,5$ entsprechend 2 bis 14 μm bei 77 K) durch Quecksilberimplantation (Dosis 10^{12} bis 10^{13} cm^{-2}, Energie 30 keV) erreicht [241]. Es war keine Temperung nötig, um n-Leitung zu erhalten. Auch PbS$_{1-x}$Se$_x$ (Selenimplantation) und Pb$_{1-x}$Sn$_x$Te ($x=0,1$; Tellurimplantation) konnten erfolgreich p-dotiert werden [200], [399]. In beiden Fällen war eine Temperung nach der Implantation erforderlich. Bei Pb$_{1-x}$Sn$_x$Te wurde nach einer Temperung bei 450 °C für 15 min in Wasserstoffatmosphäre die Tiefe des pn-Überganges zu etwa 1 μm gemessen. Bei der Implantationsenergie von 120 keV und einer Dosis von 10^{15} cm^{-2} ist die projizierte Reichweite etwa 0,04 μm, d. h., das Tellur diffundiert bei dieser Ausheiltemperatur bereits erheblich. Rückstreumessungen zeigten, daß nach einer Temperung bei 450 °C praktisch alle Strahlenschäden ausgeheilt sind. Zum Vergleich wurde Stickstoff in p-Material implantiert. Wie zu erwarten, zeigte sich zunächst n-Leitung, die auf die Wirkung von Strahlenschäden zurückzuführen war und nach Temperung bei 400 °C verschwand.

6.5 Siliciumkarbid

SiC ist ein vielversprechendes Material für Bauelemente, die bei hohen Temperaturen arbeiten müssen. Die Diffusion erfordert jedoch Temperaturen über 2000 °C. Daher lassen sich die üblichen Maskierungstechniken (SiO$_2$, Si$_3$N$_4$) nicht mehr zur Strukturierung von Bauelementen verwenden, und so wäre die Ionenimplantation ein hierfür sehr geeignetes Dotierverfahren. Einige Experimente in diese Richtung wurden bereits durchgeführt [33], [95], [117], [469], [480], [597]. Marsh und Dunlap [469] führten die umfangreichsten Versuche durch. Sie implantierten Arsen, Antimon, Beryllium, Bor, Gallium, Helium, Indium, Phosphor, Stickstoff, Wasserstoff, Tellur und Wismut und konnten für Stickstoff, Phosphor, Antimon und Wismut die Bildung n-leitender Schichten durch Halleffekt- oder Thermosondenmessungen feststellen. Aluminium bewirkte bei einer Probe eine Umdotierung von n-SiC zur p-Leitung. Bei den n-dotierenden Elementen lag die Aktivierung nach Temperungen zwischen 1100 und 1500 °C bei 30 bis 50 %, jedoch konnten erst bei 1600 bis 1700 °C gute Beweglichkeitswerte – bei gleichbleibender Dotierungskonzentration – erzielt werden. Addamiano und Mitarbeiter [33] untersuchten Dotierungsprofile und optische Eigenschaften bor-, aluminium- und stickstoffimplantierter Schichten in hexagonalem 6 H SiC. Die Profilmessungen wurden mit einer SIMS-Apparatur durchgeführt. Temperungen bei 1400 °C beseitigten die Strahlenschäden und stellten die ursprüngliche Lumineszenz der Kristalle bei 77 K wieder her. Die Kristallstruktur blieb erhalten, was die Autoren aus dem Auftreten der typischen Borlumineszenz nach der Implantation und Temperung bei 1400 °C schlossen. Stickstoffimplantierte Proben ergaben bereits nach einer Temperung bei 1400 °C stark n-leitende Schichten. Durch Implantation von Aluminium wurde n-leitendes Material nach einer Temperung bei 1400 °C (Dosis 5×10^{15} cm^{-2}) umdotiert. Bei niedrigeren Dosen ergab sich lediglich eine Reduzierung der ursprünglichen n-Leitung. Als Beispiel der Messungen sind in Fig. 6.83 zwei Borprofile – implantiert wurde mit 30 keV bzw. 60 keV – mit der Verteilung nach der LSS-Theorie verglichen. Die Reichweite ist etwa 20 % größer als nach LSS. Deutlich ausgeprägt sind Ausläufer der Verteilung, die wahrscheinlich auf Channeling zurückzuführen sind. Nach einer Temperung bei 1400 °C ist wegen einer starken Ausdiffusion Bor nicht mehr zu messen. Die

252   6 Eigenschaften ionenimplantierter Halbleiterschichten

Aluminiumprofile zeigten nach der Temperung bei 1400°C eine starke Aluminiumanreicherung an der Oberfläche. Campell und Mitarbeiter [117] untersuchten mit Hilfe der ^{15}N(p,α)-Reaktion die Strahlenschädenverteilung und die Gitterplatzlokalisierung von stickstoffimplantiertem α-SiC bei Implantationstemperaturen zwischen 20 und 450°C. Bei den höheren Implantationstemperaturen ergab sich ein rückläufiges Ausheilen der Strahlenschäden bei 800°C, d. h. eine Abnahme der Ionen auf Gitterplätzen und eine Zunahme der Strahlenschädenkonzentration. Weitere Temperung bis 1485°C reduzierte die Strahlenschädenkonzentration, erhöhte aber den Anteil des Stickstoffs auf Gitterplätzen kaum. Insgesamt ist die Strahlenschädenkonzentration nach Implantation bei höheren Temperaturen wesentlich niedriger und das Ausheilverhalten unproblematischer, da sich keine amorphe Schichten ausbilden.

Der Einbau auf Gitterplätze nach Temperungen bei 1485°C erfolgte zu etwa 39% für Implantationen bei Raumtemperatur bzw. 47 bis 51% für Implantationen in erwärmte Substrate.

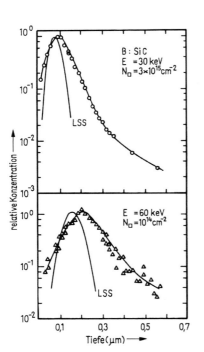

Fig. 6.83
Borprofile in Siliciumcarbid. Die Energie betrug 30 keV bzw. 60 keV, die Dosis 3×10^{15} cm^{-2} bzw. 10^{14} cm^{-2}; die Proben wurden nach der Implantation nicht getempert [117]

Es wurden überdies einige Versuche durchgeführt, SiC durch Kohlenstoffimplantation in Silicium herzustellen [95], [597], [643]. Nach Temperung bei 800°C konnten durch Messung der Infrarotabsorption isolierte SiC-Gebiete festgestellt werden. Durch Implantation bei mehreren Energien, die so gewählt wurden, daß ein Gebiet mit relativ konstanter Kohlenstoffkonzentration entstand, konnten Rothemund und Fritzsche [597] die Bildung einer Schicht anderer Zusammensetzung nachweisen. Messung von Elektronenbeugungsmustern brachten Ergebnisse ähnlich wie sie für Mischungen aus Silicium und kubischem Graphit gemessen wurden. Ob dies auf eine spezielle Modifikation von SiC zurückzuführen ist, konnte nicht geklärt werden.

7 Bauelemente

In diesem Kapitel soll nicht versucht werden, einen vollständigen Überblick über alle bisher implantierten Bauelemente zu geben, sondern anhand einiger typischer Beispiele die Vorzüge der Implantation aufzuzeigen und neue Anwendungen anzuregen. Die verschiedenen Eigenschaften der Implantation kommen dabei unterschiedlich zum Tragen. Die wichtigsten Vorzüge für Bauelementeigenschaften sind:
1. Gleichmäßigkeit der Dotierung, also Homogenität über eine implantierte Probe und Reproduzierbarkeit von Probe zu Probe (s. Abschn. 7.1, 7.2, 7.3, 7.4).
2. Kontrolliertes Einbringen auch geringer Dotiermengen durch exakte Messung des Ionenstroms (s. Abschn. 7.1, 7.2).
3. Geringe laterale Streuung des implantierten Profils (s. Abschn. 7.1).
4. Niedrige Prozeßtemperatur (s. Abschn. 7.1).
5. Einbringung von Elementen, die im Festkörper nicht löslich sind oder nur schwierig (z. B. unter hohem Druck) eingebracht werden können (s. Abschn. 7.4).
6. Variation des Dotierungsprofils durch Mehrfachimplantationen bzw. Herstellung von Profilen mit dem Konzentrationsmaximum im Festkörperinneren (s. Abschn. 7.3, 7.4).

In zahlreichen Fällen sind mehrere dieser Punkte wesentlich. Besonders der Gleichmäßigkeit der Implantation kommt, je weiter die Bauelementeigenschaften verbessert und die Packungsdichten vergrößert werden, immer größere Bedeutung zu und sie kann, auch ohne weiteren implantationsspezifischen Vorteil, für den Ersatz eines Diffusionsschrittes durch Ionenimplantation maßgeblich sein.

Weitere Vorteile prozeßtechnischer Natur, die nicht unbedingt mit Bauelementeigenschaften zu tun haben, aber eine rationellere Fertigung ermöglichen können, sind:
a) einfache Maskierung durch Photolack oder Metallschichten (s. Abschn. 7.1),
b) Implantation durch dünne Oberflächenschichten (Oxide, Nitride),
c) Flexibilität in bezug auf die Wahl des Dotierungsstoffes,
d) Schnelligkeit des Dotiervorganges,
e) gute Eignung für selbstjustierende Verfahren.

Die ersten industriellen Anwendungen der Ionenimplantation für elektronische Bauelemente lagen auf dem Gebiet der MOS-Transistoren. Dies ist bis jetzt auch der Hauptanwendungsbereich geblieben. Die Gründe hierfür sind die überragenden Vorteile der Implantation auf diesem Gebiet, besonders bei der Festlegung der

254 7 Bauelemente

Einsatzspannung, die niedrigen Dosen, die hierfür ausreichend sind und deshalb preisgünstige Beschleuniger und hohe Durchsätze an Scheiben ermöglichen. Beschleuniger, die hohe Ionenströme liefern können, wie sie z. B. für bipolare Transistoren notwendig sind, sind sehr teuer. Deshalb sind die meisten anderen Anwendungen bis auf Spezialbauelemente noch im Laborstadium oder gerade bei der Einführung in die Produktion.

7.1 MOS-Bauelemente

Bei diesen Bauelementen kommen fast alle wichtigen Vorzüge der Ionenimplantation zum Tragen. Vor allem sind dies die exakte Dosierbarkeit der Dotierung durch Stromintegration, die Homogenität der Implantation, die geringe laterale Streuung und die niedrigen Prozeßtemperaturen. Praktisch werden bereits alle MOS-Bauelemente unter der Anwendung eines oder mehrerer Implantationsschritte hergestellt. Neben den konventionellen MOS-Transistoren werden in diesem Abschnitt auch CMOS-Strukturen und ladungsgekoppelte Bauelemente (charge coupled devices, CCD) behandelt.

7.1.1 Selbstjustierendes Gate

Die Schaltgeschwindigkeit von MOS-Transistoren ist unter anderem durch die Drain-Gate-Überlappungskapazität (Miller-Kapazität) begrenzt. Wegen Ungenauigkeiten bei den Maskenjustierschritten und der lateralen Diffusion ist diese Überlappung, die im Bereich von einem μm liegt, unvermeidlich. In Fig. 7.1a ist eine schematische Darstellung einer Transistorstruktur mit dieser Überlappung wiedergegeben. Die Ionenimplantation bietet eine einfache Möglichkeit, hier Abhilfe zu

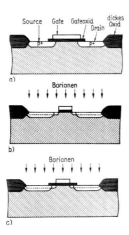

Fig. 7.1
Schematische Darstellung eines MOS-Transistors
a) konventionell, starke Gate-Drain-Überlappung,
b) Selbstjustierung von Gate und Drain durch Ionenimplantation,
c) wie b), aber mit Implantation durch ein passivierendes Oxid

schaffen. Man verwendet die Gate Elektrode als Implantationsmaske, während die diffundierten Source- und Drainelektroden etwas weiter vom Gate entfernt sind, Fig. 7.1b. Auf diese Weise erzielt man eine perfekte Justierung zwischen Gate und Source- bzw. Drainelektroden [97], und Justierungsungenauigkeiten oder eine ungleiche laterale Diffusion spielen keine Rolle mehr. Bei einer verbesserten Technik erfolgt die Implantation durch das dünne Gateoxid ($\leqslant 100$ nm), das sich bis zu Source- und Drainelektroden erstreckt, Fig. 7.1c [98], [663]. Dadurch ist die Halbleiteroberfläche bereits vor der Dotierung passiviert. In Fig. 7.2 ist die Erniedrigung der Gate-Drain-Überlappungskapazität für implantierte, konventionell

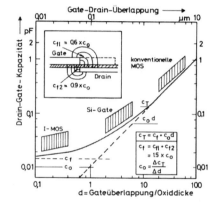

Fig. 7.2
Miller-Kapazität implantierter, Standard- und Silicium-Gate-MOS-Transistoren als Funktion der Gate-Überlappung [191]

diffundierte Transistoren und Transistoren mit Polysiliciumgate ohne Implantation wiedergegeben [191]. Auch die vollständige Implantation von Source- und Drainelektroden wurde durchgeführt [446], [686]. Wegen der großen Ionendosis und hohen Ausheiltemperaturen, die man benötigt, um niedrige Schichtwiderstände zu erzielen, hat sich dieses Verfahren bis jetzt nicht durchgesetzt.

Da die Gatemetallisierung bereits vor der Implantation aufgebracht werden muß, können zur elektrischen Aktivierung der implantierten Ionen – Bor im Fall von p-Kanal- und Phosphor im Fall von n-Kanal-Transistoren – nur Temperaturen unter 577°C, der eutektischen Temperatur von Aluminium-Silicium, verwendet werden, wenn nicht ein anderes Gatematerial (Polysilicium, Molybdän) aufgebracht werden kann. Im allgemeinen begnügt man sich mit 500°C. Ersetzt man das Aluminiumgate durch Polysilicium, so ergibt sich neben einer erniedrigten Einsatzspannung (s. Abschn. 7.1.2) durch die Möglichkeit, höhere Ausheiltemperaturen zu verwenden, [190], [540] eine Reduzierung des $1/f$-Rauschen [540]; zusätzlich erhält man niedrigere Schichtwiderstände. Auch eine Kombination zwischen Schottkykontakten (als Source und Drain) und der Technik des selbstjustierenden Gates wurde erfolgreich untersucht [663].

Der Dosisbereich für diese Anwendungen liegt zwischen 10^{14} cm^{-2} und 5×10^{15} cm^{-2}. Die Energie der Ionen wird so gewählt, daß die Gatemetallisierung ausreicht, alle Ionen in diesem Bereich abzubremsen, das Gateoxid aber von den meisten

256   7 Bauelemente

Ionen durchdrungen wird. Bei einer Dicke des Gateoxids von 100 nm verwendet man bei Bor meist Energien zwischen 30 und 60 kV, bei Phosphor zwischen 80 und 160 kV.

7.1.2 Absenkung der Einsatzspannung

Die wohl wichtigste Anwendung der Ionenimplantation ist die Reduzierung der Einsatzspannung durch Implantation in den Kanal (threshold adjust) [45]. Die Einsatzspannung ist gegeben durch

$$U_{\text{th}} = \Phi_{\text{MS}} + 2\Phi_{\text{F}} - \frac{Q_{\text{SS}} + Q_{\text{B}}}{\varepsilon_0 \varepsilon_{\text{r,ox}} C_{\text{ox}}} \qquad (7.1)$$

Hierbei ist Φ_{MS} die Differenz der Austrittsarbeiten von Gate und Silicium; Φ_{F} das Fermipotential, gemessen von der Bandmitte des Substratmaterials im Gleichgewicht; ε_0 die absolute Dielektrizitätskonstante; $\varepsilon_{\text{r,ox}}$ die relative Dielektrizitätskonstante des Oxids; Q_{SS} die Flächenladung an der Grenzschicht ($Q_{\text{SS}} = qN_{\text{SS}}$; N_{SS} ist die Oberflächenzustandsdichte); Q_{B} die Raumladungs- und C_{ox} die Gatekapazität pro Flächeneinheit ($C_{\text{ox}} = \varepsilon_0 \varepsilon_{\text{r,ox}}/d_{\text{ox}}$; d_{ox} Dicke des Oxids).

Φ_{F} und Q_{B} ergeben sich zu

$$\Phi_{\text{F}} = \frac{kT}{q} \ln \frac{N_{\text{B}}}{n_i}$$
$$Q_{\text{B}} = \sqrt{2q\varepsilon_0 \varepsilon_{\text{r,Si}} N_{\text{B}}(2\Phi_{\text{F}} + U_{\text{R}})} \qquad (7.2)$$

$\varepsilon_{\text{r,Si}}$ ist die relative Dielektrizitätskonstante von Silicium, N_{B} die Dotierungskonzentration des Siliciums und U_{R} die Sperrspannung des Substrats in bezug auf die Source.

Die Absenkung der Einsatzspannung ist insbesondere bei integrierten Schaltungen notwendig, um mit bipolaren integrierten Schaltungen (z. B. TTL) kompatibel zu sein und den Leistungsbedarf zu senken. Aus Gl. (7.1) ist ersichtlich, daß es mehrere Methoden zur Reduzierung von U_{th} gibt. Die einfachste Möglichkeit ist die Implantation von Bor (im Fall von p-Kanal-Transistoren) in den Kanal durch das dünne Gateoxid vor dem Aufbringen der Gateelektrode. Durch diese „Quasiflächenladung" wird Q_{SS} kompensiert und so U_{th} reduziert. Näherungsweise ergibt sich die Verschiebung der Einsatzspannung zu

$$\Delta U_{\text{th}} = Kq \frac{N_\square}{C_{\text{ox}}} = K \frac{d_{\text{ox}} N_\square}{\varepsilon_0 \varepsilon_{\text{r,ox}}} \qquad (7.3)$$

C_{ox} ist die spezifische Oxidkapazität; $N_\square$ die implantierte Ionendosis. Die Konstante K gibt an, welcher Anteil der implantierten Ionen die Einsatzspannung beeinflußt, d. h., in der Kanalzone liegt und elektrisch aktiv ist. In Fig. 7.3 sind die verschiedenen Möglichkeiten der Implantation schematisch dargestellt. Während das Profil nach

a) dem Modell der Kompensation von Q_{SS} am nächsten kommt, benötigt man bei b) für die gleiche Verschiebung in U_{th} eine geringere Dosis; bei c) ist der Einfluß von Oxidschwankungen am geringsten, so daß diese Methode am günstigsten erscheint.

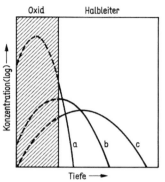

Fig. 7.3
Schematische Darstellung der Möglichkeiten der Absenkung der Einsatzspannung
a) Maximum der Verteilung in Oxid
b) Maximum an der Grenzfläche
c) Maximum im Halbleiter

Der entscheidende Vorteil der Implantation ist bei diesem Prozeß die exakte „Dosierbarkeit" der Dotierung. Man kann an einer Testscheibe durch Kapazität-Spannung-Messung vor der Implantation den exakten Wert der Dosis, die man benötigt, um einen bestimmten Wert von U_{th} zu erzielen, bestimmen.

Aus Gl. (7.1) kann man auch die konkurrierenden Möglichkeiten zur Verringerung von U_{th} ablesen. Der $\langle 100 \rangle$-Prozeß arbeitet im Gegensatz zum Standard p-Kanal MOS-Prozeß, der $\langle 111 \rangle$-orientiertes Silicium verwendet, mit $\langle 100 \rangle$-orientiertem Material, das ein geringeres Q_{ss} besitzt. Jedoch ist die Trägerbeweglichkeit in den Kanälen bei diesem Prozeß geringer und man erhält niedrigere Grenzfrequenzen. Durch Verwendung von Si_3N_4/SiO_2 Sandwichstrukturen läßt sich die Dielektrizitätskonstante erhöhen und damit U_{th} um etwa 1,5 verkleinern. Der bereits erwähnte Siliciumgateprozeß erreicht einen reduzierten Wert von U_{th} durch die geringere Differenz der Austrittsarbeiten Φ_{MS}. Die Absenkung beträgt ca. 2 V. Überdies wird bei diesem Prozeß auch die parasitäre Miller-Kapazität verringert, da das polykristalline Gate als „selbstjustierende" Diffusionsmaske für Source- und Draindiffusion verwendet werden kann. Besonders in Verbindung mit der Ionenimplantation ist diese Technik, da sie gleichzeitig die Möglichkeit einer dritten „Verdrahtungsebene" bietet, ein wichtiges Verfahren der MOS-Technologie.

Da bei der Absenkung der Einsatzspannung von p-Kanal-Transistoren eine Umdotierung stattfindet, gilt Gl. (7.3) nur näherungsweise. Genauere Rechnungen wurden von Sigmon [680], Swanson und Meindl [712] sowie von Höfflinger und Gabler [336] durchgeführt. Unter der Annahme eines rechteckigen Dotierungsprofils mit der Konzentration $N_A = KN_\square x_j$ gilt für ΔU_{th} (modifiziert nach [680])

$$\Delta U_{th} = Kq \frac{N_\square}{C_{ox}} + \frac{kT}{q} \ln \frac{N_B}{N_A} + q \frac{N_A}{2\varepsilon_0 \varepsilon_{r,Si}} \left(1 - \frac{Q_B}{KqN_\square}\right)^2 \qquad (7.4)$$

258 7 Bauelemente

(x_j ist die Tiefe des pn-Überganges, N_B ist die Dotierungskonzentration des Grundmaterials). Der letzte Term in Gl. (7.4) repräsentiert die Bandverbiegung an der Oberfläche. Wird diese zu groß, kann der Kanal nicht mehr abgeschaltet werden.

Es ist auch möglich, die Einsatzspannung durch eine Implantation in den Kanal zu erhöhen (z. B. Bor bei n-Kanal- und Phosphor bei p-Kanal-Transistoren). In diesem Fall ist Gl. (7.3) eine ausreichend gute Näherung, wenn die Reichweite der Ionen geringer als die Weite der Raumladungszone ist [591], [712]. Es muß jedoch die Umkehrung des Vorzeichens in Gl. (7.3) beachtet werden.

In Fig. 7.4 ist die Absenkung der Einsatzspannung abhängig von der Bor-Dosis für $\langle 100 \rangle$- und $\langle 111 \rangle$-orientiertes Silicium aufgetragen [450]. Die Implantationsenergie ist etwa 30 kV und die Oxiddicke 0,1 μm, d. h., das Maximum der Verteilung liegt etwa an der Grenzfläche SiO_2-Si. Der Einfluß der Implantationsenergie ist in Fig. 7.5 dargestellt. Es zeigt sich ein Sättigungswert von ΔU_{th}, wenn praktisch alle Ionen im Silicium zur Ruhe kommen.

Zahlreiche Arbeiten befassen sich mit speziellen Problemen bei der Einstellung der Einsatzspannung durch Implantation und mit verbesserten Modellen z. B. [336], [353], [414], [477], [591], [680], [757]. Besonders interessant ist ein Ergebnis von Sigmon [680] der fand, daß die Ionendrift im Gateoxid durch die Implantation von Bor durch das Gateoxid wesentlich verringert wird. Er führt dies auf eine

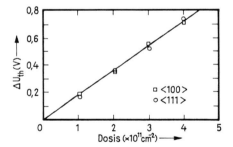

Fig. 7.4 Absenkung der Einsatzspannung abhängig von der Bor-Dosis für $\langle 100 \rangle$- und $\langle 111 \rangle$-orientiertes Silicium. Implantiert wurde mit 30 keV durch 100 nm SiO_2 [450]

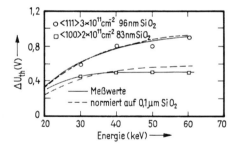

Fig. 7.5 Sättigung von ΔU_{th} mit steigender Implantationsenergie. Die gestrichelten Linien sind auf eine Oxiddicke von 100 nm normiert [450]

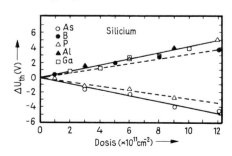

Fig. 7.6
Verschiebung der Einsatzspannung durch Implantation von B (35 keV), Al (100 keV), P (207 keV) und As (270 keV) [336]. Die gestrichelten Linien entsprechen einer Aktivierung der Ionen von 100%

Getterung von Ionen an implantationsbedingten Defekten im Oxid zurück. Runge [602] untersuchte die Veränderung der Einsatzspannung durch Implantation von Bor, Aluminium, Gallium, Phosphor und Arsen in Silicium. Seine Ergebnisse sind in Fig. 7.6 wiedergegeben. Alle Kurven können durch das einfache Modell nach Gl. (7.3) erklärt werden. Erstaunlicherweise jedoch ergeben sich für die schweren Ionen teilweise Werte von K größer 1. Runge erklärt dies durch tiefe Terme, hervorgerufen durch unvollständiges Ausheilen von Strahlenschäden.

7.1.3 Verarmungstransistoren

Ein kleiner Schritt ist es von der Absenkung der Einsatzspannung zur Herstellung von Verarmungstransistoren („depletion load"-Transistoren). Man implantiert eine so hohe Dosis in den Kanal, daß bereits bei einer Gatespannung von 0 Volt ein leitfähiger Kanal entsteht. Verarmungstransistoren werden als Lasttransistoren z. B. in Invertern verwendet und ergeben eine Verkürzung der Schaltzeit um einen Faktor 2 bis 3 gegenüber konventionellen Anreicherungstransistoren als Last; zudem verringert sich die Verlustleistung und der Platzbedarf.

Solche Transistoren können zusammen mit normalen Anreicherungstypen auf einer Scheibe hergestellt werden, wenn das Gategebiet der Anreicherungstypen während der Implantation abgedeckt wird, z. B. mit Photolack. In Fig. 7.7 ist der typische Herstellungsprozeß von Depletion-Load-Transistoren dargestellt. Nach der Öffnung von Kontaktfenstern im Oxid (Maske I) werden die p^+-Gebiete in oxidierender Atmosphäre eindiffundiert. Mit Maske II werden Gate und Kontakte geöffnet. Eine weitere Oxidation dient der Herstellung des Gateoxids (50 bis 120 nm). Durch eine Borimplantation wird die Einsatzspannung auf den gewünschten Wert erniedrigt. Das Feldoxid (ca. 1500 nm) maskiert dabei die Gebiete, die nicht dotiert werden sollen, es ist also kein zusätzlicher Maskenschritt notwendig. Der Photolack des dritten Maskenschrittes dient dazu, die Anreicherungstransistoren gegen die zweite

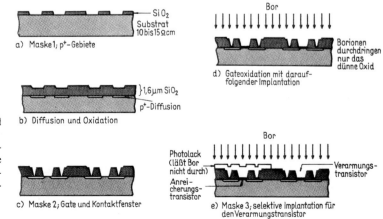

Fig. 7.7 Herstellungsprozeß von Verarmungs- und Anreicherungstransistoren auf einem Substrat durch selektive Maskierung mit Photolack und zwei Implantationsschritten [155]

Borimplantation abzuschirmen. Durch diese Implantation werden Verarmungstransistoren gebildet, die bei einer Gatespannung von null Volt leiten. Der weitere Prozeßablauf geht wie üblich vor sich. In Fig. 7.8 ist die Verschiebung der Einsatzspannung von p-Kanal-Transistoren vom Anreicherungsbetrieb bis zum Verarmungsbetrieb abhängig von der Ionendosis aufgetragen.

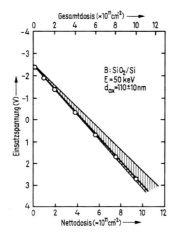

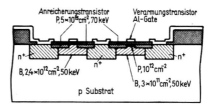

Fig. 7.9 Querschnitt durch Anreicherungs- und Verarmungstransistoren in n-Kanal-Technik; nach [237]

Fig. 7.8
Dosisabhängigkeit der Einsatzspannung für p-Kanal-Anreicherungs- und Verarmungstransistoren nach der Implantation von 50 keV Bor-Ionen durch 110 ± 10 nm SiO_2. Schraffiert ist das Gebiet, das durch den Fehler der Oxiddicke von ± 10 nm bestimmt wird [414]

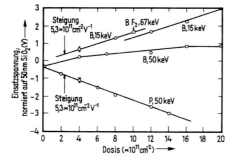

Fig. 7.10
Einsatzspannungen als Funktion der Ionendosen für Anreicherungs- (^{11}B oder $^{49}BF_2$) und Verarmungstransistoren (^{31}P) in n-Kanal-Technik [237]

Das gleiche Verfahren ist selbstverständlich auch bei n-Kanal-Transistoren durchführbar [237], [246]. Einen Querschnitt durch zwei Transistoren zeigt Fig. 7.9 [237], wobei sowohl Anreicherungs- als auch Verarmungstransistoren ein selbstjustierendes Gate besitzen. Durch die Verwendung hochohmigen Substratmaterials (200 Ωcm) ist es möglich, sehr schnelle Schaltungen (Inverterschaltzeiten von 115 ps) zu realisieren. Die Borimplantation des Verarmungstransistors dient der Reduzierung des Substratspannungseffektes. Typische Werte der Einsatzspannung abhängig von der Ionendosis sind in Fig. 7.10 wiedergegeben. Der Zusammenhang zwischen der Dosis und U_{th} ist für die 50 keV Implantation nichtlinear, da der Großteil der Ionen außerhalb der Oberflächenverarmungsschicht liegt. Die Diskontinuität

Tab. 7.1 Prozeßschritte zur Herstellung von Anreicherungs- und Verarmungstransistoren in n-Kanal-Technik [237]

1. Oxidation 500 nm
2. Definition und Öffnung der Source- und Drain-Kontakt-Gebiete
3. Phosphordiffusion 1 µm tief und Oxidation
4. Öffnen der Gategebiete und Aufwachsen von 50 nm Gateoxid
5.*) Maskierung mit 1 µm Photolack, Öffnen über dem Kanal des Verarmungstransistors, Implantation von Bor bei 70 keV mit 5×10^{11} cm^{-2}; Implantation von P bei 50 keV mit $1,6 \times 10^{12}$ cm^{-2}.
6.*) Photolack entfernen, neu mit Photolack (1 µm) beschichten, Öffnen über dem Kanal des Anreicherungstransistors, Implantation von Bor bei 15 keV mit 5×10^{11} cm^{-2}.
7. Photolack entfernen, Abscheidung von 5 bis 7 nm Phosphorsilicaglas (PSG) zur Stabilisierung.
8. Temperung bei 970 °C für 30 min in Stickstoff
9. Öffnen der Kontaktfenster
10. Aluminiummetallisierung
11. Selbstjustierende Implantation von Phosphor bei 50 keV mit 5×10^{15} cm^{-2}.
12. Temperung bei 515 °C für 15 min in Stickstoff.

*) Diese beiden Schritte können vertauscht werden.

der Kurve für 15 keV ist auf eine Änderung des technologischen Prozesses zurückzuführen. Die gleichen Ergebnisse ließen sich durch die Verwendung von 15 keV Bor- oder BF$_2$-Ionen mit einer Energie von 67 keV, die eine äquivalente Reichweiteverteilung besitzen (vgl. Gl. (6.2)), erzielen. Der typische Herstellungsprozeß dieser n-Kanal-MOS-Strukturen ist in Tab. 7.1 wiedergegeben. Bemerkenswert an dem Prozeß ist die Verwendung von nur 50 nm Gateoxid, von hochohmigem Substratmaterial und die Doppelimplantation des Verarmungstransistors.

7.1.4 Komplementäre MOS-Transistoren

Noch einen Schritt weiter geht man bei komplementären MOS-Schaltungen (CMOS) mit der Herstellung von p- und n-Kanal-Transitoren auf dem gleichen Substrat. Der Vorteil der CMOS-Technologie liegt im extrem niedrigen Leistungsbedarf, der diese Schaltungen besonders für elektronische Uhren und Speicher großer Kapazität geeignet macht. Vor allem im Zusammenhang mit neuen Technologien wie Siliciumgate, das eine weitere Verdrahtungsebene erlaubt, und Oxidisolation[1], ist eine hohe Packungsdichte möglich. Derzeit sind bis auf wenige Ausnahmen alle Uhrenschaltkreise in CMOS-Technik aufgebaut, in Zukunft werden jedoch auch bipolare Techniken[2] eine wichtige Rolle spielen.

[1] Locos, Planox, Isoplanar.
[2] I^{2}L, integrated injection logic.

262 7 Bauelemente

Das Ausgangsmaterial für die CMOS-Technologie ist gewöhnlich n-dotiertes Silicium. Zur Herstellung von n-Kanal-Transistoren muß deshalb zunächst ein p-Gebiet (p-well) erzeugt werden, in dem dann der komplementäre Transistor aufgebaut wird [204], [712]. Diese Umdotierung kann durch unterschiedliche Methoden erfolgen: Durch selektive Epitaxie, Standard-Diffusion, Diffusion aus dotiertem Oxid oder Ionenimplantation. Der Vorteil der Implantation liegt auch hier wieder in der exakten Kontrolle des Prozesses. Natürlich reicht die Reichweite der Ionen nicht aus, ein genügend tiefes Gebiet zu dotieren. Deshalb dient die Implantation nur zur Belegung. Anschließend wird durch eine Nachdiffusion („drive-in"-Diffusion) die gewünschte Verteilung hergestellt. In Fig. 7.11 sind die wesentlichen Prozeßschritte wiedergegeben. Nach der Implantation der p-leitenden Schicht (typische Dosis 10^{13} cm^{-2} Bor) wird durch die Nachdiffusion bei ca. 1200°C für mehrere Stunden die p-leitende „Wanne" hergestellt. Selektiv werden sodann die Source- und Drain-Gebiete der p- und der n-Kanal-Transistoren diffundiert oder implantiert. Die Einsatzspannung der beiden Transistortypen kann unabhängig eingestellt werden. Bei dem n-Kanal-Transistor wird sie durch die Variation der Dosis für die Wanne oder durch eine Implantation eingestellt, der p-Kanal-Transistor benötigt dazu auf jeden Fall eine separate Implantation (vgl. den vorhergehenden Abschnitt). In Fig. 7.12 ist als Beispiel der Zusammenhang zwischen Dosis und Einsatzspannung für n- und p-Kanal-Transistoren eines CMOS-Schaltkreises für die Anwendung in Uhren angegeben [189a], die eine besonders niedrige Betriebsspannung und einen niedrigen Leistungsbedarf der Schaltung verlangen. Implantationsdosen für

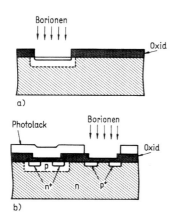

Fig. 7.11
Herstellung von komplementären MOS-Transistoren durch Ionenimplantation auf einem Substrat
a) Implantation der p-leitenden Wanne
b) Implantation von Bor zur Anpassung der Einsatzspannung

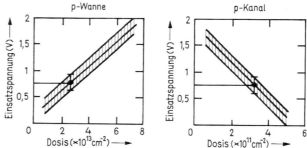

Fig. 7.12 Abhängigkeit der Einsatzspannung von der Wannendosis (n-Kanal-Transistor) und der Kanaldosis (p-Kanal-Transistor) [189a] bei CMOS-Transistoren; Wanne 60 keV Bor durch 100 nm SiO$_2$ in 3 Ωcm-⟨100⟩-Si mit einer Nachdiffusion bei 1200°C für 16 h; p-Kanal 50 keV Bor durch 100 nm SiO$_2$-Si$_3$N$_4$ in 3 Ωcm-⟨100⟩-Si mit einer anschließenden Temperung bei 525°C für 10 min

diesen Anwendungszweck liegen zwischen 5×10^{12} cm^{-2} und 5×10^{13} cm^{-2} Bor bei einer Energie von 20 bis 100 keV. Die Eindiffusion dauert 10 bis 20 h bei 1000 °C. Die Reproduzierbarkeit ist typisch $\pm 5\%$ gegenüber $\pm 20\%$ bei konventioneller thermischer Diffusion. Beispiele für Diffusionsprofile von Bor sind in Fig. 7.13 für Zeiten zwischen 15 min und 16 h bei 1100 °C wiedergegeben. Die Profile hängen wegen der starken Diffusion praktisch nicht vom ursprünglichen Implantationsprofil ab.

Ein Problem bei n-Kanal-Transistoren sind Leckströme, die auf die Inversion von hochohmigem p-Substrat an der Oberfläche zurückzuführen sind. Durch eine sog. Feldimplantation mit Bor kann die Inversion verhindert werden [246]. Diese Implantation kann ganzflächig durch das dicke Oxid erfolgen. Typische Dosen liegen zwischen 10^{12} cm^{-2} und 10^{13} cm^{-2}. Eine sehr ausführliche Arbeit zu diesem Thema, in der auch p-Kanal-Transistoren behandelt werden, wurde von Douglas und Dingwall veröffentlicht [203].

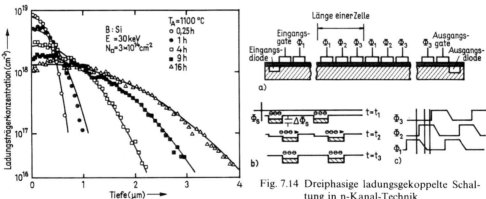

Fig. 7.13 Bor-Diffusionsprofile für CMOS-Transistoren. Diffusionstemperatur 1100 °C, Diffusionszeit 15 min bis 16 h [753]

Fig. 7.14 Dreiphasige ladungsgekoppelte Schaltung in n-Kanal-Technik
a) Querschnitt; b) Oberflächenpotential zu 3 verschiedenen Zeiten; c) Spannungen an den Elektroden [56]

7.1.5 Ladungsgekoppelte Bauelemente

In den letzten Jahren wurde mit den ladungsgekoppelten Bauelementen (charge coupled devices, CCD) ein neues Konzept entwickelt, das auf MOS-Strukturen beruht, die Minoritätsladungsträger sammeln und in lokalisierten Potentialwällen an der SiO_2-Si-Grenzfläche speichern können [56], [99]. Wie bei den anderen besprochenen MOS-Bauelementen wird auch auf diesem neuen Gebiet die Ionenimplantation vielfältig angewendet.

In Fig. 7.14 ist eine schematische Darstellung des Aufbaus und der Funktion einer einfachen, dreiphasigen Struktur wiedergegeben [56]. Ladung kann in ein solches

Bauelement entweder seriell über einen pn-Übergang oder über die Absorption von Photonen in der Nähe der Potentialwälle eingebracht werden. Durch Anlegen geeigneter Spannungen an die Elektroden (vgl. Fig. 7.4) lassen sich diese Ladungen verschieben und am Ende über eine Diode auslesen. CCDs sind als digitale und analoge Speicher verwendbar und besonders für optische Anwendungen vielversprechend, da sie gleichzeitig zur Detektion, Speicherung und zum Auslesen des Signals verwendet werden können. Die Abhängigkeit des Potentials an der Oberfläche, also die Tiefe des Potentialtopfes, von Gatespannung, Dotierungskonzentration, Oxiddicke und Flachbandspannung ist in Gl. (7.5) angegeben (nach [415a]).

$$\Phi_s = U_G + \frac{Q_{ss}}{C_{ox}} - B\left[\sqrt{1 + \frac{2}{B}\left(U_G + \frac{Q_{ss}}{C_{ox}}\right)} - 1\right]$$
(7.5)

$$B = \frac{q N_B \varepsilon_0 \varepsilon_{r,Si} d_{ox}^2}{\varepsilon_{r,ox}^2}$$

$\varepsilon_{r,Si}$ bzw. $\varepsilon_{r,ox}$ ist die relative Dielektrizitätskonstante des Halbleiters bzw. des Oxids; ε_0 die absolute Dielektrizitätskonstante; U_G die Gatespannung; Q_{ss} die Oxidladung pro Fläche; N_B die Substratdotierung und d_{ox} die Oxiddicke.

Wenn die Ladung Q in dem Potentialtopf gespeichert wird, reduziert sich seine Tiefe um $\Delta\Phi_S$

$$\Delta\Phi_S = \frac{Q}{C_{ox} + C_S}$$
(7.6)

C_S ist die Raumladungskapazität.

Um mit nur zwei Elektroden für den Ladungstransport auszukommen (Zweiphasen-CCD), gibt es die Möglichkeit, verschiedene Oxiddicken unter den Elektroden zu verwenden und so eine Potentialbarriere zu erzeugen. Einfacher ist die Verwendung einer implantierten Potentialbarriere am Rand der Elektroden, wie sie in Fig. 7.15 dargestellt ist. Für p-Kanal-Elemente liegt eine typische Dosis bei 10^{12} bis 2×10^{12} cm^{-2} Phosphor.

Zur Unterdrückung leitfähiger Kanäle an der Oberfläche bietet sich ebenfalls die

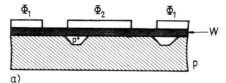

Fig. 7.15
Implantierte zweiphasige CCD-Struktur
a) Querschnitt
b) Oberflächenpotentialprofil mit inhomogenen Barrieren durch eine p$^+$-Implantation [56]

Implantation an (channel stop). Ein Problem bei optischen Anwendungen ist die „Überstrahlung" benachbarter Bildpunkte (blooming) bei großen Signalen, wenn dadurch Ladung aus einem gefüllten Potentialwall in umliegende abfließt. Dieses Blooming läßt sich durch implantierte „Abflußelektroden" reduzieren [658]. Eine Möglichkeit, Oberflächeneinflüsse (Trappingverluste während des Ladungstransportes usw.) zu verringern, bietet die Verwendung vergrabener Kanäle (buried channels), die man durch Ionenimplantation erzeugen kann. Eine typische Dosis

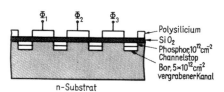

Fig. 7.16
Schematischer Querschnitt durch ein dreiphasiges ladungsgekoppeltes Bauelement mit vergrabenem Kanal; nach [671]

ist 5×10^{12} cm^{-2} Bor [671] bei p-Kanal-Elementen. In Fig. 7.16 ist ein schematischer Querschnitt durch eine entsprechende dreiphasige Struktur dargestellt. In diesem Fall wurde außerdem ein "channel stop" mit einer Dosis von 10^{12} cm^{-2} Phosphor implantiert. Ein weiterer Vorteil vergrabener Kanäle sind kürzere Transferzeiten, verursacht durch einen größeren Potentialgradienten im Kanal und eine niedrigere Kapazität [56]; jedoch ist die speicherbare Ladung geringer.

7.2 Widerstände

Bei integrierten Schaltungen benötigt man außer Transistoren und Dioden auch eine größere Anzahl von Widerständen. Das definierte Einbringen sehr geringer Dotiermengen mittels Implantation ermöglicht die Herstellung von Widerständen mit engen Toleranzen und hohen Werten. Da integrierte Schaltungen meist auf einer n-leitenden Schicht hergestellt werden, sind Widerstände p-leitend; im allgemeinen wird dazu Bor verwendet.

7.2.1 Widerstandsbereich

Mittels Diffusion sind Widerstände von etwa 1 kΩ/□ und durch Ionenimplantation bis 20 kΩ/□ mit Toleranzen von 1 bis 3%, bei reduzierten Anforderungen bis 500 kΩ/□ herstellbar [404], [446], [596]. Borimplantierte Widerstände werden je nach Herstellungsprozeß unterschiedlich getempert; a) Niedertemperatur-Ausheilung (400 bis 500°C); b) Hochtemperatur-Ausheilung (800 bis 1000°C); c) Vorbelegung (1100 bis 1200°C). Die unterschiedliche Temperaturbehandlung wird durch die verwendete Technologie bestimmt, z. B. wird die Niedertemperaturausheilung bei MOS-Bauelementen angewendet, wenn die Metallisierung bereits vor der Temperung aufgebracht ist und wegen Legierungsbildung keine höheren Temperaturen

Tab. 7.2 Typische Eigenschaften von Widerständen [538]

	Schichtwider-stand ($k\Omega/\square$)	maximale Ausheil-temperatur	Lineari-tät	Temp.-Koeff. (ppm/°C)	Bemerkungen
Standard diffundiert	0,01 bis 0,8	1 200 °C	standard	⩾400 Min. bei 50 $\Omega/\square$	
Bor implantiert					
a) nachdiffundiert	10 bis 20	1 200 °C	standard	⩾400 Min. bei 50 $\Omega/\square$	
b) Hochtemperaturausheilung	50 bis 50	1 000 °C	standard	⩾400 Min. bei 400 $\Omega/\square$	voraussagbarer Wert
c) Niedertemperaturausheilung	500 bis 50	500 °C	standard	0 bei 3 k$\Omega/\square$	empfindlich auf Dosisrate während der Implantation
Spezial-Implantation					
a) Schutzimplantation	10 bis 100	1 000 °C	schlecht	⩾400	zwei Maskenschritte
b) Strahlenschäden	100 bis 500	500 °C	sehr gut	−15,000	verbunden mit Borimplantation zur TK-Einstellung
c) tiefes Niveau (In)	1 bis 200	900 °C	gut	−10,000	

möglich sind. Meist wird hierbei durch eine dünne passivierende Oxidschicht implantiert. Die Temperung wird so gewählt, daß der Widerstandswert sich nur schwach mit der Ausheiltemperatur ändert, um möglichst gute Reproduzierbarkeit und Homogenität zu erzielen. Hierfür muß auch die Temperatur während der Implantation gleich sein, da ansonsten unterschiedliche Ausheileffekte während der Implantation auftreten können. Besonders bei Hochstromimplantationen ist dies zu beachten. In Tab. 7.2 sind typische erzielbare Daten bei allen drei Typen mit Werten diffundierter Widerstände verglichen [538]. Der Schichtwiderstand von Widerständen, die bei hohen Temperaturen ausgeheilt wurden (>900 °C) läßt sich theoretisch gut vorhersagen (vgl. Fig. 6.1 bis 6.3). Die obere Grenze des Schichtwiderstandes wird durch Einflüsse von Ladungen im Oxid und Schwankungen der Substratdotierung bestimmt. Bei Dosen im Bereich 10^{13} cm^{-2} bis 10^{14} cm^{-2} ist der Einfluß von Oberflächenladungen vernachlässigbar, bei kleineren Dosen jedoch spielt Q_{ss} eine große Rolle. Durch die Verwendung einer zusätzlichen oberflächennahen Implantation von Ionen des umgekehrten Leitungstyps läßt sich dieser Effekt beseitigen. Die Widerstandsschicht wird dadurch „vergraben" und der Oberflächeneinfluß ausgeschaltet. Seidel und Gibson [650] konnten auf diese Weise Widerstände von 20 MΩ mit Schichtwiderständen im Bereich 1 k$\Omega/\square$ bis 120 k$\Omega/\square$ herstellen. In

Fig. 7.17 ist ein schematischer Querschnitt durch eine Widerstandsstruktur mit und ohne vergrabene Widerstandsbahn gegeben. Durch diese zusätzliche Dotierung wird jedoch die Linearität negativ beeinflußt, und die Widerstände können nur

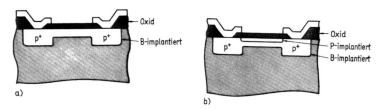

Fig. 7.17 Querschnitt durch borimplantierte Widerstände
  a) Oxidpassivierung, Gefahr von Oberflächeneinflüssen
  b) Oxidpassivierung und phosphorimplantierte Schutzschicht; nach [650]

für niedrige Spannungen verwendet werden. Hohe Widerstände mit reduzierter Empfindlichkeit gegen Oxidladungen können auch durch Strahlenschädigung hergestellt werden.

7.2.2 Temperaturkoeffizient

Der Temperaturkoeffizient implantierter Widerstände ist stark abhängig von den Ausheilbedingungen und läßt sich durch die Wahl einer geeigneten Temperung in Maßen anpassen [404], [552]. Borimplantierte Widerstände, die bei niedrigen Temperaturen ausgeheilt wurden, wechseln das Vorzeichen ihres Temperaturkoeffizienten von negativ zu positiv bei ca. 3 kΩ/□. In Fig. 7.18 sind Werte für unterschiedliche Herstellungsverfahren verglichen. Je höher die Ausheiltemperaturen sind, um so ähnlicher ist das Verhalten implantierter und diffundierter Widerstände. Durch eine Doppelimplantation von Bor und Phosphor [446] oder durch eine gezielte Strahlenschädigung mittels einer weiteren Implantation [447] läßt sich der Tempera-

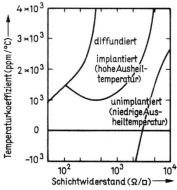

Fig. 7.18
Temperaturkoeffizienten von diffundierten und implantierten Widerständen [538]

turkoeffizient in weiten Grenzen (positiv, negativ oder 0) festlegen. In der letzten Zeit hat sich herausgestellt, daß durch tiefe Niveaus im verbotenen Band der Temperaturkoeffizient stark beeinflußt werden kann [538] und negative Werte bis 10^4 ppm/°C möglich sind. Geeignete Ionenarten sind z. B. Indium, Thallium, Schwefel, Tellur und Molybdän.

7.2.3 Linearität

Ein Problem bei hochohmigen Widerständen ist die Linearität. Bei höheren Spannungen nimmt der Widerstandswert wegen der Verbreiterung der Raumladungszone zwischen Substrat (n-leitend) und Widerstandsbahn (p-leitend) zu. Durch zusätzliche Implantation von Neon [539] lassen sich Strahlenschäden erzeugen, die die Beweglichkeit erniedrigen und die Widerstände linearisieren. Sehr genaue (<1%) und lineare Widerstände braucht man z. B. für Digital-Analog-Wandler. Üblicherweise werden solche doppelimplantierten Schichten bei nur 500°C getempert, um einerseits genügend Bor zu aktivieren und andererseits ausreichend Strahlenschäden zu behalten.

7.3 Dioden

Unabhängig von ihrem Verwendungszweck sind in diesem Kapitel Bauelemente zusammengefaßt, die im wesentlichen nur aus einem pn-Übergang bestehen. Für die elektrischen Eigenschaften ist hierbei meist das Profil oder die Homogenität der Dotierung wichtig. Um beides exakt kontrollieren zu können, wird die Ionenimplantation verwendet.

7.3.1 Kapazitätsdioden

Kapazitätsdioden (Varaktoren) sind pn- oder Schottkydioden, bei denen man die Änderung der Sperrschichtkapazität mit der angelegten Spannung, z. B. für Abstimmzwecke in Radios und Fernsehapparaten, für Mikrowellenmischer und für parametrische Verstärker ausnützt. Die Empfindlichkeit m von Kapazitätsdioden ist abhängig von der Profilgestalt am pn-Übergang. Sie wird definiert als

$$m = \frac{d(\lg C)}{d(\lg U)} \qquad (7.7)$$

C ist die Kapazität des pn-Überganges bei Anlegen einer Spannung U. Abrupte Übergänge haben eine Empfindlichkeit von 0,5. Hyperabrupte Übergänge zeigen einen größeren Wert von m; dies ist wünschenswert, um einen größeren Kapazitätshub bei geringerer Spannungsänderung zur Verfügung zu haben. Dazu ist es nötig, ein vom pn- oder Schottkyübergang abfallendes Dotierungsprofil herzustellen. Dies ist nur durch komplizierte Mehrfachdiffusion oder einfacher durch Ionenimplantation möglich. Hat die Dotierung den Verlauf

$$N_D - N_A = K x^n$$

wobei x der Abstand vom pn-Übergang und n eine Konstante ist, so gilt für m

$$m = \frac{1}{2-n} \quad (7.8)$$

und für den Zusammenhang zwischen differentieller Kapazität und Spannung

$$C \sim (U_D - U)^{-m} \quad (7.9)$$

(U_D ist die Diffusionsspannung).

Für eine Abstimmdiode wäre ein linearer Zusammenhang zwischen Frequenz und Vorspannung wünschenswert, d. h.

$$N_D - N_A = K \cdot x^{-3/2} \quad \text{bzw.} \quad C \sim (U_D - U)^{-2} \quad (7.10)$$

Werte von $m = 2{,}1$ bis $m = 2{,}5$ wurden von Brook und Whitehead [105] und von Mac Rae [451] erreicht.

Die implantierte Ionenart ist üblicherweise Phosphor. Es wird entweder mit niedriger Energie zur Vorbelegung implantiert und anschließend diffundiert – hier wird nur die exakte Dosierbarkeit der Implantation ausgenützt – oder bei mehreren Energien bis etwa 400 keV implantiert, um das für den angestrebten Kapazität-Spannung-Verlauf notwendige Profil direkt zu erhalten. Bei Varaktordioden ist der Gleichlauf zwischen verschiedenen Dioden extrem wichtig. Deshalb ist die Implantation der Diffusion auch dann überlegen, wenn sie nur zur Vorbelegung verwendet wird. Mac Rae [451] erzielte z. B. eine Streuung im m-Wert von kleiner 3%. Ähnlich gute Ergebnisse konnten in letzter Zeit mittels der Molekularstrahlepitaxie erzielt werden [138].

7.3.2 IMPATT-Dioden

Die Anwendung der Ionenimplantation für IMPATT-Dioden ist nur bei Frequenzen größer 10 GHz interessant, da erst bei hohen Frequenzen der Vorteil der besseren Prozeßkontrolle zum Tragen kommt. Konventionelle Dioden haben eine p^+nn^+-Struktur. Um höhere Wirkungsgrade zu erzielen, wird bei hohen Frequenzen eine Struktur mit Driftstrecken für Löcher und Elektronen verwendet. Man spricht dann von „double-drift-region"-Dioden (DDR). Fig. 7.19a zeigt einen schematischen Vergleich zwischen DDR- und konventioneller IMPATT-Diode. Bei der Realisierung solcher Strukturen konkurriert die Epitaxie mit der Ionenimplantation. Arbeiten auf diesem Gebiet wurden vor allem bei Bell [501], [651] und Hughes [426], [427], [428] vorgenommen. In Fig. 7.19b ist ein Dotierungsprofil einer DDR-Diode nach Seidel und Mitarbeitern [651] dargestellt. Diese Diode ist komplementär

270   7 Bauelemente

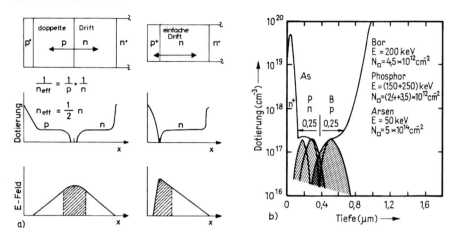

Fig. 7.19 a) Schematischer Vergleich zwischen einer DDR- und einer konventionellen IMPATT-Diode
b) Dotierungsprofil einer symmetrischen 100 GHz-DDR-Impatt-Diode; nach [651]

aufgebaut (n$^+$npp$^+$-Struktur), um die größere Reichweite von Bor ausnützen zu können. Die p-Driftzone wurde durch Bor-Implantation bei 200 keV, Dosis $4{,}5 \times 10^{12}$ cm^{-2}, die n-Driftzone durch eine zweifache Phosphor-Implantation bei 150 keV mit einer Dosis von $2{,}4 \times 10^{12}$ cm^{-2} und bei 240 keV mit einer Dosis von $3{,}5 \times 10^{12}$ cm^{-2} hergestellt. Die oberflächennahe Kontakt-Implantation wurde, um eine geringe Eindringtiefe zu erzielen, mit Arsen bei 50 keV, Dosis 5×10^{14} cm^{-2}, durchgeführt. Getempert wurde bei 850 °C für 30 min. Diese Diode hatte einen Wirkungsgrad von 7,4 % bei 92 GHz und einer Leistung von 0,18 Watt. Durch eine Verbindung von Implantationstechnik und Doppelepitaxie war es möglich, DDR-Dioden mit Readstruktur und Leistungen bis zu 6,8 Watt [501] bei 12 % Wirkungsgrad für das X-Band herzustellen.

7.3.3 Silicium-Multidioden-Target

Bei diesem Bauelement bringt die Ionenimplantation durch eine Vereinfachung der Technologie und durch die bessere Homogenität eine wesentliche Erhöhung der Ausbeute mit sich. Das Silicium-Multidioden-Target (Vidicon) besteht aus etwa

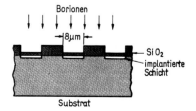

Fig. 7.20
Querschnitt durch ein implantiertes Silicium-Multidioden-Target. Nach der Borimplantation wird das dünne Schutzoxid ohne Maskierungsschritt in gepufferter Flußsäure abgelöst; nach [568]

10^6 Dioden auf einer einzigen Siliciumscheibe. Der Ausfall einer einzelnen Diode macht wegen der deutlichen Sichtbarkeit dieses Defektes (weißer Fleck, „weißer Video-Defekt") das Target unbrauchbar. Die Verringerung von vermeidbaren technologischen Schritten erhöht die Ausbeute. Bei der Verwendung der Ionenimplantation ist nur ein einziger photolithographischer Schritt notwendig [568]. Nach einer Oxidation werden Löcher für die einzelnen Dioden geätzt und anschließend durch eine kurze Oxidation diese wieder durch ein dünnes Oxid abgedeckt (Fig. 7.20). Die ganzflächige Borimplantation durchdringt lediglich das dünne Oxid. Durch eine Temperung werden die implantierten Ionen aktiviert und die Boratome tiefer in das Silicium diffundiert (drive-in). Eine ganzflächige Ätzung in gepufferter Flußsäure legt die Diode frei.

Diese „weißen Video-Defekte" werden durch Dioden mit großen Sperrströmen bedingt. Eine Getterung durch Strahlenschäden, die durch Ionenimplantation erzeugt werden, kann die Sperrströme erniedrigen und diese Defekte stark reduzieren [350]. Geeignet für diesen Zweck sind Implantationen mit hohen Dosen von Phosphor (10^{16} cm^{-2}), Arsen (10^{15} cm^{-2}) und Argon (3×10^{15} cm^{-2}). Solche Getterungen sind selbstverständlich auch für andere Bauelemente anwendbar. Ausführliche Untersuchungen zu diesem Thema mittels Rückstreutechnik wurden von Buck und Mitarbeitern durchgeführt [110].

Überstrahlungseffekte (blooming) treten auch bei diesem Bauelement störend auf, jedoch nicht so stark, wie bei ladungsgekoppelten Bauelementen (CCD). Eine Methode zur Verringerung des Effektes bietet die Kontrolle der Oberflächenrekombination an der Seite des Lichteinfalls durch Ionenimplantation [688]. Die effektive Oberflächenrekombinationsgeschwindigkeit ist näherungsweise umgekehrt proportional zur implantierten Ionendosis.

7.3.4 Solarelemente

Die Herstellung von Solarzellen mittels der Ionenimplantation ist eine der ältesten Anwendungen dieser Technik überhaupt, obwohl sie zur Zeit, wohl aus Kostengründen, nicht angewendet wird. Der Vorteil lag vor 1967 (Gusev und Mitarbeiter [308a], King und Mitarbeiter [411]) in der Möglichkeit, flache pn-Übergänge von 0,25 µm herzustellen, die eine gute Empfindlichkeit im blauen Bereich des Sonnenspektrums zeigten und Wirkungsgrade über 10% erreichten. Sollte jedoch im Rahmen umweltfreundlicher Energiegewinnung die Verwendung von Solarzellen, die zur Zeit im wesentlichen nur in der Raumfahrt verwendet werden, wichtig werden, so wird sicher die Implantation als Dotierverfahren vermehrt eingesetzt werden, da sie sich besser als großtechnisches, automatisiertes Verfahren für großen Durchsatz eignet. Implantationsspezifisch sind die Vorteile der großen Homogenität der Dotierung, der extrem flachen pn-Übergänge (wichtig für blauempfindliche Zellen mit hohem Wirkungsgrad) und der einfacheren Technologie durch Vermeidung der Rückseitenabätzung.

272   7 Bauelemente

7.3.5 Kernstrahlungsdetektoren

Kernstrahlungsdetektoren benötigen extrem flache pn-Übergänge („dünne Fenster") um eine „tote Schicht", die nicht zum Signal beiträgt, zu vermeiden. Die Implantationsenergie wird deshalb meist sehr niedrig (2 bis 10 keV) gewählt. Ein großer Vorteil der Implantation ist weiterhin die niedrige Prozeßtemperatur. Die implantierten Detektoren werden bei nur 300 bis 400 °C getempert, um eine Diffusion zu verhindern und um eine Verschlechterung der Materialeigenschaften (spez. Widerstand, Lebensdauer der Minoritätsträger) zu vermeiden [37], [394], [472], [494]. Die ersten Versuche wurden von Alväger und Hansen [37] und Martin und Mitarbeitern [472] durchgeführt. Sehr gute Detektoren konnten von Meyer [494] sowie Kalbitzer und Mitarbeitern [394] dadurch hergestellt werden, daß sie die Strahlenschäden durch eine Implantation in Channelingrichtung reduzierten, was bei den verwendeten niedrigen Ausheiltemperaturen sehr wichtig ist.

Ortsempfindliche Detektoren lassen sich leicht herstellen, indem man eine implantierte Schicht als Widerstandsbahn zur Messung des Auftreffortes eines Teilchens verwendet [395], [423]. In Fig. 7.21 ist ein Detektor nach Laegsgaard [423] dargestellt. Die mit Bor implantierte Schicht (4 mm × 14 mm) dient gleichzeitig zur Bildung des pn-Überganges und als Widerstandsbahn. Kontakte wurden an beiden Enden und an der Rückseite durch Implantation von Bor bzw. Phosphor mit Dosen von 10^{16} cm^{-2} hergestellt. Alle Implantationen wurden bei 60 keV durchgeführt. Der Widerstand der Kontaktbahn beträgt typisch 20 bis 50 kΩ und wird durch die implantierte Dosis eingestellt. Auch in diesem Fall wurden sehr niedrige Ausheiltemperaturen (400 °C, 5 min) verwendet.

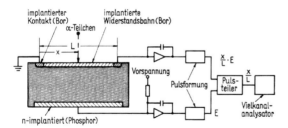
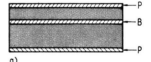

Fig. 7.21 Querschnitt durch einen ortsempfindlichen Kernstrahlungsdetektor mit Blockschaltbild der Elektronik, nach [423]

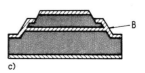

Fig. 7.22 Herstellungsprozeß eines integrierten E-dE/dx-Detektors nach Kostka und Kalbitzer [417]
a) Implantation von Phosphor in Front- und Rückseite (60 keV, 10^{14} cm^{-2}) und Hochenergieimplantation von Bor (4 bis 8 MeV, 3×10^{13} cm^{-2})
b) Mesaätzung
c) Kontaktimplantation von Bor (20 keV, 3×10^{14} cm^{-2})

7.3 Dioden 273

Eine weitere interessante Anwendung der Ionenimplantation ist die Herstellung von $E-dE/dx$-Detektoren mittels Hochenergieimplantation [417], [471]. In Fig. 7.22 ist eine schematische Darstellung des Herstellungsganges eines solchen Detektors wiedergegeben [417]. Eine Borimplantation mit hoher Energie (4 bis 8 MeV) diente zur Erzeugung einer isolierten p-Schicht, die später durch eine zweite Borimplanta-

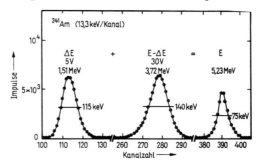

Fig. 7.23
α-Spektrum von beiden Sektionen des integrierten E-dE/dx-Detektors. Das Summenspektrum ist zum Vergleich angegeben [417]

tion (20 keV, 3×10^{14} cm^{-2}) nach einer Mesaätzung kontaktiert wurde. Die Front- und Rückseitenkontakte wurden durch Phosphorimplantationen (6 keV, 10^{14} cm^{-2}) erzeugt. Getempert wurde bei 900 K für 30 min. In Fig. 7.23 ist ein Spektrum von ^{241}Am wiedergegeben, das mit diesem Detektor gemessen wurde.

7.3.6 Photodioden

Eine interessante Anwendung der Implantation zur Herstellung von Avalanche-Dioden wurde von Gibbons [286] veröffentlicht. Durch eine Implantation von Bor mit 400 keV (s. Fig. 7.24) durch eine Abdeckschicht aus pyrolytischem SiO_2 gelang es, den Durchbruch auf das Gebiet zu beschränken, wo die Borverteilung oberflächennah ist. Der pn-Übergang wurde durch eine Phosphorimplantation mit 40 keV

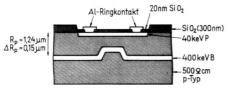

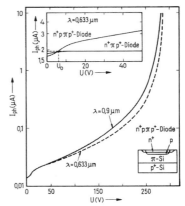

Fig. 7.24 Multiplizierender Photodetektor aus Germanium mit tiefer Borimplantation zur Definition des Multiplikationsgebietes, Dosis 5×10^{12} cm^{-2} bis 3×10^{13} cm^{-2} [186]

Fig. 7.25 Sperrstrom einer borimplantierten multiplizierenden Silicium-Photodiode [70]

hergestellt. Noch bessere Eigenschaften wurden von Berchtold [70] durch die Verwendung einer von Ruegg [600] vorgeschlagenen Struktur erzielt. In Fig. 7.25 ist die verwendete Struktur wiedergegeben. Der Durchbruch findet nur zwischen den hochdotierten Gebieten (n^+ bzw. p) statt. Rand- und Oberflächeneffekte werden so ausgeschaltet. Das p-dotierte Multiplikationsgebiet wurde durch Ionenimplantation mit anschließender Nachdiffusion hergestellt. Genaue Daten wurden nicht veröffentlicht. Die n^+-Schicht wurde durch eine flache Phosphordiffusion erzeugt ($x_j \approx 0{,}3$ µm). Die Durchbruchspannung ist typisch 300 V bei einer Dotierung der π-Schicht von $4{,}5 \times 10^{14}$ cm^{-3}. Es wurden Verstärkungs-Bandbreite-Produkte bis 300 GHz gemessen. Bei niedrigen Lichtleistungen konnten Multiplikationsfaktoren größer 10 000 erreicht werden.

Photodetektoren für das nahe und mittlere Infrarot haben in den letzten Jahren steigendes Interesse gefunden. Die geeigneten Halbleitermaterialien sind InSb (bis 5,5 µm), $Hg_{1-x}Cd_xTe$ und verschiedene binäre und ternäre Bleichalkogenide. Die dotierende Wirkung von Strahlenschäden wurde zur Herstellung von Detektoren in $Hg_{1-x}Cd_xTe$ [249], $Pb_{1-x}Sn_xTe$ [201], PbTe [193] und InSb [250] ausgenützt. In anderen Implantationsexperimenten wurde entweder chemisch oder durch Veränderung der Stöchiometrie dotiert. Beispiele dafür sind PbTe [193], PbS [202],

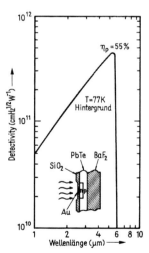

Fig. 7.26 Detectivity als Funktion der Wellenlänge für eine 380 µm × 380 µm große epitaktische PbTe-Diode, die durch Sb-Implantation hergestellt wurde [202a]. Ionendosis 10^{14} bis 2×10^{14} cm^{-2}, Implantationsenergie 400 keV, Temperung bei 340 bis 400°C

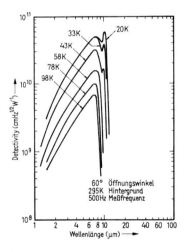

Fig. 7.27 Detectivity als Funktion der Wellenlänge und der Temperatur für eine $Pb_{0{,}88}Sn_{0{,}12}$Te-Diode mit einem Durchmesser von ca. 125 µm [199], der durch Protonenimplantation ($N_\square = 5 \times 10^{14}$ cm^{-2}, $E = 200$ keV) hergestellt wurde. Nach der Implantation wurde nicht getempert

7.3 Dioden 275

PbS$_{1-x}$Se$_x$ [200], Pb$_{1-x}$Sn$_x$Te [399] und Hg$_{1-x}$Cd$_x$Te [241], [466]. In Fig. 7.26 ist die Detectivity eines antimonimplantierten PbTe-Detektors abhängig von der Wellenlänge aufgetragen. Die Struktur der Diode ist in die Abbildung eingesetzt. Der maximale Quantenwirkungsgrad ist 55%. Bestrahlt man von der Rückseite, ergeben sich 51%. Das PbTe war epitaktisch auf BaF$_2$ aufgedampft worden. Die verwendeten Ionendosen waren 10^{14} bis 2×10^{14} cm^{-2} bei 400 keV. Getempert wurden die Schichten bei 340 bis 400°C für einige Minuten während einer pyrolytischen SiO$_2$-Abscheidung. Meßwerte eines durch Protonenbeschuß hergestellten Detektors zeigt Fig. 7.27. Aufgetragen sind Detectivity-Kurven abhängig von der Temperatur. Die maximale Detectivity ist größer als 10^{12} cm Hz$^{1/2}$ W^{-1}, und der maximale Quantenwirkungsgrad beträgt 37%. Bei großem Gesichtsfeld wird die Detectivity von der Hintergrundstrahlung begrenzt. Die Implantationsdosis war 5×10^{14} cm^{-2} bei einer Energie von 200 keV. Die Strom-Spannung-Kennlinie eines implantierten InSb-Detektors ist in Fig. 7.28 wiedergegeben. Die Diode wurde durch die Implantation

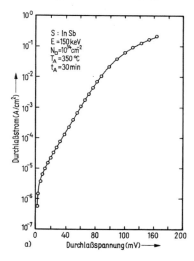
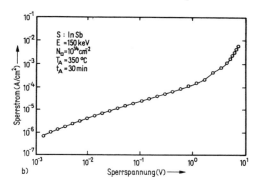

Fig. 7.28 Strom-Spannungs-Kennlinie eines schwefelimplantierten InSb-Detektors
a) Durchlaßkennlinie
b) Sperrkennlinie [77]

von Beryllium hergestellt und zeigt ausgezeichnete Eigenschaften im Sperr- und Durchlaßbereich. In der letzten Zeit konnten auch erfolgreich Detektoren in Hg$_{1-x}$Cd$_x$Te bis 14 μm realisiert werden [241], [466]. Bei den Bleichalkogeniden waren entsprechende Versuche in diesem Wellenlängenbereich bisher erfolglos.
In GaAs war es durch die Verwendung der Protonenisolation möglich, multiplizierende Schottky-Photodioden mit Verstärkungsbandbreiteprodukten über 50 GHz herzustellen [437]. Das semiisolierende GaAs diente als Schutzring, um Oberflächendurchbrüche zu vermeiden.

7.3.7 Lumineszenz- und Laserdioden

Es gibt drei Anwendungsmöglichkeiten der Implantation auf diesem Gebiet: Herstellung von pn-Übergängen, Definition der Rekombinationszone durch Protonen- oder Sauerstoffimplantation und die Erhöhung des Lumineszenzwirkungsgrades in GaP oder GaAs$_{1-x}$P$_x$ durch Implantation von Stickstoff. Zur Implantation von pn-Übergängen wurden in der letzten Zeit vermehrt Arbeiten vorgelegt. Erstmals konnten Wiemer und Mitarbeiter [774] zeigen, daß Zn-implantierte Lumineszenzdioden in GaAs$_{1-x}$P$_x$ ($x \approx 0,4$) diffundierten Dioden ebenbürtig sind. Grundlegende Experimente wurden bereits in Abschn. 6.3.2 diskutiert. Auch mehrere japanische Arbeiten zeigten die gute Eignung der Zinkimplantation zur Herstellung von Lumineszenzdioden [551], [774]. In Fig. 6.78 ist die relative Lumineszenzintensität von Dioden, die mit 150 keV Zinkionen implantiert wurden, abhängig von der Implantationsdosis und -temperatur aufgetragen und mit diffundierten Dioden verglichen. Es ergibt sich hieraus eine optimale Dosis von 4×10^{15} bis 8×10^{15} cm^{-2}. Ursache für den hohen Wirkungsgrad ist eine relativ hohe Lebensdauer, bedingt durch eine niedrige Zinkkonzentration am pn-Übergang. Die maximale Helligkeit der Dioden war 5140 cd·m^{-2} bei 8,9 A/cm^2. Die Dioden wurden nach der Implantation unter einer SiO$_2$-Abdeckung im Vakuum bei 750°C so lange diffundiert, bis die pn-Tiefe 2 µm betrug. Die Implantation bei höheren Temperaturen ergab einen schlechteren Lumineszenzwirkungsgrad. Im Gegensatz zu dieser Arbeit mußten Itoh und Mitarbeiter bei 900°C tempern [378], [381], um gute Resultate zu erzielen, und fanden eine Verbesserung durch Implantation bei 400°C. Obwohl auch sie bessere Ergebnisse durch Implantation erzielten, war ihre Lumineszenzausbeute um einen Faktor 2 bis 3 geringer. Problematisch scheint der relative Schichtwiderstand der implantierten Schicht zu sein, der auch unter optimalen Bedingungen zu einer sehr inhomogenen Stromverteilung führt, wie Fig. 7.29 zeigt. Eine zusätzliche flache Implantation oder Diffusion könnte unter Umständen für Abhilfe sorgen.

In letzter Zeit wurde eine Reihe von Untersuchungen zur Berylliumimplantation in GaAs und GaAs,P durchgeführt [131], [132]. Chatterjee und Mitarbeiter [131] konnten sehr gute Ergebnisse an berylliumimplantierten Dioden erzielen. Sie implantierten Dosen zwischen $1,5 \times 10^{14}$ cm^{-2} und 6×14 cm^{-2} bei Raumtemperatur in GaAs$_{1-x}$P$_x$ ($x \approx 0,38$) mit einer Energie von 130 keV. Die Temperung wurde zwischen 800°C und 900°C unter einer Si$_3$N$_4$-Abdeckung vorgenommen. Die besten Resultate wurden nach einer Temperung bei 900°C für 1 h gefunden. Die Lichtintensität war maximal 83 µcd bei 10 mA.

Zur Erhöhung des Lumineszenzwirkungsgrades durch Bildung von isoelektrischem Traps in GaP und GaAs$_{1-x}$P$_x$ mittels Ionenimplantation liegen nur grundlegende Messungen mittels Photolumineszenz vor, die bereits in Abschn. 6.3.2 besprochen wurden.

Durch Zinkimplantation konnten Barnoski und Mitarbeiter [57] Laserdioden herstellen. Sie implantierten bei Raumtemperatur mit 20 keV eine Dosis von 10^{16} cm^{-2} in n-GaAs, das mit 10^{18} cm^{-3} Tellur dotiert war. Nach einer Temperung

7.3 Dioden 277

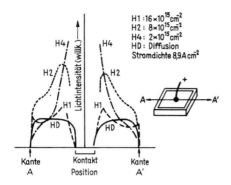

Fig. 7.29 Lumineszenzverteilung in implantierten GaAs$_{1-x}$P$_x$-Dioden abhängig von der Ionendosis [551]

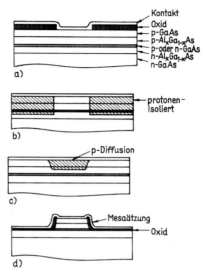

Fig. 7.30 Herstellung von Streifenlasern durch
a) Kontaktierung; b) Protonenisolation; c) Kontaktdiffusion; d) Mesaätzung [209], [592], [736]

bei 900 °C für 3 h unter einer SiO$_2$-Abdeckung ergab sich eine pn-Tiefe von 1 bis 2 μm. Bei 77 K betrug die Schwellstromdichte 2000 Acm^{-2}.

Die Herstellung semiisolierender Gebiete zur Definition des Rekombinationsgebietes von Heterolasern aus Ga$_{1-x}$Al$_x$As ist ein wichtiges Anwendungsgebiet der Implantation bei III-V-Halbleitern. Die Laser müssen in einer Streifenstruktur hergestellt werden, um stabile Lichtemission zu erzielen [168], [553]. Die vier wichtigsten Möglichkeiten zur Fertigung solcher Streifenstrukturen sind in Fig. 7.30 verglichen. Am ungünstigsten ist die Struktur nach a), da hier nur durch die Oxidschicht der Stromfluß etwas in der Mitte konzentriert wird [592]. Die Verwendung einer kontaktierenden Zinkdiffusion bringt bessere Resultate b); einfacher ist jedoch die Isolation der Gebiete links und rechts des Streifens durch Protonenbeschuß c) [209]. Dies kann z. B. durch einfache Maskierung mit einem Netz aus Wolframdraht erfolgen und ermöglicht wie die Strukturen unter a) und b) den Aufbau der Systeme mit der aktiven Schicht nach unten zur besseren Wärmeabfuhr. Die besten Resultate bezüglich Schwellstrom sind jedoch mit der technisch aufwendigen mesageätzten Struktur [736] nach d) zu erzielen. Der große Vorteil der Protonenisolation liegt in dem einfachen Prozeß: es ist keine separate Diffusion wie bei b) nötig, es entfällt ein Photolackprozeß (a), b), d)), und die Wärmeabfuhr ist besser als bei den Strukturen nach a) und d). Ein Nachteil sind größere optische Verluste im semiisolierenden Material, die man jedoch durch geeignete Temperung stark reduzieren kann. Nach einer Implantation von Protonen der Energie 300 keV und einer Dosis von 3×10^{15} cm^{-2} kann man durch eine Temperung bei 450 °C für 15 min die optischen Verluste auf den Wert vor der Implantation bringen,

278   7 Bauelemente

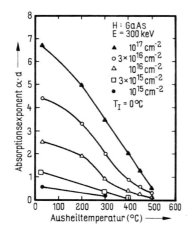

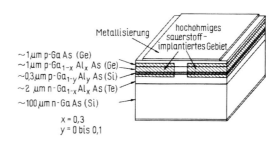

Fig. 7.32 Schematische Darstellung eines sauerstoffimplantierten Heterolasers [408]

Fig. 7.31 Isochronales Ausheilverhalten der optischen Absorption abhängig von der Ionendosis von protonenimplantiertem GaAs; Ausheilzeit 15 min [210]

während der Widerstand der Schicht noch das 200fache des ursprünglichen beträgt (1 Ωcm p-leitend nach der Temperung, 10^{-2} Ωcm p-leitend vor der Implantation). In Fig. 7.31 sind Werte der Absorption für unterschiedliche Ionendosen bei 300 keV aufgetragen. Fig. 6.81 zeigte bereits das Verhalten des Schichtwiderstandes von p-GaAs abhängig von Protonendosis und Temperung aus der gleichen Arbeit von Dyment und Mitarbeitern [210]. Die Breite der semiisolierenden Zone, abhängig von der Energie, ist etwa 1 µm/100 keV. Der Widerstand ist etwa konstant über den ganzen Isolationsbereich. Wegen der großen Reichweite von Protonen lassen sich alle praktisch wichtigen Isolationstiefen erreichen.

Eine weitere Möglichkeit zur Herstellung von Streifenlasern bildet die Implantation von Sauerstoff, der GaAs ebenfalls semiisolierend macht [329]. Da es sich hierbei um chemische Dotierung handelt, ist die Temperung nicht besonders kritisch [88]. In Fig. 7.32 ist eine typische Struktur wiedergegeben, bei der im Gegensatz zur Protonenisolation, das isolierende Gebiet sich nicht bis zur Oberfläche erstreckt. Als günstigste Dosis erwies sich 10^{14} cm^{-2}. Nachteilig bei dieser Methode sind die extrem hohen Beschleunigungsspannungen. Die projizierte Reichweite für 2,5 MeV Sauerstoffionen ist nur ca. 2 µm [88], das bedeutet, Standardionenbeschleuniger sind für diesen Zweck nicht zu verwenden.

7.4 Bipolare Transistoren

Die ersten Versuche, bipolare Transistoren durch Ionenimplantation in Silicium herzustellen [408], [740], waren wenig erfolgreich. Die Ursache dafür lag in der Unkenntnis der Dotierungsprofile, speziell der Ausläufer von Emitterverteilungen im Basisbereich, und in niedrigen Lebensdauern im Emitterbereich. Einen Durchbruch brachte erst die Verwendung von Arsen statt Phosphor als Emitterdotierung

[58], [561], [562], da dieses weniger ausgeprägte Profilausläufer besitzt. Bisher wurden fast ausschließlich npn-Mikrowellentransistoren in Silicium implantiert. Nach anfänglichen Versuchen mit Kombinationen von Diffusion und Implantation werden heute üblicherweise sowohl Basis (Bor) als auch Emitter (Arsen) implantiert; lediglich Basis- und Emitterkontakte werden noch meist mittels Diffusion hergestellt. In Germanium gelang es ebenfalls, durch Implantation von Basis (Arsen) und Emitter (Aluminium) Hochfrequenztransistoren mit ausgezeichneten Eigenschaften herzustellen [625], die jedoch, wie bei Germanium üblich, als pnp-Transistoren aufgebaut waren.

Mehrere unterschiedliche Konzepte wurden bisher verfolgt: Es wurde versucht, einerseits niedrige Ausheiltemperaturen zu verwenden [561], [679], um die Implantationsprofile möglichst zu erhalten und so unter Umständen eine bessere Prozeßkontrolle zu erzielen, andererseits wurden hohe Ausheiltemperaturen verwendet, um die Emitterverteilung über ihren Profilausläufer hinaus zu diffundieren und den Emitter-Basis-pn-Übergang in ungeschädigtes Material hoher Lebensdauer zu treiben [562], [585]. Das letztere Konzept hat sich wegen der damit erzielbaren besseren Emittereigenschaften durchgesetzt. Arsen hat bei den für Emitter nötigen hohen Konzentrationen einen stark konzentrationsabhängigen Diffusionskoeffizienten (vgl. dazu die Profile in Abschn. 6.1.3). Deshalb ist es möglich, die auch bei Arsen vorhandenen Profilausläufer, die wahrscheinlich von Channeling herrühren, durch eine Diffusion zu überlaufen. Gleichzeitig ergeben sich so Profile, die steiler sind als sie durch Ionenimplantation realisierbar wären.

Die Reihenfolge von Basis- und Emitterherstellung ist bei der Ionenimplantation frei wählbar. Implantiert man die Basis vor dem Emitter, so muß man in Kauf nehmen, daß während der notwendigen Emitterdiffusion auch die Basis diffundiert. Sicher ist es deshalb günstiger, erst den Emitter zu implantieren, bei relativ hohen Temperaturen (950 bis 1000 °C) einzudiffundieren, anschließend die Basis zu implantieren und sie durch eine Temperung bei niedrigen Temperaturen (850 bis 900 °C) nur kurz zu aktivieren, um so eine gute Prozeßkontrolle über die Weite der Basiszone zu haben. Überdies wird dadurch auch eine gekoppelte Diffusion der Bor- und Arsenverteilungen vermieden, die eine nachteilige Wirkung auf die Transistorparameter haben könnte [794]. Trotzdem sind eine Vielzahl von Untersuchungen mit der ersteren Prozeßfolge durchgeführt worden. Grund dafür ist die Kompatibilität mit der Transistorherstellung durch konventionelle Diffusionsverfahren.

In Fig. 7.33 sind ein schematischer Querschnitt durch einen typischen Hochfrequenztransistor in Oxidisolationstechnik und die zugehörigen Dotierungsprofile von Emitter und Basis dargestellt [303]. Für die Basis werden im allgemeinen zwei Implantationen verwendet: eine flache, inaktive Kontaktimplantation, die gleichzeitig zur Verhinderung lateraler Injektion dient (Dosis 5×10^{13} bis 5×10^{14} cm^{-2}, Energie 10 bis 50 keV) und eine tiefere Implantation, die die aktive Basis formt (Dosis 3×10^{12} bis 5×10^{14} cm^{-2}, Energie 20 bis 300 keV). Der Emitter wird durch eine einzige Implantation mit Energien von 60 bis 150 keV und Dosen von 4×10^{16} bis 2×10^{16} cm^{-2} implantiert. Die große Streuung der Dosen für die aktive Basisimplantation rührt von den unterschiedlichen gewünschten Transistordaten und dem Ausmaß der Überlappung von Basis und Emitterprofil durch Implantation und Temperung her.

Mit Hilfe der Ionenimplantation ist es möglich, die Transistorparameter in weiten Grenzen relativ unabhängig voneinander zu variieren. Der Kollektorstrom I_C hängt von Q_B, dem Integral der Basisdotierungskonzentration über die Basisweite ab und ist gegeben durch

$$I_C = \frac{q n_i^2 A_E D_n}{Q_B} \exp\left(\frac{qU_{BE}}{kT}\right) \tag{7.11}$$

mit A_E Emitterfläche; U_{BE} Basisemitterspannung; n_i Eigenleitungsdichte; D_n Elektronendiffusionskoeffizient in der Basis und Q_B/D_n Basisgummelzahl. Der Basisstrom ist gegeben durch

$$I_B = \frac{q n_i^2 A_E}{(Q_E/D_p)_{eff}} \exp\left(\frac{qU_{BE}}{kT}\right) \tag{7.12}$$

Hierbei ist $(Q_E/D_p)_{eff}$ die effektive Emittergummelzahl. Für die Stromverstärkung erhält man mit Gl. (7.11) und (7.12)

$$h_{FE} = \frac{I_C}{I_B} = \frac{(Q_E/D_p)_{eff}}{Q_B/D_n} \tag{7.13}$$

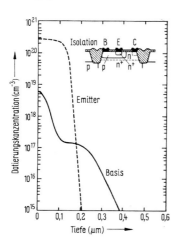

Fig. 7.33
Schnitt durch einen implantierten Hochfrequenztransistor und zugehöriges Dotierungsprofil [303]

Da die integrale Basisdotierung der Implantationsdosis der tiefen Basisimplantation proportional ist, gilt

$$h_{FE} \sim \frac{1}{N_\square} \tag{7.14}$$

Somit ist also bei konstantem Emitterwirkungsgrad die Stromverstärkung durch die Dosis der aktiven Basisimplantation einstellbar. In Fig. 7.34 ist ein experimentelles Beispiel für diesen Zusammenhang nach Gl. (7.14) gegeben [562]. Für eine genauere Betrachtung dieser Zusammenhänge siehe Archer [42].

Durch die Energie der aktiven Basisimplantation läßt sich die Grenzfrequenz beeinflussen, da die Basistransitzeit τ_B eine Funktion der Basisweite und damit der Implantationsenergie ist. Ein Beispiel dafür ist in Fig. 7.35 dargestellt. Dabei ändert sich auch etwas die Stromverstärkung, da bei Variation der Energie mehr bzw.

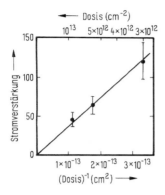

Fig. 7.34 Stromverstärkung h_{FE} als Funktion der Dosis der aktiven Basisimplantation für einen 5 GHz-Transistor [562]

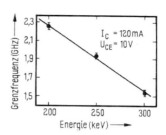

Fig. 7.35 Grenzfrequenz f_T als Funktion der Energie der aktiven Basisimplantation für einen 2 GHz-Transistor [562]

weniger Ionen in die aktive Basiszone eingebracht werden. Eine vollständige Entkopplung von Grenzfrequenz und Stromverstärkung ist deshalb nicht möglich. Die Emitter-Basis-Durchbruchspannung wird durch die Dosis der flachen Basisimplantation festgelegt und läßt sich deshalb ebenfalls in Maßen einstellen.

Die großen Vorteile implantierter Transistoren sind aufgrund der reproduzierbaren Einstellbarkeit ihrer Eigenschaften eine wesentliche Verkleinerung der Parameterstreuungen und damit eine drastische Vergrößerung der Ausbeute. Eine weitere Verbesserung von Hochfrequenztransistoren ist durch die Herstellung von „pedestal"-Kollektoren mittels Hochenergieimplantation [795] oder strahlungsbeschleunigter Diffusion [610] denkbar.

7.5 Feldeffekttransistoren

Feldeffekttransistoren wurden durch Ionenimplantation in Silicium [425], Germanium [756] und vor allem in GaAs hergestellt [218], [333], [356], [357], [402], [707], [741], [748]. Lecroisnier und Pelous [425] realisierten einen Leistungsfeldeffekttransistor in Silicium durch die Implantation einer vergrabenen Fingerstruktur für das Gate. Eine schematische Darstellung dieser Struktur ist in Fig. 7.36 wiedergegeben. Mit Hilfe der Ionenimplantation ist die Realisierung dieses Bauelementes

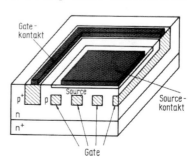

Fig. 7.36
Schematischer Schnitt durch einen implantierten Leistungsfeldeffekttransistor mit einer fingerförmigen Gatestruktur [425]

sehr einfach, obwohl es prinzipiell auch konventionell hergestellt werden kann. Es wurden Borionen mit 600 keV und 900 keV zur Implantation des Gates verwendet. Die Gesamtdosis war 6×10^{14} cm^{-2}. In Fig. 7.37 ist eine Rastermikroskopaufnahme eines Schrägschliffes durch die Fingerstruktur wiedergegeben, in der zusätzlich die Dimension der Struktur eingetragen sind. Mit diesem Transistor wurde eine Ausgangsleistung von 200 mW bei 2,7 GHz mit einer Leistungsverstärkung von 6 dB erzielt. Ähnliche Arbeiten wurden von Dolan [192] durchgeführt.

Wegen der höheren Elektronenbeweglichkeit in GaAs im Vergleich zu Silicium sind Feldeffekttransistoren in n-GaAs für Mikrowellenfrequenzen ein interessantes Bauelement; üblicherweise werden sie als Schottkyfeldeffekttransistoren realisiert. Die Ionenimplantation kann auf 3 Gebieten Anwendung finden: Zur Dotierung von Source- und Draingebiet, zur Implantation des Kanals in semiisolierendes oder niedrig dotiertes GaAs und zur Definition von Strukturen mit Protonenisolation. Source und Drain benötigten hohe Konzentration. Für n-dotierende Elemente (z. B. Selen und Tellur) wurden bisher nur Dotierungswerte kleiner 10^{19} cm^{-3} erreicht (vgl. dazu Abschn. 3), so daß sich die Implantation auf diesem Gebiet noch im Forschungsstadium befindet [218]. Wesentlich besser sind die Ergebnisse, wenn man versucht, den Kanal durch Ionenimplantation herzustellen [333], [356], [357], [402], [418]. Man kann dadurch die sonst notwendige Epitaxie vermeiden und selektiv leitfähige Gebiete erzeugen. In Fig. 7.38 ist als Beispiel ein mesageätzter Transistor nach Hunsperger [357] wiedergegeben. Es wurde Schwefel mit einer Dosis von 10^{13} cm^{-2} bei 150 keV und 5×10^{12} cm^{-2} bei 30 keV implantiert. Die elektrische Aktivität nach dem Tempern (800°C, 20 min unter SiO$_2$-Abdeckung) war sehr stark vom verwendeten Substrat abhängig und lag zwischen etwa 7% und 36%. Stolte [707] konnte zeigen, daß in semiisolierendem GaAs mit niedrigen Chromgehalt und in niedrig dotiertem GaAs nach der Implanta-

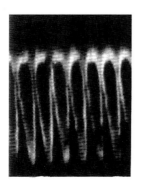
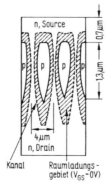
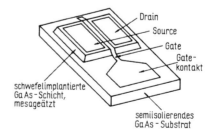

Fig. 7.37 Rastermikroskopische Aufnahme eines 2°-Schrägschliffes durch einen Leistungsfeldeffekttransistor. Das Raumladungsgebiet erscheint weiß (Potentialkontrast) [425]

Fig. 7.38 Schematische Darstellung eines implantierten, mesageätzten Schottky-Feldeffekttransistors in GaAs [357]

tion mit niedrigen Schwefeldosen 85% elektrische Aktivität erreichbar sind, wenn bei 500°C implantiert wird und daß die Werte der Hallbeweglichkeit über den theoretischen Beweglichkeitswerten liegen; in beiden Fällen scheint Schwefel etwas besser als Tellur zu sein. Es ist also für solche Arbeiten sehr wesentlich, gutes semiisolierendes oder undotiertes epitaktisches Substratmaterial zu verwenden. Higgins und Mitarbeiter [333] implantierten Schwefel bei 100 keV und Selen bei 400 keV und temperten unter Si_3N_4-Passivierungsschichten bei 850°C für 30 min. Die verwendeten Dosen waren 9×10^{12} cm^{-2} für Schwefel und 2×10^{12} cm^{-2} für Selen. Die Aktivierung betrug mehr als 90% für Selen und ca. 20% für Schwefel. Deshalb wurden zur Herstellung der Transistoren unterschiedliche Dosen verwendet, um die Ergebnisse vergleichen zu können. Im Gegensatz zu epitaktischen zeigten die selen- oder schwefelimplantierten Transistoren keine Drift der Verstärkung und keine Abhängigkeit des Rauschens von der Drainspannung, aber ein geringfügig höheres Rauschen. Die implantierten Transistoren erwiesen sich als gleich gut mit Verstärkungen von 11 dB bei 10 GHz. Kellner und Mitarbeiter [402] erzielten mit Schwefel bei einer Dosis von 5×10^{12} cm^{-2} sogar 100% elektrische Aktivierung nach einer Temperung über 860°C. Ihre Transistoren zeigten jedoch ein höheres Rauschen als epitaktisch hergestellte. Tung-ho und Mitarbeiter [741] konnten bei Schwefel (Energie 100 keV, Dosis $1,5 \times 10^{13}$ cm^{-2}) nach einer Temperung bei 750°C 8,8%, bei 800°C 30,3% und bei 900°C 68,4% Aktivierung erreichen. Im Gegensatz zu den anderen Arbeiten wurde hier unter Arsendruck jeweils für 15 min getempert.

Von Vodicka und Zuleeg [748] wurden Sperrschichtfeldeffekttransistoren durch Schwefel- und Zinnimplantation hergestellt. Implantiert wurde Schwefel mit 30 keV und 150 keV bei 350°C und Dosen von 10^{13} cm^{-2} bzw. Zinn mit 30 keV bis 40 keV und Dosen von 10^{14} cm^{-2} in Cr-dotiertes, semiisolierendes Material, das anschließend bei 750°C unter SiO_2-Abdeckung für 10 min getempert wurde. Die ersten elektrischen Messungen waren vielversprechend.

Die Möglichkeit, die Strukturen von Feldeffekttransistoren in GaAs durch Protonenisolation zu definieren, wurde noch nicht wahrgenommen, jedoch konnte bei planaren Gunnelementen ihre Anwendbarkeit gezeigt werden [742].

7.6 Verschiedene Halbleiterbauelemente

Neben den in den vorhergehenden Abschnitten erläuterten Anwendungen der Implantation auf die Entwicklung und Fertigung von Bauelementen gibt es noch eine Reihe weiterer interessanter Verwendungsmöglichkeiten, die kurz erwähnt werden sollen. Besonders auf dem Gebiet der III-V-Halbleiter bieten sich vielfältige Möglichkeiten.

Durch Protonenbeschuß gelang es Stoll und Mitarbeitern [706], Photodetektoren zu entwickeln, die in optische Wellenleiter aus GaAs integrierbar sind. Sie erhöhen

284 7 Bauelemente

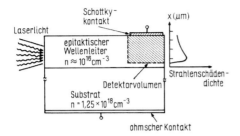

Fig. 7.39
Querschnitt durch einen protonenimplantierten optischen Lichtleiterdetektor [706]

dazu durch den Protonenbeschuß den Absorptionskoeffizienten unter einem Schottkykontakt. Bei 1,15 µm und Raumtemperatur war der äußere Quantenwirkungsgrad ungefähr 16%. In Fig. 7.39 ist eine schematische Darstellung dieses integrierten Detektors dargestellt.

Mizutani und Kurumada [503] implantierten Schwefel bei 200 keV mit 5×10^{12} cm^{-2} bei Raumtemperatur in Cr-dotiertes, semiisolierendes GaAs. Der Cr-Gehalt des Substratmaterials war kleiner als 10^{16} cm^{-3}. Nach der Implantation wurde unter einer SiO$_2$-Passivierungsschicht bei 800°C für 210 min getempert. Der Dotierungswirkungsgrad war 90%. Mit diesem Material konnten planare Gunnelemente für digitale Anwendungen hergestellt werden. Die Definition der Elemente erfolgte durch Mesaätzung. Die nL- bzw. nd-Produkte waren 4×10^{14} cm^{-2} bzw. $4,4 \times 10^{12}$ cm^{-2}. Die Eigenschaften dieser Gunnelemente waren besser als die derjenigen mit entsprechend dotierten epitaktischen Schichten. Die Autoren schlagen vor, vollständig planare Strukturen durch selektive Implantation herzustellen und Feldeffekttransistoren zusammen mit Gunnbauelementen monolytisch auf einem Substrat aufzubauen, um z. B. einen integrierten Pulsregenerator herzustellen.

Upadhyayula und Mitarbeiter [742] stellten planare Gunnelemente unter der Verwendung von Protonenisolation zur Definition der Strukturen her. Sie implantierten Dosen von 10^{13} cm^{-2} bei Energien von 280 keV, 200 keV sowie 100 keV in epitaktisches Ausgangsmaterial. Maskiert wurde während der Implantation mit Phosphorsilicaglas wegen der Möglichkeit, dickere maskierende Schichten abzuscheiden als bei reinem SiO$_2$. Diese Technik scheint für planare Strukturen in GaAs sehr erfolgversprechend zu sein.

Pruniaux und Mitarbeiter [578] konnten ebenfalls unter Verwendung der Protonenisolation MIS-Transistoren in GaAs herstellen. Bei einem Gate von 5 µm × 500 µm wurde eine Steilheit von 5 mA/V erzielt. Lepselter und Mitarbeiter [432] kombinierten in Silicium Schottkybarrieren mit B-implantierten Source- und Draingebieten um MOS-Transistoren herzustellen. Als Source-Drain-Anschlüsse dienten Platinsilicid-Schottky-Kontakte, die durch eine Titan-Platin-Gold-Schicht, die auch das Gate bildete, verstärkt wurden.

Auch in Silicium wurden zahlreiche Versuche vorgenommen, isolierende Schichten durch Implantation herzustellen [641], [644] und zwar durch Sauerstoff-, Stickstoff- und Protonenbeschuß. Die Ergebnisse waren jedoch nicht so gut wie bei einigen III-V-Halbleitern und es sind noch keine Bauelemente gefertigt worden.

8 Implantation in Nichthalbleiter

Die Implantation in Nichthalbleiter hat sich in den letzten Jahren immer mehr neben ihrer klassischen Anwendung zur Dotierung von Halbleitern durchgesetzt. Dabei waren es weniger die ersten Versuche zur Herstellung von SiO_2 oder von Si_3N_4, durch Sauerstoff- oder Stickstoffimplantation in Silicium [258], [759], die Interesse fanden, als vielmehr die beiden Gebiete

a) Implantation in Metalle,
b) Implantation in optische Materialien.

Aus der Vielzahl der Untersuchungen sollen im folgenden jedoch nur einige kurz erwähnt werden, um die vielfältigen Möglichkeiten der Ionenimplantation von der Oberflächenhärtung von Rasierklingen bis zur Passivierung von Uran aufzuzeigen und vielleicht zu weiteren Anwendungen anzuregen. Einen ausführlichen Überblick über Anwendungen der Implantation außerhalb des Halbleitergebietes veröffentlichten Thomson [726a] und Grant [302a].

8.1 Implantation in Metalle

In diesem Abschnitt sollen die wesentlichen Einflüsse der Implantation auf Metalle behandelt werden: Die Verhinderung bzw. Verstärkung der Korrosion (z. B. „Blasen"-Bildung) und die Herstellung supraleitender Schichten. Die Implantation wurde auf Metalle erst relativ spät angewendet, da die hierbei notwendigen Ionendosen verhältnismäßig hoch sind. Während in der Halbleitertechnologie Dosen von 10^{11} bis 10^{16} cm^{-2} ausreichen, sind bei Metallen meistens Dosen im Bereich von 10^{17} cm^{-2} erforderlich. Überdies ist die Anzahl der in Frage kommenden Ionen wesentlich größer als in der Halbleitertechnologie.

Eine internationale Konferenz war in letzter Zeit ausschließlich mit den Anwendungen von Ionenstrahlen auf Metalle [29] befaßt.

Dearnaley bringt in dem Buch „New Uses of Low Energy Accelerators" [182a] eine Übersicht über die Implantation in Metalle mit dem Schwerpunkt Korrosion, und Picraux [572a] beschäftigt sich in einer umfangreichen Arbeit mit Löslichkeit, Ausscheidungen, Gittereinbau und Diffusion nach der Implantation von Ionen in Metalle.

286   8 Implantation in Nichthalbleiter

8.1.1 Korrosion

Den Anstoß zur intensiven Beschäftigung mit der Implantation in Metalle gab wohl, nach den ersten Ergebnissen von Trillat und Haymann [730b] zur Passivierung von Uran durch Argonbeschuß, die Untersuchung von Crowder und Tan [159a] zur Passivierung von Kupfer durch Borimplantation. Der Grund für verstärkte Untersuchungen war hauptsächlich das Interesse an Materialien für Fusionsreaktoren, speziell an ihrem Verhalten unter extremer Strahlenbelastung und an der Herstellung korrosionsbeständiger, oberflächenpassivierter Metallschichten.

Die nächstliegende Methode zur Oberflächenveredelung ist die Implantation von Ionen, die auch als Legierungszusätze Korrosion verhindern oder reduzieren, etwa Nickel oder Chrom in Stahl. Darüber hinaus ist die Implantation aber besonders zur methodischen Untersuchung von Korrosionsmechanismen geeignet, da sie die Möglichkeit bietet, praktisch jede Substanz in bekannter Konzentration und ohne Veränderung der Korngrenzen einzubringen [182a].

Korrosion ist ein extrem komplexer Vorgang, der außer von den elektrochemischen Eigenschaften der Metallkomponenten und des Oxidationsmittels auch von Korngrenzen und Korngrenzendiffusion, mechanischer Spannung, Temperatur und Umgebungsatmosphäre abhängt. Untersuchungsmöglichkeiten für diese Effekte bieten vor allem die Rückstreutechnik, die Elektronenmikroskopie und die Aktivierungsanalyse. Im folgenden sollen nun einige praktische Untersuchungen hierzu vorgestellt werden.

Ausführliche Studien zur Oxidation von Titan und rostfreiem Stahl wurden von Dearnaley und Mitarbeitern [182b], [182c] durchgeführt. Es wurden 10 verschiedene Ionensorten auf ihre oxidationshemmende Wirkung untersucht. Nach der Implanta-

Tab. 8.1 Wirkung der Ionenimplantation auf die Oxidation von Edelstahl [182a]

Proben-Nr.	Ionenart und -dosis		Oxidationswirkung	
S1	Ca	10^{15} cm^{-2}	beschleunigt	20%
S2	Ca	10^{16} cm^{-2}	beschleunigt	40%
S3	Ca	10^{16} cm^{-2}	beschleunigt	51%
S4	Ca	5×10^{16} cm^{-2}	beschleunigt	100%
S5	Y	10^{16} cm^{-2}	reduziert	30%
S6	Y	5×10^{16} cm^{-2}	reduziert	50%
S7	Eu	5×10^{16} cm^{-2}	beschleunigt	50%
S8	Eu	5×10^{16} cm^{-2}	beschleunigt	62%
S9	Bi	10^{16} cm^{-2}	reduziert	28%
S10	Bi	10^{16} cm^{-2}	reduziert	31%
S11	Bi	5×10^{16} cm^{-2}	reduziert	50%
S12	In	2×10^{16} cm^{-2}	reduziert	32%
S13	Al	10^{17} cm^{-2}	reduziert	52%

tion wurden die Proben in Sauerstoff trocken (600°C für Titan, 800°C für Stahl) für 25 bis 30 min oxidiert. Calciumionen waren am besten geeignet, die Oxidation von Titan zu verhindern. Höhere Dosen (bis zu 5×10^{16} cm^{-2}) verstärkten diesen Effekt. Europium hatte eine ähnliche Wirkung. Alle anderen Elemente (Zn, In, Ce, Al, Y, Ni und Bi) erhöhten die Oxidationsrate. Bei rostfreiem Stahl waren die Ergebnisse umgekehrt. Calcium und Europium vergrößerten die Oxidationsrate, während die anderen Ionen sie verkleinerten. Der Effekt ist stark mit der Elektronegativität der Elemente gekoppelt. In Tab. 8.1 sind einige Ergebnisse für rostfreien Stahl wiedergegeben.

Ähnliche Untersuchungen wurden für Aluminium durchgeführt [115a], [730a]. Die Oxidation folgt in diesem Fall der Wagner-Hauffe-Regel [325a], d. h., die Dicke des Oxids ist proportional der Wurzel aus der Zeit (diffusionsbegrenzte Oxidation). Gold und Silber hinderten z. B. die Oxidation, während Blei und Wismut sie erhöhten. Bei hohen Wismut-Dosen tritt Oxidation bereits bei Raumtemperatur auf. Bei Chrom stellte sich heraus, daß vorwiegend Strahlenschäden das Oxidationsverhalten implantierter Schichten bestimmen [523a]. Auch bei Nickel haben Strahlenschäden einen großen Einfluß auf das Oxidationsverhalten [298a], daneben wirkt sich vor allem der unterschiedliche Atomradius aus. Weitere Versuche wurden mit Kupfer [590] und Zirkon [182a] durchgeführt. Bei Zirkon erhöhen alle implantierten Elemente die Oxidationsrate bis auf die Übergangselemente (Fe, Ni, Cr) und Niob [182a]. Die Oxidationsversuche wurden in trockenem Sauerstoff bei Temperaturen zwischen 380°C und 400°C vorgenommen. Die Sauerstoffaufnahme wurde mittels der ^{16}O(p,p)-Resonanzreaktion festgestellt. In Fig. 8.1 ist die Dosisabhängigkeit der Oxiddicke für Eisen und Nickel aufgetragen. Das Optimum liegt bei ca. 3×10^{15} cm^{-2}. Bei legiertem Material (Zirkaloy 2) sind ähnliche Konzentrationen für optimale Oxidationsverringerung nötig [398].

In letzter Zeit wurden zahlreiche Experimente zur Korrosion in wäßrigen Lösungen vorgenommen, um definierte Randbedingungen festzulegen. Entweder wurden Salzsprühapparaturen verwendet oder die Oxidationspotentiale in Elektrolyten (z. B. 0,1 M NaOH + Na$_2$SO$_4$) bestimmt [43b], [43c].

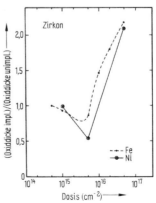

Fig. 8.1
Einfluß von Fe- und Ni-Implantation auf die Oxidation von elektropoliertem Zirkon als Funktion der Ionendosis. Das Minimum entspricht einer Oberflächenkonzentration von ca. 3000 ppm [182c]

288 8 Implantation in Nichthalbleiter

Die Herstellung von oberflächlichen Legierungen durch Ionenimplantation, deren Eigenschaften bereits durch konventionelle Herstellung bekannt sind, ist eine direktere Methode als die weiter oben geschilderte „Probiermethode". Bewährt hat sich z. B. die Implantation von Yttrium in rostfreien Stahl [41b], um die Oxidation bei hohen Temperaturen zu verhindern. Hierfür ist die Ionenimplantation besonders geeignet, da bei homogenen Legierungen die Härte und Zähigkeit wahrscheinlich wegen der Abscheidung von Yttrium an Korngrenzen gering ist. In Fig. 8.2 ist die passivierende Wirkung implantierten Yttriums auf austenitischen Stahl (25% Cr, 25% Ni, 1% Nb) in CO_2-Atmosphäre bei 700°C mit Y-legiertem Stahl verglichen.

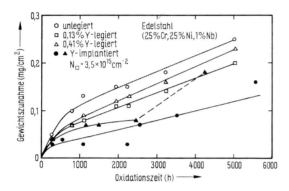

Fig. 8.2
Einfluß von Y-Implantation mit einer Dosis von $3,5 \times 10^{15}$ cm^{-2} auf das Oxidationsverhalten von Edelstahl in CO_2-Atmosphäre bei 700°C im Vergleich zu legierten Proben [41b]

Die Dosis war $3,5 \times 10^{15}$ cm^{-2}, implantiert wurde mehrmals mit verschiedenen Energien zwischen 80 und 410 keV, um eine Schicht von 0,2 μm Dicke möglichst homogen zu dotieren [41b]. Die Gewichtszunahme durch Oxidation ist bei dem nichtlegierten Stahl am größten, für die implantierten Proben am kleinsten. Bei 800 und 850°C war die passivierende Wirkung des Yttriums noch ausgeprägter.

8.1.2 Untersuchung von Reaktormaterialien

Ein Problem bei Atomreaktoren ist der starke Teilchenbeschuß im Reaktorinneren. Besonders für die geplanten Fusionsreaktoren sind eingehende Materialstudien erforderlich. So bilden sich durch den Beschuß mit energiereichen Heliumatomen, die in Reaktoren durch verschiedene (n,α)-Reaktionen entstehen, in den Metallen Blasen („blister", „bubbles"), da Helium nur schwach löslich ist. Diese Blasen können die Eigenschaften der Reaktormaterialien, vor allem des Stahls, stark verändern. Durch den Beschuß mit schnellen Neutronen bilden sich in Stahl ebenfalls kleine „leere" Blasen (10 nm Durchmesser), in diesem Fall „voids" genannt. Ionenimplantation bietet ein Mittel, Materialien in relativ kurzen Zeiten auf ihre Eignung für den Reaktorbau zu untersuchen, im ersten Fall durch Heliumimplantation, im zweiten Fall, um beide Effekte zu trennen, durch Implantation von Ionen, die in den verschiedenen Stahlsorten praktisch inert sind, wie Nickel, Chrom oder Eisen. Um relativ tief eindringende Verteilungen zu erzielen, wird oft mit sehr

8.1 Implantation in Metalle   289

hohen Energien und mehrfach geladenen Ionen implantiert. Die verwendeten Dosen liegen im Bereich zwischen 10^{16} cm^{-2} und 10^{19} cm^{-2}. Das wichtigste Untersuchungsverfahren für diese Effekte sind transmissions- und rasterelektronenmikroskopische Untersuchungen.

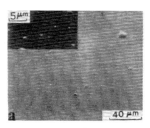 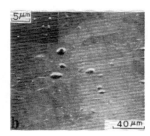 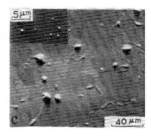

Fig. 8.3 Rastermikroskopische Aufnahmen von getempertem polykristallinen Niob nach Implantation mit 500 keV He-Ionen bei 900 °C und einer Dosis von 0,1 C cm^{-2} bei Flüssen von a) 10^{13} cm^{-2}s^{-1}; b) 10^{14} cm^{-2}s^{-1}; c) 10^{15} cm^{-2}s^{-1} [167b]

In Fig. 8.3 sind Fotografien von Nioboberflächen nach einem Beschuß mit Helium bei 900 °C mit einer Energie von 500 keV und einer Dosis von etwa 5×10^{17} cm^{-2} bei unterschiedlichen Dosisraten wiedergegeben [167b]. Deutlich sieht man das verstärkte Abplatzen der Oberfläche bei hohen Dosisraten. Ein noch krasseres Bild zeigt sich nach der Implantation von Molybdän mit Heliumdosen von $2,5 \times 10^{18}$ cm^{-2} bei einer Stromdichte von $1,2 \times 10^{-4}$ A/cm^2 (Fig. 8.4); hier bilden sich annähernd kreisförmige Blasen, von denen teilweise der „Deckel" abgedrückt wurde [745a]. Mehr oder minder ähnliches ergibt sich bei der Bestrahlung fast aller im Reaktorbau verwendeter Materialien, lediglich die Dosisabhängigkeit ist verschieden.

Als Bedingung für die Ausbildung von Blasen in Metallen gilt einmal, daß die Tiefe, in der die Blasen entstehen, größer als die Dicke der bis zu einer kritischen

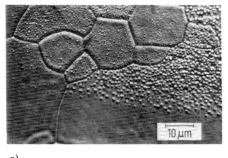 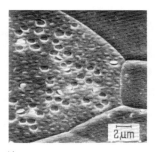

a)   b)

Fig. 8.4 a) Optische, b) rastermikroskopische Aufnahmen einer getemperten Mo-Probe, die bei 15 keV mit $2,5 \times 10^{18}$ cm^{-2} He-Ionen und einer Stromdichte von $1,2 \times 10^{-4}$ Acm^{-2} implantiert wurden [745a]

8 Implantation in Nichthalbleiter

Dosis N_c zerstäubten Metallschicht ist, zum anderen eine niedrige Beweglichkeit und Löslichkeit der implantierten Ionen [596a]. Wenn man die Tiefe, in der die Blasen entstehen, gleich der projizierten Reichweite R_p setzt, folgt für den Eintritt der Blasenbildung aus der ersten Bedingung

$$S < R_p \frac{N}{N_c} \qquad (8.1)$$

N ist die atomare Dichte des Substrats und S die Zerstäubungsausbeute.

Gl. (8.1) ist erfüllt für alle leichten Ionen wie Helium und Wasserstoff, bei schweren Ionen (z. B. Argon) tritt Blasenbildung erst bei hohen Energien auf, bei denen die Eindringtiefe zu- und die Zerstäubungsrate abnimmt. Experimentell läßt sich dies durch Beschuß unter verschiedenen Winkeln realisieren. Je größer die Abweichung des Einfallwinkels von der Normalen ist, um so geringer ist die Blasenbildung. Die zweite Bedingung erklärt, warum bei Wasserstoffbestrahlung sehr hohe Dosen ($\geqslant 5 \times 10^{18}$ cm^{-2}) notwendig sind, um Blasenbildung zu erzielen und eine große Dosisratenabhängigkeit besteht [596a]: Wasserstoff hat in den meisten Metallen einen sehr hohen Diffusionskoeffizienten. Die „Deckeldicke" und der Durchmesser der Blasen steigen mit wachsenden Beschleunigungsenergien. Das und Mitarbeiter [167a] konnten eine sehr gute Übereinstimmung der mittleren Reichweite und der „Deckeldicke" in Aluminium, Vanadium und Niob finden. Als Erklärung der „blister"-Bildung nimmt man die Ausscheidung der Gase in Blasen an, die schließlich das darüberliegende Material abdrücken [62], [396]. Bei niedrigen Energien kann es auch durch mechanische Spannungen zur Ausbildung größerer „Deckeldicken", als der Ionenreichweite entspräche, kommen [596a]. Fig. 8.5 zeigt eine schematische Darstellung dieses Mechanismus. Es wurde dazu angenommen, daß die Scherung proportional dem Konzentrationsgradienten ist.

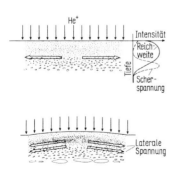

Fig. 8.5
Mechanismus der „blister"-Bildung. Hydrostatischer Gasdruck und implantationsbedingte Spannungen führen zur Ausbildung von „Deckeln" [596a]

8.1 Implantation in Metalle   291

Eine Reihe neuer Arbeiten zu dem Problemkreis der Blasenbildung findet man in den Konferenzberichten „Application of Ion Beams to Materials" [30] und „Application of Ion Beams to Metals" [29].

Mit der Bildung von „voids" befassen sich ebenfalls zahlreiche Arbeiten. Einen guten Überblick geben die Arbeiten von Johnston und Rosolowski [388a] sowie von Kulcinski [419a], die viele ältere Arbeiten zitieren. Durch den Beschuß mit hochenergetischen Neutronen werden zahlreiche Atome versetzt, es entstehen Leerstellen und Zwischengitteratome. Diese rekombinieren oder werden an Senken (Oberfläche der Probe, Korngrenzen, Versetzungen oder bestehende „voids") eingefangen. Da Zwischengitteratome an mindestens einer dieser Senken eingefangen werden, wahrscheinlich an Versetzungen, sammeln sich die Leerstellen an anderer Stelle an und scheiden sich schließlich als „voids" aus. Zur Erzeugung von „voids" ist Helium nicht notwendig, jedoch zeigt sich eine sehr starke Vergrößerung des Effektes, falls Helium im Metall vorliegt. Theorien zur Ausbildung der „voids" s. u. a. [43a], [154a], [576a], [576b].

Tab. 8.2 Zur Untersuchung der Bildung von „voids" verwendete Ionen; nach [388a], [419a]

Implantiertes Element	Energie (MeV)	Bemerkungen
H	0,1 bis 1,2	
D	12,3	
C	0,1 bis 20	auch 2fach geladene Ionen
N	2,0	
O	0,1	
Al	0,4 bis 2	
Fe	0,1 bis 36	bis 8fach geladene Ionen
Ni	0,1 bis 46,5	auch 2- und 6fach geladene Ionen
Cu	0,5 bis 15	auch 2- und 3fach geladene Ionen
Se	6 bis 11	
Nb	15	
Ta	7,5	

Die Untersuchung von „voids" durch Ionenimplantation wurde von Nelson und Mazey [536a] vorgeschlagen. Seitdem wurden zahlreiche Experimente durchgeführt. In Tab. 8.2 ist eine Zusammenstellung von bisher verwendeten Ionenarten [388a], [419a] gegeben. Fig. 8.6 zeigt eine Photographie einer Probe aus rostfreiem Stahl, die mit 10^{17} cm^{-2} Nickelatomen bei 625°C implantiert wurde. Das bestrahlte Gebiet hat an Volumen zugenommen und zeigt eine andere Struktur als nach Blasenbildung. In kristallinen Metallen kann es zur Ausbildung von Übergitterstrukturen kommen, wenn die Dosis hoch genug ist ($\gg 1$ dpa, Versetzungen pro Atom)

292   8 Implantation in Nichthalbleiter

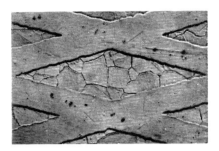

Fig. 8.6 Implantation von Nickel bei 625 °C in rostfreiem Stahl mit einer Dosis von 10^{17} cm^{-2} durch eine Gittermaske [388a]

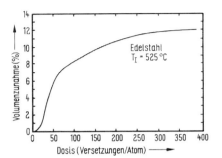

Fig. 8.7 Dosisabhängigkeit der Volumenzunahme von rostfreiem Stahl nach der Implantation mit Nickel bei 525 °C [2]

und die Temperatur nahe der Schwelltemperatur für die Ausbildung von „voids" liegt [388a]. Die Volumenzunahme von Edelstahl ist in Fig. 8.7 für den Beschuß mit 20 MeV C^{++}-Ionen wiedergegeben [2].

8.1.3 Veränderung mechanischer Oberflächeneigenschaften

Die Veränderung mechanischer Oberflächeneigenschaften von Metallen wurde ebenfalls in zahlreichen Arbeiten untersucht. Einen guten Überblick der jüngsten Ergebnisse gibt Hartley [318]. Eine Zunahme der Härte von Stahl wurde nach der Implantation von Stickstoff-, Argon-, Bor- und Kohlenstoffionen beobachtet [397], [557], [713a]. Dies läßt sich einmal mit der Wirkung von Strahlenschäden, die sich weit über die projizierte Reichweite erstrecken [285], [299], und zum anderen durch eine chemische Wirkung von Ionen erklären. In Fig. 8.8 ist als Beispiel die Zunahme der Mikrohärte und des Reibungskoeffizienten nach dem Beschuß von Stahl mit Argonionen aufgetragen. Die Zunahme beträgt mehr als der Faktor 2 bzw. 3, die Dosen sind jedoch außerordentlich hoch. Besonders intensiv wurde die Implantation von Stickstoff untersucht. Stickstoff erhöht die Härte von Stahl durch die Strahlenschäden und durch die Bildung von Nitriden [271], [397], [557].

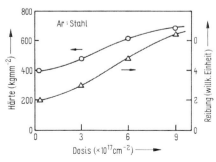

Fig. 8.8
Änderung der Mikrohärte (obere Kurve) und der Reibung als Funktion der Dosis für eine 40 keV Ar-Implantation in Stahl [318]

8.1 Implantation in Metalle 293

Die Vickershärte von Stahl läßt sich durch den Beschuß mit 10^{17} cm^{-2} z. B. von 300 kg auf 400 kg erhöhen. Bor ist ebenfalls sehr gut geeignet, die Härte und die Verschleißfestigkeit von Eisen zu erhöhen [713a]. Die Dosis hierzu ist mit 10^{15} cm^{-2} erstaunlich niedrig. Interessant wären auch Doppelimplantationen von Stickstoff mit nitridbildenden Elementen wie Cr, V, Mo und Al, um dadurch die Härte zu beeinflussen [318].

Auch der Abrieb von Material nimmt nach einer Implantation ab, oft bis um einen Faktor 30 [318], [319]. Der Effekt ist besonders ausgeprägt für schwere Ionen, aber offensichtlich unabhängig von einer chemischen Wirkung. In Fig. 8.9 ist ein Beispiel für Aluminium wiedergegeben, das mit N, C oder Ar bei 40 keV implantiert wurde [557]. Der Abrieb ist abhängig von der Härte des Materials und der Reibung, wenn auch kein einfacher Zusammenhang besteht. Deshalb hat die Implantation von metallischen und nichtmetallischen Ionen auch einen großen Einfluß auf den Reibungskoeffizienten. In diesem Fall ist offensichtlich eine Abhängigkeit von der Ionenart gegeben durch Einflüsse der implantierten Ionen auf das Oxidationsverhalten [318]. Zum Teil wird die Wirkung der Implantation auf bessere Schmierung durch chemische Materialveränderungen an der Oberfläche zurückzuführen sein. So konnte z. B. Hartley [299] durch die Implantation von Molybdän und der entsprechenden doppelten Dosis Schwefel die Reibung von Stahl beträchtlich herabsetzen. Beide Elemente allein reduzieren die Reibung wesentlich schwächer. Die Bildung von MoS_2 konnte jedoch nicht nachgewiesen werden.

8.1.4 Herstellung supraleitender Verbindungen

Durch Ionenimplantation in supraleitende Metalle ist es möglich, die Sprungtemperatur oder den kritischen Strom zu verändern. Dies ist zurückzuführen auf die Wirkung

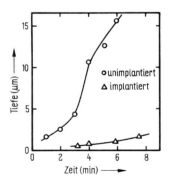

Fig. 8.9 Verringerung des Abriebs bei implantiertem Aluminium. ○ unbestrahlt, △ bestrahlt mit N, C oder Ar bei 40 keV; nach [557]

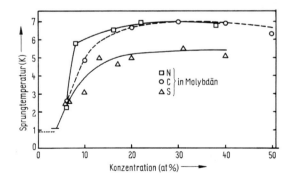

Fig. 8.10 Erhöhung der Sprungtemperatur von Molybdän nach der Implantation von Schwefel, Stickstoff bzw. Kohlenstoff als Funktion der Konzentration der Fremdatome [495]

von Strahlenschäden oder die Bildung von Legierungen oder metastabilen Phasen [710]. In Fig. 8.10 ist die Erhöhung der Sprungtemperatur in Molybdän durch Stickstoff-, Kohlenstoff- und Schwefelimplantation abhängig von der Konzentration der Fremdatome aufgetragen. Die maximale Erhöhung der Sprungtemperatur beträgt in diesem Fall 6 K. Um eine hohe Sprungtemperatur zu erzielen, ist es nötig, Legierungen zu finden, die eine hohe Elektronen-Phononen-Kopplungskonstante besitzen, d. h. eine hohe Elektronenzustandsdichte bei der Fermienergie, eine geringe mittlere Phononenfrequenz und eine große Phonon-Elektron-Wechselwirkung. Die Schwierigkeit der Herstellung von Materialien mit hoher Sprungtemperatur liegt in auftretenden Instabilitäten der Kristallgitter solcher Legierungen, die wegen ihrer Phononenspektren besonders für Supraleitung geeignet sind. Gerade hier ist die Ionenimplantation zur Untersuchung der Supraleitung wieder interessant, da zahlreiche verschiedene Legierungen hergestellt und ihre Eigenschaften gemessen werden müssen. Bei der Implantation kann die Löslichkeit auch überschritten werden. Um dann jedoch auch durch Raumtemperaturimplantationen die Sprungtemperatur erfolgreich verändern zu können, muß der Diffusionskoeffizient der implantierten Substanz niedrig sein, damit sie nicht an Korngrenzen ausfällt. Als Ausweg bietet sich die Implantation bei niedrigen Temperaturen (bis herab zu Heliumtemperaturen) an [112], [326]. Dadurch ist es möglich, metastabile Phasen weit über Löslichkeitsgrenzen hinaus zu bilden; z. B. liegt die Löslichkeit von Blei in Mangan bei 1 ppm, während durch Implantation näherungsweise 1200 ppm atomdispersiv verteilbar sind [112]. Besonders die leichte Variierbarkeit der Konzentration der implantierten Komponente macht die Implantation zu einem ausgezeichneten Mittel, die Supraleitung zu untersuchen.

Je nach Legierung sind Temperungen zum Einbau der implantierten Atome in das Metallgitter nötig (A15-Legierungen) [710]. Bei metastabilen Legierungen oder bei Erhöhung der Sprungtemperatur durch Strahlenschäden, darf auf keinen Fall eine Temperung erfolgen. In Fig. 8.11 ist ein Beispiel von $NbC_{0,89}$ nach einer zusätzlichen Implantation von Kohlenstoff wiedergegeben. Die Dosis war so hoch, daß das stöchiometrische Verhältnis von 1 überschritten wurde. Die Ausheilzeit war 200 s bei jeder Temperatur. Während der Einkristall bei 4 K supraleitend

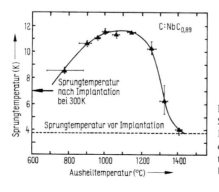

Fig. 8.11
Sprungtemperatur eines $NbC_{0,89}$-Kristalls nach der Implantation von zusätzlichem Kohlenstoff abhängig von der Ausheiltemperatur. Der Pfeil zeigt die Sprungtemperatur nach der Implantation bei 300 K. Vor der Implantation betrug die Sprungtemperatur etwa 4 K [281]

8.1 Implantation in Metalle   295

wird, erreichte die implantierte Schicht eine maximale Sprungtemperatur von 11,6 K. Bei höheren Temperaturen reduzierte die Ausdiffussion von Kohlenstoff die Sprungtemperatur wieder. Mit anderen Methoden war diese Erhöhung nicht erzielbar.

Metastabile Legierungen wurden vor allem durch Protonenimplantation in Palladium-Legierungen bei Temperaturen unter 4 K hergestellt [710]. In Fig. 8.12 ist die Sprungtemperatur für Pd-Rh- und Pd-Ag-Legierungen abhängig von ihrer Zusammensetzung und einem Beschuß mit Wasserstoff und Deuterium aufgetragen. Eine optimale Erhöhung ergibt sich bei ca. 25 % Gitteranteil der Legierung. Ähnliche

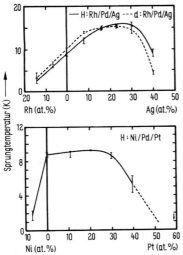

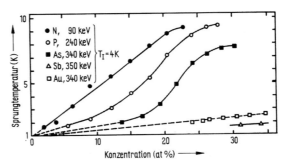

Fig. 8.13 Anstieg der Sprungtemperatur abhängig von der implantierten N-, P-, As-, Sb- und Au-Konzentration in Molybdän [496]

Fig. 8.12 Maximale Sprungtemperatur in den Systemen Rh-Pd-Ag und Ni-Pd-Pt nach der Implantation einer optimalen Dosis Wasserstoff (durchgezogene Kurve) und Deuterium (gestrichelte Kurve) [710]

Ergebnisse konnten mit Pb-Cu-Legierungen erzielt werden. Legierungen, die bei tiefen Temperaturen hergestellt wurden, müssen jedoch nicht unbedingt instabil sein. In Molybdän sind quasiamorphe Strukturen durch Implantation bei 4 K herstellbar, die auch bei Raumtemperatur stabil sind und hohe Sprungtemperaturen besitzen. Ein Beispiel für verschiedene Elemente der V. Gruppe, die bei 4 K implantiert wurden, ist in Fig. 8.13 wiedergegeben.

Im Rahmen dieses Kapitels ist es nicht möglich, eine ausreichende Übersicht über dieses Gebiet zu geben. In Arbeiten von Heim und Stritzker [326], Stritzker [710] sowie Meyer und Mitarbeiter [496] wurde über die Anwendung der Ionenimplantation auf Supraleiter ausführlich berichtet.

296   8 Implantation in Nichthalbleiter

8.2 Implantation in optische Materialien

Die einfachste Anwendung der Implantation ist die Herstellung von Lichtleitern durch Veränderung des Brechungsindex. Das Licht wird im Gebiet eines erhöhten Brechungsindex geleitet. Da dessen größte Änderung bei der mittleren Strahlenschädenreichweite X_D, falls diese die Veränderung des Brechungsindex verursachen, oder bei der mittleren Reichweite R_p, im Fall von chemisch aktiven Ionen, eintritt, lassen sich somit sehr einfach verlustarme, vergrabene Lichtleiter herstellen. Das Licht der Wellenlänge λ_0 wird in einem Lichtleiter der Dicke d geleitet, wenn gilt [279]

$$\frac{\Delta\varepsilon}{\varepsilon_0} > \left(\frac{\lambda_0}{4d}\right)^2 \tag{8.2}$$

wobei ε_0 die Dielektrizitätskonstante und $\Delta\varepsilon$ die Veränderung der relativen Dielektrizitätskonstanten ist.

Im allgemeinen ergibt sich nach dem Beschuß von Glas oder Quarz mit Ionen durch die Wirkung von Strahlenschäden eine Erhöhung des Brechungsindex [64], [700] um einige Prozent. Durch die Implantation von chemisch aktiven Ionen, z. B. Stickstoff in SiO_2, sind wesentlich größere Veränderungen des Brechungsindex möglich. Dieser verändert sich dabei stetig von 1,46 bis 1,96 durch die Bildung von Oxinitrid. In manchen Substanzen wird der Brechungsindex durch die Wirkung von Strahlenschäden dagegen erniedrigt, so in $LiNbO_3$ [763] bis zu 10%. In Fig. 8.14 ist die Änderung des Brechungsindex von SiO_2 durch die Implantation von Li-Atomen und dessen Ausheilverhalten bei Temperung wiedergegeben [700]. Der Anstieg des Brechungsindex ist in diesem Bereich linear; auch nach einer Temperung bei 500°C bleibt eine Änderung des Brechungsindex zurück. Gleichzeitig reduzieren sich durch die Temperung die optischen Verluste ganz wesentlich [700].

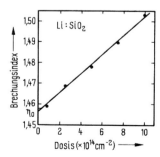

Fig. 8.14 Änderung des Brechungsindex von Quarz als Funktion der Li-Ionendosis [700]

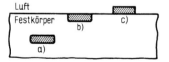

Fig. 8.15 Schematische Darstellung von Lichtleitern
a) vergrabener Lichtleiter (Herstellung durch Implantation)
b) Lichtleiter an der Oberfläche (Herstellung durch Implantation)
c) Lichtleiter auf der Oberfläche (Herstellung durch Implantation und Ätzung oder durch Aufdampfen der Schicht mittels geeigneter Maskierung)

8.2 Implantation in optische Materialien

Die verwendeten Ionendosen liegen im Bereich zwischen 10^{15} cm^{-2} und einigen 10^{16} cm^{-2} je nach Ionenart. Die Implantationsenergie richtet sich nach den gewünschten Abmessungen des Lichtleiters. Die verschiedenen Möglichkeiten zur Realisierung von Lichtleitern sind in Fig. 8.15 dargestellt. Die Strukturen nach Fig. 8.15a und b) lassen sich durch Ionenimplantation realisieren, die Struktur nach c) wird z. B. durch Ätzung nach ganzflächiger Implantation hergestellt.

Außer Quarz und Glas sind GaAs und andere III-V-Halbleiter interessante Materialien für Lichtleiter, da es hier unter Umständen möglich ist, Elemente wie Laser, Detektoren und Koppler auf dem gleichen Substrat mit einem Lichtleiter zu verbinden. Die einfachste Herstellungsmethode ist neben der Epitaxie die Protonenisolation von GaAs (s. Abschn. 6.3.3). In der implantierten Schicht herrscht eine sehr niedrige Ladungsträgerkonzentration und die optische Dielektrizitätskonstante vergrößert sich um [279]

$$\Delta\varepsilon = q^2 \frac{\Delta N}{\omega^2 m^*} \tag{8.3}$$

ΔN ist die Differenz der Ladungsträgerkonzentrationen zwischen Substrat und der implantierten Schicht; m^* ist die effektive Masse der Ladungsträger und ω ist die optische Frequenz. Wegen hoher optischer Verluste müssen die implantierten Strukturen getempert werden; typische Werte sind 500°C für 30 min [279]. Der Ausdruck Gl. (8.3) gilt selbstverständlich auch für epitaktisch hergestellte Lichtleiter. Wenn die kompensierende Schicht sehr niedrig dotiert und nur die s niedrigsten Schwingungsordnungen übertragen werden sollen [789], so gilt für die Substratdotierung

$$N_B > (2s-1)^2 \frac{\pi^2 c_0^2 m^* \varepsilon_0}{4q^2 d^2} \tag{8.4}$$

Parallele Lichtleiter, die durch überlappende Moden verkoppelt sind, übertragen Leistung und bilden einen Richtungskoppler. Somekh und Mitarbeiter [693] realisierten Koppler in GaAs durch Protonenbeschuß mit Dosen von 6×10^{14} cm^{-2}. Sie verwendeten 2,4 µm breite Lichtleiter mit einem Abstand von 6,4 µm. Nach 2 mm Weg ließ sich in dieser Struktur die gesamte Energie zu benachbarten Lichtleitern übertragen. Wenn zwei Lichtleiter durch einen Ringkoppler verbunden werden, erhält man ein Frequenzfilter. Eine Bandsperre z. B. läßt sich realisieren durch eine Gitterstruktur quer zum Lichtleiter. Eine weitere Anwendung, die Herstellung von Demodulatoren durch Implantation, wurde bereits bei den elektrischen Bauelementen besprochen. In Fig. 8.16 sind einige dieser Strukturen schematisch dargestellt. Ein Nachteil implantierter, im Vergleich zu epitaktisch oder durch Aufdampfen hergestellter Wellenleiter ist ihre teilweise hohe Dämpfung, die noch eingehende Untersuchungen erfordert.

Die Verwendung von Farbzentren in Alkalihalogeniden zur Speicherung optischer Information ist bekannt [629]. Durch Ionenimplantation in NaF lassen sich solche

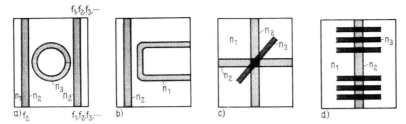

Fig. 8.16 Optoelektronische Lichtleiter-Bauelemente
a) Frequenzfilter [464]; b), c) Richtungskoppler [499]; d) Resonator [499]

Farbzentren gezielt herstellen [459]. Verwendet wurden Li$^+$, B$^+$, C$^+$, O$^+$ und F$^+$ mit Energien zwischen 280 keV und 3 MeV und Dosen zwischen 10^{13} cm^{-2} und 5×10^{15} cm^{-2}. Nur die Ergebnisse mit Lithium verliefen zufriedenstellend. Mit so erzeugten Farbzentren konnten Hologramme mehrere Jahre lang ohne sichtbare Verluste gespeichert werden.

8.3 Weitere Anwendungen der Ionenimplantation auf Nichthalbleiter

Außer den bereits angeschnittenen Anwendungen der Ionenimplantation außerhalb des Halbleitergebietes wurden noch zahlreiche andere Experimente durchgeführt. Relativ breites Interesse hat die Implantation in magnetische Granatkristalle gefunden. Solche Kristalle sind zur nichtflüchtigen Speicherung digitaler Information geeignet. Üblicherweise werden epitaktische, magnetische Schichten (z. B. Tb$_{2,4}$Er$_{0,6}$Fe$_5$O$_{12}$ oder allgemein A$_{3-x}$B$_x$Fe$_{5-y}$Ga$_y$O$_{12}$, mit A und B für seltene Erden oder Yttrium) auf einem nichtmagnetischen Granatsubstrat (z. B. Sm$_3$Ga$_5$O$_{12}$) verwendet. Ohne äußeres magnetisches Feld sind die Domänen in der epitaktischen Schicht unterschiedlich orientiert (Fig. 8.17). Sie bilden bei der Einwirkung eines

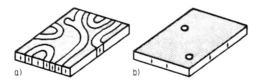

Fig. 8.17
Struktur von Domänen in magnetischen Granatschichten
a) ohne; b) mit Magnetfeld

Magnetfeldes teilweise zylindrische Gebiete gleicher Orientierung (magnetische Blasen, „bubbles") mit einigen µm Durchmesser (s. Fig. 8.17b)). Mit Hilfe von aufgedampften NiFe-Kontakten lassen sich die Blasen magnetisch bewegen. Auf diese Art ist die Speicherung digitaler Information (Vorhandensein oder Nichtvorhandensein einer Blase) möglich.

8.3 Weitere Anwendungen der Implantation auf Nichthalbleiter

Die Ionenimplantation kann in diesem Zusammenhang unterschiedlich angewendet werden. Die Implantation von Protonen führt durch Lösung von Verspannungen zwischen Substrat und epitaktischem Film zu einer für die Anwendung notwendigen Umorientierung der Magnetisierungsrichtung. Wolfe und Mitarbeiter [784] verglichen, die Wirkung von Protonen (300 keV, 10^{17} cm^{-2}) mit der von Helium (ebenfalls 300 keV, 10^{17} cm^{-2}) und fanden, daß offensichtlich eine chemische Reaktion Ursache dieser Wirkung ist.

„Harte" Blasen, die höhere Feldstärken (>55 Acm^{-1}) zu ihrer Formung benötigen und auf einer speziellen Spinanordnung in den Domänen beruhen, lassen sich durch den Beschuß mit Wasserstoff beseitigen [785]. Der verwendbare Energiebereich liegt für (YGdTm)$_3$ (FeGa)$_5$O$_{12}$ zwischen 25 bis 300 keV bei Dosen von 10^{16} bis 10^{17} cm^{-2}. Bei all diesen Experimenten hatten Temperungen bis 1000 °C keine Auswirkungen auf das Ergebnis der Ionenimplantation.

Leitbahnen für Blasen lassen sich durch Implantation auf zwei Wegen herstellen (Johnson und Mitarbeiter [386]): Durch Veränderung der magnetischen Eigenschaften entlang der Bahn oder durch eine Ätzung unter Ausnutzung der extrem erhöhten Ätzbarkeit von Granatfilmen nach einer Implantation mit H-, He- oder Ne-Ionen. Die Ätzrate in Phosphorsäure erhöht sich bis zu einem Faktor 1000.

Bei Implantationen mit hohen Dosen kann es, wie bereits erwähnt, zur Bildung chemischer Verbindungen kommen. Von Edelmann und Mitarbeitern [211] wurde die Bildung von Si$_3$N$_4$ und SiC durch die Implantation von Stickstoff und Kohlenstoff bei Raumtemperatur und bei 600 bis 850 °C untersucht. Die Verbindungen formten sich nach Ausheilen bei 850 °C. Die Untersuchung der Schichten erfolgte mittels eines Elektronenmikroskops und der Messung von Infrarotspektren. Weitere Arbeiten zur Bildung von Si$_3$N$_4$ wurden von Freeman und Mitarbeitern [258] vorgenommen. Die Herstellung von SiC untersuchten Rothemund und Fritzsche [597] sowie Borders und Mitarbeiter [95] durch Messung der Transmission im Infraroten. Versuche zur Bildung von SiO$_2$ durch den Beschuß von Silicium mit Sauerstoff führten Watanabe und Tooi [759], Freeman und Mitarbeiter [258] sowie Pavlov und Shitova [560] durch. Es wurden gute Isolatoreigenschaften gefunden. Die Kapazität-Spannungs-Messungen waren nicht befriedigend und zeigten, daß nicht ausgeheilte Strahlenschäden wahrscheinlich eine wichtige Rolle spielen. Für Halbleiteranwendungen waren die Schichten nicht geeignet.

Durch Ionenbeschuß ist es weiterhin möglich, die Haftung von Metallfilmen auf Glassubstraten zu erhöhen [148], Glasoberflächen unter schrägem Ioneneinfall zu polieren [63], [563] (durch Ionenzerstäubung), Nichtleiter für selektive stromlose Metallabscheidung oder -aufdampfung zu sensitivieren [147], [711] oder Proben für Mössbauerexperimente zu erzeugen [751].

Durch die Implantation von Sauerstoff in Aluminium oder Titan lassen sich Schichten mit spezifischen Widerständen zwischen 10^{-5} und 10^{12} Ωcm durch Variation der Dosis zwischen 0 und etwa 10^{17} cm^{-2} [564] herstellen. Die elektrischen Eigenschaften der implantierten Proben sind gut reproduzierbar und unabhängig von einer Temperung. Umgekehrt ist es auch möglich, durch den Beschuß von Siliciumoxidschichten

8 Implantation in Nichthalbleiter

(Zusammensetzung SiO_x; x etwa 1,5) mit Aluminium oder Titan Cermet-Dünnfilmwiderstände mit Werten zwischen 10 und $10^9 \Omega$) herzustellen [565]. In diesem speziellen Fall wurden die Metallatome durch Sekundärimplantation in die Oxidschicht gebracht (s. dazu Abschn. 3.6.2 und Fig. 3.35).

Resonatoren für akustische Oberflächenwellen lassen sich durch die Implantation von Helium in Quarz mit einer Dosis von $1,5 \times 10^{16}$ cm^{-2} bei einer Energie von 100 keV erzeugen [320]. Die Veränderung der optischen Impedanz durch die Implantation dient dabei zur Reflexion der Oberflächenwellen.

Neben der in diesem Kapitel erwähnten Anwendung der Ionenimplantation außerhalb der Halbleitertechnologie sind zahlreiche weitere Möglichkeiten experimentell untersucht worden und in der Spezialliteratur der einzelnen Disziplinen zu finden. Die Aufzählung ist also keineswegs als vollständig zu betrachten. Die erwähnten Beispiele sollen nur dazu dienen, über den engen Rahmen der Halbleitertechnologie hinaus einen Ausblick auf die vielfältigen Möglichkeiten dieser neuen Technik zu geben.

9 Anhang[1)]

In diesem Anhang sind eine Reihe für die Ionenimplantation wichtiger Materialparameter von Halbleitern und Isolatoren, Diffusionskoeffizienten, Löslichkeiten und Reichweiten von Fremdatomen sowie Dampfdrucktabellen angegeben. Außerdem ist eine Tabelle der komplementären Fehlerfunktion und die Häufigkeit der Isotope der einzelnen Elemente dargestellt.

9.1 Daten von Halbleitern und Isolatoren

Bei den in Tab. 9.1 aufgeführten Halbleiter- und Isolatordaten wurde auf die Werte von Grove [307], Sze [713], Chu [142], die Sammlungen von Neuberger [537], [537a] und eine eigene Parametersammlung zurückgegriffen. Alle Daten sind für 300 K angegeben, wenn es in der Tabelle nicht besonders vermerkt ist. Bei der Beweglichkeit sind Werte von eigenleitendem oder sehr niedrig dotiertem Material angegeben. Bei Fremddotierung ist sie gewöhnlich niedriger (vgl. z. B. den in Gl. (5.34) angegebenen Zusammenhang für Silicium). Bei den Isolatoren schwanken die Daten stark, da je nach Herstellungsverfahren (thermische Oxidation, Pyrolyse, Einkristallzucht) andere Strukturen und teilweise geringfügig andere Stöchiometrien entstehen.

9.2 Diffusionskoeffizienten

In Fig. 9.1 bis 9.4 sind Diffusionskoeffizienten von zahlreichen Elementen in Silicium, Germanium und SiO_2 wiedergegeben. Die Diffusionskoeffizienten einiger Elemente in III-V-Halbleitern bringt Tab. 9.2. Während die Werte in Silicium und Germanium relativ verläßlich sind – die Werte sind als intrinsische (eigenleitende) Diffusionskoeffizienten zu verstehen, bei höheren Dotierungskonzentrationen kann es zu einer Erhöhung des Diffusionskoeffizienten kommen, vgl. Abschn. 3.8.1 –, sind die Werte bei SiO_2 und den III-V-Halbleitern stark von den experimentellen Bedingungen abhängig und können nur als grobe Anhaltspunkte dienen. Bei Zn in GaAs z. B. vari-

---

[1)] Tab. 9.1 bis 9.13 befinden sich am Ende des Anhangs (S. 310ff.).

9 Anhang

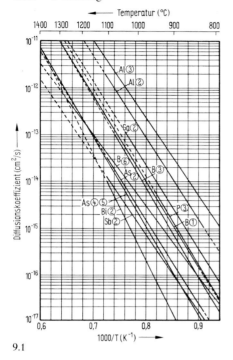

9.1

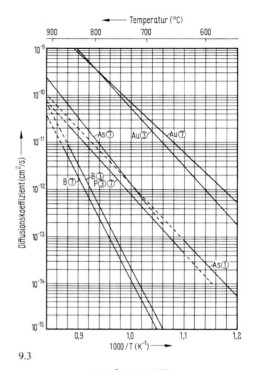

9.3

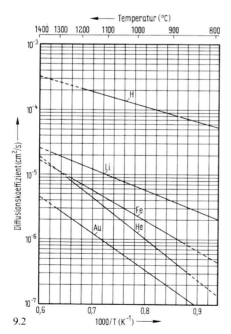

9.2

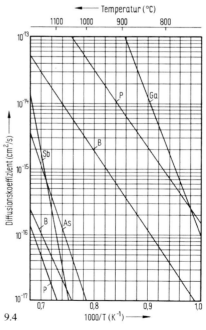

9.4

Fig. 9.1 Diffusionskoeffizienten von langsam diffundierenden Elementen in Silicium nach: 1 Fair [232]; 2 Fuller und Dietzenberger [265]; 3 Neuberger [537a]; 4 Masters und Fairfield [478a]; 5 Ohkawa und Mitarbeiter [545a]; 6 Hirayama und Shohnu [335a]

Fig. 9.2 Diffusionskoeffizienten von schnell diffundierenden Elementen in Silicium; nach einer Zusammenstellung von Gürs und Gürs [307b]

Fig. 9.3 Diffusionskoeffizienten von verschiedenen Elementen in Germanium; nach einer Zusammenstellung von Gürs und Gürs [307b], (7), und Neuberger [537a], (3)

Fig. 9.4 Diffusionskoeffizienten einiger Elemente in SiO$_2$ nach einer Zusammenstellung von Ghezzo [285]. Für Bor und Phosphor sind jeweils die kleinsten und größten publizierten Werte angegeben

iert der Diffusionskoeffizient bei gleicher Temperatur je nach Konzentration und Diffusionsatmosphäre um 5 Zehnerpotenzen, wahrscheinlich wegen unterschiedlicher Gitter- und Zwischengitterdiffusionsanteile.

9.3 Löslichkeiten von Elementen in Silicium und Germanium

In Fig. 9.5 und 9.6 sind Werte der chemischen Löslichkeit zahlreicher Elemente in Silicium und Germanium nach [307b], [731] dargestellt. Diese chemische Löslichkeit ist nicht gleichzusetzen mit einer elektrischen Aktivierbarkeit, da Komplexbil-

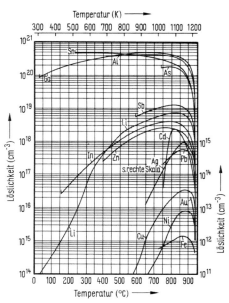

Fig. 9.5 Chemische Löslichkeit zahlreicher Elemente in Silicium [307a], [731]

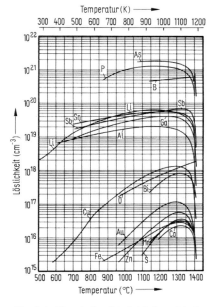

Fig. 9.6 Chemische Löslichkeit zahlreicher Elemente in Germanium [307b], [731]

dungen und Aktivierungsgrenzen [235], [243] dabei nicht berücksichtigt werden. Die Werte können deshalb nur als Anhaltspunkte zur Bestimmung der oberen Grenze elektrischer Aktivierung dienen.

9.4 Reichweitetabellen

In Tab. 9.5 bis 9.11 sind Werte der Reichweite R, der projizierten Reichweite R_p und der entsprechenden Reichweitestreuungen ΔR und ΔR_p sowie des elektronischen Bremsvermögens und des Kernbremsvermögens nach einer neuen Theorie von Biersack und Krüger [79] für die wichtigsten Ion-Substrat-Kombinationen wiedergegeben. Kurven der Reichweiteparameter einiger Elemente in SiO_2, Si_3N_4 und Al sind des weiteren in Fig. 3.22 bis 3.24 dargestellt. Für diese Kurven wurden Werte aus dem Tabellenwerk von Gibbons und Mitarbeitern [5] verwendet, da die neueren Berechnungen zunächst noch nicht vorlagen.
Die Grundzüge der neuen Theorie von Biersack und Krüger [79] sind kurz folgende: Es wird der mittlere Richtungscosinus für die Projektionen der Teilchenbahnen auf die Einfallsrichtung mit Hilfe eines Diffusionsmodells berechnet. Im Gegensatz dazu werden in der LSS-Theorie Transportgleichungen verwendet, die die vollständige Abbremsung durch Integrodifferentialgleichungen beschreiben. Diese neue Methode führt zu einem einfachen Ausdruck für diesen Richtungscosinus, der zu einem Algorithmus führt, mit dessen Hilfe $R(E+\delta E)$ aus $R(E)$ berechnet werden kann. Dieser Algorithmus arbeitet wesentlich einfacher und schneller als die LSS-Momenten-Methode und hat den Vorteil, leicht andere, realistischere Abschirmungspotentiale als das Thomas-Fermi-Potential für die Ion-Atom-Stöße verwenden zu können. Die hier wiedergegebenen Tabellen basieren auf dem Moliere-Potential; sie wurden uns freundlicherweise vor der Veröffentlichung zum Abdruck überlassen.
In Tab. 9.3 sind die Kombinationen von Ionen und Substraten, für die Reichweiteparameter angegeben sind, angeführt. Die Tabellen für GaAs bzw. Germanium gelten ohne Änderung für ZnSe, mit multiplikativen Faktoren für R_p und ΔR_p für eine Reihe weiterer Halbleiter, die in Tab. 9.4 angegeben sind. Die Reichweitedaten der Ionen in anderen Substraten lassen sich näherungsweise über die Dichteverhältnisse errechnen oder besser, den veröffentlichten ausführlichen Tabellenwerken entnehmen.
Vor den einzelnen Tabellen (Tab. 9.5 bis 9.11) sind die zur Berechnung verwendeten Zahlenwerte angegeben. C_K ist ein multiplikativer Korrekturfaktor zur Konstante k bzw. k' der elektronischen Abbremsung nach der LSS-Theorie (vgl. Gl. (2.16) und (2.17)).

9.5 Häufigkeit der Isotope

In Fig. 9.7 sind die Häufigkeiten der Isotope der einzelnen Elemente linear über der Masse aufgetragen. Isotope mit einer Häufigkeit unter 1% sind nur durch einen dünnen Strich unter der Angabe ihrer relativen Häufigkeit angezeigt, die anderen Isotope werden durch Balken entsprechender Länge repräsentiert. In einem Ionenstrahl treten die einzelnen Isotope etwa in diesem Verhältnis auf, da ihre Ionisierung kaum von der Masse abhängt. Somit hat man ein einfaches Mittel zur Hand, die einzelnen Elemente im Ionenstrahl zu identifizieren. Treten Molekülionen auf, so sind alle Kombinationen zwischen den einzelnen Isotopen ebenfalls in den entsprechenden Verhältnissen im Strahl zu finden. Selbstverständlich gelten die angegebenen Daten nicht, wenn man angereicherte Isotope oder aktivierte Elemente implantiert. Oft werden die Massen auch proportional dem Magnetfeld dargestellt, was einer Wurzelabhängigkeit der Masse entspricht und die dargestellten Verteilungen im gemessenen Spektrum entsprechend verzerrt.

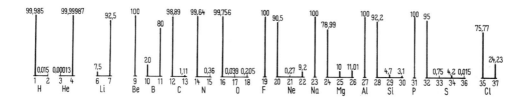

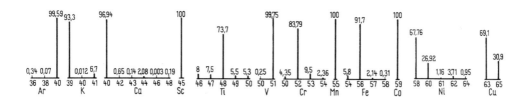

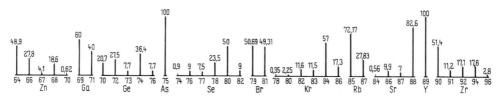

Fig. 9.7 Häufigkeit der Isotope (Fortsetzung S. 306)

9 Anhang

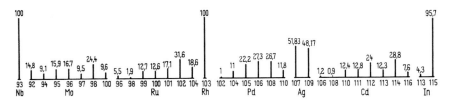
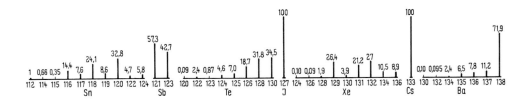
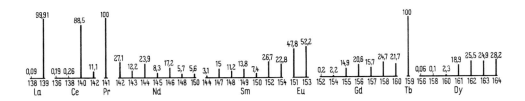
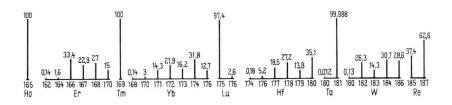
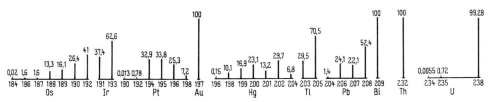

Fortsetzung von Fig. 9.7

9.6 Dampfdruck

Für den Betrieb von Ionenquellen sollen vorzugsweise Elemente verwendet werden, um einen hohen Strahlstrom zu erzielen (vgl. 4.1.5). Eine Liste empfehlenswerter Substanzen wurde bereits in Tab. 4.1 gebracht. Zur Feststellung der Eignung der verschiedenen Elemente zur direkten Ionisierung sind in Fig. 9.8 bis 9.10 die Dampf-

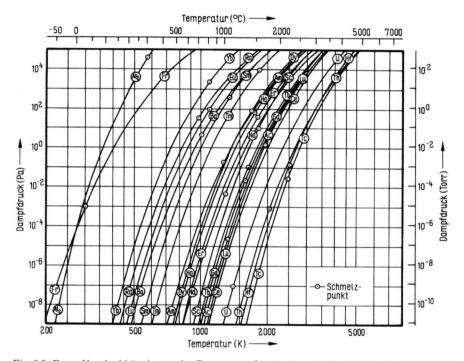

Fig. 9.8 Dampfdruck abhängig von der Temperatur für Ac, Am, At, Ba, Ce, Dy, Er, Eu, Fr, Gd, Hf, Ho, Lu, Nd, Ra, Sc, Sm, Tb, Tc, Th, Tm, U, Yb [345]

druckverläufe abhängig von der Temperatur für zahlreiche Elemente nach Honig [345] dargestellt. Für die direkte Ionisierung sind Elemente mit Dampfdrucken zwischen 10^{-1} und 10 Pa je nach ihrer Ionisierungswahrscheinlichkeit (die im allgemeinen unbekannt ist) geeignet.

308   9 Anhang

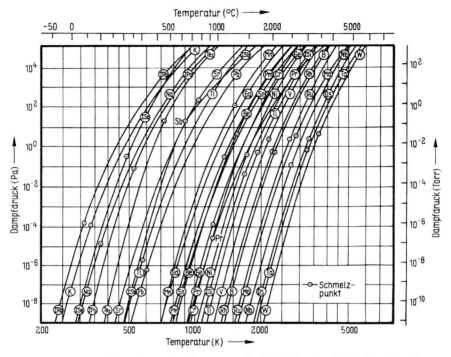

Fig. 9.9 Dampfdruck abhängig von der Temperatur für B, Be, Cr, Ga, Ge, K, Mn, Mo, Na, Nb, Ni, Os, Pb, Pm, Po, Pr, Rb, Rh, Ru, Sb, Se, Si, Sn, Sr, Ta, Te, Ti, Tl, V, W [345]

9.7 Fehlerfunktion

Die Fehlerfunktion (erf x) bzw. die komplementäre Fehlerfunktion (erfc x) kommen häufig bei der Lösung von Diffusionsproblemen vor. Sie werden definiert durch

$$\operatorname{erf} x = \frac{2}{\sqrt{\pi}} \int_0^x e^{-t^2}\, dt$$

$$\operatorname{erfc} x = \frac{2}{\sqrt{\pi}} \int_x^\infty e^{-t^2}\, dt = 1 - \operatorname{erf} x$$

(9.1)

Einige Autoren benützen die obige Notation ohne den Faktor $2/\sqrt{\pi}$ oder verwenden $\Phi(x)$ anstatt erf x. In Tab. 9.12 sind Werte der komplementären Fehlerfunktion für x von 0 bis 4,5 angegeben. Für eine ausführliche Darstellung siehe z. B. Abramowitz [32]. In Tab. 9.13 sind einige Eigenschaften der Fehlerfunktionen aufgeführt.

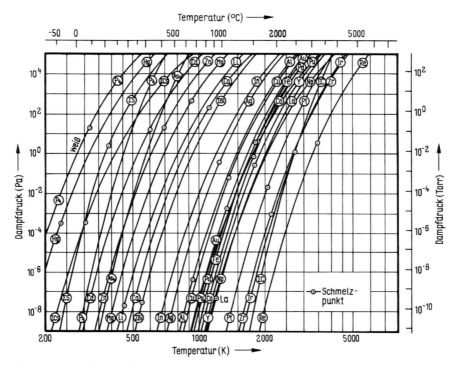

Fig. 9.10 Dampfdruck abhängig von der Temperatur für Ag, Al, As, Au, Bi, C, Ca, Cd, Cs, Co, Cu, Fe, Hg, In, Ir, La, Li, Mg, Np, P, Pd, Pu, Pt, Re, S, Y, Zn, Zr [345]

Tab. 9.1 Daten wichtiger Halbleiter und Isolatoren

Halb-leiter	Gruppe im Perioden-system	Molekular-gewicht	Symmetrie[3]	Dichte (g/cm^2)	Wärmeleit-fähigkeit (W cm^{-1} K^{-1})	Band-abstand (eV)	Schmelzpunkt (°C)
Si	IV	28,09	D	2,33	1,4	1,11	1416 ± 4
Ge		72,6	D	5,3	0,61	0,664	937
SiC		40,1	k. Z, h	3,2	4,9	2,5; 2,994	2830
Se	VI	78,96	h	4,8	0,02	1,74	220
Te		127,61	h	6,3	0,03	0,32	455
AlAs	III-V	101,9	k. Z	3,6	0,08	2,16	1750
AlN		41	h. W	3,18 bis 3,26	0,3	5,9	2400[2]
AlP		57,95	k, Z	2,4	0,9	2,45	2000[2]
BN		24,82	k, Z; h, W	2,25	0,8	8,0	2700; 3000
GaAs		144,64	k, Z	5,3	0,54	1,43	1238
GaN		83,73	h, W	6,1	—	3,5	600
GaP		100,7	k, Z	4,13	1,1	2,26	1467
GaSb		191,48	k, Z	5,6	0,35	0,7	712
InAs		189,74	k, Z	5,7	0,26	0,36	943
InN		128,83	h, W	6,88	—	2,0	1200[2]
InP		145,49	k, Z	4,79	0,7	1,34	1070
InSb		236,58	k, Z	5,8	0,18	0,18	525
PbS	IV-VI	239,28	k, S	7,6	0,02	0,41	1114
PbSe		286,17	—	8,3	0,04	0,29	1065
PbTe		334,82	k, S	8,2	0,08	0,32	917
HgTe	II-VI	328,22	Z	8,12	0,026	−0,15	670
ZnTe		192,99	Z	5,6	0,11	2,25	1300
CdSe		191,37	Z	5,8	0,063	1,74	1240
CdS		144,48	Z	4,8	0,2	2,42	1475
ZnS		97,45	Z	4,1	0,26	3,66	1830
ZnSe		144,34	Z	5,3	0,3	2,67	1520
CdTe		240,02	Z	5,8	0,07	1,5	1100
SiO$_2$		60,08	a	1,8 bis 2,4[1] 2,24 bis 2,27 (thermisches Oxid) 2,65 (Einkristall)	0,014	~8	~1700
Al$_2$O$_3$		101,96	a	3,8 bis 4,0	—	8,7	2050
TiO$_2$		79,9	a	2,40 bis 2,49[1]	—	—	1850
Si$_3$N$_4$		140,28	a	2,75 bis 3,0[1] 3,18 (Einkristall)	—	—	1900[2]

[1] Erzielte Werte hängen von dem Herstellungsverfahren ab (Pyrolyse, Aufdampfen, Zerstäuben).   [2] dissoziiert.

Tab. 9.3 Ion-Substrat-Kombinationen, für die Reichweiteparameter in Tab. 9.5 bis 9.11 angegeben sind

Substrat	Ionen	Substrat	Ionen
Silicium	As, Ar, Au, B, F, Ne, P, Sb	Si$_3$N$_4$	As, B
Germanium, GaAs	Al, As, B, Be, Cd, H, Mg, O, P, S, Se, Te, Zn	Al$_2$O$_3$	As, B
		Photolack AZ 111	As, B, P, Sb
SiO$_2$	As, B, P, Zn	Photolack KTFR	As, B, P, Sb

atomare Dichte (10^{22} cm^{-3})	Dielektrizitätskonstante	Durchbruchfeldstärke (V/cm)	Beweglichkeit bei Elektronen (cm^2/Vs)	Eigenleitung Löcher (cm^2/Vs)	Brechungsindex	thermischer Ausdehnungskoeffizient (10^{-6}/K)
5	11,9	30×10^6	1 880	600	3,45	2,44 bis 2,5
4,42	16	8×10^6	4 000	2 000	5,6	5,5 bis 5,8
4,81	9,72; 10,32	—	300	50	2,5; 2,6	2,9
3,66	8,5	—	17	—	3,7	—
2,97	5,0	—	1 000	—	2,7	—
2,12	12,0	—	1 200	200	3,3; 3,1	—
4,78	9,14	10^7	—	14	1,99	4,03 bis 6,09
2,49	11,6	—	80	—	3,4	—
5,46	7,1; 3,8	2×10^6	—	—	2,2	3,5; $a_0 = -2,9$, $c_0 = 40,5$
2,18	11,1	$3,5 \times 10^6$	8 500 / 160 000 (77 K)	400 / 4 000 (77 K)	4,03	5,9 bis 6,0
4,38	13,18	—	400	—	2,0	$a_0 = 5,59$; $c_0 = 3,17$
2,47	9,036	—	150 / 2 100 (77 K)	120 / 1 000 (77 K)	3,45	5,81
1,76	14,0	—	5 000	1 000	3,8	6,7
1,81	11,7	—	23 000	200	4,56	5,19
3,21	—	—	50	—	—	—
1,98	12,35	—	4 600	650	3,45	—
1,47	17,72	300	10^5 / 10^6 (77 K)	1 700 / 7 000 (77 K)	4,22	5,04
1,91	175	—	610	700	3,7	—
1,74	250	—	10	950	—	—
1,47	400	—	1 730	840	3,8	—
1,49	20	—	22 000	500	3,7	4
1,74	9	—	340	110	3,6	—
1,82	10,6	—	800	10	2,9	—
2	5,3 bis 10	—	300	50	2,5	—
2,53	5,13	—	165	5	2,4	—
2,21	8,4	—	608	28	2,9	—
1,45	10,9	—	1000	80	2,8	5,5
2,3	1,7 bis 4,4[1]	6×10^8	—	—	1,32 bis 1,50[1]; 1,460 bis 1,466 (thermisches Oxid)	0,5
2,25	7,5 bis 9,6[1]	3×10^6	—	—	1,74	—
1,85	bis 82[1]	—	—	—	1,64	—
1,22	6 bis 9[1]	10^7	—	—	1,9 bis 2,1[1]	3,85 bis 4[1]

[3] a amorph, h hexagonal, k kubisch, D Diamant, S Steinsalz, W Wurzit, Z Zinkblende.

Tab. 9.4 Multiplikative Korrekturfaktoren zur Verwendung von Germanium- und GaAs-Reichweitewerten

ZnSe	CdS	AlSb	InP
1	0,92	0,78	0,9

312 9 Anhang

Tab. 9.2 Diffusionskoeffizienten einiger Elemente in III-V-Halbleitern
$D = D_0 \exp(-E_a/kT)$

	Element	D_0 (cm^2/s)	E_a (eV)	Temperatur-Bereich (°C)	Ano-malie	Refe-renz
GaAs						
	Ga	1×10^7	5,60	1125 bis 1225	nein	[307b]
	As	4×10^{21}	10,2	1200 bis 1225	ja	[307b]
	Ag (langsam)	$2,5 \times 10^{-3}$	1,5	500 bis 1160	ja	[788c]
	Ag (schnell)	4×10^{-4}	0,8	500 bis 1160	ja	[788c]
	Au	1×10^{-3}	1,0	740 bis 1025	ja	[788c]
	Be	$7,3 \times 10^{-6}$	1,2	880 bis 990	ja	[788c]
	Cd	5×10^{-2}	2,6	850 bis 1150	ja	[788c]
	Cu	3×10^{-2}	0,53	100 bis 500	ja	[788c]
	Se	3×10^3	4,16	1000 bis 1200	ja	[307b]
	Sn	6×10^{-4}	2,50	1096 bis 1201	nein	[307b]
	Zn	15	2,49		ja	[307b]
	S	$1,85 \times 10^{-2}$	2,6	900 bis 1200	nein	[791a]
GaP						
	Zn	1,0	2,1	700 bis 1300	ja	[788c]
	S	$3,2 \times 10^3$	4,7	1100 bis 1300	nein	[791a]
GaSb						
	Ga	$3,2 \times 10^3$	3,14	658 bis 700	nein	[788c]
	Sb	$3,4 \times 10^4$	3,43	658 bis 700	nein	[788c]
	Sb	$8,7 \times 10^{-3}$	1,13	220 bis 650	nein	[788b]
	In	$1,2 \times 10^{-7}$	0,53	320 bis 650	nein	[307b]
	Sn	$2,4 \times 10^{-5}$	0,80	320 bis 650	nein	[307b]
	Te	$3,8 \times 10^{-4}$	1,2	320 bis 650	nein	[788c]
	Zn	$D = 1,8 \times 10^{-11}$ cm^2/s bis 8×10^{-11} cm^2/s		560 bis 580	ja	[166a]
InAs						
	Ag	$7,3 \times 10^{-4}$	0,26	450 bis 900	nein	[788b]
	Au	$5,8 \times 10^{-3}$	0,65	600 bis 840	nein	[788b]
	Cd	$7,4 \times 10^{-4}$	1,15	650 bis 900	nein	[788b]
	Cu	$3,6 \times 10^{-3}$	0,52	240 bis 510	nein	[788b]
	Ge	$3,74 \times 10^{-6}$	1,17	600 bis 900	nein	[307b]
	Mg	$1,98 \times 10^{-6}$	1,17	600 bis 900	nein	[788b]
	Se	12,55	2,20	600 bis 900	nein	[307b]
	Sn	$1,5 \times 10^{-6}$	1,17	600 bis 900	nein	[788b]
	Te	$3,34 \times 10^{-5}$	1,28	600 bis 900	nein	[307b]
	Zn	$4,2 \times 10^{-3}$	0,96	600 bis 900	nein	[788b]
InP						
	In	1×10^5	3,85	894 bis 920	nein	[307b]
	P	7×10^{10}	5,65	904 bis 980	nein	[307b]

Fortsetzung Tab. 9.2

Element	D_0 (cm²/s)	E_a (eV)	Temperatur Bereich (°C)	Anomalie	Referenz
InSb					
In	5×10^{-2}	1,81			[788c]
Cd	1,26	1,75	400 bis 500	nein	[308a]
Sn	$5,5 \times 10^{-8}$	0,75	390 bis 512	nein	[712a]
Zn	$1,6 \times 10^6$	2,3	350 bis 500	nein	[307b]
Sb	$1,4 \times 10^{-6}$	0,75	300 bis 500	nein	[307b]
Te	$1,7 \times 10^{-7}$	0,57	300 bis 500	nein	[307b]
Au	$7,0 \times 10^{-4}$	0,32	140 bis 510	nein	[788b]
Cd	$1,0 \times 10^{-5}$	1,1	250 bis 500	nein	[788b]
AlSb					
Cu	$3,5 \times 10^{-3}$	0,36	150 bis 550		[788c]

Tab. 9.3 Ion-Substrat-Kombinationen, für die Reichweiteparameter in Tab. 9.5 bis 9.11 angegeben sind   s. S. 310

Tab. 9.4 Multiplikative Korrekturfaktoren zur Verwendung von Germanium- und GaAs-Reichweitewerten   s. S. 311

Tab. 9.5 Reichweiteparameter von As, Ar, Au, B, F, Ne, P, Sb in Silicium
($Z_2 = 14$; $M_2 = 28,09$; $d_2 = 2,33$ gcm^{-3})

E (keV)	S_e (keV/µm)	S_n (keV/µm)	R (µm)	ΔR (µm)	R_p (µm)	ΔR_p (µm)
Antimon (Sb)	$Z_1 = 51$; $M_1 = 120,904$; $C_K = 1$					
10	87,48	1365	0,0102	0,0032	0,0092	0,0030
20	123,7	1628	0,0163	0,0048	0,0147	0,0045
30	151,5	1757	0,0218	0,0063	0,0195	0,0059
40	175,0	1833	0,0269	0,0076	0,0241	0,0072
50	195,6	1882	0,0318	0,0089	0,0284	0,0084
60	214,3	1914	0,0365	0,0102	0,0327	0,0097
70	231,4	1936	0,0412	0,0114	0,0369	0,0108
80	247,4	1951	0,0458	0,0127	0,0410	0,0120
90	262,4	1961	0,0503	0,0139	0,0451	0,0131
100	276,6	1967	0,0548	0,0150	0,0491	0,0143
110	290,1	1970	0,0592	0,0162	0,0532	0,0154
120	303,0	1971	0,0636	0,0174	0,0572	0,0165
130	315,4	1970	0,0680	0,0185	0,0611	0,0176
140	327,3	1968	0,0724	0,0197	0,0651	0,0187
150	338,8	1964	0,0767	0,0208	0,0691	0,0198
160	349,9	1960	0,0810	0,0219	0,0730	0,0209
170	360,7	1955	0,0854	0,0230	0,0769	0,0219
180	371,1	1949	0,0897	0,0242	0,0809	0,0230
190	381,3	1943	0,0940	0,0253	0,0848	0,0241

Fortsetzung Tab. 9.5 Reichweiteparameter von Sb und Ar in Silicium

E (keV)	S_e (keV/μm)	S_n (keV/μm)	R (μm)	ΔR (μm)	R_p (μm)	ΔR_p (μm)
200	391,2	1936	0,0983	0,0264	0,0887	0,0251
220	410,3	1922	0,1069	0,0286	0,0966	0,0272
240	428,5	1907	0,1154	0,0307	0,1044	0,0293
260	446,0	1891	0,1240	0,0329	0,1123	0,0314
280	462,9	1875	0,1326	0,0350	0,1202	0,0335
300	479,1	1858	0,1411	0,0371	0,1280	0,0355
320	494,8	1842	0,1497	0,0393	0,1359	0,0375
340	510,1	1825	0,1582	0,0414	0,1438	0,0396
360	524,9	1809	0,1668	0,0434	0,1517	0,0416
380	539,2	1792	0,1754	0,0455	0,1596	0,0436
400	553,2	1776	0,1840	0,0476	0,1675	0,0456
420	566,9	1760	0,1926	0,0496	0,1755	0,0476
440	580,2	1744	0,2012	0,0517	0,1835	0,0496
460	593,3	1729	0,2098	0,0537	0,1914	0,0515
480	606,0	1713	0,2184	0,0557	0,1994	0,0535
500	618,5	1698	0,2270	0,0577	0,2074	0,0554
Argon (Ar)	$Z_1 = 18$; $M_1 = 39,948$; $C_K = 1$					
10	90,47	611,0	0,0180	0,0063	0,0118	0,0060
20	129,7	616,3	0,0318	0,0107	0,0215	0,0102
30	160,2	601,2	0,0450	0,0149	0,0312	0,0143
40	186,0	581,9	0,0581	0,0188	0,0410	0,0181
50	208,9	562,2	0,0711	0,0227	0,0509	0,0219
60	229,7	543,1	0,0840	0,0264	0,0609	0,0256
70	248,8	525,1	0,0970	0,0299	0,0711	0,0291
80	266,7	508,2	0,1099	0,0334	0,0813	0,0326
90	283,6	492,4	0,1228	0,0368	0,0916	0,0360
100	299,6	477,7	0,1356	0,0400	0,1020	0,0393
110	314,8	464,0	0,1485	0,0432	0,1124	0,0426
120	329,3	451,1	0,1613	0,0463	0,1229	0,0457
130	343,3	439,0	0,1741	0,0492	0,1335	0,0488
140	356,8	427,7	0,1869	0,0521	0,1441	0,0518
150	369,9	417,0	0,1996	0,0549	0,1547	0,0547
160	382,5	407,0	0,2123	0,0577	0,1654	0,0576
170	394,7	397,5	0,2249	0,0603	0,1760	0,0604
180	406,7	388,5	0,2375	0,0629	0,1867	0,0631
190	418,2	380,1	0,2501	0,0654	0,1974	0,0658
200	429,6	372,0	0,2626	0,0678	0,2081	0,0684
220	451,4	357,0	0,2874	0,0725	0,2294	0,0734
240	472,3	343,4	0,3121	0,0769	0,2507	0,0782
260	492,3	331,0	0,3365	0,0811	0,2720	0,0828
280	511,7	319,6	0,3607	0,0851	0,2931	0,0871
300	530,4	309,1	0,3846	0,0888	0,3142	0,0913
320	548,5	299,4	0,4083	0,0924	0,3352	0,0953
340	566,0	290,4	0,4318	0,0958	0,3561	0,0991
360	583,1	282,0	0,4550	0,0991	0,3768	0,1028
380	599,7	274,2	0,4780	0,1022	0,3974	0,1063
400	616,0	266,8	0,5008	0,1051	0,4179	0,1096
420	631,8	259,9	0,5233	0,1080	0,4382	0,1129
440	647,3	253,5	0,5456	0,1107	0,4584	0,1160
460	662,4	247,3	0,5677	0,1133	0,4784	0,1190
480	677,2	241,6	0,5896	0,1157	0,4983	0,1219
500	691,7	236,1	0,6113	0,1181	0,5181	0,1246

Fortsetzung Tab. 9.5 Reichweiteparameter von As und B in Silicium

E (keV)	S_e (keV/μm)	S_n (keV/μm)	R (μm)	ΔR (μm)	R_p (μm)	ΔR_p (μm)
Arsen (As)	$Z_1 = 33$; $M_1 = 74{,}922$; $C_K = 1$					
10	89,57	1078	0,0121	0,0040	0,0099	0,0037
20	126,7	1193	0,0201	0,0064	0,0164	0,0060
30	155,1	1235	0,0274	0,0087	0,0225	0,0081
40	179,1	1250	0,0345	0,0108	0,0284	0,0101
50	200,3	1253	0,0415	0,0129	0,0343	0,0121
60	219,4	1249	0,0483	0,0149	0,0400	0,0140
70	237,0	1242	0,0551	0,0169	0,0458	0,0159
80	253,3	1233	0,0618	0,0188	0,0516	0,0177
90	268,7	1222	0,0685	0,0208	0,0573	0,0196
100	283,2	1210	0,0752	0,0227	0,0631	0,0214
110	297,1	1197	0,0819	0,0246	0,0689	0,0232
120	310,3	1184	0,0886	0,0265	0,0747	0,0250
130	322,9	1172	0,0953	0,0284	0,0805	0,0268
140	335,1	1159	0,1020	0,0302	0,0863	0,0286
150	346,9	1146	0,1087	0,0321	0,0921	0,0304
160	358,3	1133	0,1154	0,0339	0,0980	0,0321
170	369,3	1121	0,1221	0,0357	0,1039	0,0339
180	380,0	1108	0,1288	0,0375	0,1097	0,0356
190	390,4	1096	0,1356	0,0393	0,1157	0,0373
200	400,6	1084	0,1423	0,0411	0,1216	0,0391
220	420,1	1061	0,1558	0,0446	0,1335	0,0425
240	438,8	1039	0,1693	0,0481	0,1454	0,0458
260	456,7	1018	0,1828	0,0515	0,1575	0,0491
280	473,9	997,7	0,1964	0,0549	0,1696	0,0524
300	490,6	978,3	0,2100	0,0582	0,1817	0,0557
320	506,7	959,7	0,2237	0,0615	0,1939	0,0589
340	522,3	941,9	0,2373	0,0648	0,2061	0,0620
360	537,4	924,9	0,2510	0,0679	0,2184	0,0652
380	552,1	908,6	0,2647	0,0711	0,2307	0,0683
400	566,5	892,9	0,2784	0,0742	0,2431	0,0713
420	580,5	877,9	0,2921	0,0773	0,2555	0,0743
440	594,1	863,5	0,3058	0,0803	0,2679	0,0773
460	607,5	849,6	0,3195	0,0832	0,2804	0,0802
480	620,5	836,2	0,3332	0,0862	0,2928	0,0831
500	633,3	823,3	0,3470	0,0891	0,3053	0,0860
Bor (B)	$Z_1 = 5$; $M_1 = 11{,}009$; $C_K = 1{,}5$					
10	102,2	83,13	0,0637	0,0149	0,0310	0,0193
20	144,0	67,01	0,1141	0,0226	0,0634	0,0318
30	175,8	56,75	0,1592	0,0279	0,0956	0,0414
40	202,3	49,59	0,2005	0,0318	0,1270	0,0492
50	225,4	44,27	0,2388	0,0348	0,1574	0,0556
60	246,1	40,13	0,2748	0,0372	0,1868	0,0610
70	264,9	36,80	0,3088	0,0392	0,2153	0,0657
80	282,2	34,06	0,3412	0,0409	0,2429	0,0699
90	298,4	31,75	0,3721	0,0424	0,2696	0,0735
100	313,5	29,78	0,4018	0,0436	0,2956	0,0768
110	327,7	28,07	0,4305	0,0448	0,3209	0,0798
120	341,1	26,57	0,4581	0,0458	0,3456	0,0825
130	353,9	25,24	0,4849	0,0467	0,3697	0,0849
140	366,0	24,06	0,5109	0,0475	0,3933	0,0872

Fortsetzung Tab. 9.5 Reichweiteparameter von B und F in Silicium

E (keV)	S_e (keV/μm)	S_n (keV/μm)	R (μm)	ΔR (μm)	R_p (μm)	ΔR_p (μm)
150	377,7	23,00	0,5362	0,0482	0,4163	0,0893
160	388,8	22,04	0,5608	0,0489	0,4389	0,0913
170	399,4	21,17	0,5849	0,0496	0,4610	0,0931
180	409,7	20,37	0,6084	0,0502	0,4828	0,0948
190	419,6	19,64	0,6314	0,0507	0,5041	0,0964
200	429,1	18,96	0,6539	0,0512	0,5251	0,0979
220	447,2	17,76	0,6977	0,0522	0,5661	0,1007
240	464,1	16,72	0,7400	0,0530	0,6059	0,1032
260	480,0	15,80	0,7810	0,0537	0,6446	0,1055
280	495,0	15,00	0,8207	0,0544	0,6824	0,1076
300	509,2	14,28	0,8594	0,0550	0,7193	0,1095
320	522,7	13,63	0,8972	0,0556	0,7553	0,1113
340	535,4	13,05	0,9341	0,0561	0,7906	0,1130
360	547,6	12,52	0,9701	0,0566	0,8253	0,1145
380	559,2	12,03	1,0055	0,0571	0,8593	0,1160
400	570,3	11,59	1,0402	0,0575	0,8928	0,1173
420	580,9	11,18	1,0743	0,0580	0,9257	0,1186
440	591,0	10,80	1,1078	0,0583	0,9581	0,1198
460	600,7	10,45	1,1407	0,0587	0,9901	0,1210
480	610,0	10,12	1,1732	0,0591	1,0216	0,1221
500	618,9	9,818	1,2052	0,0594	1,0527	0,1231

Fluor (F) $Z_1 = 9$; $M_1 = 18,998$; $C_K = 1$

E (keV)	S_e (keV/μm)	S_n (keV/μm)	R (μm)	ΔR (μm)	R_p (μm)	ΔR_p (μm)
10	39,59	229,5	0,0400	0,0139	0,0191	0,0138
20	53,64	205,6	0,0778	0,0261	0,0400	0,0263
30	64,05	185,4	0,1172	0,0381	0,0635	0,0389
40	72,61	169,1	0,1579	0,0498	0,0890	0,0515
50	80,01	155,9	0,1998	0,0612	0,1161	0,0640
60	86,59	144,9	0,2426	0,0723	0,1448	0,0763
70	92,56	135,6	0,2862	0,0830	0,1746	0,0884
80	98,05	127,6	0,3303	0,0933	0,2054	0,1003
90	103,2	120,6	0,3748	0,1033	0,2372	0,1119
100	107,9	114,5	0,4196	0,1128	0,2697	0,1233
110	112,4	109,1	0,4647	0,1220	0,3028	0,1343
120	116,7	104,3	0,5099	0,1309	0,3364	0,1451
130	120,7	99,90	0,5552	0,1394	0,3706	0,1556
140	124,6	95,95	0,6005	0,1476	0,4051	0,1658
150	128,3	92,34	0,6458	0,1555	0,4399	0,1758
160	131,8	89,04	0,6911	0,1631	0,4751	0,1855
170	135,2	86,01	0,7364	0,1704	0,5105	0,1949
180	138,5	83,21	0,7815	0,1775	0,5461	0,2041
190	141,7	80,61	0,8266	0,1843	0,5818	0,2131
200	144,8	78,19	0,8715	0,1908	0,6177	0,2218
220	150,6	73,83	0,9609	0,2033	0,6899	0,2387
240	156,2	70,00	1,0497	0,2151	0,7623	0,2547
260	161,4	66,60	1,1377	0,2260	0,8349	0,2699
280	166,4	63,56	1,2251	0,2364	0,9075	0,2845
300	171,1	60,82	1,3117	0,2461	0,9801	0,2984
320	175,7	58,34	1,3975	0,2553	1,0526	0,3117
340	180,0	56,09	1,4826	0,2640	1,1249	0,3244
360	184,2	54,02	1,5669	0,2723	1,1970	0,3367
380	188,2	52,12	1,6505	0,2802	1,2689	0,3484
400	192,1	50,37	1,7334	0,2877	1,3406	0,3597

Fortsetzung Tab. 9.5 Reichweiteparameter von F, Au und Ne in Silicium

E (keV)	S_e (keV/μm)	S_n (keV/μm)	R (μm)	ΔR (μm)	R_p (μm)	ΔR_p (μm)
420	195,8	48,74	1,8155	0,2949	1,4119	0,3706
440	199,5	47,23	1,8969	0,3017	1,4830	0,3810
460	203,0	45,83	1,9777	0,3083	1,5538	0,3911
480	206,3	44,51	2,0577	0,3146	1,6243	0,4009
500	209,6	43,28	2,1371	0,3206	1,6945	0,4103
Gold (Au)	$Z_1 = 79$; $M_1 = 196,967$; $C_K = 1$					
10	82,91	1476	0,0090	0,0027	0,0086	0,0027
20	117,3	1906	0,0145	0,0040	0,0138	0,0039
30	143,6	2155	0,0191	0,0050	0,0181	0,0049
40	165,8	2323	0,0233	0,0059	0,0220	0,0058
50	185,4	2445	0,0272	0,0068	0,0256	0,0066
60	203,1	2538	0,0309	0,0077	0,0291	0,0074
70	219,4	2612	0,0345	0,0085	0,0325	0,0082
80	234,5	2671	0,0380	0,0092	0,0357	0,0089
90	248,7	2720	0,0414	0,0100	0,0389	0,0097
100	262,2	2760	0,0447	0,0108	0,0420	0,0104
110	275,0	2795	0,0480	0,0115	0,0451	0,0111
120	287,2	2823	0,0512	0,0122	0,0482	0,0118
130	298,9	2848	0,0544	0,0130	0,0512	0,0125
140	310,2	2869	0,0576	0,0137	0,0541	0,0132
150	321,1	2887	0,0607	0,0144	0,0571	0,0139
160	331,6	2903	0,0638	0,0151	0,0600	0,0145
170	341,9	2917	0,0669	0,0158	0,0629	0,0152
180	351,8	2928	0,0700	0,0165	0,0658	0,0159
190	361,4	2938	0,0730	0,0171	0,0686	0,0165
200	370,8	2947	0,0760	0,0178	0,0715	0,0172
220	388,9	2960	0,0820	0,0192	0,0771	0,0185
240	406,2	2970	0,0880	0,0205	0,0827	0,0198
260	422,8	2976	0,0939	0,0218	0,0883	0,0210
280	438,7	2980	0,0998	0,0231	0,0939	0,0223
300	454,1	2981	0,1056	0,0244	0,0994	0,0236
320	469,0	2981	0,1114	0,0257	0,1049	0,0248
340	483,4	2980	0,1172	0,0270	0,1103	0,0261
360	497,5	2977	0,1229	0,0282	0,1158	0,0273
380	511,1	2973	0,1287	0,0295	0,1212	0,0285
400	524,4	2968	0,1344	0,0308	0,1267	0,0297
420	537,3	2963	0,1402	0,0320	0,1321	0,0310
440	550,0	2957	0,1459	0,0333	0,1375	0,0322
460	562,3	2950	0,1516	0,0345	0,1429	0,0334
480	574,4	2943	0,1572	0,0357	0,1483	0,0346
500	586,3	2935	0,1629	0,0370	0,1537	0,0358
Neon (Ne)	$Z_1 = 10$; $M_1 = 19,992$; $C_K = 1$					
10	8,532	262,1	0,0392	0,0146	0,0179	0,0139
20	14,14	238,6	0,0774	0,0285	0,0377	0,0272
30	18,99	217,4	0,1184	0,0430	0,0602	0,0414
40	23,41	199,8	0,1619	0,0582	0,0851	0,0562
50	27,52	185,2	0,2079	0,0737	0,1122	0,0715
60	31,41	173,0	0,2558	0,0895	0,1413	0,0873
70	35,12	162,5	0,3056	0,1053	0,1722	0,1033
80	38,69	153,4	0,3570	0,1211	0,2047	0,1195
90	42,12	145,4	0,4097	0,1369	0,2387	0,1358

Fortsetzung Tab. 9.5 Reichweiteparameter von Ne und P in Silicium

E (keV)	S_e (keV/μm)	S_n (keV/μm)	R (μm)	ΔR (μm)	R_p (μm)	ΔR_p (μm)
100	45,45	138,4	0,4636	0,1524	0,2740	0,1521
110	48,68	132,1	0,5184	0,1677	0,3105	0,1684
120	51,83	126,5	0,5741	0,1828	0,3481	0,1846
130	54,90	121,4	0,6306	0,1976	0,3866	0,2007
140	57,90	116,8	0,6876	0,2120	0,4260	0,2166
150	60,83	112,5	0,7450	0,2261	0,4662	0,2323
160	63,71	108,6	0,8029	0,2398	0,5070	0,2478
170	66,54	105,1	0,8610	0,2532	0,5485	0,2630
180	69,31	101,8	0,9194	0,2662	0,5905	0,2781
190	72,04	98,67	0,9779	0,2788	0,6330	0,2928
200	74,72	95,80	1,0365	0,2911	0,6759	0,3073
220	79,96	90,61	1,1538	0,3146	0,7627	0,3355
240	85,05	86,03	1,2710	0,3367	0,8507	0,3626
260	90,01	81,96	1,3876	0,3575	0,9394	0,3886
280	94,85	78,31	1,5035	0,3770	1,0286	0,4135
300	99,57	75,02	1,6185	0,3953	1,1181	0,4374
320	104,2	72,03	1,7326	0,4126	1,2076	0,4602
340	108,7	69,30	1,8455	0,4288	1,2972	0,4821
360	113,2	66,80	1,9572	0,4441	1,3866	0,5031
380	117,5	64,50	2,0677	0,4584	1,4757	0,5232
400	121,8	62,37	2,1770	0,4720	1,5644	0,5424
420	126,0	60,40	2,2850	0,4848	1,6527	0,5609
440	130,1	58,57	2,3916	0,4969	1,7405	0,5786
460	134,2	56,85	2,4970	0,5083	1,8277	0,5956
480	138,1	55,25	2,6010	0,5191	1,9144	0,6119
500	142,1	53,75	2,7038	0,5294	2,0005	0,6276

Phosphor (P) $Z_1 = 15$; $M_1 = 30,974$; $C_K = 1$

E (keV)	S_e (keV/μm)	S_n (keV/μm)	R (μm)	ΔR (μm)	R_p (μm)	ΔR_p (μm)
10	83,02	475,0	0,0217	0,0076	0,0128	0,0074
20	119,9	463,8	0,0392	0,0132	0,0243	0,0129
30	148,6	442,8	0,0562	0,0184	0,0359	0,0181
40	173,1	421,4	0,0730	0,0234	0,0479	0,0232
50	194,8	401,6	0,0898	0,0281	0,0601	0,0280
60	214,6	383,5	0,1066	0,0326	0,0726	0,0327
70	232,8	367,1	0,1233	0,0369	0,0852	0,0372
80	249,9	352,2	0,1399	0,0410	0,0979	0,0415
90	266,0	338,7	0,1565	0,0449	0,1108	0,0458
100	281,3	326,2	0,1730	0,0487	0,1238	0,0498
110	295,9	315,0	0,1894	0,0523	0,1368	0,0538
120	309,8	304,5	0,2057	0,0557	0,1499	0,0575
130	323,3	294,9	0,2219	0,0590	0,1631	0,0612
140	336,2	285,9	0,2381	0,0622	0,1762	0,0648
150	348,7	277,6	0,2541	0,0652	0,1894	0,0682
160	360,9	269,8	0,2700	0,0681	0,2026	0,0715
170	372,7	262,6	0,2858	0,0709	0,2157	0,0747
180	384,1	255,7	0,3015	0,0736	0,2289	0,0778
190	395,3	249,3	0,3171	0,0762	0,2420	0,0808
200	406,2	243,3	0,3325	0,0787	0,2550	0,0837
220	427,2	232,2	0,3631	0,0834	0,2811	0,0893
240	447,4	222,3	0,3932	0,0878	0,3070	0,0945
260	466,8	213,3	0,4228	0,0918	0,3326	0,0994
280	485,5	205,1	0,4520	0,0956	0,3581	0,1041
300	503,5	197,7	0,4807	0,0992	0,3833	0,1084

Fortsetzung Tab. 9.5 Reichweiteparameter von P in Silicium

E (keV)	S_e (keV/µm)	S_n (keV/µm)	R (µm)	ΔR (µm)	R_p (µm)	ΔR_p (µm)
320	521,1	190,8	0,5090	0,1025	0,4083	0,1126
340	538,1	184,5	0,5369	0,1057	0,4330	0,1165
360	554,6	178,6	0,5644	0,1086	0,4575	0,1202
380	570,8	173,2	0,5915	0,1114	0,4817	0,1238
400	586,5	168,2	0,6182	0,1140	0,5057	0,1272
420	601,8	163,4	0,6445	0,1165	0,5294	0,1304
440	616,9	159,0	0,6704	0,1189	0,5529	0,1334
460	631,6	154,9	0,6960	0,1211	0,5762	0,1364
480	646,0	150,9	0,7213	0,1233	0,5992	0,1392
500	660,1	147,3	0,7462	0,1253	0,6220	0,1419

Tab. 9.6 Reichweiteparameter von Al, As, B, Be, Cd, H, Mg, O, P, S, Se, Te, Zn in GaAs bzw. Germanium ($Z_2 = 32$; $M_2 = 72{,}59$; $d_2 = 5{,}35$ gcm^{-3})

E (keV)	S_e (keV/µm)	S_n (keV/µm)	R (µm)	ΔR (µm)	R_p (µm)	ΔR_p (µm)
Aluminium (Al)	$Z_1 = 13$; $M_1 = 26{,}982$; $C_K = 1$					
10	107,1	374,0	0,0272	0,0081	0,0082	0,0086
20	151,5	378,2	0,0468	0,0133	0,0159	0,0147
30	185,6	369,7	0,0652	0,0178	0,0239	0,0204
40	214,3	358,3	0,0830	0,0220	0,0321	0,0258
50	239,6	346,6	0,1002	0,0259	0,0405	0,0309
60	262,4	335,1	0,1171	0,0296	0,0491	0,0358
70	283,5	324,3	0,1337	0,0330	0,0579	0,0406
80	303,0	314,1	0,1500	0,0363	0,0669	0,0452
90	321,4	304,6	0,1661	0,0393	0,0759	0,0497
100	338,8	295,7	0,1820	0,0422	0,0850	0,0540
110	355,3	287,3	0,1976	0,0450	0,0943	0,0582
120	371,1	279,5	0,2131	0,0476	0,1036	0,0623
130	386,3	272,1	0,2284	0,0502	0,1130	0,0662
140	400,8	265,2	0,2435	0,0526	0,1224	0,0701
150	414,9	258,7	0,2584	0,0549	0,1318	0,0738
160	428,5	252,6	0,2732	0,0571	0,1413	0,0774
170	441,7	246,8	0,2878	0,0592	0,1509	0,0809
180	454,5	241,3	0,3022	0,0612	0,1604	0,0844
190	466,9	236,1	0,3165	0,0631	0,1699	0,0877
200	479,1	231,1	0,3307	0,0650	0,1795	0,0910
220	502,4	222,0	0,3586	0,0685	0,1986	0,0972
240	524,8	213,6	0,3859	0,0718	0,2177	0,1032
260	546,2	206,0	0,4127	0,0749	0,2368	0,1089
280	566,8	198,9	0,4391	0,0777	0,2558	0,1143
300	586,7	192,5	0,4650	0,0804	0,2748	0,1195
320	605,9	186,5	0,4904	0,0829	0,2936	0,1245
340	624,5	180,9	0,5155	0,0853	0,3124	0,1293
360	642,6	175,8	0,5401	0,0875	0,3310	0,1339
380	660,2	170,9	0,5644	0,0896	0,3496	0,1383
400	677,3	166,4	0,5882	0,0916	0,3680	0,1425
420	694,0	162,1	0,6118	0,0935	0,3863	0,1465
440	710,3	158,1	0,6350	0,0953	0,4045	0,1505

Fortsetzung Tab. 9.6 Reichweiteparameter von Al, As und Be in GaAs bzw. Germanium

E (keV)	S_e (keV/μm)	S_n (keV/μm)	R (μm)	ΔR (μm)	R_p (μm)	$ΔR_p$ (μm)
460	726,2	154,3	0,6578	0,0970	0,4226	0,1543
480	741,8	150,7	0,6804	0,0987	0,4405	0,1579
500	757,1	147,4	0,7027	0,1002	0,4584	0,1614
Arsen (As)	$Z_1 = 33$; $M_1 = 74{,}922$; $C_K = 1$					
10	127,9	1254	0,0105	0,0040	0,0054	0,0038
20	180,8	1430	0,0171	0,0062	0,0090	0,0060
30	221,5	1504	0,0231	0,0082	0,0124	0,0080
40	255,8	1542	0,0288	0,0100	0,0158	0,0098
50	285,9	1561	0,0343	0,0118	0,0191	0,0116
60	313,2	1569	0,0396	0,0136	0,0224	0,0133
70	338,3	1572	0,0449	0,0153	0,0257	0,0150
80	361,7	1570	0,0501	0,0169	0,0290	0,0167
90	383,6	1565	0,0553	0,0186	0,0323	0,0183
100	404,4	1558	0,0604	0,0202	0,0356	0,0199
110	424,1	1550	0,0655	0,0218	0,0389	0,0215
120	443,0	1541	0,0705	0,0234	0,0422	0,0231
130	461,1	1531	0,0755	0,0249	0,0455	0,0247
140	478,5	1520	0,0806	0,0264	0,0489	0,0262
150	495,3	1510	0,0856	0,0280	0,0522	0,0278
160	511,5	1499	0,0905	0,0295	0,0556	0,0293
170	527,3	1487	0,0955	0,0309	0,0590	0,0308
180	542,5	1476	0,1005	0,0324	0,0624	0,0323
190	557,4	1465	0,1054	0,0339	0,0658	0,0338
200	571,9	1454	0,1104	0,0353	0,0692	0,0353
220	599,8	1431	0,1202	0,0382	0,0761	0,0382
240	626,5	1409	0,1300	0,0410	0,0830	0,0411
260	652,0	1387	0,1399	0,0437	0,0900	0,0439
280	676,7	1366	0,1497	0,0464	0,0970	0,0468
300	700,4	1346	0,1594	0,0491	0,1040	0,0496
320	723,4	1326	0,1692	0,0517	0,1111	0,0523
340	745,6	1306	0,1790	0,0543	0,1182	0,0550
360	767,3	1288	0,1887	0,0568	0,1254	0,0577
380	788,3	1269	0,1984	0,0594	0,1326	0,0604
400	808,8	1252	0,2081	0,0618	0,1398	0,0630
420	828,7	1235	0,2178	0,0643	0,1471	0,0656
440	848,2	1218	0,2275	0,0667	0,1544	0,0682
460	867,3	1202	0,2372	0,0690	0,1617	0,0708
480	885,9	1186	0,2469	0,0714	0,1690	0,0733
500	904,2	1171	0,2565	0,0736	0,1764	0,0758
Beryllium (Be)	$Z_1 = 4$; $M_1 = 9{,}012$; $C_K = 1$					
10	64,66	50,11	0,1107	0,0177	0,0277	0,0280
20	91,45	43,30	0,1906	0,0263	0,0584	0,0481
30	112,0	38,19	0,2608	0,0323	0,0907	0,0650
40	129,3	34,30	0,3245	0,0368	0,1236	0,0798
50	144,6	31,25	0,3834	0,0404	0,1566	0,0928
60	158,3	28,77	0,4385	0,0433	0,1895	0,1045
70	171,0	26,72	0,4905	0,0457	0,2221	0,1150
80	182,8	24,98	0,5398	0,0478	0,2543	0,1246
90	193,8	23,50	0,5869	0,0496	0,2861	0,1333
100	204,3	22,20	0,6320	0,0511	0,3174	0,1413
110	214,2	21,06	0,6753	0,0525	0,3483	0,1488

Fortsetzung Tab. 9.6 Reichweiteparameter von Be und B in GaAs bzw. Germanium

E (keV)	S_e (keV/μm)	S_n (keV/μm)	R (μm)	ΔR (μm)	R_p (μm)	ΔR_p (μm)
120	223,7	20,06	0,7170	0,0537	0,3787	0,1557
130	232,8	19,15	0,7574	0,0548	0,4086	0,1621
140	241,5	18,34	0,7964	0,0558	0,4381	0,1681
150	249,9	17,61	0,8344	0,0567	0,4672	0,1738
160	258,1	16,94	0,8712	0,0575	0,4958	0,1791
170	266,0	16,32	0,9071	0,0583	0,5240	0,1841
180	273,6	15,76	0,9421	0,0590	0,5519	0,1888
190	281,0	15,24	0,9762	0,0596	0,5793	0,1933
200	288,2	14,75	1,0096	0,0603	0,6064	0,1976
220	302,1	13,89	1,0742	0,0614	0,6594	0,2055
240	315,4	13,13	1,1363	0,0623	0,7111	0,2127
260	328,0	12,46	1,1961	0,0632	0,7616	0,2193
280	340,1	11,87	1,2539	0,0640	0,8109	0,2254
300	351,8	11,33	1,3098	0,0647	0,8591	0,2311
320	363,0	10,85	1,3641	0,0653	0,9063	0,2363
340	373,9	10,41	1,4168	0,0659	0,9525	0,2412
360	384,4	10,01	1,4682	0,0664	0,9978	0,2458
380	394,5	9,646	1,5183	0,0669	1,0423	0,2501
400	404,3	9,309	1,5672	0,0674	1,0860	0,2541
420	413,9	8,998	1,6150	0,0678	1,1289	0,2579
440	423,2	8,709	1,6618	0,0682	1,1711	0,2615
460	432,2	8,441	1,7077	0,0686	1,2127	0,2649
480	441,0	8,190	1,7526	0,0689	1,2536	0,2682
500	449,5	7,956	1,7967	0,0693	1,2939	0,2713
Bor (B)	$Z_1 = 5$; $M_1 = 11,009$; $C_K = 1$					
10	72,45	75,79	0,0847	0,0158	0,0215	0,0223
20	102,1	67,63	0,1474	0,0243	0,0450	0,0387
30	124,6	60,84	0,2037	0,0306	0,0699	0,0530
40	143,4	55,42	0,2557	0,0356	0,0956	0,0657
50	159,8	51,01	0,3045	0,0397	0,1217	0,0772
60	174,4	47,37	0,3507	0,0432	0,1480	0,0877
70	187,8	44,29	0,3948	0,0462	0,1743	0,0973
80	200,0	41,65	0,4370	0,0487	0,2005	0,1062
90	211,4	39,36	0,4776	0,0510	0,2266	0,1144
100	222,1	37,35	0,5168	0,0531	0,2526	0,1221
110	232,2	35,56	0,5547	0,0549	0,2783	0,1293
120	241,7	33,97	0,5915	0,0566	0,3039	0,1361
130	250,7	32,54	0,6273	0,0581	0,3292	0,1425
140	259,3	31,24	0,6622	0,0595	0,3544	0,1485
150	267,5	30,06	0,6962	0,0608	0,3793	0,1543
160	275,4	28,97	0,7294	0,0620	0,4040	0,1597
170	282,9	27,98	0,7619	0,0631	0,4285	0,1649
180	290,2	27,06	0,7938	0,0641	0,4527	0,1698
190	297,2	26,21	0,8250	0,0651	0,4768	0,1746
200	303,9	25,42	0,8556	0,0660	0,5006	0,1791
220	316,6	24,00	0,9153	0,0677	0,5477	0,1876
240	328,6	22,74	0,9731	0,0692	0,5940	0,1955
260	339,8	21,63	1,0292	0,0706	0,6397	0,2028
280	350,4	20,64	1,0838	0,0718	0,6846	0,2097
300	360,4	19,75	1,1371	0,0730	0,7289	0,2161
320	369,9	18,94	1,1891	0,0741	0,7726	0,2221
340	378,9	18,20	1,2400	0,0751	0,8158	0,2279
360	387,4	17,53	1,2899	0,0760	0,8584	0,2333

Fortsetzung Tab. 9.6 Reichweiteparameter von B, Cd und Mg in GaAs bzw. Germanium

E (keV)	S_e (keV/µm)	S_n (keV/µm)	R (µm)	ΔR (µm)	R_p (µm)	ΔR_p (µm)
380	395,6	16,91	1,3388	0,0769	0,9005	0,2384
400	403,4	16,34	1,3869	0,0777	0,9421	0,2433
420	410,8	15,81	1,4341	0,0785	0,9833	0,2480
440	417,9	15,32	1,4806	0,0792	1,0241	0,2524
460	424,8	14,86	1,5265	0,0799	1,0644	0,2567
480	431,3	14,43	1,5716	0,0806	1,1044	0,2608
500	437,6	14,03	1,6162	0,0812	1,1441	0,2648

Cadmium (Cd) $Z_1 = 48$; $M_1 = 113{,}904$; $C_K = 1$

E (keV)	S_e (keV/µm)	S_n (keV/µm)	R (µm)	ΔR (µm)	R_p (µm)	ΔR_p (µm)
10	131,3	1709	0,0080	0,0032	0,0054	0,0029
20	185,7	2062	0,0129	0,0048	0,0086	0,0044
30	227,5	2240	0,0171	0,0061	0,0114	0,0058
40	262,7	2348	0,0210	0,0074	0,0141	0,0070
50	293,7	2419	0,0248	0,0087	0,0167	0,0082
60	321,7	2468	0,0284	0,0099	0,0192	0,0093
70	347,5	2503	0,0320	0,0110	0,0217	0,0104
80	371,5	2528	0,0354	0,0121	0,0242	0,0115
90	394,0	2545	0,0389	0,0133	0,0267	0,0126
100	415,3	2558	0,0422	0,0143	0,0291	0,0136
110	435,6	2566	0,0456	0,0154	0,0315	0,0147
120	455,0	2571	0,0489	0,0165	0,0340	0,0157
130	473,6	2573	0,0522	0,0176	0,0364	0,0167
140	491,4	2574	0,0555	0,0186	0,0388	0,0177
150	508,7	2572	0,0587	0,0196	0,0412	0,0187
160	525,4	2570	0,0620	0,0207	0,0436	0,0197
170	541,5	2566	0,0652	0,0217	0,0460	0,0206
180	557,2	2561	0,0684	0,0227	0,0484	0,0216
190	572,5	2556	0,0716	0,0237	0,0508	0,0226
200	587,4	2549	0,0748	0,0247	0,0532	0,0235
220	616,1	2535	0,0812	0,0267	0,0580	0,0254
240	643,5	2520	0,0875	0,0286	0,0628	0,0273
260	669,7	2503	0,0938	0,0306	0,0676	0,0292
280	695,0	2485	0,1001	0,0325	0,0724	0,0310
300	719,4	2467	0,1064	0,0344	0,0772	0,0329
320	743,0	2449	0,1127	0,0363	0,0821	0,0347
340	765,9	2430	0,1189	0,0382	0,0869	0,0365
360	788,1	2411	0,1252	0,0400	0,0918	0,0383
380	809,7	2392	0,1314	0,0418	0,0967	0,0401
400	830,7	2374	0,1377	0,0437	0,1016	0,0419
420	851,2	2355	0,1439	0,0455	0,1065	0,0437
440	871,2	2336	0,1501	0,0473	0,1114	0,0454
460	890,8	2318	0,1564	0,0491	0,1163	0,0472
480	910,0	2300	0,1626	0,0508	0,1212	0,0489
500	928,7	2282	0,1688	0,0526	0,1262	0,0507

Magnesium (Mg) $Z_1 = 12$; $M_1 = 23{,}985$; $C_K = 1$

E (keV)	S_e (keV/µm)	S_n (keV/µm)	R (µm)	ΔR (µm)	R_p (µm)	ΔR_p (µm)
10	106,4	321,7	0,0303	0,0086	0,0088	0,0094
20	150,5	321,9	0,0524	0,0141	0,0172	0,0162
30	184,3	312,3	0,0730	0,0189	0,0260	0,0223
40	212,9	301,1	0,0928	0,0232	0,0351	0,0282
50	238,0	289,9	0,1120	0,0272	0,0444	0,0338
60	260,7	279,3	0,1307	0,0309	0,0539	0,0391

Fortsetzung Tab. 9.6 Reichweiteparameter von Mg und P in GaAs bzw. Germanium

E (keV)	S_e (keV/μm)	S_n (keV/μm)	R (μm)	ΔR (μm)	R_p (μm)	ΔR_p (μm)
70	281,6	269,3	0,1490	0,0344	0,0636	0,0442
80	301,0	260,1	0,1670	0,0376	0,0734	0,0492
90	319,3	251,6	0,1847	0,0406	0,0834	0,0539
100	336,5	243,6	0,2021	0,0434	0,0934	0,0585
110	353,0	236,2	0,2192	0,0461	0,1036	0,0629
120	368,7	229,4	0,2360	0,0486	0,1137	0,0672
130	383,7	222,9	0,2526	0,0511	0,1240	0,0714
140	398,2	216,9	0,2690	0,0533	0,1343	0,0754
150	412,1	211,3	0,2851	0,0555	0,1446	0,0792
160	425,7	206,0	0,3011	0,0576	0,1549	0,0830
170	438,8	201,0	0,3168	0,0595	0,1653	0,0867
180	451,5	196,3	0,3323	0,0614	0,1756	0,0902
190	463,8	191,8	0,3477	0,0632	0,1859	0,0936
200	475,9	187,6	0,3628	0,0649	0,1963	0,0970
220	499,1	179,8	0,3926	0,0682	0,2169	0,1034
240	521,3	172,7	0,4218	0,0712	0,2375	0,1095
260	542,5	166,2	0,4503	0,0739	0,2579	0,1152
280	563,0	160,4	0,4782	0,0765	0,2783	0,1207
300	582,7	155,0	0,5056	0,0789	0,2985	0,1259
320	601,8	150,0	0,5324	0,0811	0,3186	0,1309
340	620,3	145,4	0,5588	0,0832	0,3386	0,1356
360	638,3	141,0	0,5847	0,0852	0,3584	0,1402
380	655,7	137,0	0,6101	0,0870	0,3781	0,1446
400	672,7	133,3	0,6352	0,0888	0,3976	0,1487
420	689,3	129,8	0,6598	0,0904	0,4170	0,1528
440	705,5	126,4	0,6840	0,0920	0,4362	0,1566
460	721,3	123,3	0,7079	0,0935	0,4552	0,1603
480	736,8	120,4	0,7314	0,0949	0,4741	0,1639
500	751,9	117,6	0,7545	0,0962	0,4929	0,1674
Phosphor (P) $Z_1 = 15$; $M_1 = 30,974$; $C_K = 1$						
10	112,1	460,7	0,0232	0,0072	0,0073	0,0076
20	158,6	474,0	0,0397	0,0118	0,0140	0,0128
30	194,2	468,6	0,0551	0,0160	0,0208	0,0176
40	224,3	458,2	0,0700	0,0198	0,0278	0,0222
50	250,8	446,4	0,0845	0,0234	0,0349	0,0267
60	274,7	434,4	0,0987	0,0267	0,0422	0,0309
70	296,7	422,7	0,1127	0,0300	0,0496	0,0351
80	317,2	411,4	0,1265	0,0330	0,0571	0,0391
90	336,4	400,6	0,1402	0,0360	0,0648	0,0431
100	354,6	390,4	0,1537	0,0388	0,0725	0,0469
110	371,9	380,7	0,1670	0,0415	0,0803	0,0506
120	388,5	371,5	0,1802	0,0441	0,0882	0,0542
130	404,3	362,8	0,1933	0,0466	0,0961	0,0578
140	419,6	354,6	0,2063	0,0490	0,1041	0,0612
150	434,3	346,7	0,2192	0,0513	0,1122	0,0646
160	448,6	339,5	0,2319	0,0535	0,1203	0,0679
170	462,4	332,3	0,2445	0,0556	0,1284	0,0711
180	475,8	325,5	0,2571	0,0577	0,1366	0,0743
190	488,8	319,1	0,2695	0,0597	0,1447	0,0774
200	501,5	313,0	0,2818	0,0617	0,1529	0,0804
220	526,0	301,6	0,3062	0,0654	0,1694	0,0862
240	549,3	291,1	0,3302	0,0688	0,1859	0,0918
260	571,8	281,5	0,3538	0,0721	0,2024	0,0972

Fortsetzung Tab. 9.6 Reichweiteparameter von P, O und S in GaAs bzw. Germanium

E (keV)	S_e (keV/μm)	S_n (keV/μm)	R (μm)	ΔR (μm)	R_p (μm)	$ΔR_p$ (μm)
280	593,3	272,6	0,3771	0,0752	0,2189	0,1023
300	614,1	264,3	0,4000	0,0781	0,2354	0,1072
320	634,3	256,6	0,4226	0,0808	0,2518	0,1120
340	653,8	249,4	0,4449	0,0834	0,2683	0,1166
360	672,7	242,7	0,4669	0,0859	0,2846	0,1210
380	691,1	236,4	0,4886	0,0882	0,3009	0,1252
400	709,1	230,5	0,5100	0,0905	0,3172	0,1294
420	726,6	225,0	0,5312	0,0926	0,3334	0,1333
440	743,6	219,7	0,5521	0,0947	0,3495	0,1372
460	760,3	214,7	0,5727	0,0966	0,3655	0,1409
480	776,7	210,0	0,5931	0,0985	0,3815	0,1445
500	792,7	205,5	0,6132	0,1003	0,3973	0,1480
Sauerstoff (O) $Z_1 = 8$; $M_1 = 15,999$; $C_K = 1$						
10	91,82	164,6	0,0493	0,0116	0,0131	0,0141
20	129,6	156,4	0,0860	0,0186	0,0265	0,0244
30	158,5	146,7	0,1198	0,0244	0,0407	0,0338
40	182,8	137,7	0,1518	0,0293	0,0555	0,0424
50	204,0	129,8	0,1823	0,0336	0,0707	0,0505
60	223,2	122,8	0,2117	0,0374	0,0861	0,0580
70	240,7	116,6	0,2402	0,0409	0,1017	0,0651
80	256,9	111,2	0,2677	0,0439	0,1175	0,0718
90	272,1	106,3	0,2945	0,0467	0,1333	0,0781
100	286,3	101,9	0,3206	0,0493	0,1492	0,0841
110	299,8	97,86	0,3461	0,0517	0,1651	0,0898
120	312,7	94,22	0,3709	0,0538	0,1810	0,0952
130	325,0	90,89	0,3952	0,0559	0,1968	0,1004
140	336,7	87,83	0,4190	0,0577	0,2126	0,1054
150	348,0	85,01	0,4424	0,0595	0,2284	0,1102
160	358,9	82,39	0,4652	0,0611	0,2441	0,1147
170	369,3	79,96	0,4877	0,0627	0,2598	0,1191
180	379,5	77,69	0,5098	0,0642	0,2753	0,1233
190	389,3	75,57	0,5315	0,0655	0,2908	0,1274
200	398,8	73,58	0,5528	0,0668	0,3063	0,1313
220	417,0	69,95	0,5945	0,0692	0,3369	0,1387
240	434,2	66,72	0,6350	0,0714	0,3671	0,1456
260	450,6	63,83	0,6744	0,0734	0,3971	0,1522
280	466,2	61,21	0,7128	0,0752	0,4267	0,1583
300	481,1	58,83	0,7502	0,0769	0,4560	0,1641
320	495,4	56,66	0,7869	0,0785	0,4849	0,1695
340	509,2	54,66	0,8227	0,0799	0,5135	0,1747
360	522,4	52,83	0,8578	0,0813	0,5419	0,1797
380	535,1	51,13	0,8923	0,0825	0,5699	0,1844
400	547,4	49,55	0,9261	0,0837	0,5977	0,1889
420	559,3	48,08	0,9593	0,0849	0,6251	0,1932
440	570,7	46,71	0,9919	0,0859	0,6523	0,1973
460	581,9	45,43	1,0241	0,0869	0,6792	0,2013
480	592,7	44,22	1,0557	0,0879	0,7059	0,2050
500	603,1	43,09	1,0869	0,0888	0,7324	0,2087
Schwefel (S) $Z_1 = 16$; $M_1 = 31,972$; $C_K = 1$						
10	116,0	495,3	0,0220	0,0069	0,0070	0,0072
20	164,0	513,3	0,0374	0,0113	0,0132	0,0121

Fortsetzung Tab. 9.6 Reichweiteparameter von S und Se in GaAs bzw. Germanium

E (keV)	S_e (keV/μm)	S_n (keV/μm)	R (μm)	ΔR (μm)	R_p (μm)	ΔR_p (μm)
30	200,8	509,7	0,0518	0,0152	0,0196	0,0166
40	231,9	500,2	0,0656	0,0188	0,0261	0,0209
50	259,3	488,8	0,0791	0,0222	0,0328	0,0251
60	284,0	476,8	0,0924	0,0255	0,0395	0,0291
70	306,8	464,9	0,1054	0,0285	0,0464	0,0330
80	328,0	453,4	0,1183	0,0315	0,0534	0,0368
90	347,9	442,3	0,1310	0,0343	0,0605	0,0405
100	366,7	431,7	0,1436	0,0370	0,0677	0,0441
110	384,6	421,6	0,1561	0,0396	0,0750	0,0477
120	401,7	411,9	0,1684	0,0421	0,0823	0,0511
130	418,1	402,8	0,1807	0,0446	0,0897	0,0545
140	433,8	394,1	0,1928	0,0469	0,0971	0,0578
150	449,1	385,8	0,2048	0,0491	0,1046	0,0610
160	463,8	377,9	0,2168	0,0513	0,1121	0,0641
170	478,1	370,4	0,2286	0,0534	0,1196	0,0672
180	491,9	363,2	0,2403	0,0555	0,1272	0,0702
190	505,4	356,4	0,2520	0,0574	0,1348	0,0731
200	518,5	349,8	0,2635	0,0593	0,1425	0,0760
220	543,8	337,5	0,2864	0,0630	0,1578	0,0816
240	568,0	326,2	0,3089	0,0664	0,1732	0,0869
260	591,2	315,8	0,3311	0,0697	0,1886	0,0921
280	613,5	306,1	0,3530	0,0727	0,2040	0,0970
300	635,0	297,1	0,3746	0,0756	0,2194	0,1018
320	655,8	288,8	0,3960	0,0784	0,2348	0,1064
340	676,0	280,9	0,4170	0,0810	0,2502	0,1108
360	695,6	273,6	0,4378	0,0835	0,2655	0,1151
380	714,6	266,7	0,4583	0,0859	0,2808	0,1193
400	733,2	260,2	0,4785	0,0881	0,2961	0,1233
420	751,3	254,1	0,4985	0,0903	0,3113	0,1271
440	768,9	248,3	0,5183	0,0924	0,3264	0,1309
460	786,2	242,8	0,5379	0,0943	0,3415	0,1345
480	803,1	237,6	0,5572	0,0962	0,3565	0,1380
500	819,6	232,6	0,5763	0,0981	0,3714	0,1414
Selen (Se)	$Z_1=34$;	$M_1=79{,}917$;	$C_K=1$			
10	126,3	1305	0,0102	0,0039	0,0054	0,0037
20	178,6	1497	0,0166	0,0060	0,0090	0,0058
30	218,7	1580	0,0223	0,0079	0,0124	0,0077
40	252,6	1622	0,0277	0,0097	0,0157	0,0095
50	282,4	1645	0,0330	0,0114	0,0190	0,0112
60	309,3	1657	0,0381	0,0131	0,0222	0,0128
70	334,1	1662	0,0432	0,0148	0,0254	0,0144
80	357,2	1662	0,0482	0,0164	0,0286	0,0160
90	378,8	1658	0,0531	0,0179	0,0318	0,0176
100	399,3	1653	0,0580	0,0195	0,0350	0,0191
110	418,8	1646	0,0628	0,0210	0,0383	0,0206
120	437,4	1637	0,0677	0,0226	0,0415	0,0221
130	455,3	1628	0,0725	0,0241	0,0447	0,0236
140	472,5	1618	0,0773	0,0255	0,0480	0,0251
150	489,1	1608	0,0820	0,0270	0,0512	0,0266
160	505,1	1597	0,0868	0,0285	0,0545	0,0280
170	520,6	1586	0,0916	0,0299	0,0578	0,0295
180	535,7	1575	0,0963	0,0313	0,0611	0,0309
190	550,4	1564	0,1010	0,0327	0,0644	0,0324

Fortsetzung Tab. 9.6 Reichweiteparameter von Se und Te in GaAs bzw. Germanium

E (keV)	S_e (keV/μm)	S_n (keV/μm)	R (μm)	ΔR (μm)	R_p (μm)	$ΔR_p$ (μm)
200	564,7	1553	0,1058	0,0341	0,0677	0,0338
220	592,3	1531	0,1152	0,0369	0,0744	0,0366
240	618,6	1509	0,1246	0,0397	0,0811	0,0394
260	643,9	1487	0,1340	0,0423	0,0878	0,0421
280	668,2	1466	0,1434	0,0450	0,0946	0,0448
300	691,6	1445	0,1527	0,0476	0,1014	0,0475
320	714,3	1425	0,1621	0,0502	0,1083	0,0502
340	736,3	1405	0,1714	0,0527	0,1152	0,0528
360	757,6	1386	0,1808	0,0552	0,1221	0,0554
380	778,4	1367	0,1901	0,0577	0,1291	0,0580
400	798,6	1349	0,1994	0,0601	0,1360	0,0605
420	818,3	1331	0,2087	0,0625	0,1431	0,0631
440	837,6	1314	0,2180	0,0649	0,1501	0,0655
460	856,4	1297	0,2273	0,0672	0,1572	0,0680
480	874,8	1281	0,2366	0,0695	0,1643	0,0705
500	892,9	1265	0,2459	0,0718	0,1714	0,0729

Tellur (Te)	$Z_1 = 52$; $M_1 = 129{,}907$; $C_K = 1$					
10	129,0	1809	0,0076	0,0030	0,0055	0,0027
20	182,4	2216	0,0122	0,0045	0,0086	0,0041
30	223,4	2428	0,0161	0,0058	0,0114	0,0054
40	257,9	2560	0,0198	0,0070	0,0140	0,0065
50	288,4	2650	0,0232	0,0081	0,0165	0,0076
60	315,9	2714	0,0266	0,0092	0,0190	0,0086
70	341,2	2761	0,0298	0,0102	0,0214	0,0096
80	364,8	2796	0,0330	0,0112	0,0237	0,0106
90	386,9	2822	0,0362	0,0123	0,0261	0,0115
100	407,8	2842	0,0393	0,0132	0,0284	0,0125
110	427,7	2857	0,0423	0,0142	0,0307	0,0134
120	446,8	2868	0,0454	0,0152	0,0330	0,0143
130	465,0	2876	0,0484	0,0162	0,0353	0,0152
140	482,5	2881	0,0513	0,0171	0,0375	0,0161
150	499,5	2884	0,0543	0,0180	0,0398	0,0170
160	515,9	2885	0,0573	0,0190	0,0420	0,0179
170	531,7	2885	0,0602	0,0199	0,0443	0,0188
180	547,2	2884	0,0631	0,0208	0,0465	0,0197
190	562,2	2881	0,0660	0,0217	0,0488	0,0205
200	576,8	2878	0,0689	0,0226	0,0510	0,0214
220	604,9	2869	0,0747	0,0244	0,0555	0,0231
240	631,8	2857	0,0804	0,0262	0,0600	0,0248
260	657,6	2844	0,0862	0,0280	0,0645	0,0265
280	682,4	2830	0,0919	0,0297	0,0689	0,0282
300	706,4	2815	0,0975	0,0315	0,0734	0,0298
320	729,5	2798	0,1032	0,0332	0,0779	0,0315
340	752,0	2782	0,1089	0,0349	0,0824	0,0331
360	773,8	2765	0,1145	0,0366	0,0869	0,0347
380	795,0	2747	0,1202	0,0383	0,0914	0,0364
400	815,7	2730	0,1258	0,0400	0,0959	0,0380
420	835,8	2712	0,1315	0,0416	0,1004	0,0396
440	855,5	2694	0,1371	0,0433	0,1050	0,0412
460	874,7	2677	0,1427	0,0449	0,1095	0,0428
480	893,5	2659	0,1484	0,0465	0,1141	0,0443
500	911,9	2642	0,1540	0,0482	0,1186	0,0459

Fortsetzung Tab. 9.6 Reichweiteparameter von H und Zn in GaAs bzw. Germanium

E (keV)	S_e (keV/μm)	S_n (keV/μm)	R (μm)	ΔR (μm)	R_p (μm)	ΔR_p (μm)
Wasserstoff (H)		$Z_1=1$; $M_1=1{,}008$; $C_K=1$				
10	49,68	1,077	0,3418	0,0052	0,1135	0,0716
20	69,14	0,7676	0,5072	0,0059	0,2180	0,1013
30	82,96	0,6096	0,6373	0,0062	0,3137	0,1206
40	93,54	0,5113	0,7497	0,0064	0,4028	0,1349
50	101,9	0,4433	0,8515	0,0065	0,4872	0,1463
60	108,5	0,3931	0,9461	0,0067	0,5681	0,1557
70	113,7	0,3542	1,0357	0,0068	0,6465	0,1638
80	117,9	0,3232	1,1218	0,0069	0,7229	0,1709
90	121,1	0,2977	1,2052	0,0070	0,7980	0,1773
100	123,5	0,2763	1,2868	0,0070	0,8721	0,1832
110	125,3	0,2581	1,3670	0,0071	0,9456	0,1886
120	126,5	0,2425	1,4463	0,0072	1,0188	0,1937
130	127,2	0,2288	1,5249	0,0072	1,0918	0,1985
140	127,6	0,2167	1,6033	0,0073	1,1649	0,2031
150	127,6	0,2060	1,6815	0,0074	1,2381	0,2074
160	127,4	0,1964	1,7598	0,0075	1,3118	0,2117
170	126,9	0,1877	1,8383	0,0075	1,3858	0,2158
180	126,2	0,1798	1,9172	0,0076	1,4605	0,2198
190	125,3	0,1727	1,9966	0,0077	1,5358	0,2237
200	124,4	0,1661	2,0766	0,0077	1,6118	0,2275
220	122,1	0,1546	2,2387	0,0079	1,7664	0,2351
240	119,5	0,1446	2,4040	0,0080	1,9246	0,2425
260	116,7	0,1360	2,5731	0,0082	2,0868	0,2498
280	113,9	0,1285	2,7464	0,0084	2,2534	0,2570
300	111,0	0,1218	2,9241	0,0085	2,4247	0,2643
320	108,0	0,1158	3,1066	0,0087	2,6008	0,2716
340	105,2	0,1105	3,2940	0,0089	2,7820	0,2790
360	102,4	0,1056	3,4866	0,0091	2,9684	0,2865
380	99,61	0,1012	3,6845	0,0094	3,1602	0,2940
400	96,94	0,09721	3,8878	0,0096	3,3574	0,3017
420	94,36	0,09353	4,0967	0,0099	3,5603	0,3096
440	91,87	0,09015	4,3113	0,0101	3,7688	0,3176
460	89,47	0,08702	4,5317	0,0104	3,9832	0,3258
480	87,16	0,08412	4,7579	0,0107	4,2034	0,3341
500	84,94	0,08143	4,9902	0,0110	4,4295	0,3427
Zink (Zn)		$Z_1=30$; $M_1=63{,}925$; $C_K=1$				
10	129,9	1113	0,0116	0,0043	0,0053	0,0042
20	183,7	1250	0,0190	0,0067	0,0091	0,0067
30	225,0	1303	0,0257	0,0089	0,0127	0,0089
40	259,8	1327	0,0321	0,0110	0,0163	0,0110
50	290,4	1336	0,0384	0,0130	0,0199	0,0130
60	318,1	1338	0,0444	0,0150	0,0234	0,0150
70	343,6	1335	0,0504	0,0168	0,0270	0,0169
80	367,4	1329	0,0564	0,0187	0,0306	0,0188
90	389,6	1321	0,0622	0,0205	0,0342	0,0206
100	410,7	1311	0,0681	0,0223	0,0378	0,0225
110	430,8	1301	0,0739	0,0240	0,0414	0,0243
120	449,9	1290	0,0796	0,0258	0,0451	0,0261
130	468,3	1279	0,0853	0,0275	0,0487	0,0279
140	486,0	1267	0,0911	0,0291	0,0524	0,0296
150	503,0	1256	0,0968	0,0308	0,0561	0,0314

Fortsetzung Tab. 9.6 Reichweiteparameter von Zn in GaAs bzw. Germanium

E (keV)	S_e (keV/μm)	S_n (keV/μm)	R (μm)	ΔR (μm)	R_p (μm)	$ΔR_p$ (μm)
160	519,5	1244	0,1024	0,0324	0,0598	0,0331
170	535,5	1233	0,1081	0,0340	0,0635	0,0348
180	551,0	1221	0,1137	0,0356	0,0673	0,0365
190	566,1	1210	0,1194	0,0372	0,0711	0,0382
200	580,8	1198	0,1250	0,0388	0,0748	0,0398
220	609,2	1176	0,1362	0,0418	0,0825	0,0431
240	636,3	1155	0,1474	0,0448	0,0901	0,0464
260	662,3	1134	0,1586	0,0478	0,0979	0,0495
280	687,3	1114	0,1697	0,0506	0,1056	0,0527
300	711,4	1095	0,1808	0,0535	0,1135	0,0558
320	734,7	1076	0,1918	0,0562	0,1214	0,0588
340	757,3	1058	0,2029	0,0589	0,1293	0,0618
360	779,3	1041	0,2139	0,0616	0,1372	0,0648
380	800,6	1024	0,2248	0,0642	0,1452	0,0677
400	821,4	1008	0,2358	0,0668	0,1533	0,0706
420	841,7	992,8	0,2467	0,0693	0,1613	0,0734
440	861,5	977,8	0,2576	0,0717	0,1694	0,0762
460	880,9	963,4	0,2684	0,0741	0,1775	0,0790
480	899,8	949,5	0,2793	0,0765	0,1857	0,0817
500	918,4	936,0	0,2901	0,0788	0,1938	0,0844

Tab. 9.7 Reichweiteparameter von As, B, P, Zn in SiO_2 ($d_2 = 2{,}65$ gcm^{-3})

E (keV)	S_e (keV/μm)	S_n (keV/μm)	R (μm)	ΔR (μm)	R_p (μm)	$ΔR_p$ (μm)
Arsen (As) $Z_1 = 33$; $M_1 = 74{,}922$; $C_K = 1$						
10	112,9	1391	0,0093	0,0028	0,0080	0,0027
20	159,7	1526	0,0155	0,0046	0,0132	0,0043
30	195,6	1570	0,0213	0,0062	0,0182	0,0059
40	225,8	1583	0,0269	0,0077	0,0231	0,0074
50	252,5	1581	0,0324	0,0092	0,0279	0,0088
60	276,6	1572	0,0378	0,0107	0,0326	0,0103
70	298,8	1559	0,0432	0,0122	0,0374	0,0117
80	319,4	1544	0,0486	0,0136	0,0421	0,0131
90	338,8	1527	0,0539	0,0151	0,0469	0,0145
100	357,1	1509	0,0593	0,0165	0,0517	0,0158
110	374,5	1491	0,0647	0,0179	0,0564	0,0172
120	391,2	1473	0,0700	0,0193	0,0612	0,0185
130	407,2	1455	0,0754	0,0206	0,0660	0,0199
140	422,5	1437	0,0808	0,0220	0,0709	0,0212
150	437,4	1419	0,0862	0,0234	0,0757	0,0226
160	451,7	1401	0,0915	0,0247	0,0806	0,0239
170	465,6	1384	0,0969	0,0261	0,0854	0,0252
180	479,1	1367	0,1024	0,0274	0,0903	0,0265
190	492,2	1351	0,1078	0,0287	0,0952	0,0278
200	505,0	1335	0,1132	0,0301	0,1001	0,0291
220	529,7	1304	0,1241	0,0327	0,1100	0,0316
240	553,2	1274	0,1350	0,0352	0,1200	0,0341
260	575,8	1246	0,1460	0,0378	0,1300	0,0366
280	597,5	1220	0,1570	0,0403	0,1400	0,0391
300	618,5	1194	0,1680	0,0427	0,1501	0,0415

Fortsetzung Tab. 9.7 Reichweiteparameter von As, B und P in SiO$_2$

E (keV)	S$_e$ (keV/µm)	S$_n$ (keV/µm)	R (µm)	ΔR (µm)	R$_p$ (µm)	ΔR$_p$ (µm)
320	638,8	1170	0,1790	0,0452	0,1603	0,0439
340	658,5	1147	0,1901	0,0476	0,1704	0,0463
360	677,5	1125	0,2012	0,0499	0,1806	0,0486
380	696,1	1104	0,2123	0,0522	0,1909	0,0509
400	714,2	1084	0,2234	0,0545	0,2012	0,0532
420	731,8	1064	0,2345	0,0568	0,2115	0,0555
440	749,1	1046	0,2457	0,0590	0,2218	0,0577
460	765,9	1028	0,2568	0,0612	0,2321	0,0599
480	782,4	1011	0,2680	0,0633	0,2425	0,0620
500	798,5	994,8	0,2791	0,0655	0,2529	0,0641
Bor (B)	$Z_1 = 5$; $M_1 = 11{,}009$; $C_K = 1$					
10	89,94	115,5	0,0516	0,0143	0,0283	0,0155
20	126,7	89,82	0,0990	0,0235	0,0604	0,0272
30	154,7	74,62	0,1439	0,0303	0,0935	0,0366
40	178,0	64,41	0,1863	0,0355	0,1265	0,0443
50	198,3	57,00	0,2265	0,0397	0,1589	0,0509
60	216,5	51,33	0,2647	0,0431	0,1905	0,0564
70	233,1	46,83	0,3012	0,0459	0,2214	0,0613
80	248,3	43,15	0,3362	0,0483	0,2515	0,0655
90	262,5	40,08	0,3699	0,0504	0,2808	0,0693
100	275,8	37,48	0,4024	0,0522	0,3094	0,0726
110	288,2	35,23	0,4338	0,0539	0,3374	0,0757
120	300,1	33,27	0,4642	0,0553	0,3647	0,0785
130	311,3	31,55	0,4938	0,0566	0,3914	0,0810
140	321,9	30,02	0,5226	0,0578	0,4176	0,0833
150	332,1	28,64	0,5507	0,0589	0,4432	0,0855
160	341,9	27,41	0,5781	0,0599	0,4684	0,0875
170	351,2	26,28	0,6048	0,0608	0,4931	0,0893
180	360,2	25,26	0,6311	0,0617	0,5174	0,0911
190	368,9	24,33	0,6567	0,0625	0,5413	0,0927
200	377,2	23,46	0,6819	0,0632	0,5648	0,0943
220	393,1	21,93	0,7310	0,0646	0,6108	0,0971
240	407,9	20,61	0,7784	0,0658	0,6555	0,0996
260	421,8	19,45	0,8244	0,0669	0,6990	0,1019
280	435,0	18,43	0,8691	0,0679	0,7415	0,1040
300	447,4	17,53	0,9126	0,0688	0,7830	0,1059
320	459,2	16,71	0,9551	0,0697	0,8237	0,1077
340	470,3	15,98	0,9967	0,0705	0,8635	0,1093
360	481,0	15,32	1,0374	0,0712	0,9026	0,1109
380	491,1	14,71	1,0773	0,0719	0,9411	0,1123
400	500,8	14,16	1,1165	0,0725	0,9789	0,1137
420	510,0	13,65	1,1550	0,0731	1,0161	0,1149
440	518,8	13,18	1,1929	0,0737	1,0528	0,1161
460	527,3	12,74	1,2302	0,0742	1,0890	0,1172
480	535,4	12,33	1,2670	0,0747	1,1247	0,1183
500	543,2	11,96	1,3033	0,0752	1,1599	0,1193
Phosphor (P)	$Z_1 = 15$; $M_1 = 30{,}974$; $C_K = 1$					
10	114,8	647,5	0,0155	0,0053	0,0107	0,0050
20	162,3	620,6	0,0284	0,0093	0,0202	0,0089
30	198,8	585,1	0,0411	0,0131	0,0299	0,0127
40	229,6	551,8	0,0539	0,0168	0,0399	0,0163

Fortsetzung Tab. 9.7 Reichweiteparameter von P und Zn in SiO$_2$

E (keV)	S_e (keV/μm)	S_n (keV/μm)	R (μm)	ΔR (μm)	R_p (μm)	ΔR_p (μm)
50	256,7	521,9	0,0667	0,0202	0,0501	0,0198
60	281,2	495,4	0,0796	0,0236	0,0604	0,0231
70	303,7	471,7	0,0925	0,0268	0,0709	0,0264
80	324,7	450,6	0,1054	0,0299	0,0816	0,0296
90	344,4	431,6	0,1183	0,0329	0,0923	0,0326
100	363,0	414,4	0,1311	0,0357	0,1031	0,0356
110	380,7	398,8	0,1440	0,0384	0,1140	0,0384
120	397,6	384,5	0,1568	0,0410	0,1249	0,0412
130	413,9	371,4	0,1695	0,0435	0,1358	0,0439
140	429,5	359,4	0,1822	0,0459	0,1468	0,0464
150	444,6	348,2	0,1949	0,0483	0,1577	0,0489
160	459,2	337,8	0,2075	0,0505	0,1687	0,0513
170	473,3	328,1	0,2200	0,0526	0,1796	0,0537
180	487,0	319,1	0,2324	0,0547	0,1905	0,0559
190	500,4	310,7	0,2448	0,0567	0,2014	0,0581
200	513,4	302,7	0,2571	0,0586	0,2123	0,0602
220	538,4	288,2	0,2814	0,0622	0,2339	0,0642
240	562,4	275,2	0,3055	0,0656	0,2554	0,0680
260	585,3	263,6	0,3292	0,0687	0,2768	0,0715
280	607,4	253,0	0,3526	0,0716	0,2979	0,0749
300	628,7	243,4	0,3757	0,0744	0,3189	0,0781
320	649,4	234,6	0,3985	0,0770	0,3396	0,0811
340	669,3	226,5	0,4209	0,0794	0,3602	0,0839
360	688,7	219,1	0,4431	0,0817	0,3806	0,0866
380	707,6	212,2	0,4650	0,0839	0,4007	0,0891
400	726,0	205,8	0,4866	0,0860	0,4207	0,0916
420	743,9	199,8	0,5079	0,0879	0,4405	0,0939
440	761,4	194,2	0,5290	0,0898	0,4600	0,0961
460	778,5	189,0	0,5498	0,0916	0,4794	0,0982
480	795,3	184,0	0,5703	0,0932	0,4986	0,1002
500	811,7	179,4	0,5906	0,0948	0,5175	0,1022

Zink (Zn) $Z_1 = 30$; $M_1 = 63,925$; $C_K = 1$

E (keV)	S_e (keV/μm)	S_n (keV/μm)	R (μm)	ΔR (μm)	R_p (μm)	ΔR_p (μm)
10	116,7	1296	0,0097	0,0030	0,0079	0,0028
20	165,0	1396	0,0163	0,0050	0,0135	0,0047
30	202,1	1420	0,0226	0,0068	0,0188	0,0064
40	233,4	1419	0,0287	0,0085	0,0240	0,0081
50	260,9	1408	0,0347	0,0102	0,0292	0,0097
60	285,8	1392	0,0407	0,0119	0,0343	0,0113
70	308,7	1373	0,0467	0,0135	0,0395	0,0129
80	330,0	1353	0,0526	0,0152	0,0447	0,0145
90	350,1	1332	0,0586	0,0168	0,0499	0,0160
100	369,0	1311	0,0645	0,0184	0,0551	0,0176
110	387,0	1291	0,0705	0,0200	0,0603	0,0191
120	404,2	1271	0,0764	0,0215	0,0656	0,0206
130	420,7	1251	0,0824	0,0231	0,0709	0,0221
140	436,6	1232	0,0884	0,0246	0,0762	0,0236
150	451,9	1213	0,0944	0,0261	0,0815	0,0251
160	466,8	1195	0,1004	0,0276	0,0869	0,0266
170	481,1	1177	0,1064	0,0291	0,0922	0,0280
180	495,1	1160	0,1125	0,0306	0,0976	0,0295
190	508,6	1144	0,1185	0,0321	0,1030	0,0309
200	521,8	1128	0,1246	0,0335	0,1085	0,0323
220	547,3	1097	0,1367	0,0364	0,1194	0,0351

Fortsetzung Tab. 9.7 Reichweiteparameter von Zn in SiO$_2$

E (keV)	S_e (keV/μm)	S_n (keV/μm)	R (μm)	ΔR (μm)	R_p (μm)	$ΔR_p$ (μm)
240	571,7	1068	0,1489	0,0392	0,1304	0,0379
260	595,0	1041	0,1611	0,0420	0,1414	0,0406
280	617,5	1016	0,1733	0,0447	0,1525	0,0433
300	639,1	991,4	0,1856	0,0474	0,1637	0,0459
320	660,1	968,7	0,1979	0,0500	0,1749	0,0485
340	680,4	947,1	0,2101	0,0525	0,1861	0,0511
360	700,1	926,6	0,2224	0,0550	0,1974	0,0536
380	719,3	907,2	0,2347	0,0575	0,2086	0,0560
400	738,0	888,7	0,2470	0,0599	0,2199	0,0584
420	756,2	871,1	0,2593	0,0623	0,2312	0,0608
440	774,0	854,4	0,2716	0,0646	0,2426	0,0631
460	791,4	838,3	0,2839	0,0668	0,2539	0,0654
480	808,4	823,0	0,2962	0,0691	0,2653	0,0676
500	825,1	808,4	0,3084	0,0713	0,2766	0,0698

Tab. 9.8 Reichweiteparameter von As, B in Si$_3$N$_4$ ($d_2 = 3{,}45$ gcm^{-3})

E (keV)	S_e (keV/μm)	S_n (keV/μm)	R (μm)	ΔR (μm)	R_p (μm)	$ΔR_p$ (μm)
Arsen (As)	$Z_1 = 33$;	$M_1 = 74{,}922$;	$C_K = 1$			
10	146,1	1790	0,0072	0,0022	0,0061	0,0020
20	206,6	1966	0,0120	0,0035	0,0103	0,0033
30	253,0	2023	0,0165	0,0048	0,0142	0,0045
40	292,1	2040	0,0209	0,0060	0,0179	0,0057
50	326,6	2038	0,0251	0,0072	0,0217	0,0068
60	357,8	2027	0,0293	0,0083	0,0254	0,0079
70	386,5	2011	0,0335	0,0095	0,0290	0,0090
80	413,1	1991	0,0377	0,0106	0,0327	0,0101
90	438,2	1969	0,0418	0,0117	0,0364	0,0111
100	461,9	1947	0,0460	0,0128	0,0401	0,0122
110	484,4	1924	0,0501	0,0139	0,0438	0,0132
120	506,0	1900	0,0543	0,0150	0,0475	0,0143
130	526,6	1877	0,0584	0,0161	0,0513	0,0153
140	546,5	1854	0,0626	0,0171	0,0550	0,0163
150	565,7	1831	0,0668	0,0182	0,0587	0,0173
160	584,3	1809	0,0710	0,0192	0,0625	0,0184
170	602,2	1787	0,0751	0,0203	0,0663	0,0194
180	619,7	1765	0,0793	0,0213	0,0700	0,0204
190	636,7	1744	0,0835	0,0224	0,0738	0,0214
200	653,2	1723	0,0877	0,0234	0,0777	0,0224
220	685,1	1684	0,0962	0,0254	0,0853	0,0243
240	715,6	1646	0,1046	0,0274	0,0930	0,0263
260	744,8	1610	0,1131	0,0294	0,1007	0,0282
280	772,9	1575	0,1216	0,0313	0,1085	0,0301
300	800,0	1543	0,1301	0,0332	0,1163	0,0319
320	826,3	1512	0,1387	0,0351	0,1241	0,0338
340	851,7	1482	0,1472	0,0370	0,1320	0,0356
360	876,4	1454	0,1558	0,0388	0,1399	0,0374
380	900,4	1426	0,1644	0,0406	0,1478	0,0392
400	923,8	1401	0,1730	0,0424	0,1558	0,0409

Fortsetzung Tab. 9.8 Reichweiteparameter von As und B in Si_3N_4

E (keV)	S_e (keV/µm)	S_n (keV/µm)	R (µm)	ΔR (µm)	R_p (µm)	ΔR_p (µm)
420	946,6	1376	0,1816	0,0442	0,1637	0,0427
440	968,9	1352	0,1902	0,0459	0,1717	0,0444
460	990,7	1329	0,1989	0,0476	0,1797	0,0461
480	1012	1307	0,2075	0,0493	0,1877	0,0477
500	1033	1286	0,2161	0,0509	0,1957	0,0494
Bor (B)	$Z_1 = 5$; $M_1 = 11,009$; $C_K = 1$					
10	115,8	148,1	0,0402	0,0111	0,0219	0,0120
20	163,2	115,3	0,0771	0,0182	0,0467	0,0211
30	199,1	95,85	0,1120	0,0235	0,0723	0,0284
40	229,2	82,79	0,1449	0,0275	0,0978	0,0344
50	255,3	73,30	0,1762	0,0307	0,1228	0,0394
60	278,7	66,04	0,2059	0,0333	0,1473	0,0438
70	300,0	60,27	0,2342	0,0355	0,1712	0,0475
80	319,7	55,55	0,2614	0,0374	0,1945	0,0508
90	337,9	51,61	0,2876	0,0390	0,2172	0,0537
100	355,0	48,27	0,3128	0,0404	0,2393	0,0564
110	371,1	45,38	0,3372	0,0416	0,2609	0,0587
120	386,3	42,87	0,3609	0,0428	0,2821	0,0609
130	400,7	40,65	0,3838	0,0438	0,3028	0,0628
140	414,4	38,68	0,4062	0,0447	0,3231	0,0647
150	427,5	36,92	0,4280	0,0455	0,3429	0,0663
160	440,1	35,33	0,4493	0,0463	0,3624	0,0679
170	452,2	33,88	0,4701	0,0470	0,3816	0,0693
180	463,7	32,57	0,4904	0,0477	0,4004	0,0707
190	474,9	31,37	0,5104	0,0483	0,4189	0,0719
200	485,6	30,26	0,5299	0,0489	0,4372	0,0731
220	506,0	28,29	0,5680	0,0499	0,4728	0,0753
240	525,1	26,58	0,6049	0,0509	0,5074	0,0773
260	543,0	25,10	0,6406	0,0517	0,5412	0,0790
280	560,0	23,78	0,6753	0,0525	0,5741	0,0807
300	575,9	22,62	0,7091	0,0532	0,6063	0,0821
320	591,1	21,57	0,7422	0,0539	0,6379	0,0835
340	605,5	20,62	0,7744	0,0545	0,6688	0,0848
360	619,2	19,77	0,8061	0,0550	0,6991	0,0860
380	632,2	18,99	0,8371	0,0556	0,7290	0,0871
400	644,6	18,27	0,8675	0,0561	0,7583	0,0881
420	656,5	17,62	0,8974	0,0565	0,7872	0,0891
440	667,9	17,01	0,9268	0,0570	0,8156	0,0900
460	678,8	16,45	0,9558	0,0574	0,8437	0,0909
480	689,3	15,92	0,9844	0,0578	0,8714	0,0917
500	699,3	15,44	1,0126	0,0582	0,8988	0,0925

Tab. 9.9 Reichweiteparameter von As, B in Al$_2$O$_3$ ($d_2 = 3{,}965$ gcm^{-3})

E (keV)	S_e (keV/µm)	S_n (keV/µm)	R (µm)	ΔR (µm)	R_p (µm)	ΔR_p (µm)
Arsen (As)	$Z_1 = 33$; $M_1 = 74{,}922$; $C_K = 1$					
10	166,1	2051	0,0063	0,0019	0,0053	0,0019
20	235,0	2249	0,0105	0,0031	0,0090	0,0029
30	287,8	2313	0,0144	0,0042	0,0124	0,0040
40	332,3	2331	0,0182	0,0053	0,0157	0,0050
50	371,5	2328	0,0220	0,0063	0,0190	0,0060
60	407,0	2314	0,0256	0,0073	0,0223	0,0070
70	439,6	2295	0,0293	0,0083	0,0255	0,0079
80	469,9	2271	0,0330	0,0093	0,0288	0,0089
90	498,4	2246	0,0366	0,0103	0,0320	0,0098
100	525,4	2220	0,0402	0,0112	0,0353	0,0108
110	551,0	2193	0,0439	0,0122	0,0385	0,0117
120	575,5	2165	0,0475	0,0131	0,0418	0,0126
130	599,0	2138	0,0512	0,0141	0,0451	0,0135
140	621,7	2112	0,0548	0,0150	0,0484	0,0144
150	643,5	2085	0,0585	0,0159	0,0517	0,0153
160	664,6	2059	0,0622	0,0169	0,0550	0,0162
170	685,0	2034	0,0659	0,0178	0,0583	0,0171
180	704,9	2009	0,0695	0,0187	0,0616	0,0180
190	724,2	1985	0,0732	0,0196	0,0650	0,0189
200	743,0	1961	0,0769	0,0205	0,0683	0,0198
220	779,3	1915	0,0843	0,0223	0,0751	0,0215
240	813,9	1871	0,0918	0,0240	0,0819	0,0232
260	847,2	1830	0,0992	0,0258	0,0887	0,0249
280	879,2	1790	0,1067	0,0275	0,0956	0,0266
300	910,0	1753	0,1142	0,0291	0,1024	0,0283
320	939,9	1717	0,1217	0,0308	0,1094	0,0299
340	968,8	1683	0,1293	0,0324	0,1163	0,0315
360	996,9	1650	0,1368	0,0340	0,1233	0,0331
380	1024	1619	0,1444	0,0356	0,1303	0,0347
400	1051	1590	0,1519	0,0372	0,1373	0,0362
420	1077	1561	0,1595	0,0387	0,1443	0,0378
440	1102	1534	0,1671	0,0402	0,1513	0,0393
460	1127	1508	0,1747	0,0417	0,1584	0,0407
480	1151	1483	0,1823	0,0432	0,1655	0,0422
500	1175	1458	0,1899	0,0447	0,1725	0,0437
Bor (B)	$Z_1 = 5$; $M_1 = 11{,}009$; $C_K = 1$					
10	132,4	168,2	0,0353	0,0097	0,0193	0,0106
20	186,5	130,6	0,0677	0,0160	0,0412	0,0186
30	227,7	108,4	0,0983	0,0206	0,0638	0,0250
40	262,0	93,56	0,1273	0,0241	0,0863	0,0303
50	291,9	82,76	0,1547	0,0269	0,1084	0,0347
60	318,6	74,50	0,1807	0,0292	0,1300	0,0385
70	343,0	67,95	0,2056	0,0311	0,1510	0,0417
80	365,4	62,60	0,2294	0,0328	0,1715	0,0446
90	386,3	58,14	0,2523	0,0342	0,1915	0,0472
100	405,8	54,35	0,2744	0,0354	0,2110	0,0494
110	424,2	51,08	0,2958	0,0365	0,2300	0,0515
120	441,6	48,24	0,3166	0,0375	0,2486	0,0534
130	458,1	45,73	0,3367	0,0383	0,2668	0,0551
140	473,8	43,51	0,3563	0,0391	0,2847	0,0567
150	488,8	41,51	0,3754	0,0399	0,3021	0,0581

Fortsetzung Tab. 9.9 Reichweiteparameter von B in Al₂O₃

E (keV)	S_e (keV/μm)	S_n (keV/μm)	R (μm)	ΔR (μm)	R_p (μm)	$ΔR_p$ (μm)
160	503,1	39,71	0,3940	0,0406	0,3193	0,0595
170	516,9	38,09	0,4122	0,0412	0,3361	0,0607
180	530,1	36,60	0,4300	0,0417	0,3526	0,0619
190	542,9	35,24	0,4475	0,0423	0,3689	0,0630
200	555,1	33,99	0,4646	0,0428	0,3849	0,0640
220	578,5	31,77	0,4980	0,0437	0,4162	0,0659
240	600,3	29,85	0,5302	0,0445	0,4466	0,0677
260	620,8	28,17	0,5615	0,0453	0,4762	0,0692
280	640,1	26,69	0,5919	0,0459	0,5051	0,0706
300	658,4	25,38	0,6215	0,0465	0,5333	0,0719
320	675,7	24,20	0,6504	0,0471	0,5610	0,0731
340	692,2	23,14	0,6787	0,0476	0,5881	0,0742
360	707,8	22,17	0,7064	0,0481	0,6147	0,0753
380	722,7	21,30	0,7335	0,0486	0,6409	0,0762
400	736,9	20,49	0,7601	0,0490	0,6666	0,0771
420	750,5	19,75	0,7863	0,0494	0,6919	0,0780
440	763,5	19,07	0,8121	0,0498	0,7168	0,0788
460	776,0	18,44	0,8375	0,0501	0,7414	0,0795
480	787,9	17,85	0,8624	0,0505	0,7657	0,0803
500	799,4	17,30	0,8871	0,0508	0,7897	0,0810

Tab. 9.10 Reichweiteparameter von As, B, P, Sb im Photolack AZ 111 ($d_2 = 1,38$ gcm⁻³)

E (keV)	S_e (keV/μm)	S_n (keV/μm)	R (μm)	ΔR (μm)	R_p (μm)	$ΔR_p$ (μm)
Antimon (Sb)	$Z_1 = 51$; $M_1 = 120,904$; $C_K = 1$					
10	23,25	355,0	0,0469	0,0087	0,0449	0,0085
20	32,89	445,8	0,0700	0,0116	0,0667	0,0114
30	40,28	492,4	0,0897	0,0141	0,0854	0,0139
40	46,51	520,8	0,1079	0,0165	0,1027	0,0162
50	52,00	539,7	0,1251	0,0187	0,1191	0,0185
60	56,96	552,8	0,1417	0,0209	0,1350	0,0206
70	61,53	562,1	0,1580	0,0231	0,1504	0,0228
80	65,77	568,8	0,1738	0,0252	0,1656	0,0249
90	69,76	573,6	0,1895	0,0273	0,1806	0,0269
100	73,54	576,9	0,2049	0,0293	0,1954	0,0290
110	77,13	579,2	0,2203	0,0314	0,2101	0,0310
120	80,56	580,5	0,2354	0,0334	0,2247	0,0330
130	83,85	581,3	0,2505	0,0354	0,2392	0,0350
140	87,01	581,4	0,2655	0,0374	0,2536	0,0369
150	90,06	581,2	0,2804	0,0394	0,2679	0,0389
160	93,02	580,5	0,2953	0,0413	0,2822	0,0409
170	95,88	579,6	0,3101	0,0433	0,2965	0,0428
180	98,66	578,4	0,3249	0,0452	0,3107	0,0447
190	101,4	577,0	0,3397	0,0472	0,3249	0,0466
200	104,0	575,5	0,3544	0,0491	0,3391	0,0486
220	109,1	571,9	0,3838	0,0530	0,3675	0,0524
240	113,9	568,0	0,4131	0,0568	0,3958	0,0561
260	118,6	563,7	0,4425	0,0606	0,4241	0,0599
280	123,1	559,3	0,4718	0,0643	0,4525	0,0636

Fortsetzung Tab. 9.10 Reichweiteparameter von Sb, As und B im Photolack AZ 111

E (keV)	S_e (keV/μm)	S_n (keV/μm)	R (μm)	ΔR (μm)	R_p (μm)	ΔR_p (μm)
300	127,4	554,7	0,5011	0,0681	0,4808	0,0673
320	131,5	550,0	0,5304	0,0718	0,5092	0,0710
340	135,6	545,3	0,5598	0,0755	0,5376	0,0747
360	139,5	540,6	0,5892	0,0792	0,5661	0,0783
380	143,3	535,9	0,6186	0,0829	0,5946	0,0820
400	147,1	531,2	0,6481	0,0866	0,6231	0,0856
420	150,7	526,5	0,6776	0,0902	0,6517	0,0892
440	154,3	521,9	0,7071	0,0938	0,6804	0,0928
460	157,7	517,3	0,7367	0,0974	0,7091	0,0964
480	161,1	512,8	0,7664	0,1010	0,7379	0,0999
500	164,4	508,4	0,7961	0,1046	0,7668	0,1035

Arsen (As) $Z_1 = 33$; $M_1 = 74{,}922$; $C_K = 1$

E (keV)	S_e (keV/μm)	S_n (keV/μm)	R (μm)	ΔR (μm)	R_p (μm)	ΔR_p (μm)
10	25,52	319,4	0,0478	0,0093	0,0440	0,0093
20	36,09	365,3	0,0744	0,0134	0,0684	0,0132
30	44,21	382,9	0,0984	0,0172	0,0907	0,0170
40	51,04	390,2	0,1214	0,0208	0,1122	0,0206
50	57,07	392,7	0,1439	0,0244	0,1331	0,0242
60	62,52	392,5	0,1660	0,0279	0,1538	0,0276
70	67,52	390,8	0,1879	0,0314	0,1744	0,0311
80	72,19	388,0	0,2096	0,0348	0,1949	0,0344
90	76,57	384,7	0,2313	0,0381	0,2153	0,0378
100	80,71	381,0	0,2530	0,0415	0,2358	0,0411
110	84,65	377,1	0,2747	0,0448	0,2563	0,0444
120	88,41	373,0	0,2963	0,0481	0,2768	0,0477
130	92,02	368,8	0,3180	0,0514	0,2973	0,0509
140	95,49	364,7	0,3397	0,0547	0,3179	0,0542
150	98,85	360,5	0,3615	0,0579	0,3386	0,0574
160	102,1	356,3	0,3833	0,0611	0,3593	0,0606
170	105,2	352,2	0,4051	0,0643	0,3801	0,0637
180	108,3	348,2	0,4270	0,0675	0,4009	0,0669
190	111,2	344,2	0,4489	0,0707	0,4218	0,0700
200	114,1	340,3	0,4709	0,0738	0,4428	0,0732
220	119,7	332,7	0,5150	0,0801	0,4849	0,0793
240	125,0	325,5	0,5593	0,0862	0,5272	0,0855
260	130,1	318,5	0,6038	0,0923	0,5698	0,0915
280	135,0	311,9	0,6485	0,0984	0,6126	0,0975
300	139,8	305,5	0,6933	0,1043	0,6556	0,1034
320	144,4	299,5	0,7383	0,1102	0,6987	0,1093
340	148,8	293,7	0,7834	0,1160	0,7421	0,1150
360	153,1	288,1	0,8287	0,1217	0,7856	0,1207
380	157,3	282,8	0,8740	0,1273	0,8293	0,1264
400	161,4	277,6	0,9195	0,1329	0,8731	0,1319
420	165,4	272,9	0,9651	0,1384	0,9170	0,1374
440	169,3	268,2	1,0108	0,1438	0,9610	0,1429
460	173,1	263,7	1,0565	0,1492	1,0052	0,1482
480	176,8	259,4	1,1024	0,1545	1,0494	0,1535
500	180,5	255,3	1,1482	0,1597	1,0937	0,1587

Bor (B) $Z_1 = 5$; $M_1 = 11{,}009$; $C_K = 1$

E (keV)	S_e (keV/μm)	S_n (keV/μm)	R (μm)	ΔR (μm)	R_p (μm)	ΔR_p (μm)
10	31,38	40,12	0,1396	0,0274	0,1073	0,0306
20	44,38	29,50	0,2777	0,0460	0,2233	0,0529
30	54,35	23,80	0,4094	0,0592	0,3386	0,0698

Fortsetzung Tab. 9.10 Reichweiteparameter von B und P im Photolack AZ 111

E (keV)	S_e (keV/µm)	S_n (keV/µm)	R (µm)	ΔR (µm)	R_p (µm)	ΔR_p (µm)
40	62,76	20,16	0,5336	0,0691	0,4500	0,0830
50	70,17	17,60	0,6509	0,0768	0,5569	0,0935
60	76,86	15,69	0,7618	0,0829	0,6594	0,1021
70	83,02	14,20	0,8672	0,0879	0,7576	0,1094
80	88,75	12,99	0,9677	0,0921	0,8521	0,1155
90	94,14	12,00	1,0639	0,0957	0,9430	0,1209
100	99,23	11,17	1,1563	0,0988	1,0307	0,1255
110	104,1	10,46	1,2452	0,1015	1,1156	0,1296
120	108,7	9,838	1,3310	0,1039	1,1977	0,1333
130	113,1	9,298	1,4140	0,1060	1,2775	0,1366
140	117,4	8,820	1,4944	0,1079	1,3549	0,1395
150	121,5	8,395	1,5725	0,1096	1,4303	0,1422
160	125,5	8,013	1,6484	0,1112	1,5038	0,1446
170	129,4	7,668	1,7224	0,1126	1,5754	0,1469
180	133,1	7,355	1,7944	0,1139	1,6454	0,1490
190	136,8	7,069	1,8648	0,1151	1,7139	0,1509
200	140,3	6,806	1,9335	0,1163	1,7808	0,1526
220	147,2	6,342	2,0665	0,1183	1,9106	0,1558
240	153,7	5,943	2,1942	0,1200	2,0356	0,1586
260	160,0	5,596	2,3172	0,1216	2,1561	0,1611
280	166,0	5,291	2,4359	0,1230	2,2726	0,1633
300	171,9	5,021	2,5508	0,1242	2,3854	0,1652
320	177,5	4,779	2,6622	0,1254	2,4950	0,1670
340	183,0	4,562	2,7703	0,1264	2,6015	0,1686
360	188,3	4,366	2,8755	0,1273	2,7053	0,1700
380	193,4	4,187	2,9780	0,1282	2,8064	0,1714
400	198,5	4,024	3,0780	0,1290	2,9051	0,1726
420	203,4	3,874	3,1756	0,1297	3,0016	0,1737
440	208,1	3,736	3,2711	0,1304	3,0960	0,1748
460	212,8	3,608	3,3645	0,1311	3,1884	0,1757
480	217,4	3,490	3,4559	0,1317	3,2789	0,1766
500	221,9	3,380	3,5456	0,1322	3,3677	0,1774
Phosphor (P) $Z_1=15$; $M_1=30{,}974$; $C_K=1$						
10	30,31	201,1	0,0494	0,0108	0,0421	0,0107
20	42,87	189,2	0,0924	0,0195	0,0797	0,0194
30	52,51	176,2	0,1358	0,0278	0,1182	0,0277
40	60,63	164,6	0,1799	0,0359	0,1577	0,0358
50	67,78	154,5	0,2246	0,0438	0,1980	0,0437
60	74,25	145,8	0,2698	0,0513	0,2391	0,0514
70	80,20	138,1	0,3154	0,0587	0,2808	0,0588
80	85,74	131,3	0,3614	0,0657	0,3229	0,0660
90	90,94	125,3	0,4075	0,0725	0,3655	0,0729
100	95,86	119,9	0,4538	0,0790	0,4083	0,0796
110	100,5	115,0	0,5002	0,0853	0,4513	0,0861
120	105,0	110,6	0,5466	0,0914	0,4944	0,0924
130	109,3	106,6	0,5929	0,0972	0,5377	0,0984
140	113,4	102,9	0,6392	0,1028	0,5809	0,1042
150	117,4	99,45	0,6854	0,1082	0,6242	0,1098
160	121,3	96,30	0,7315	0,1133	0,6674	0,1152
170	125,0	93,37	0,7773	0,1183	0,7106	0,1205
180	128,6	90,65	0,8230	0,1231	0,7537	0,1255
190	132,1	88,12	0,8685	0,1278	0,7967	0,1304
200	135,6	85,74	0,9138	0,1322	0,8395	0,1351

Fortsetzung Tab. 9.10 Reichweiteparameter von P im Photolack AZ 111

E (keV)	S_e (keV/μm)	S_n (keV/μm)	R (μm)	ΔR (μm)	R_p (μm)	$ΔR_p$ (μm)
220	142,2	81,41	1,0038	0,1407	0,9247	0,1441
240	148,5	77,57	1,0927	0,1486	1,0093	0,1525
260	154,6	74,13	1,1807	0,1560	1,0931	0,1604
280	160,4	71,03	1,2676	0,1629	1,1761	0,1678
300	166,0	68,21	1,3535	0,1694	1,2583	0,1748
320	171,5	65,65	1,4384	0,1755	1,3396	0,1814
340	176,8	63,30	1,5222	0,1812	0,4201	0,1876
360	181,9	61,13	1,6050	0,1867	1,4998	0,1934
380	186,9	59,13	1,6868	0,1918	1,5786	0,1990
400	191,7	57,28	1,7676	0,1966	1,6565	0,2043
420	196,5	55,55	1,8474	0,2012	1,7336	0,2093
440	201,1	53,95	1,9263	0,2056	1,8099	0,2141
460	205,6	52,44	2,0043	0,2097	1,8854	0,2186
480	210,0	51,03	2,0813	0,2137	1,9600	0,2230
500	214,4	49,70	2,1575	0,2175	2,0339	0,2271

Tab. 9.11 Reichweiteparameter von As, B, P, Sb im Photolack KTFR ($d_2 = 1,05$ gcm^{-3})

E (keV)	S_e (keV/μm)	S_n (keV/μm)	R (μm)	ΔR (μm)	R_p (μm)	$ΔR_p$ (μm)
Antimon (Sb) $Z_1 = 51$; $M_1 = 120,904$; $C_K = 1$						
10	51,45	815,5	0,0168	0,0035	0,0162	0,0035
20	72,76	966,4	0,0272	0,0053	0,0262	0,0052
30	89,11	1039	0,0364	0,0069	0,0351	0,0067
40	102,9	1082	0,0450	0,0083	0,0434	0,0082
50	115,0	1108	0,0533	0,0098	0,0514	0,0096
60	126,0	1126	0,0614	0,0112	0,0592	0,0110
70	136,1	1138	0,0693	0,0125	0,0668	0,0123
80	145,5	1145	0,0771	0,0139	0,0744	0,0136
90	154,4	1150	0,0848	0,0152	0,0818	0,0149
100	162,7	1152	0,0924	0,0165	0,0892	0,0162
110	170,6	1153	0,1000	0,0178	0,0965	0,0175
120	178,2	1153	0,1075	0,0190	0,1038	0,0187
130	185,5	1151	0,1150	0,0203	0,1111	0,0200
140	192,5	1149	0,1225	0,0215	0,1183	0,0212
150	199,3	1146	0,1300	0,0228	0,1256	0,0224
160	205,8	1143	0,1374	0,0240	0,1328	0,0236
170	212,1	1139	0,1448	0,0252	0,1400	0,0248
180	218,3	1135	0,1522	0,0265	0,1471	0,0260
190	224,3	1131	0,1596	0,0277	0,1543	0,0272
200	230,1	1127	0,1669	0,0289	0,1615	0,0284
220	241,3	1117	0,1817	0,0313	0,1758	0,0308
240	252,1	1107	0,1964	0,0336	0,1901	0,0331
260	262,3	1097	0,2111	0,0360	0,2044	0,0355
280	272,2	1087	0,2258	0,0383	0,2187	0,0378
300	281,8	1077	0,2405	0,0407	0,2330	0,0401
320	291,0	1066	0,2553	0,0430	0,2474	0,0423
340	300,0	1056	0,2700	0,0453	0,2617	0,0446
360	308,7	1046	0,2848	0,0475	0,2761	0,0469
380	317,2	1036	0,2995	0,0498	0,2905	0,0491

Fortsetzung Tab. 9.11 Reichweiteparameter von Sb, As und B im Photolack KTFR

E (keV)	S_e (keV/μm)	S_n (keV/μm)	R (μm)	ΔR (μm)	R_p (μm)	ΔR_p (μm)
400	325,4	1026	0,3143	0,0520	0,3050	0,0513
420	333,4	1016	0,3291	0,0543	0,3194	0,0535
440	341,3	1006	0,3440	0,0565	0,3339	0,0557
460	349,0	996,9	0,3588	0,0587	0,3484	0,0579
480	356,5	987,6	0,3737	0,0609	0,3629	0,0601
500	363,8	978,4	0,3886	0,0631	0,3774	0,0622
Arsen (As)	$Z_1 = 33$; $M_1 = 74,922$; $C_K = 1$					
10	61,35	763,3	0,0168	0,0038	0,0157	0,0037
20	86,76	833,7	0,0281	0,0062	0,0264	0,0060
30	106,3	855,3	0,0387	0,0084	0,0364	0,0082
40	122,7	860,5	0,0490	0,0106	0,0461	0,0102
50	137,2	858,3	0,0591	0,0126	0,0556	0,0123
60	150,3	852,3	0,0691	0,0147	0,0651	0,0142
70	162,3	844,2	0,0791	0,0166	0,0746	0,0162
80	173,5	834,8	0,0890	0,0186	0,0840	0,0181
90	184,0	824,8	0,0989	0,0206	0,0935	0,0200
100	194,0	814,5	0,1088	0,0225	0,1029	0,0219
110	203,5	804,0	0,1187	0,0244	0,1124	0,0238
120	212,5	793,5	0,1287	0,0263	0,1219	0,0257
130	221,2	783,1	0,1386	0,0282	0,1314	0,0275
140	229,5	772,9	0,1486	0,0301	0,1410	0,0294
150	237,6	762,8	0,1586	0,0319	0,1505	0,0312
160	245,4	753,0	0,1686	0,0338	0,1601	0,0330
170	252,9	743,3	0,1786	0,0356	0,1697	0,0348
180	260,3	733,9	0,1887	0,0374	0,1794	0,0366
190	267,4	724,8	0,1987	0,0392	0,1891	0,0383
200	274,4	715,8	0,2088	0,0410	0,1988	0,0401
220	287,7	698,6	0,2290	0,0445	0,2182	0,0436
240	300,5	682,3	0,2494	0,0480	0,2378	0,0470
260	312,8	666,8	0,2697	0,0514	0,2574	0,0504
280	324,6	652,1	0,2902	0,0548	0,2772	0,0537
300	336,0	638,1	0,3107	0,0581	0,2970	0,0570
320	347,0	624,8	0,3313	0,0613	0,3168	0,0602
340	357,7	612,1	0,3519	0,0645	0,3368	0,0634
360	368,1	600,1	0,3725	0,0677	0,3567	0,0665
380	378,2	588,6	0,3932	0,0708	0,3767	0,0696
400	388,0	577,6	0,4139	0,0739	0,3968	0,0727
420	397,6	567,1	0,4346	0,0769	0,4169	0,0757
440	406,9	557,0	0,4553	0,0799	0,4370	0,0786
460	416,1	547,4	0,4761	0,0828	0,4572	0,0815
480	425,0	538,1	0,4969	0,0857	0,4773	0,0844
500	433,8	529,2	0,5176	0,0885	0,4975	0,0872
Bor (B)	$Z_1 = 5$; $M_1 = 11,009$; $C_K = 1$					
10	63,97	83,40	0,0674	0,0171	0,0521	0,0178
20	90,15	61,22	0,1346	0,0289	0,1091	0,0309
30	110,0	49,35	0,1991	0,0374	0,1659	0,0409
40	126,6	41,78	0,2601	0,0437	0,2211	0,0487
50	141,1	36,46	0,3179	0,0487	0,2741	0,0550
60	154,0	32,49	0,3729	0,0527	0,3251	0,0602
70	165,8	29,40	0,4253	0,0561	0,3742	0,0645
80	176,6	26,90	0,4754	0,0589	0,4215	0,0683

Fortsetzung Tab. 9.11 Reichweiteparameter von B und P im Photolack KTFR

E (keV)	S_e (keV/µm)	S_n (keV/µm)	R (µm)	ΔR (µm)	R_p (µm)	ΔR_p (µm)
90	186,7	24,85	0,5236	0,0613	0,4672	0,0715
100	196,1	23,12	0,5700	0,0634	0,5115	0,0744
110	105,0	21,64	0,6149	0,0652	0,5544	0,0769
120	213,4	20,36	0,6583	0,0669	0,5961	0,0792
130	221,4	19,24	0,7005	0,0683	0,6366	0,0812
140	229,0	18,25	0,7415	0,0697	0,6762	0,0831
150	236,2	17,37	0,7814	0,0709	0,7149	0,0848
160	243,2	16,58	0,8204	0,0720	0,7526	0,0864
170	249,8	15,86	0,8584	0,0731	0,7896	0,0879
180	256,2	15,21	0,8957	0,0740	0,8258	0,0892
190	262,4	14,62	0,9321	0,0749	0,8613	0,0905
200	268,3	14,08	0,9679	0,0757	0,8962	0,0916
220	279,6	13,12	1,0374	0,0773	0,9641	0,0938
240	290,1	12,29	1,1046	0,0786	1,0299	0,0957
260	300,1	11,57	1,1698	0,0798	1,0938	0,0974
280	309,4	10,94	1,2331	0,0809	1,1560	0,0989
300	318,2	10,38	1,2947	0,0819	1,2166	0,1004
320	326,6	9,881	1,3548	0,0828	1,2758	0,1016
340	334,5	9,431	1,4136	0,0837	1,3337	0,1028
360	342,1	9,025	1,4712	0,0845	1,3905	0,1039
380	349,3	8,655	1,5276	0,0852	1,4461	0,1050
400	356,2	8,318	1,5829	0,0859	1,5008	0,1059
420	362,8	8,008	1,6373	0,0866	1,5546	0,1068
440	369,0	7,722	1,6909	0,0872	1,6075	0,1077
460	375,1	7,458	1,7435	0,0878	1,6596	0,1085
480	380,8	7,213	1,7954	0,0883	1,7110	0,1092
500	386,4	6,985	1,8466	0,0889	1,7617	0,1099

Phosphor (P) $Z_1 = 15$; $M_1 = 30{,}974$; $C_K = 1$

E (keV)	S_e (keV/µm)	S_n (keV/µm)	R (µm)	ΔR (µm)	R_p (µm)	ΔR_p (µm)
10	68,75	410,1	0,0240	0,0066	0,0206	0,0063
20	97,22	385,6	0,0447	0,0119	0,0389	0,0114
30	119,1	358,8	0,0655	0,0169	0,0575	0,0163
40	137,5	335,1	0,0865	0,0217	0,0766	0,0211
50	153,7	314,5	0,1078	0,0264	0,0959	0,0256
60	168,4	296,6	0,1292	0,0308	0,1156	0,0300
70	181,9	280,9	0,1508	0,0351	0,1354	0,0342
80	194,4	267,1	0,1724	0,0392	0,1555	0,0383
90	206,2	254,8	0,1941	0,0431	0,1756	0,0422
100	217,4	243,8	0,2158	0,0468	0,1958	0,0460
110	228,0	233,8	0,2375	0,0504	0,2161	0,0496
120	238,1	224,8	0,2591	0,0538	0,2364	0,0530
130	247,9	216,6	0,2807	0,0571	0,2566	0,0564
140	257,2	209,1	0,3022	0,0602	0,2769	0,0596
150	266,3	202,1	0,3236	0,0633	0,2971	0,0626
160	275,0	195,7	0,3449	0,0662	0,3172	0,0656
170	283,5	189,7	0,3661	0,0689	0,3373	0,0684
180	291,7	184,2	0,3871	0,0716	0,3573	0,0712
190	299,7	179,0	0,4081	0,0742	0,3772	0,0738
200	307,5	174,2	0,4289	0,0766	0,3971	0,0764
220	322,5	165,4	0,4702	0,0813	0,4365	0,0812
240	336,8	157,5	0,5109	0,0856	0,4754	0,0857
260	350,5	150,5	0,5511	0,0897	0,5140	0,0898
280	363,8	144,2	0,5907	0,0934	0,5520	0,0938
300	376,5	138,5	0,6298	0,0969	0,5897	0,0974

Fortsetzung Tab. 9.11 Reichweiteparameter von P im Photolack KTFR

E (keV)	S_e (keV/μm)	S_n (keV/μm)	R (μm)	ΔR (μm)	R_p (μm)	ΔR_p (μm)
320	388,9	133,3	0,6684	0,1002	0,6269	0,1009
340	400,9	128,5	0,7064	0,1033	0,6636	0,1041
360	412,5	124,1	0,7440	0,1062	0,6999	0,1072
380	423,8	120,0	0,7810	0,1090	0,7357	0,1101
400	434,8	116,3	0,8175	0,1116	0,7711	0,1128
420	445,5	112,8	0,8536	0,1140	0,8061	0,1154
440	456,0	109,5	0,8892	0,1164	0,8407	0,1179
460	466,3	106,4	0,9243	0,1186	0,8749	0,1202
480	476,3	103,6	0,9590	0,1207	0,9087	0,1225
500	486,1	100,9	0,9933	0,1227	0,9421	0,1246

Tab. 9.12 Werte der komplementären Fehlerfunktion für $x=0$ bis $x=4,5$

x	erfc x	x	erfc x	x	erfc x
0,00	+1,00000	0,32	+0,65087	0,64	+0,36541
0,01	+0,98871	0,33	+0,64077	0,65	+0,35797
0,02	+0,97743	0,34	+0,63063	0,66	+0,35062
0,03	+0,96615	0,35	+0,62061	0,67	+0,34337
0,04	+0,95488	0,36	+0,61067	0,68	+0,33621
0,05	+0,94362	0,37	+0,60079	0,69	+0,32915
0,06	+0,93237	0,38	+0,59099	0,70	+0,32219
0,07	+0,92114	0,39	+0,58126	0,71	+0,31532
0,08	+0,90992	0,40	+0,57160	0,72	+0,30856
0,09	+0,89871	0,41	+0,56203	0,73	+0,30189
0,10	+0,88753	0,42	+0,55253	0,74	+0,29532
0,11	+0,87637	0,43	+0,54311	0,75	+0,28884
0,12	+0,86524	0,44	+0,53377	0,76	+0,28246
0,13	+0,85413	0,45	+0,52451	0,77	+0,27617
0,14	+0,84305	0,46	+0,51534	0,78	+0,26998
0,15	+0,83200	0,47	+0,50625	0,79	+0,26389
0,16	+0,82098	0,48	+0,49725	0,80	+0,25789
0,17	+0,81000	0,49	+0,48833	0,81	+0,25199
0,18	+0,79906	0,50	+0,47950	0,82	+0,24618
0,19	+0,78816	0,51	+0,47075	0,83	+0,24047
0,20	+0,77729	0,52	+0,46210	0,84	+0,23485
0,21	+0,76647	0,53	+0,45353	0,85	+0,22935
0,22	+0,75570	0,54	+0,44506	0,86	+0,22389
0,23	+0,74497	0,55	+0,43667	0,87	+0,21856
0,24	+0,73429	0,56	+0,42838	0,88	+0,21331
0,25	+0,72367	0,57	+0,42018	0,89	+0,20815
0,26	+0,71310	0,58	+0,41207	0,90	+0,20309
0,27	+0,70258	0,50	+0,40406	0,91	+0,19811
0,28	+0,69211	0,60	+0,39614	0,92	+0,19323
0,29	+0,68171	0,61	+0,38831	0,93	+0,18843
0,30	+0,67137	0,62	+0,38058	0,94	+0,18372
0,31	+0,66109	0,63	+0,37295	0,95	+0,17910

Fortsetzung Tab. 9.12 Werte der komplementären Fehlerfunktion für $x=0$ bis $x=4{,}5$

x	erfc x	x	erfc x	x	erfc x
0,96	+0,17457	1,44	+0,041703	1,92	+0,006621
0,97	+0,17012	1,45	+0,040304	1,93	+0,006344
0,98	+0,16576	1,46	+0,038946	1,94	+0,006077
0,99	+0,16149	1,47	+0,037627	1,95	+0,005820
1,00	+0,15729	1,48	+0,036345	1,96	+0,005573
1,01	+0,15318	1,49	+0,035102	1,97	+0,005336
1,02	+0,14916	1,50	+0,033894	1,98	+0,005107
1,03	+0,14521	1,51	+0,032723	1,99	+0,004888
1,04	+0,14135	1,52	+0,031586	2,00	+0,004677
1,05	+0,13756	1,53	+0,030483	2,01	+0,004475
1,06	+0,13385	1,54	+0,029414	2,02	+0,004280
1,07	+0,13022	1,55	+0,028377	2,03	+0,004093
1,08	+0,12667	1,56	+0,027371	2,04	+0,003914
1,09	+0,12319	1,57	+0,026397	2,05	+0,003741
1,10	+0,11979	1,58	+0,025452	2,06	+0,003576
1,11	+0,11646	1,59	+0,024537	2,07	+0,003417
1,12	+0,11321	1,60	+0,023651	2,08	+0,003265
1,13	+0,11002	1,61	+0,022793	2,09	+0,003119
1,14	+0,10691	1,62	+0,021961	2,10	+0,002979
1,15	+0,10337	1,63	+0,021157	2,11	+0,002845
1,16	+0,10090	1,64	+0,020378	2,12	+0,002716
1,17	+0,09799	1,65	+0,019624	2,13	+0,002592
1,18	+0,09516	1,66	+0,018895	2,14	+0,002474
1,19	+0,09239	1,67	+0,018189	2,15	+0,002361
1,20	+0,08968	1,68	+0,017507	2,16	+0,002252
1,21	+0,08704	1,69	+0,016847	2,17	+0,002148
1,22	+0,08446	1,70	+0,016209	2,18	+0,002049
1,23	+0,08194	1,71	+0,015592	2,19	+0,001954
1,24	+0,079494	1,72	+0,014997	2,20	+0,001862
1,25	+0,077099	1,73	+0,014421	2,21	+0,001775
1,26	+0,074764	1,74	+0,013865	2,22	+0,001692
1,27	+0,072486	1,75	+0,013328	2,23	+0,001612
1,28	+0,070265	1,76	+0,012809	2,24	+0,001535
1,29	+0,068101	1,77	+0,012309	2,25	+0,001462
1,30	+0,065992	1,78	+0,011825	2,26	+0,001392
1,31	+0,063936	1,79	+0,011359	2,27	+0,001326
1,32	+0,061934	1,80	+0,010909	2,28	+0,001262
1,33	+0,059984	1,81	+0,010475	2,29	+0,001201
1,34	+0,058086	1,82	+0,010056	2,30	+0,001143
1,35	+0,056237	1,83	+0,009653	2,31	+0,001087
1,36	+0,054438	1,84	+0,009264	2,32	+0,001034
1,37	+0,052687	1,85	+0,008888	2,33	+0,000983
1,38	+0,050983	1,86	+0,008527	2,34	+0,000935
1,39	+0,049326	1,87	+0,008179	2,35	+0,000889
1,40	+0,047714	1,88	+0,007843	2,36	+0,000845
1,41	+0,046147	1,89	+0,007520	2,37	+0,000803
1,42	+0,044623	1,90	+0,007209	2,38	+0,000763
1,43	+0,043142	1,91	+0,006910	2,39	+0,000724

Fortsetzung Tab. 9.12 Werte der komplementären Fehlerfunktion für $x=0$ bis $x=4,5$

x	erfc x	x	erfc x	x	erfc x
2,40	+0,000688	2,88	+0,0000464	3,36	+0,000002016
2,41	+0,000653	2,89	+0,0000436	3,37	+0,000001880
2,42	+0,000620	2,90	+0,0000410	3,38	+0,000001752
2,43	+0,000589	2,91	+0,0000386	3,39	+0,000001633
2,44	+0,000559	2,92	+0,0000363	3,40	+0,000001521
2,45	+0,000530	2,93	+0,0000341	3,41	+0,000001417
2,46	+0,000503	2,94	+0,0000321	3,42	+0,000001320
2,47	+0,000477	2,95	+0,0000302	3,43	+0,000001229
2,48	+0,0004527	2,96	+0,0000282	3,44	+0,000001145
2,49	+0,0004292	2,97	+0,0000266	3,45	+0,000001066
2,50	+0,0004069	2,98	+0,0000250	3,46	+0,000000992
2,51	+0,0003857	2,99	+0,0000235	3,47	+0,000000923
2,52	+0,0003654	3,00	+0,0000220	3,48	+0,000000859
2,53	+0,0003462	3,01	+0,0000207	3,49	+0,000000799
2,54	+0,0003280	3,02	+0,0000194	3,50	+0,000000743
2,55	+0,0003106	3,03	+0,0000182	3,51	+0,000000690
2,56	+0,0002941	3,04	+0,0000171	3,52	+0,000000642
2,57	+0,0002784	3,05	+0,0000160	3,53	+0,000000597
2,58	+0,0002636	3,06	+0,0000150	3,54	+0,000000554
2,59	+0,0002494	3,07	+0,0000141	3,55	+0,000000515
2,60	+0,0002360	3,08	+0,0000132	3,56	+0,000000478
2,61	+0,0002232	3,09	+0,0000124	3,57	+0,000000444
2,62	+0,0002111	3,10	+0,000011648	3,58	+0,000000412
2,63	+0,0001997	3,11	+0,000010915	3,59	+0,000000383
2,64	+0,0001888	3,12	+0,000010225	3,60	+0,000000355
2,65	+0,0001784	3,13	+0,000009577	3,61	+0,000000330
2,66	+0,0001686	3,14	+0,000008969	3,62	+0,000000306
2,67	+0,0001593	3,15	+0,000008398	3,63	+0,000000284
2,68	+0,0001505	3,16	+0,000007861	3,64	+0,000000263
2,69	+0,0001422	3,17	+0,000007358	3,65	+0,000000244
2,70	+0,0001343	3,18	+0,000006885	3,66	+0,000000226
2,71	+0,0001268	3,19	+0,000006441	3,67	+0,000000210
2,72	+0,0001197	3,20	+0,000006025	3,68	+0,000000194
2,73	+0,0001130	3,21	+0,000005635	3,69	+0,000000180
2,74	+0,0001066	3,22	+0,000005269	3,70	+0,000000167
2,75	+0,0001006	3,23	+0,000004926	3,71	+0,000000154
2,76	+0,0000949	3,24	+0,000004604	3,72	+0,00000014337
2,77	+0,0000895	3,25	+0,000004302	3,73	+0,00000013274
2,78	+0,0000844	3,26	+0,000004020	3,74	+0,00000012288
2,79	+0,0000795	3,27	+0,000003755	3,75	+0,00000011373
2,80	+0,0000750	3,28	+0,000003507	3,76	+0,00000010524
2,81	+0,0000706	3,29	+0,000003275	3,77	+0,00000009736
2,82	+0,0000666	3,30	+0,000003057	3,78	+0,00000009005
2,83	+0,0000627	3,31	+0,000002854	3,79	+0,00000008328
2,84	+0,0000591	3,32	+0,000002663	3,80	+0,00000007701
2,85	+0,0000556	3,33	+0,000002485	3,81	+0,00000007118
2,86	+0,0000524	3,34	+0,000002318	3,82	+0,00000006579
2,87	+0,0000493	3,35	+0,000002162	3,83	+0,00000006080

Fortsetzung Tab. 9.12 Werte der komplementären Fehlerfunktion für $x=0$ bis $x=4{,}5$

x	erfc x	x	erfc x	x	erfc x
3,84	+0,00000005617	4,07	+0,00000000862	4,30	+0,00000000119
3,85	+0,00000005188	4,08	+0,00000000793	4,31	+0,00000000109
3,86	+0,00000004792	4,09	+0,00000000729	4,32	+0,00000000100
3,87	+0,00000004425	4,10	+0,00000000670	4,33	+0,00000000092
3,88	+0,00000004085	4,11	+0,00000000616	4,34	+0,00000000084
3,89	+0,00000003770	4,12	+0,00000000566	4,35	+0,00000000077
3,90	+0,00000003479	4,13	+0,00000000520	4,36	+0,00000000070
3,91	+0,00000003210	4,14	+0,00000000477	4,37	+0,00000000064
3,92	+0,00000002961	4,15	+0,00000000438	4,38	+0,00000000059
3,93	+0,00000002731	4,16	+0,00000000403	4,39	+0,00000000053
3,94	+0,00000002518	4,17	+0,00000000370	4,40	+0,00000000049
3,95	+0,00000002322	4,18	+0,00000000339	4,41	+0,00000000045
3,96	+0,00000002140	4,19	+0,00000000311	4,42	+0,00000000041
3,97	+0,00000001972	4,20	+0,00000000286	4,43	+0,00000000037
3,98	+0,00000001817	4,21	+0,00000000262	4,44	+0,00000000034
3,99	+0,00000001674	4,22	+0,00000000240	4,45	+0,00000000031
4,00	+0,00000001542	4,23	+0,00000000220	4,46	+0,00000000028
4,01	+0,00000001420	4,24	+0,00000000202	4,47	+0,00000000026
4,02	+0,00000001307	4,25	+0,00000000185	4,48	+0,00000000024
4,03	+0,00000001203	4,26	+0,00000000170	4,49	+0,00000000021
4,04	+0,00000001107	4,27	+0,00000000155	4,50	+0,00000000020
4,05	+0,00000001019	4,28	+0,00000000142		
4,06	+0,00000000937	4,29	+0,00000000130		

Tab. 9.13 Einige Eigenschaften der Fehlerfunktion

$\mathrm{erf}(-x) = -\mathrm{erf}\, x$

$\mathrm{erf}\, 0 = 0;\ \mathrm{erf}\, \infty = 1$

$\mathrm{erfc}\, 0 = 1;\ \mathrm{erfc}\, \infty = 0$

$\mathrm{erf}\, x \approx \dfrac{2}{\sqrt{\pi}} x \quad \text{für } x \ll 1$

$\mathrm{erfc}\, x \approx \dfrac{1}{\sqrt{\pi}} \dfrac{\exp(-x^2)}{x} \quad \text{für } x \gg 1$

$\dfrac{d(\mathrm{erf}\, x)}{dx} = \dfrac{2}{\sqrt{\pi}} \exp(-x^2)$

$\displaystyle\int_0^x \mathrm{erfc}\, t\, dt = x\, \mathrm{erfc}\, x + \dfrac{1}{\sqrt{\pi}} (1 - \exp(-x^2))$

$\displaystyle\int_0^\infty \mathrm{erfc}\, t\, dt = \dfrac{1}{\sqrt{\pi}}$

10 Literatur

Bücher und Übersichtsartikel

[1] Brice, D. K.: Ion Implantation Range und Energy Deposition Distributions. Vol. 1 High Incident Ion Energies. New York 1975 – [2] Dearnaley, G.; Freeman, J. H.; Nelson, R. S.; Stephen, J.: Ion Implantation. Amsterdam 1973 – [3] Degen, P. L.: Phys Stat. Sol. **16** (1973) 9 – [4] Dill, H. G.; Finnila, R. M.; Leupp, A. M.; Toombs, T. N.: Solid State Technol. **15** (1972) 27 – [5] Gibbons, J. F.; Johnson, W. S.; Mylroie, S. W.: Projected Range Statistics. Stroudsburg, USA 1975 – [6] Gibbons, J. F.: Proc. IEEE **56** (1968) 295 – [7] Gibbons, J. F.: Proc. IEEE **60** (1972) 1062 – [8] Lee, D. H.; Mayer, J. W.: Proc. IEEE **62** (1974) 1241 – [9] Mayer, J. W.; Erikson, L.; Davies, J. A.: Ion Implantation in Semiconductors. New York 1970 – [10] Ruge, I.; Müller, H.; Ryssel, H.: In: Festkörperprobleme XII. Braunschweig 1972, 23 – [11] Schulz, M.: Appl. Phys. **4** (1974) 91 – [12] Stroud, P. T.: Thin Solid Films. **11** (1972) 1 – [13] Wilson, R. G.; Brewer, G. R.: Ion Beams, New York 1973

Bibliographien

[14] Agajanian, A. H.: Ion Implantation – An Annotated Bibliography. Radiation Effects **23** (1974) 73 – [15] Mazzio, J.: Ion Implantation: A Selective Bibliography. Sandia Laboratories, Albuquerque, N. Mex. NTIS Report No. SC-B-71 0148 (1971) – [16] Morgan, R.; Greenhalgh, K. R.: Ion Implantation: A Bibliography. AERE Harwell, England, AERE-Bib-176 (1972) – [17] Plunkett, J. C.; Stone, J. L.: A Selected Bibliography on Ion Implantation in Solid State Technology. Solid State Technol. Dez. 1975 – [18] Seager, D. K.: Ion Implantation: A Bibliography. Sandia Laboratories, Albuquerque, N. Mex. NTIS Report Nr. SC-B-71048 Suppl. I (1973)

Konferenzberichte

[19] Proc. Int. Conf. Appl. Ion Beams Semiconductor Technology. (Ed. Glotin, P.) Grenoble 1967 – [20] European Conference on Ion Implantation. Reading (Sept. 1970) Stevenage, England 1970 – [21] Ion Implantation (Eds. Eisen, F. H.; Chadderton, C. S.) London 1971 – [22] Ion Implantation in Semiconductors (Eds. Ruge, I.; Graul, J.) Berlin–Heidelberg–New York 1971 – [23] Ion Implantation in Semiconductors and other Materials (Ed. Crowder, B. L.) New York 1973 – [24] Ion Implantation in Semiconductors (Ed. Namba, S.) New York 1975 – [25] Ion Implantation in Semiconductors and other Materials (Ed. Chernov, F.; Borders, J. A.; Brice, D. W.) New York 1977 – [26] Proc. US-Japan Seminar Ion Implantation in Semiconductors. (Ed. Namba, S.) Kyoto (Aug. 1971) Jap. Soc. for the Promotion of Science (1972) – [27] Proc. Int. Conference on Ion Implantation in Semiconductors (Eds. Rzewuski, H.; Fiderkiewicz, A.; Werner, Z.; Tom, M.; Zak, C.; Lada, A.) Inst. of Nuclear Research. Swierk, Polen (1974) – [28] Proc. Int. Conference on Ion Implantation in Semiconductors (Ed. Gyulai, J.)

Ungar. Acad. d. Wissensch. Budapest (1976) – [29] Application of Ion Beams to Metals (Eds. Picraux, S. T.; EerNisse, E. P.; Vook, F. L.) New York 1974 – [30] Application of Ion Beams to Materials 1975 (Eds. Carter, G.; Colligon, J. S.; Grant, W. A.) Inst. of Phys. Conf. Ser. **28** (1976)

Fachartikel

[31] Aboaf, J. A.; Kerr, D. R.; Bassons, E.: J. Electrochem. Soc. **120** (1973) 1103 – [32] Abramowitz, M.; Stegun, I. A. (Eds.): Handbook of Mathematical Functions. New York 1970 – [33] Addamiano, A.; Anderson, G. W.; Comas, J.; Hughes, H. L.; Lucke, W.: J. Electrochem. Soc. **119** (1972) 1355 – [34] Akasaka, Y.; Horie, K.; Nomura, K.; Kawazu, S.: Suppl. J. Jap. Soc. Appl. Phys. **43** (1974) 493 – [35] Allen, W. G.; Atkinson, C.: Solid-State Electronics **16** (1973) 1283 – [36] Alton, G. D.; Love, L. O.: Can. J. Phys. **46** (1968) 695 – [37] Alväger, T.; Hansen, N. J.: Rev. Sci. Inst. **33** (1962) 367 – [38] Amsel, A.; Nadai, J. P.; D'Artemare, E.; David, D.; Girard, E.; Moulin, J.: Nucl. Inst. & Methods **92** (1971) 481 – [39] Andersen, H. H.; Bay, H. L.: J. Appl. Phys. **46** (1975) 1919 – [40] Andersen, H. St.; Sigmund, P.: Nucl. Instr. & Meth. **38** (1965) 238 – [41] Anderson, W. W.; Swanson, R. M.: J. Appl. Phys. **42** (1971) 5125 – [41a] Appleton, B. R.; Feldmann, L. C.; Brown, W. L.: Solid State Research with Accelerators (Brookhaven). Brookhaven Bericht No. 50083 (1968), 45 – [41b] Antill, J. E.; Bennet, N. J.; Dearnaley, G.; Fern, F. H.; Goode, P. D.; Turner, J. F.: In: [23], 415 – [42] Archer, J. A.: Solid-State Electronics **17** (1974) 387 – [43] v. Ardenne, M.: Tabellen für Elektronen, Ionenphysik und Übermikroskopie. Berlin 1956 – [43a] Arsenault, R. J. (Ed.): Proc. of the 1973 Int. Conf. on Defects Clusters in B. C. C. Metals and Their Alloys. National Bureau of Standards, Gaithersburg, Md. 1973 – [43b] Ashworth, V.; Carber, G.; Grant, W. A.; Jones, P. D.; Proctor, R. P. M.; Sayegh, N. N.; Street, A. D.: In: [23], 443 – [43c] Ashworth, V.; Baxter, D.; Grant, W. A.; Proctor, R. P. M.; Wellington, T. C.: In: [24], 367 – [44] Atalla, M. M.; Tannenbaum, E.: Bell. Syst. Techn. J. **39** (1960) 933 – [45] Aubuchon, K. G.: Int. Conf. on Prop. and Use of MIS Structures, Grenoble (1969) – [46] Axmann, A.: Appl. Phys. Lett. **23** (1973) 645 – [47] Axmann, A.; Schulz, M.; Fritsche, C. R.: to be published – [48] Baccarini, G.; Ostoga, P.: Solid-State Electronics **18** (1975) 579 – [50] Bader, R.; Kalbitzer, S.: Radiation Effects **6** (1970) 211

[51] Bader, R.; Kalbitzer, S.: Appl. Phys. Lett. **16** (1970) 13 – [52] Bäuerlein, R.: In: Radiation Damage in Solids (Ed. Billington, D. S.) New York 1962, 358 – [53] Balarin, M.; Rattke, R.; Zetschke, A.: Phys. Stat. Sol. **22** (1967) 123 – [54] Baldo, E.; Cappellani, F.; Restelli, G.: Rad. Effects **19** (1973) 271 – [55] Baranova, E. C.; Gusev, J. M.; Martynenko, Yu. V.; Starinin, C. V.; Haibullin, E. B.: In: [23], 59 – [56] Barbe, D. F.: Proc. IEEE **63** (1975) 38 – [57] Barnoski, M. K.; Hunsperger, R. G.; Lee, A.: Appl. Phys. Lett. **24** (1974) 627 – [58] Barnoski, M. K.; Loper, D. D.: Solid-State Electronics **16** (1973) 433 und 441 – [59] Baron, R.; Shifrin, G. A.; Marsh, O. J.; Mayer, J. W.: J. Appl. Phys. **40** (1969) 3702 – [60] Baruch, P.; Monnier, J.; Blanchard, B.; Castaing, C.: Appl. Phys. Lett. **26** (1975) 77 – [61] Baruch, P.; Constantin, C.; Phister, J. C.; Saintesprit, R.: Discussions Faraday Soc. **31** (1962) 76 – [62] Bauer, W.; Thomas, G. J.: J. Nucl. Mater. **53** (1974) 127 – [63] Bayly, A. R.; Townsend, P. D.: Optics and Laser Technol. **2** (1970) 117 – [64] Bayly, A. R.; Townsend, P. D.: In: [20], 120 – [65] Bean, K. E.; Gleim, P. S.; Yeakley, R. L.: J. Electrochem. Soc. **114** (1967) 733 – [66] Beanland, D. G.: In: [25], 31 – [67] Bell, E. C.; Glaccum, A. E.; Hemment, P. L. F. H.; Sealy, D. J.: Rad. Effects **22** (1974) 253 – [68] Belyi, I. M.; Gumanski, G. A.; Karas', V. I.; Lomako, V. M.; Tashlykov, I. S.; Tishkov, V. S.: Sov. Phys. Semicond. **9** (1976) 1326 – [69] Bennett, J. R. J.: Proc. Int. Conf. on Ion Sources. I. N. S. T-N.-Saclay

(1969), 571 – [69a] Benninghoven, A.: Surface Science **53** (1975) 596 – [70] Berchtold, K.; Krumpholz, B.; Suri, J.: Appl. Phys. Lett. **26** (1975) 585 – [71] Bernas, R.; Kaluszyner, L.; Dryaux, J.: J. de Physique et le Radium **15** (1954) 273 – [72] Bernheim, M.: 4th Int. Conf. on Electron and Ion Beam Science and Technologie, Los Angeles (1970) – [73] Bertolotti, M.; Sette, D.; Stagni, L.; Vitali, G.: Appl. Phys. Lett. **18**, (1971) 257 – [74] Bethe, H.: Ann. Phys. **5** (1930) 325 – [75] Bethe, H.: Z. Phys. **76** (1932) 293 – [76] Bethe, H.; Livingstone, M. S.: Rev. Mod. Phys. **9** (1937) 265 – [77] Betz, H.: nicht veröffentlicht – [78] Bicknell, R. W.: Philosophical Magazine **26** (1972) 273 – [79] Biersack, J.: pers. Mitteilung – [80] Björkquist, K.; Domeij, B.; Eriksson, L.; Fladda, G.; Fontell, A.; Mayer, J. W.: Appl. Phys. Lett. **13** (1968) 379 – [81] Blamires, N. G.: In: [20], 52 – [82] Blamires, N. G.; Osborne, D. N.; Owen, R. B.; Stephen, J.: In: [19], 669 – [83] Blanc, D.; Degeith, A.: J. de Physique et le Radium **22** (1961) 230 – [84] Bloch, F.: Z. Phys. **81** (1933) 363 – [85] Blood, P.; Dearnaley, G.; Wilkins, M. A.: Rad. Effects **21** (1974) 245 – [86] Blood, P.; Dearnaley, G.; Wilkins, M. A.: J. Appl. Phys. **45** (1974) 5123 – [87] Blood, P.; Dearnaley, G.; Wilkins, M. A.: In: [23], 75 – [88] Blum, J. M.; McGroddy, J. C.; McMullin, P. G.; Shih, K. K.; Smith, A. W.; Ziegler, J. F.: IBM Publikation RC 5195 (1975) – [89] Bogardus, F. H.; Poponiak, M. R.: Appl. Phys. Lett. **23** (1973) 553 – [90] Bogenschütz, A. F.: Ätzpraxis für Halbleiter. München 1967 – [91] Bohr, N.: Kgl. Danske Videnskab. Selskab., Mat-Fys. Medd. **18** (1948) No. 8 – [92] Bohr, N.: Phil. Mag. **25** (1913) 10 – [93] Bohr, N.: Phil. Mag. **30** (1915) 581 – [94] Bohr, N.; Lindhard, J.: Kgl. Danske Videnskap. Selskab., Mat. Fys. Medd. **28** (1954) No. 7 – [95] Borders, J. A.; Picraux, S. I.; Beezhold, W.: Appl. Phys. Lett. **18** (1971) 509 – [96] Bourgoin, J. C.; Corbett, J. W.: In: [365], 149 – [97] Bower, R. W.; Dill, H. G.: Int. Electron Devices Meeting. Washington (1966) – [98] Bower, R. W.; Dill, H. G.; Aubuchon, K. G.; Thomson, S. A.: IEEE Trans. Electron Devices **ED-15** (1968) 757 – [99] Boyle, W. S.; Smith, G. E.: Bell Syst. Tech. J. **49** (1970) 587 – [100] Brewer, G. R.: IEEE Spectrum **8** (1971) 23

[101] Brice, D. K.: Appl. Phys. Lett. **16** (1970) 103 – [102] Brice, D. K.: In: [23], 171 – [103] Brice, D. K.: Rad. Effects **11** (1971) 227 – [104] Brice, D. K.: In: [21], 101 – [105] Brook, P.; Whitehead, C. S.: Electronics Lett. **4** (1968) 335 – [106] Brower, K. L.; Beezhold, W.: In: [22], 7 – [107] Brower, K. L.; Beezhold, W.: J. Appl. Phys. **43** (1972) 3499 – [108] Brownson, J.: J. Electrochem. Soc. **111** (1964) 919 – [109] Brown, D. M.; Gray, P. V.; Heumann, F. K.; Phillipp, H. R.; Taft, E. A.: J. Electrochem. Soc. **115** (1968) 311 – [110] Buck, T. M.; Poate, J. M.; Pickar, K. A.; Hsieh, C. M.: Appl. Phys. Lett. **21** (1972) 485 – [111] Buck, T. M.; Poate, J. M.; Pickar, K. A.; Hsieh, C. M.: Surface Science **35** (1973) 362 – [112] Buckel, W.; Dietrich, M.; Heim, G.; Kessler, J.: Z. Phys. **245** (1971) 283 – [113] Buehler, M. W.; Pearson, G. L.: Solid-State Electronics **9** (1966) 395 – [114] Bulthuis, K.: Phys. Lett. **27 A** (1968) 493 – [115] Busen, K. M.; Linzey, P.: Trans. Mat. Soc. AIME **236** (1966) 306 – [115a] Butcher, D. N.; M. Sc. Arbeit. Brighton Polytechnik (1974) – [116] v. Buttlar, H.: Einführung in die Grundlagen der Kernphysik. Frankfurt 1964 – [117] Campell, A. B.; Shewchun, J.; Thompson, D. A.; Davies, J. A.; Mitchell, J. B.: In: [24], 291 – [118] Cappelani, F.; Restelli, G.; Spinoni, I.: J. Phys. C.: Solid State Phys. **7** (1974) 650 – [119] Carter, G.; Baruah, J. N.; Grant, W. A.: Radiation Effects **16** (1972) 107 – [120] Carter, G.; Colligon, J. S.; Leck, J. H.: Proc. Phys. Soc. **79** (1962) 299 – [122] Carter, G.; Whitton, J. L.: Rad. Effects **15** (1972) 143 – [123] Cass, T. C.; Reddi, V. G. K.: Appl. Phys. Lett. **23** (1973) 268 – [124] Caughey, D. M.; Thomas, R. E.: Proc. IEEE **55** (1967) 2192 – [125] Cembali, F.; Galloni, R.; Mousty, F.; Rosa, R.; Zagnani, F.: Rad. Effects **21** (1974) 255 – [126] Cembali, F.; Galloni, R.; Zignani, Z.: Rad. Effects **26** (1975) 61 – [127] Chairns, J. A.; Nelson, R. S.; Holloway,

D. F.: Bericht AERE-R 6408 (1970) – [128] Chairns, J. A.: Nucl. Instr. & Methods **92** (1971) 507 – [129] Chairns, J. A.; Holloway, D. F.; Nelson, R. S.: Bericht AERE-R 6490 (1970) – [130] Chang, L. L.; Pearson, G. L.: J. Phys. Chem. Solids **25** (1964) 23 – [131] Chatterjee, P. K.; Streetman, B. G.; Keune, D. L.; Herzog, A. H.: Intern. Electron Devices Meeting. Washington (1975) – [132] Chatterjee, P. K.; Vaidyanathan, K. V.; McLevige, W. V.; Streetman, B. G.: Appl. Phys. Lett. **27** (1975) 567 – [133] Chen, W. H.; Chen, W. I.: J. Electrochem. Soc. **114** (1967) 1297 – [134] Cheng, L. J.; Covelli, J. C.; Corbett, J. C.; Watkins, G. D.: Phys. Rev. **152** (1966) 761 – [135] Chernow, F.; Eldridge, G.; Ruse, G.; Wahlin, L.: Appl. Phys. Lett. **12** (1968) 339 – [136] Cheshire, I. M.; Dearnaley, G.; Poate, J. M.: Phys. Lett. **27 A** (1968) 304 – [137] Chiu, T. L.; Ghosh, H. N.: IBM, J. Res. Develop. **15** (1971) 472 – [138] Cho, A. Y.; Reinhart, F. K.: J. Appl. Phys. **45** (1974) 1812 – [139] Chu, W. K.; Mayer, J. W.; Nicolet, M. A.: Backscattering Spectometry. New York–San Francisco–London 1977 – [140] Chu, W. K.; Kelm, jr., R. G.: J. Electrochem. Soc. **122** (1975) 995 – [141] Chu, W. K.; Müller, H.; Mayer, J. W.; Sigmon, T. W.: Appl. Phys. Lett. **25** (1974) 297 – [142] Chu, T. L.: J. Vac. Sci. Technol. **6** (1969) 25 – [143] Chu, T. L.; Szedon, J. R.; Lee, Ch.: J. Electrochem. Soc. **114** (1968) 318 – [144] Clark, A. H.; Manchester, K. F.: Trans. Met. Soc. AIME **242** (1968) 1173 – [145] Colby, J. W.; Katz, L. E.: J. Electrochem. Soc. **123** (1976) 409 – [146] Colligon, J. S.: Vacuum **11** (1961) 272 – [147] Collins, L. E.; O'Connell, P. A.; Perkins, J. G.; Pontet, F. R.; Stroud, P. T.: Nucl. Instr. Methods **92** (1971) 455 – [148] Collins, L. E.; Perkins, J. G.; Stroud, D. T.: Thin Solid Films **4** (1969) 41 – [149] Comer, J. J.; Roosild, S. A.: Rad. Effects **25** (1975) 275 – [150] Copeland, J. A.: IEEE Trans. Electron Devices **ED-16** (1969) 445

[151] Copeland, J. A.: IEEE Trans. Electron Devices **ED-17** (1970) 404 – [152] Cooper, J. A.; Ward, E. R.; Schwartz, J. R.: Solid-State Electronics **15** (1972) 1219 – [153] Corbett, J. W.: In: [21], 1 – [154] Corbett, J. W.: Electron Radiation Damage in Semiconductors and Metals. New York 1966 – [154a] Corbett, J. W.; Ianiello L. C. (Eds.): Proc. of Int. Conf. on Radiation Induced Voids in Metals. Albany, N. Y. (1971) CONF-710601 (1972) – [155] Crawford, B.: Electronics **45,** April 24 (1972) 85 – [156] Croset, M.; Petreanu, E.; Samuel, D.: J. Electrochem. Soc. 1970 – [157] Crowder, B. L.: J. Electrochem. Soc. **118**, (1971) 943 – [158] Crowder, B. L.: J. Electrochem. Soc. **117** (1970) 671 – [159] Crowder, B. L.; Fairfield, J. M.: J. Electrochem. Soc. **112** (1970) 363 – [159a] Crowder, B. L., Tan, S. I.: IBM Technical Disclosure Bulletin **14** (1971) 198 – [160] Crowder, B. L.; Morehead, jr., F. F.: Appl. Phys. Lett. **14** (1969) 313 – [161] Crowder, B. L.: In: [26], 63 – [162] Crowder, B. L.; Title, R. S.; Brodsky, M. H.; Pettit, G. D.: Appl. Phys. Lett. **16** (1970) 205 – [162a] Crowder, B. L.; Ziegler, J. F.; Cole, G. W.: In: [23], 257 – [163] Csepregi, L.; Mayer, J. W.; Sigmon, T. W.: Phys. Lett. **54 A** (1975) 157 – [164] Csepregi, L.; Chu, W. K.; Müller, H.; Mayer, J. W.: Rad. Effects **28** (1976) 227 – [165] Csepregi, L.; Mayer, J. W.; Sigmon, T. W.: Appl. Phys. Lett. **29** (1976) 92 – [166] Cussins, W. D.: Proc. Phys. Soc. **368** (1955) 213 – [166a] Da Cunha, S. F.; Bougnot, J.: Phys. Stat. Sol. **(a), 22** (1974) 205 – [167] Daly, D. F.; Pickar, K. A.: Appl. Phys. Lett. **15** (1969) 267 – [167a] Das, S. K.; Kaminsky, M.; Fenske, G. A.: In: [30], 293 – [167b] Das, S. K.; Kaminsky, M.: In: [29], 543 – [168] D'Asaro, L. A.; J. Luminescence **7** (1973) 310 – [169] Davies, D. E.: Solid-State Electronics **13** (1970) 229 – [170] Davies, D. E.: Appl. Phys. Lett. **14** (1969) 227 – [171] Davies, D. E.; Kennedy, J. K.; Lowe, L. F.: Electr. Lett. **11** (1975) 462 – [172] Davies, D. E.; Roosild, S.; Lowe, L.: Solid-State Electronics **18** (1975) 733 – [173] Davies, J. A.; Ball, G. C.; Brown, F.; Domeij, B.: Can. J. Phys. **42** (1964) 1070 – [174] Davies, J. A.; Denhartog, J.; Eriksson, L.; Mayer, J. W.: Can. J. Phys. **45** (1967) 4053 – [175] Davies, J. A.; Eriksson, L.; Mayer, J. W.: Appl. Phys. Lett. **12** (1968) 255 – [176] Davies, J. A.; Foti,

G.; Howe, L. M.; Mitchell, J. B.; Winterbon, K. B.: Phys. Rev. Lett. **34** (1975) 1441 – [177] Davies, J. A.; Friesen, J.; McIntyre, J. D.: Can. J. Chem. **38** (1960) 1526 – [178] Davies, J. A.; Jespergård, P.: Can. J. Phys. **44** (1966) 1631 – [179] Davies, R. E.; Johnson, W. E.; Lark-Horowitz, K.; Siegel, S.: Phys. Rev. **74** (1948) 1255 – [180] Davies, E. D.; Kennedy, J. K.; Ludington, C. E.: J. Electrochem. Soc. **122** (1975) 1374 – [181] Deal, B. E.: J. Electrochem. Soc. **121** (1974) 198 C – [182] Deal, B. E., Grove, A. S.: J. Appl. Phys. **36** (1965) 3770 – [182a] Dearnaley, G.: In: New Uses of Ion Accelerators. (Ed. Ziegler, J. F.) New York 1975, Kap. 5 – [182b] Dearnaley, G.; Goode, P. D.; Miller, W. S.; Turner, J. F.: In: [23], 405 – [182c] Dearnaley, G.: In: [29], 63 – [183] Dearnaley, G.; Freeman, J. H.; Gard, G. A.; Wilkins, M. A.: Can. J. Phys. **4** (1968) 587 – [184] Dearnaley, G.; Gard, G. A.; Temple, W.; Wilkins, M. A.: Appl. Phys. Lett. **27** (1975) 17 – [185] Dearnaley, G.: IEEE Trans. Nucl. Sci. **11** (1964) 249 – [186] Dearnaley, G.; Wilkins, M. A.; Goode, P. D.; Freeman, J. H.; Gard, G. A.: Bericht AERE-R 6197 (1969) – [186a] Degen, P. L.: Phys. Stat. Sol. **16** (1973) 9 – [187] Dennis, J. R.; Woodward, G. K.; Hale, E. B.: In: [365], 467 – [188] Dewald, J. F.: J. Electrochem. Soc. **104** (1956) 244 – [189] Dienes, G. J.; Vineyard, G. H.: Radiation Effects in Solids. New York 1957 – [189a] Dill, H. G.; Finnila, R. M.; Leupp, A. M.; Toombs, T. N.: Solid State Technol., Dez. 1972, 27 – [190] Dill, H. G.; Toombs, T. N.; Bauer, L. O.: In: [22], 315 – [191] Dill, H. G.; Bower, R. W.; Toombs, T. N.: In: [21], 349 – [192] Dolan, R.; Roosild, S.; Buchanan, B.: Proc. 2nd Conf. Microelectronics Meeting of the I. N. E. A. München 1966, 207 – [193] Donnelly, J. P.; Harman, T. C.; Foyt, A. G.: Appl. Phys. Lett. **18** (1971) 259 – [194] Donnelly, J. P.; Foyt, A. G.; Hinkley, E. D.; Lindley, W. T.; Dimmock, J. O.: Appl. Phys. Lett. **12** (1968) 303 – [196] Donnelly, J. P.; Foyt, A. G.; Lindley, W. T.; Iseler, G. W.: Solid-State Electronics **13** (1970) 755 – [197] Donnelly, J. P.; Harman, T. C.; Foyt, A. G.; Lindley, W. T.: Appl. Phys. Lett. **20** (1972) 279 – [198] Donnelly, J. P.; Harman, T. C.; Foyt, A. G.; Lindley, W. T.: J. Nonmetals **1** (1973) 123 – [199] Donnelly, J. P.; Harman, T. C.; Foyt, A. G.: Proc. IRIS Detector Specially Group Meeting, 17–18 March 1971. San Diego, Calif. – [200] Donnelly, J. P.; Harman, T. C.: Solid-State Electronics **18** (1975) 288

[201] Donnelly, J. P.; Calawa, A. R.; Harman, T. C.; Foyt, A. G.; Lindley, W. T.: Solid-State Electronics **15** (1972) 403 – [202] Donnelly, J. P.; Harman, T. C.; Foyt, A. G.; Lindley, W. T.: Solid-State Electronics **16** (1973) 529 – [202a] Donnelly, J. P.; Holloway, H.: Appl. Phys. Lett. **23** (1973) 682 – [203] Douglas, E. C.; Dingwall, A. G. F.: IEEE Trans. Electron Devices **ED-22** (1975) 849 – [204] Douglas, E. C.; Dingwall, A. G. F.: IEEE Trans. Electron Devices **ED-21** (1974) 324 – [205] Drum, C. M.: Electrochem. Soc. Meeting (1975) – [206] Drum, C. M.; Miller, P.: Int. Electron Devices Meeting. Washington (1971) – [207] Duffek, E. F.; Benjamin, E. A.; Mylroie, C.: Electrochem. Technol. **3** (1965) 75 – [208] Dunlap, H. L.; Hunsperger, R. G.; Marsh, O. J.: Bericht NAS 12-124, N70-17314 (1969) – [209] Dyment, J. C.; D'Asaro, L. A.; North, J. C.; Miller, B. I.; Ripper, J. E.: Proc. IEEE **60** (1972) 726 – [210] Dyment, J. C.; North, J. C.; D'Asaro, L. A.: J. Appl. Phys. **44** (1973) 207 – [211] Edelmann, F. L.; Kuznetsov, O. N.; Lezheiko, L. V.; Lubopytova, E. V.: Rad. Effects **29** (1976) 13 – [212] EerNisse, E. P.: Appl. Phys. Lett. **18** (1971) 581 – [213] EerNisse, E. P.: J. Appl. Phys. **42** (1971) 480 – [214] EerNisse, E. P.; Norris, C. B.: In: [24], 437 – [215] EerNisse, E. P.; Norris, C. B.: J. Appl. Phys. **45** (1974) 5196 – [216] Ehrstein, J. R. (Ed.): Spreading Resistance Symposium. NBS Special Publication 400-10. US Department of Commerce, Washington (1974) – [217] Eisen, F. H.; Higgins, J. A.; Zucca, R. R.: Bericht AFRCL-TR-74-0192 (1974) – [218] Eisen, F. H.; Higgins, J. A.; Zucca, R.: Bericht AFCRL-TR-74-0712 (1974) – [219] Eisen, F. H.: In: [24], 3 – [220] Eisen, F. H.; Welch, B.: In: [21], 459 –

[221] Eisen, F. H.; Welch, B.; Westmoreland, J. E.; Mayer, J. W.: In: Proc. Int. Conf. Atomic Collision Phenomena in Solids. (Eds. Palmer, D. W.; Thomson, M. W.; Townsend, P. D.) New York 1970, 111 – [222] Eisen, F. H.: Can. J. Phys. **46** (1968) 561 – [223] Eldridge, G.; Govind, P. K.; Nieman, D. A.; Chernow, F.: In: [20], 143 – [223a] El-Hoshy, A. H.; Gibbons, J. F.: Phys. Rev. **173** (1968) 454 – [224] Elkin, E. L.; Watkins, G. D.: Phys. Rev. **174** (1968) 881 – [225] Eloy, J. F.: Proc. Int. Conf. on Ion Sources. I. N. S. I. N.-Saclay (1969), 619 – [226] Enge, H. A.: In: Focusing of Charged Particles. (Ed. Septier, A.) New York 1967, Bd. 2, Kap. 4.2 – [227] Enge, H. A.: Rev. Sci. Instr. **35** (1964) 278 – [228] Eriksson, L.; Davies, J. A.; Jespersgård, P.: Phys. Rev. **161** (1967) 219 – [229] Eriksson, L.; Davies, J. A.; Johannsson, N. G. E.; Mayer, J. W.: J. Appl. Phys. **40** (1969) 842 – [230] Ermanis, F.; Schwarz, B.: J. Electrochem. Soc. **121** (1974) 1665 – [231] Fahrner, W.; Goetzberger, A.: Appl. Phys. Lett. **21** (1972) 329 – [232] Fair, R. B.: J. Electrochem. Soc. **122** (1975) 800 – [233] Fair, R. B.: Solid-State Electronics **17** (1974) 17 – [234] Fair, R. B., Tsai, J. C. C.: J. Electrochem. Soc. **122** (1975) 1689 – [235] Fair, R. B.; Weber, G. R.: J. Appl. Phys. **44** (1973) 273 – [236] Fairfield, J. M.; Crowder, B. L.: Trans-Met. Soc., AIME **245** (1969) 469 – [237] Fang, F. F.; Rupprecht, H. S.: IEEE J. Solid State Circuits **SC-10** (1975) 205 – [238] Favennec, P. N.; Diguet, D.: Appl. Phys. Lett. **23** (1973) 546 – [239] Favennec, P. N.; Pelvus, G. P.; Binet, M.; Bandet, P.: In: [23], 621 – [240] Fermi, E.: Z. Phys. **48** (1928) 73 – [241] Fiorito, G.; Gasparrini, G.; Svelto, F.: Appl. Phys. Lett. **23** (1973) 448 – [242] Firsov, O. B.: Sov. Phys. JETP **36** (1959) 1076 – [243] Fistul', V. J.: Heavily Doped Semiconductors. New York 1969 – [244] Fladda, G.; Bjorkquist, K.; Eriksson, E.; Sigurd, D.: Appl. Phys. Lett. **16** (1970) 313 – [245] Folkmann, F.: J. Phys. E: Sci. Instr. **8** (1975) 429 – [246] Forbes, L.: IEEE J. Solid State Circuits **SC-8** (1973) 226 – [247] Foyt, A. G.: Appl. Phys. Lett. **16** (1970) 335 – [248] Foyt, A. G.; Donnelly, J. P.; Lindley, W. T.: Appl. Phys. Lett. **14** (1969) 372 – [249] Foyt, A. G.; Herman, T. C.; Donnelly, J. P.: Appl. Phys. Lett. **18** (1971) 321 – [250] Foyt, A. G.; Lindley, W. T.; Donnelly, J. P.: Appl. Phys. Lett. **16** (1970) 335

[251] Foyt, A. G.; Lindley, W. T.; Wolfe, C. M.; Donnelly, J. P.: Solid-State Electronics **12** (1969) 209 – [252] Frank, H.: Phys. Stat. Sol. **18** (1966) 401 – [253] Frank, F. C.; Read, W. T.: Phys. Rev. **79** (1950) 723 – [254] Freeman, J. H.: In: [30], 340 – [255] Freeman, J. H.; Caldecourt, L. R.; Done, K. C. W.; Francis, R. J.: Bericht AERE-R 6496 (1970) – [257] Freeman, J. H.: Nucl. Instr. & Methods **22** (1965) 306 – [258] Freeman, J. H.; Gard, G. A.; Mazey, D. J.; Stephen, J. H.; Whiting, F. B.: In: [20], 74 – [259] Freeman, J. H.; Sidenius, G.: Proc. Second Int. Conf. Ion Sources. 11.–15. Sept. Wien (1972) – [260] Fritsche, C.; Goetzberger, A.; Axmann, A.; Rothemund, W.; Sixt, G.: Rad. Effects **7** (1971) 87 – [261] Fritsche, C. R.; Rothemund, W.: Appl. Phys. **7** (1975) 39 – [262] Fritsche, C. R.; Rothemund, W.: J. Electrochem. Soc. **119** (1972) 1243 – [263] Fritsche, C. R.; Rothemund, W.: J. Electrochem. Soc. **120** (1973) 1603 – [264] Fujimoto, F.; Komaki, K.; Nakayama, H.; Ishii, M.: Rad. Effects **13** (1972) 43 – [265] Fuller, C. S.; Ditzenberger, J. A.: J. Appl. Phys. **27** (1956) 544 – [266] Furukawa, S.; Ishihara, H.: J. Appl. Phys. **43** (1972) 1268 – [267] Furukawa, S.; Ishihara, H.: Jap. J. Appl. Phys. **11** (1972) 1062 – [268] Furukawa, S.; Matsumura, H.; Ishihara, H.: Jap. J. Appl. Phys. **11** (1972) 134 – [268a] Furukawa, S.; Ishihara, H.: Proc. 2nd Conf. on Solid State Devices. Tokyo (1970) Suppl. J. Jap. Soc. Appl. Phys. **40** (1971) 3 – [269] Furukawa, S.; Matsumura, H.; Ishihara, H.: In: [26], 73 – [270] Gabovich, M. D.: Zh. Tekh. Fiz. **28** (1958) 872 – [271] Gabovich, M. D.; Budernaya, L. D.; Poritskii, V. Y.; Protsenko, I. M.: All Soviet Meeting on Ion Beam Physics. Kiev (1974) – [272] Galaktionova, I. A.; Gusev, V. M.; Naumenko, V. G.; Titov, V. V.: Sov. Phys. Sem. **2** (1968) 656 – [273] Gamo, K.; Iwaki,

H.; Masuda, K.; Namba, S.; Ishihara, S.; Kimura, I.: In: [22], 459 – [274] Gamo, K., Iwaki, M., Masuda, K.; Namba, S.: Jap. J. Appl. Phys. **10** (1971) 523 – [275] Gamo, K.; Iwaki, M.; Masuda, K.; Namba, S.; Ishihara, S.; Kimura, I.; Mitchel, I. V.; Ilic, G.; Whitton, J. L.; Davies, J. A.: Jap. J. Appl. Phys. **12** (1973) 735 – [276] Gamo, K.; Masuda, K.; Namba, S.; Ishihara, S.; Kimura, I.: Appl. Phys. Lett. **17** (1970) 391 – [277] Gamo, K.; Takai, M.; Lin, M. S.; Masuda, K.; Namba, S.: In: [24], 35 – [278] Gardner, E. E.; Hallenback, F. J.; Schumann, P. A.: Solid-State Electronics **6** (1963) 311 – [279] Garmire, E.; Stoll, H.; Yariv, A.; Hunsperger, R. W.: Appl. Phys. Lett. **21** (1972) 87 – [280] Gavulov, A. A.; Kachurin, G. A.; Pridachin, N. B.; Smirnov, L. S.: Sov. Phys. Sem. **8** (1975) 1455 – [281] Geerk, J.; Langguth, K. G.: Bericht, GfK Karlsruhe (1974/75) – [282] George, J.; Chruma, J.: Solid State Technology **16** (1973) 43 – [283] Gettings, M.; Stephens, K. G.: Rad. Effects **22** (1974) 53 – [284] Gettings, M.; Meyer, O.; Linke, G.: Rad. Effects **21** (1974) 51 – [285] Ghezzo, M.; Brown, D. M.: J. Electrochem. Soc. **120** (1973) 146 – [286] Gibbons, P. E.: In: [22], 410 – [287] Gibbons, J. F.: In: [26], 79 – [288] Gibbons, J. F.; Mylroie, S.: Appl. Phys. Lett. **22** (1973) 568 – [289] Gibbons, J. F.: In: [19], 561 – [290] Glotin, P., Bernard, J.; Monfret, A.: Rad. Effects **7** (1971) 65 – [291] Glotin, P.: Can. J. Phys. **46** (1968) 705 – [292] Glotin, P.; Grapa, J.; Monfret, A.: In: [19], 619 – [293] Goel, J. E.; Standley, R. D.; Gibson, W. M.; Rodgers, J. W.: Appl. Phys. Lett. **21** (1972) 72 – [294] Goetzberger, A.: Int. Electron Devices Meeting. Washington (1975) – [295] Goetzberger, A.; Shockley, W.: J. Appl. Phys. **31** (1960) 1821 – [296] Goldstein, H.: Classical Mechanics. Reading, Mass. 1956 – [297] Gonda, S.; Makita, Y.: Appl. Phys. Lett. **27** (1975) 392 – [298] Gonda, S.; Makita, Y.; Maekawa, S.: IEEE Trans. Electron Devices **ED-22** (1975) 712 – [298a] Goode, P. D.: In: [30], 154 – [299] Good, D. K.; Dearnaley, G.: J. Vac. Sci. Technol. **12** (1975) 463 – [300] Goode, P. D.: Bericht AERE-R 6401 (1970)

[301] Goode, P. D.; Wilkins, M. A.; Dearnaley, G.: In: [21], 187 – [302] Goto, K.; Yanagisawa, S.; Wada, O.; Takanashi, H.: Jap. J. Appl. Phys. **13** (1974) 1127 – [302a] Grant, W. A.: In: [30], 127 – [303] Graul, J.; Kaiser, H.; Wilhelm, W. J.; Ryssel, H.: IEEE J. Solid State Circuits **SC-10** (1975) 201 – [304] Gray, T. J.; Lear, R.; Dexter, R. J.; Schwettmann, F. N.; Wiemer, K. C.: Thin Solid Films **19** (1973) 103 – [305] Green, M. A.; Gunn, M. W.: Solid-State Electronics **14** (1971) 1167 – [306] Grove, A. S.; Leistiko, O.; Sah, C. T.: J. Appl. Phys. **35** (1964) 1695 – [307] Grove, A. S.: Physics and Technology of Semiconductor Devices. New York 1967 – [307a] Grove, A. S.; Leistiko jr., O.; Sah, C. T.: J. Phys. Chem. Sol. **25** (1964) 985 – [307b] Gürs, V.; Gürs, K.: In: Landolt/Börnstein: IV 2 c, Leichtmetalle, Sonderwerkstoffe, Halbleiter, Korrosion (Eds. Borchers, V. H.; Schmidt, E.) Berlin–Heidelberg–New York 1965 – [308] Gunn, J. B.: Solid State Comm. **1** (1963) 88 – [308a] Gusev, I. A.; Murin, A. N.; Soregin, P. P.: Sov. Phys.-Solid State **6** (1964) 1491 – [309] Gusev, V. M.; Titov, V. V.; Guseva, M. I.; Kurimiyi, V. I.: Soviet Phys.-Solid State **7** (1966) 1673 – [310] Guthrie, A.; Wakerling, R. K. (Eds.): Electromagnetic separation of isotopes in commercial quantities. N. N. E. S. 1–4, T. I. D. 5217 (1949) – [311] Gyulai, J.; Csepregi, L.; Nagy, T.; Mayer, J. W.; Müller, H.: Le Vide **174** (1974) 416 – [312] Gyulai, J.; Mayer, J. W.; Mitchell, I. V.; Rodriguez, V.: Rad. Effects **17** (1970) 332 – [313] Haas, G. A.; Gray, H. F.: J. Appl. Phys. **46** (1975) 3885 – [314] Hall, R. N.: Phys. Rev. **87** (1952) 387 – [315] Harris, J. I.; Eisen, F. H.; Welch, B.; Haskell, J. D.; Pashley, R. D.; Mayer, J. W.: Appl. Phys. Lett. **21** (1972) 601 – [316] Harris, J. S.: In: [22], 157 – [317] Harth, W.: Halbleitertechnologie. Stuttgart 1972. Teubner Studienskripten Bd. 54 – [318] Hartley, N. E. W.: In: [30], 210 – [319] Hartley, N. E. W.; Dearnaley, G.; Turner, J. F.: In: [23], 423 – [320] Hartmann, P.: Appl. Phys. Lett. **28** (1976) 73 – [321] Hasegawa, H.; Forward, K.; Hartnagel, H.: Thin

Solid Films **32** (1975) 65 – [322] Hasegawa, S.; Ichida, K.; Shimizu, T.: Jap. J. Appl. Phys. **12** (1973) 1181 – [323] Hasegawa, S.; Karimoto, H.; Shimizu, T.: Jap. J. Appl. Phys. **12** (1973) 1190 – [324] Hasegawa, S.; Forward, K. E.; Hartnagel, H.: Electronics Lett. **11** (1975) 53 – [325] Haskell, J. D.; Grant, W. A.; Stephans, G. A.; Whitton, J. L.: In: [22], 193 – [325a] Hauffe, K.: Oxidation of Metals. New York 1965 – [326] Heim, G.; Stritzker, B.: Appl. Phys. **7** (1975) 239 – [327] Hemment, P. L. F.; Sealey, B. J.; Stephens, K. G.: In: [24], 27 – [328] Herzer, H.; Kalbitzer, S.: In: [22], 307 – [329] Herzog, R.: Z. f. Physik **89** (1954) 447 – [330] Hesse, K.; Strack, H.: Solid-State Electronics **15** (1972) 767 – [331] Hickmott, T. W.: J. Appl. Phys. **43** (1972) 2339 – [332] Hickmott, T. W.: Appl. Phys. Lett. **22** (1973) 267 – [333] Higgins, J. A.; Welch, M.; Eisen, F. H.; Robinson, G. D.: Electr. Lett. **12** (1976) 17 – [334] Hilibrand, J.; Gold, R. D.: RCA Rev. **21** (1960) 245 – [335] Hirata, M.; Saito, H.: J. Phys. Soc. Jap. **27** (1969) 405 – [335a] Hirayama, M.; Shohno, K.: J. Electrochem. Soc. **122** (1975) 1671 – [336] Höfflinger, B.; Gabler, L.: In: [24], 717 – [337] Hofker, W. K.; Oosthoek, D. P.; Koeman, N. J.; de Grefte, H. A. M.: Rad. Effects **24** (1975) 223 – [338] Hofker, W. K.; Philips Research Reports, Suppl. No. 8 (1975) – [339] Hofker, W. K.; Werner, H. W.; Oosthoek, D. P.; Koeman, N. J.: Appl. Phys. **4** (1974) 125 – [340] Hofker, W. K.; Werner, H. W.; Oosthoek, D. P.; de Grefte, H. A. M.: In: [23], 133 – [341] Holm, R.: Electric Contacts Handbook. Berlin–Heidelberg–New York 1967 – [342] Holmén, G.; Burén, A.; Högberg, P.: Rad. Effects **24** (1975) 51 – [343] Holmén, G.; Peterström, S.; Burén, A.: Rad. Effects **24** (1975) 45 – [344] Holmén, G.: Rad. Effects **24** (1975) 7 – [345] Honig, R. E.; Kramer, D. A.: RCA Rev. **23** (1962) 4 – [347] Hou, S. L.; Beck, K.; Marley, J. A.: Appl. Phys. Lett. **14** (1969) 151 – [348] Hou, S. L.; Marley, J. A.: Appl. Phys. Lett. **16** (1970) 467 – [349] Howes, J. H.; Knill, G.: In: [20], 97 – [350] Hsieh, C. M.; Mattews, J.; Seidel, H. D.; Pickar, K. A.; Drum, C. M.: Appl. Phys. Lett. **22** (1973) 238

[351] Hu, S. M.: J. Appl. Phys. **39** (1968) 3844 – [352] Hu, S. M.: Solid-State Electronics **15** (1972) 809 – [353] Huang, C.; van der Ziel, A.: Solid-State Electronics **18** (1975) 509 – [355] Hunsperger, R. G.; Dunlap, H. L.; Marsh, O. J.: Development of Ion Implantation Techniques for Microelectronics NAS 12-124 und N69-24439 (1968) – [356] Hunsperger, R. G.; Hirsch, N.: Electronics Lett. **9** (1973) 577 – [357] Hunsperger, R. G.; Hirsch, N.: Solid-State Electronics **18** (1975) 349 – [358] Hunsperger, R. G.; Marsh, O. J.: Appl. Phys. Lett. **14** (1971) 327 – [359] Hunsperger, R. G.; Marsh, O. J.: J. Electrochem. Soc. **116** (1969) 488 – [360] Hunsperger, R. G.; Marsh, O. J.; Mead, C. A.: Appl. Phys. Lett. **13** (1968) 295 – [361] Hunsperger, R. G.; Marsh, O. J.: Rad. Effects **6** (1970) 263 – [363] Hunsperger, R. G.; Marsh, O. J.: Metallurgical Transactions **1** (1970) 603 – [364] Hunsperger, R. G.; Wilson, R. G.; Jamba, D. M.: J. Appl. Phys. **45** (1972) 1318 – [365] Huntley, F. A. (Ed.): Lattice Defects in Semiconductors 1974. Inst. Phys. Conf. Ser. **23**, Inst. of Physics, London (1975) – [366] Hurrle, A.: Dissertation, Univ. Freiburg (1975) – [367] Hurwitz, C. E.; Donnelly, J. P.: Solid-State Electronics **18** (1975) 753 – [368] Inada, T.; Ohnuki, Y.: Appl. Phys. Lett. **25** (1974) 228 – [369] Ing, S. W.; Morrison, R. E.; Alt, R. E.; Aldrich, R. W.: J. Electrochem. Soc. **110** (1963) 533 – [370] Irvin, J. C.: Bell System Tech. J. **41** (1962) 387 – [371] Ishino, S.; Nakazawa, F.; Hasiguti, R. R.: J. Phys. Chem. Sol. **24** (1963) 1033 – [372] Ishitani, T.; Shimizu, R.: Phys. Lett. **46 A** (1974) 487 – [373] Ishitani, T.; Shimizu, E.; Murata, K.: Phys. Stat. Sol. (b) **50** (1972) 681 – [374] Ishitani, T.; Shimizu, R.; Murata, K.: Jap. J. Appl. Phys. **11** (1972) 125 – [375] Ishihara, H.; Furukawa, S.; Yamada, J.; Kawamura, M.: In: [24], 423 – [376] Itoh, T.; Inada, T.; Kanekawa, K.: Appl. Phys. Lett. **12** (1968) 244 – [377] Itoh, T.; Kushiro, Y.: J. Appl. Phys. **42** (1971) 5120 – [378] Itoh, T.; Oana, Y.: Appl. Phys.

Lett. **24** (1974) 320 – [379] Itoh, T.; Shinada, K.: Jap. J. Appl. Phys. **14** (1975) 1627 – [380] Itoh, T.; Ohdomari, I.: In: [26], 43 – [381] Itoh, T.; Oana, Y.: J. Appl. Phys. **44** (1973) 4982 – [382] Iwaki, M.; Gamo, K.; Masuda, K.; Namba, S.; Ishihara, S.; Kimura, I.: In: [23], 111 – [382a] Iwaki, M.; Gamo, K.; Masuda, K.; Namba, S.; Ishihara, S.; Kimura, I.: In: [24], 163 – [383] Jain, R. K.; Van Overstraeten, R. J.: J. Electrochem. Soc. **122** (1975) 552 – [384] Johansson, N. G. E.; Mayer, J. W.; Marsh, O. J.: Solid-State Electronics **13** (1970) 317 – [385] Johansson, N. G. E.; Mayer, J. W.: Solid-State Electronics **13** (1970) 123 – [386] Johnson, W. A.; North, J. C.; Wolfe, R.: J. Appl. Phys. **44** (1973) 4753 – [387] Johnson, W. S.; Gibbons, J. F.: Projected Range Statistics in Semiconductors. Stanford, Cal. 1969 – [388] Johnson, W. S.: Thesis SU-SEL-69-014. Stanford University (1969) – [388a] Johnston, W. G.; Rosolowski, J. H.: In: [30], 228 – [389] Jones, K. C.; Stevens, P. R. C.: Electr. Lett. **5** (1969) 499 – [390] Jonscher, A. K.: Principles of Semiconductor Devices Operation. London 1960, 154 – [391] Jorgensen, P. J.: J. Chem. Phys. **37** (1962) 874 – [392] Kachurin, G. A.; Pridachin, N. B.; Smirnov, L. S.: In: [365], 461 – [393] Kachurin, G. A.; Zelevinskaya, V. M.; Smirnov, L. S.: Sov. Phys. Sem. **2** (1969) 1527 – [394] Kalbitzer, S.; Bader, R.; Herzer, H.; Bethge, K.: Z. Physik **203** (1967) 117 – [395] Kalbitzer, S.; Bader, R.; Melzer, W.; Stumpfi, W.: Nucl. Inst. Methods **54** (1967) 323 – [396] Kaminsky, M.: Adv. Mass. Spectrom. **3** (1964) 69 – [397] Kanaya, K.; Koga, K.; Toki, K.: J. Phys. E: Sci. Instr. **5** (1972) 541 – [398] Kass, S.: Corrosion of Zirconium Alloys. ASTM, Veröffentlichung No. 368 (1964), 3 – [399] Kato, Y.; Katayama, Y.; Kobayashi, K. L. I.; Komatsubara, K. F.: J. Appl. Phys. **46** (1975) 4614 – [400] Kato, T. K.; Nishi, Y.: Jap. J. Appl. Phys. **3** (1964) 377

[401] Kellett, C. M.; King, W. J.; Leith, F. A.: US Air Force Bericht AF 19 (628)-4970 AD 635267 (1966) – [402] Kellner, W.; Kniepkamp, H.; Ristow, D.; Boroffka, H.: Int. Electron Devices Meeting, Technical Digest. Washington (1975), 238 – [403] Kelly, R.; Sanders, J. B.: Nucl. Instr. & Methods **132** (1976) 335 – [404] Kelson, G.; Stellrecht, H. H.; Perloff, D. S.: IEEE J. Solid State Circuits **SC-8** (1973) 336 – [405] Kennedy, D. P.; Murley, P. C.; Kleinfelder, W.: IBM J. Res. Dev. **12** (1968) 399 – [406] Kennedy, D. P.; O'Brien, R. R.: IBM J. Res. Dev. **13** (1969) 212 – [407] Kern, W.: Nat. Aerospace and Electronics Conf. (1975), 93 – [408] Kerr, J. A.; Large, L. N.: In: [19], 601 – [409] Kimerling, L. C.; Poate, J. M.: In: [365], 126 – [410] Kinchin, G. H.; Pease, R. S.: Rep. Progr. Phys. **18** (1955) 1 – [411] King, W. J.; Burrel, J. T.; Harrison, S.; Martin, F.; Kellett, C. M.: Nuclear Instr. & Methods **38** (1965) 178 – [412] Kleinfelder, W. J.: Techn. Bericht K701-1- Stanford Electr. Labs., Calif. (1967) – [413] Koch, J.: Electromagnetic Isotope Separators and Applications of Electromagnetically Enriched Isotopes. Amsterdam 1958 – [414] Komoshida, M.; Kudoh, O.: Appl. Phys. Lett. **24** (1974) 501 – [415] Komarov, V. L.; Tsepakin, S. G.; Chemayakin, G. V.: Proc. Int. Conf. on Ion Sources. I. N. S. S. N.-Saclay (1969), 383 – [415a] Kosonocky, W. F.; Carnes, J. E.: RCA Rev. **36** (1975) 566 – [416] Kostka, A.; Kalbitzer, S.: Rad. Effects **19** (1973) 77 – [417] Kostka, A.; Kalbitzer, S.: In: [24], 689 – [418] Kräutle, H.; Kalbitzer, S.: In: [22], 499 – [419] Krimmel, E. F.; Pfleiderer, H.: Radiation Effects **19** (1973) 83 – [419a] Kulcinski, G. L.: In: [29], 613 – [420] Kulkarni, M. V.; Harson, J. C.; James, G. A.: IEEE Trans. Electron Devices **ED-19** (1972) 1098 – [421] Kuwano, J.: Jap. J. Appl. Phys. **8** (1969) 876 – [422] Ladany, I.; Kressel, H.: RCA Rev. **33** (1972) 517 – [423] Laegsgaard, E.; Martin, F. W.; Gibson, W. M.: Nucl. Instr. & Methods **60** (1968) 24 – [424] Langmuir, S.; Kingdom, K. N.: Phys. Rev. **21** (1923) 380 – [425] Lecroisnier, D. P.; Pelous, G. P.: IEEE Trans. Electron Devices **ED-21** (1974) 113 – [425a] Lecrosnier, D. P.; Pelous, G. P.; Henoc, P.: In: [365], 487 – [426] Lee, D. H.: Proc. IEEE **61** (1973) 666 – [427] Lee, D. H.; Ying, R. S.; Yamba, D. M.: Proc. IEEE **62** (1974) 1025 – [428] Lee, D. H.; Ying, R.

S.: Proc. IEEE **62** (1974) 1295 – [429] Lee, G. A.: In: [216], 75 – [430] Leith, F. A.; King, W. J.; McNally, P.; Davies, E.; Kellett, C. M.: Bericht AFCRL-67-0123 AD 651313 (1967) – [431] Lehovec, K.; Slobodskoy, A.: Solid-State Electronics **3** (1961) 45 – [432] Lepselter, M. P.; MacRae, A. U.; MacDonald, R. W.: Proc. IEEE **57** (1969) 812 – [433] Lerach, L.: Phys. Stat. Sol. **30** (1975) 625 – [434] Liebl, H.: J. Appl. Phys. **38** (1967) 5277 – [435] Liebl, H.: J. Phys. E: Sci. Instr. **8** (1975) 797 – [436] Liebmann, G.: Proc. Phys. Soc. Lond. **1362** (1949) 753 – [437] Lindley, W. T.; Phelan, jr., R. J.; Wolfe, C. M.; Foyt, A. G.: Appl. Phys. Lett. **14** (1969) 197 – [438] Lindhard, J.; Winter, A.: Kgl. Danske Videnskab. Selskab., Mat.-Fys. Medd. **34** (1964) No. 4 – [439] Lindhard, J.; Nielsen, V.; Scharff, M.: Kgl. Danske Videnskab. Selskab, Mat.-Fys. Medd. **36** (1968) No. 10 – [440] Lindhard, J.; Kgl. Danske Videnskab. Selskab., Mat.-Fys. Medd. **34** (1965) No. 14 – [441] Lindhard, J.; Scharff, H.: Phys. Rev. **124** (1961) 128 – [442] Lindhard, J.; Scharff, M.; Schiøtt, H. E.: Kgl. Danske Videnskab. Selskab., Mat.-Fys. Medd. **33** (1963) No. 14 – [443] Lindhard, J.; Scharff, M.: Kgl. Danske Videnskab. Selskab., Mat.-Fys. Medd. **27** (1953) No. 15 – [444] Littlejohn, M. A.; Hauser, J. R.; Montheith, L. K.: Radiation Effects **10** (1971) 185 – [445] Logan, M. A.: Bell Syst. Tech. J. **40** (1961) 885 – [446] MacDougal, J. D.; Manchester, K. E.; Roughan, P. E.: IEEE **57** (1969) 1538 – [447] Maciver, B. A.: Electronics Lett. **11** (1975) 484 – [448] MacNally, P. J.; King, W. J.: 16th Nat. Infrared Information Symposium, Ft. Monmouth (1968) – [449] MacNally, P. J.: Rad. Effects **6** (1970) 149 – [450] MacPherson, M. R.: Appl. Phys. Lett. **18** (1971) 502

[451] MacRae, A. U.: Radiation Effects **7** (1971) 59 – [452] McCaldin, J. O.: Nucl. Instr. & Meth. **38** (1965) 153 – [453] McCargo, M.; Davies, J. A.; Brown, F.: Can. J. Phys. **41** (1963) 1231 – [454] McGill, T. C.; Kurtin, S. L.; Shifrin, G. A.: J. Appl. Phys. **41** (1970) 246 – [455] Madden, P. K.; Davidson, S. M.: Rad. Effects **14** (1972) 271 – [456] Mader, S.; Michel, A.: J. Vac. Sci. Technol. **13** (1976) 391 – [456a] Mader, S.; Michel, A.: Phys. Stat. Sol. (a) **33** (1976) 793 – [457] Maekawa, S.; Oshida, T.: J. Phys. Soc. Jap. **19** (1964) 253 – [458] Maekawa, S.: J. Phys. Soc. Jap. **17** (1962) 1592 – [459] Magee, T. J.; Lehmann, M.: In: [30], 112 – [460] Makita, Y.; Gonda, S.; Ijuin, M.; Tsurushima, T.; Tanoue, H.; Maekawa, S.: Appl. Phys. Lett. **28** (1976) 103 – [461] Manara, A.; Ostidich, A.; Pedroli, G.; Restelli, G.: Thin Solid Films **8** (1971) 359 – [462] Manchester, K. E.; Electronics **40** (1967) 116 – [463] Manchester, K. E.; Silbey, C. B.; Alton, G.: Nucl. Inst. & Methods **38** (1965) 169 – [464] Marcatili, E. A.: Bell Syst. Tech. J. **48** (1969) 2103 – [466] Marine, J.; Motte, C.: Appl. Phys. Lett. **23** (1973) 450 – [467] Marine, J.: In: [20], 153 – [468] Marsh, O. J.; Baron, R.; Shifrin, G. A.; Mayer, J. W.: J. Appl. Phys. **13** (1968) 199 – [469] Marsh, O. J.; Dunlap, H. L.: Rad. Effects **6** (1970) 301 – [470] Marsh, O. J.; Mayer, J. W.; Shifrin, G. A.: In: [19], 513 – [471] Martin, F.: Ion Physics, Bericht 607 TR-255 (1966) – [472] Martin, F. W.; King, W. J.; Harrison, S.: IEEE Trans. Nucl. Sci. **NS-11** (1964) 280 – [473] Martin, F. W.; King, W. J.; Harrison, S.: IEEE Trans. Nucl. Sci. **NS-13** (1966) 22 – [474] Maruska, H. P.; Stevenson, D. A.; Pankove, J. I.: Appl. Phys. Lett. **22** (1975) 303 – [475] Masic, R.; Warnecke, R. J.; Sautter, J. M.: Proc. Int. Conf. on Ion Sources. I. N. S. T. N.-Saclay, Frankreich (1969), 387 – [476] Masuda, K.; Gamo, K.; Imada, A.; Namba, J.: In: [22], 455 – [477] Masuhara, T.; Itoh, J.: IEEE Trans. Electron Devices **ED-21** (1974) 799 – [478] Masters, B. J.; Fairfield, J. M.; Crowder, B. L.: In: [21], 81 – [478a] Masters, B. J.; Fairfield, J. M.: J. Appl. Phys. **40** (1969) 2390 – [479] Matsumura, H.; Furukawa, S.: Jap. J. Appl. Phys. **14** (1975) 1783 – [480] Matzke, H. J.; Königer, M.: Phys. Stat. Sol. (a), **1** (1970) 469 – [481] Maul, J. L.: Dissertation, TU München (1974) – [482] Mayer, J. W.; Csepregi, L.; Gyulai, J.; Nagy, T.; Mezey, G.; Revesz, P.; Kotai, E.: Thin Solid Films

32 (1976) 303 – [483] Mayer, J. W.; Davies, J. A.; Eriksson, E.: Appl. Phys. Lett. **11** (1967) 365 – [484] Mayer, J. W.; Eriksson, L.; Picraux, S. T.; Davies, J. A.: Can. J. Phys. **46** (1968) 663 – [485] Mayer, J. W.; Marsh, O. J.: Appl. Solid State Science (Ed. Wolfe, R.) New York 1969, 239 – [486] Mayer, J. W.; Marsh, O. J.; Mankarious, R.; Bower, R.: J. Appl. Phys. **38** (1967) 1975 – [487] Mayer, J. W.; Marsh, O. J.; Shifrin, G. A.; Baron, R.: Can. J. Phys. **45** (1967) 4073 – [487a] Mazey, D. J.; Nelson, R. S.;. Barnes, R. S.: Phil. Mag. **17** (1968) 1145 – [488] Mazur, R. G.; Dickey, D. H.: J. Electrochem. Soc. **113** (1966) 255 – [489] Meek, R. L.; Gibson, W. M.; Sellschop, J. P. F.: Appl. Phys. Lett. **18** (1971) 535 – [490] Merz, J. L.; Sadowski, F. A.; Rodgers, J. W.: Solid State Comm. **9** (1971) 1037 – [491] Mets, E. J.: J. Electrochem. Soc. **112** (1965) 420 – [492] Meyer, L.: Phys. Stat. Sol. (b) **44** (1971) 253 – [493] Meyer, N. I.; Guldbrandsen, T.: IEEE **51** (1963) 1631 – [494] Meyer, O.: IEEE, Trans. Nucl. Sci. **NS-15** (1968) 232 – [495] Meyer, O.; Linker, G.: KFK-Nachr. **6** (1974) 1 – [496] Meyer, O.: In: [30], 168 – [496a] Mezey, G.; Szökefalvi-Nagy, Z.; Badinka, Cs.: Thin Solid Films **19** (1973) 173 – [497] Michel, A. E.; Fang, F. F.; Pan, E. S.: J. Appl. Phys. **45** (1974) 2991 – [498] Miller, G. L.: IEEE Trans. Electron Devices **ED-19** (1972) 1103 – [499] Miller, S. E.: Bell Syst. Tech. J. **48** (1969) 2059 – [500] Minear, R. L.; Nelson, D. G.; Gibbons, J. F.: J. Appl. Phys. **43** (1972) 3468

[501] Misawa, T. S.; Moline, R. A.; Tretola, A. R.: Solid State Electronics **15** (1972) 189 – [502] Miyazaki, T.; Tamura, M.: In: [24], 41 – [503] Mizutani, T.; Kurumada, K.: Electr. Lett. **11** (1975) 638 – [504] Moline, R. A.; Buckley, R. R.; Haszko, S. E.; MacRae, A. U.: IEEE Trans. Electron Devices **ED-20** (1973) 840 – [505] Moline, R. A.; Cullis, A. G.: Appl. Phys. Lett. **26** (1975) 551 – [506] Moline, R. A.: J. Appl. Phys. **42** (1971) 3553 – [507] Moline, R. A.: J. Appl. Phys. **42** (1971) 2471 – [508] Moline, R. A.; Liebermann, R.; Simpson, J.; MacRae, A. U.: J. Electrochem. Soc. **121** (1974) 1362 – [509] Moline, R. A.; Reutlinger, G. W.: In: [22], 58 – [510] Moline, R. A.; Reutlinger, G. W.; North, J. C.: In: Atomic Collisions in Solids Bd. 1 (Eds. Datz, J.; Appleton, B. R.; Moak, C. D.) New York 1975 – [511] Monfret, A.; Bernard, J.: In: [22], 389 – [512] Monteith, L. K.; Littlejohn, M. A.; Hauser, J. R.; Hendricks, H. D.: Rad. Effects **16** (1972) 133 – [513] Morehead, F. F.; Crowder, B. L.; Title, R. J.: J. Appl. Phys. **43** (1972) 1112 – [514] Morehead, F. F.; Crowder, B. L.: In: [21], 25 – [515] Morris, B. L.; Langer, P. H.; White jr., J. C.: In Ref. [216], 63 – [515a] Müller, K.; Henkelmann, R.; Boroffka, H.: Nucl. Instr. & Meth. **128** (1975) 417 – [516] Müller, H.; Chu, W. K.; Gyulai, J.; Mayer, J. W.; Sigmon, T. W.; Cass, T. R.: Appl. Phys. Lett. **26** (1975) 292 – [517] Müller, H.: Dissertation TU München (1973) – [518] Müller, H.; Eisen, F. H.; Mayer, J. W.: J. Electrochem. Soc. **122** (1975) 651 – [519] Müller, H.; Gyulai, J.; Chu, W. K.; Mayer, J. W.; Sigmon, T. W.: J. Electrochem. Soc. **122** (1975) 1234 – [520] Müller, H.; Gyulai, J.; Mayer, J. W.; Eisen, F. H.; Welch, B.: In: [24], 19 – [521] Müller, H.; Kranz, H.; Ryssel, H.; Schmid, K.: Appl. Phys. **4** (1974) 115 – [522] Müller, H.; Ryssel, H.; Schmid, K.: J. Appl. Phys. **43** (1972) 2006 – [523] Müller, H.; Ryssel, H.; Ruge, I.: In: [22], 85 – [523a] Muhl, S.; Collins, R. A.; Dearnaley, G.: In: [30], 147 – [524] Munro, P. C.; Thompson jr., H. W.: J. Electrochem. Soc. **122** (1975) 127 – [525] Murarka, S. P.: Phys. Rev. B, **12** (1975) 2502 – [526] Murashima, S.; Kanamori, H.; Ishibashi, F.: Jap. J. Appl. Phys. **9** (1970) 58 – [527] Mylroie, S.; Gibbons, J. F.: In: [23], 243 – [528] Nakamura, M.; Kato, T.; Oi, N.: Jap. J. Appl. Phys. **7** (1968) 512 – [528a] Namba, S.; Masuda, K.: Adv. Electronics and Electron Phys. **37** (1975) 263 – [529] Namba, S.; Masuda, K.; Gamo, K.; Iwaki, M.: In: [26], 1 – [530] Nat. Bureau of Standards (NBS): Special Publication 400-17 – [531] Nat. Bureau of Standards (NBS): Special Publication 400-25 – [532] Nelson, D. G.; Gibbons, J. F.; Johnson, W. S.: Appl. Phys. Lett. **15** (1969) 246 –

[533] Nelson, R. S.: In: [20], 212 – [534] Nelson, R. S.; Cairns, J. A.; Blamires, N.: Rad. Effects **6** (1970) 131 – [535] Nelson, R. S.: Radiation Damage and Defects in Semiconductors. (Ed. Whitehouse, J. E.) Inst. Phys. Conf. Ser. **16** (1973) – [536] Nelson, R. S.; Thomson, M. W.: Phil. Mag. **8** (1963) 1677 – [536a] Nelson, R. S.; Mazey, D. J.: In: Radiation Damage in Reactor Materials, Vol. II. Wien IAEA (1969), 157 – [537] Neuberger, M.: III-V Semiconducting Compounds. In: Handbook of Electronic Materials, Vol. 2. New York 1971 – [537a] Neuberger, M.: Group IV Semiconducting Materials. In: Handbook of Electronic Materials, Vol. 5. New York 1971 – [538] Nicholas, K. H.: ACTA Electronica **19** (1976) 95 – [539] Nicholas, K. H.; Ford, R. A.: IEEE Internat. Electron Devices Meeting, Technical Digest. Washington (1973), 51 – [540] Nishimatsu, S.; Natsuaki, N.; Warabisako, T.; Tokujama, T.: Suppl. J. Jap. Soc. Appl. Phys. **40** (1971) 29 – [541] Nomura, K.; Hirose, Y.; Akasaka, Y.; Horie, K.; Kawazu, S.: In: [24], 681 – [542] North, J. C.; Gibson, W. M.: Appl. Phys. Lett. **16** (1970) 126 – [543] Novak. R. L.: Bull. Am. Phys. Soc. **8** (1965) 235 – [544] Oetzmann, H.; Feuerstein, A.; Grahmann, H.; Kalbitzer, S.: Ion Beam Surface Layer Analysis. (Eds. Meyer, O.; Linker, G.; Köppeler, F.) New York 1976, 245 – [545] Ohdomari, I.; Itoh, T.: Jap. J. Appl. Phys. **11** (1972) 1709 – [545a] Ohkawa, S.; Nakajima, J.; Furukawa, Y.: Jap. J. Appl. Phys. **14** (1975) 458 – [546] Ohl, R.: Bell Syst. Techn. J. **31** (1952) 104 – [547] Ohmura, Y.; Mimura, S.; Kanazawa, M.; Abe, T.; Konaka, M.: Rad. Effects **15** (1972) 167 – [548] Ohmura, Y.; Zohta, Y.; Kanazawa, M.: Solid State Comm. **11** (1972) 263 – [549] Ohmura, Y.; Zohta, Y.; Kanazawa, M.: Phys. Stat. Sol. **15** (1973) 93 – [550] Ohmura, Y.; Koike, K.; Kobayashi, H.: In: [24], 183

[551] Ono, Y.; Saito, K.; Shiraki, Y.: Jap. J. Appl. Phys. **14** (1975) 1489 – [552] Oosthoek, D. P.; den Boer, J. A.; Hofker, W. K.: In: [20], 88 – [553] Panish, M. P.; IEEE Trans. Microwave Theory and Techniques **MTT-23** (1975) 20 – [554] Pabst, W.: Nucl. Instr. & Methods **120** (1974) 593 – [555] Pabst, W.: Nucl. Instr. & Methods **124** (1975) 143 – [556] Pashley, R. D.: Rad. Effects **11** (1971) 1 – [557] Pavlov, A. V.; Pavlov, P. V.; Zorin, E. I.; Tetel'baum, D. I.: Proc. All Soviet Meeting on Ion Beam Physics, Kiev (1974) – [558] Pavlov, P. V.; Tetel'baum, D. I.; Zorin, E. I.; Alekseev, V. I.: Sov. Phys.-Solid State **8** (1967) 2141 – [559] Pavlov, P. V.; Vasil'yev, K.; Zorin, E. I.; Tetel'baum, I.; Tulovchikov, V. S.; Chigirinskaya, T. Yu.: Izvestiya vus S. S. S. R., Radioelektronika **13** (1966) 493 – [560] Pavlov, P. V.; Shitova, E. V.: Sov. Phys.-Doklady **12** (1967) 11 – [561] Payne, R. S.; Scavuzzo, R. J.: IEEE Int. Electron Devices Meeting, Washington (1971) – [562] Payne, R. S.; Scavuzzo, R. J.; Olson, K. H.; Nacci, J. M.; Moline, R. A.: IEEE Trans. Electron Devices **ED-21** (1974) 273 – [563] Pearson, A. D.; Hartell, W. B.: Mat. Res. Bull. **7** (1972) 567 – [564] Perkins, J. G.: Thin Solid Films **9** (1972) 257 – [565] Perkins, J. G.: J. Non-Chrystalline Solids **3** (1972) 349 – [566] Perloff, D. S.: J. Electrochem. Soc. **120** (1973) 1135 – [567] Pertritz, R. L.: Phys. Rev. **110** (1958) 1254 – [568] Pickar, K. A.; Dalton, J. V.; Seidel, H. D.; Matheys, J. R.: Appl. Phys. Lett. **19** (1971) 43 – [569] Picraux, S. T.: Rad. Effects **17** (1973) 261 – [570] Picraux, S. T.; Vook, F. L.: In: Ref. [22], 1 – [571] Picraux, S. T.; Vook, F. L.: Rad. Effects **11** (1971) 179 – [572] Picraux, S. T.; Westmoreland, J. E.; Mayer, J. W.; Hart, R. R.; Marsh, O. J.: Appl. Phys. Lett. **14** (1969) 7 – [572a] Picraux, S. T.; EerNisse, E. P.; Vook, F. L.: Application of Ion Beams to Metals. Proc. Int. Conf. Albuquerque, N. Mex. (1973) New York 1974 – [572b] Picraux, P. S. T.: In: [30], 183 – [573] Pliskin, W. A.; Quall, R. P.: J. Electrochem. Soc. **111** (1964) 872 – [574] Ponpon, J. P.; Grob, J. J.; Stuck, R.; Burger, P.; Siffert, P.: In: [29], 420 – [575] Powell, R. J.; Ligenza, J. R.; Schneider, M. S.: IEEE Trans. Electron Devices **ED-21** (1974) 636 – [576] Prince, J. L.; Schwettmann, F. N.: J. Electrochem. Soc. **121** (1974) 705 – [576a] Proc. of ASTM Conf. on Irradiation

Effects on Structural Alloys for Nuclear Reactor Applications, Niagara Falls, N. Y. (1970) ASTM-STP-484 (1971) – [576b] Proc. of ASTM Conf. on Effects of Radiation on Substructure and Mechanical Properties of Metals and Alloys, Los Angeles, Calif. (1972) ASTM-STP-529 – [577] Pruniaux, B.; North, J. C.; Miller, G. L.: In: [22], 212 – [578] Pruniaux, B. R.; North, J. C.; Payer, A. V.: IEEE Trans. Electron Devices **ED-19** (1972) 672 – [579] Prussin, S.; Fern, A. M.: J. Electrochem. Soc. **122** (1975) 830 – [579a] Prussin, S.: In: [24], 449 – [580] Prussin, S.: J. Appl. Phys. **45** (1974) 1635 – [581] Przyborski, W.; Roed, J.; Lippert, J.: Rad. Effects **1** (1969) 33 – [582] Putley, E. H.: The Hall Effect and Related Phenomena. London 1960 – [583] Rand, M. J.; Roberts, J. F.: J. Electrochem. Soc. **120** (1973) 446 – [584] Reddi, V. G. K.; Sansbury, J. D.: Appl. Phys. Lett. **20** (1972) 30 – [585] Reddi, V. G. K.; Yu, A. Y. C.: Solid State Technology **15** (1972) 35 – [587] Revez, A. G.; Eband, R. J.: J. Phys. Chem. Solids **30** (1969) 551 – [588] Revez, A. G.: Phys. Stat. Sol. **19** (1967) 193 – [589] Reyer, O.; Scherber, W.: J. Phys. Chem. Sol. **32** (1971) 1909 – [590] Rickards, J.; Dearnaley, G.: In: [29], 101 – [591] Rideout, V. L.; Gänsslen, F. H.; LeBlanc, A.: IBM J. Res. Develop. **19** (1975) 50 – [592] Ripper, J. E.; Dyment, J. C.; D'Asaro, L. A.; Paoli, T. L.: Appl. Phys. Lett. **18** (1971) 155 – [593] Robertson, G. I.: J. Electrochem. Soc. **122** (1975) 796 – [594] Robinson, M. T.; Oen, O. S.: Le Bombardment Ionique (Conf. Proc., ed. Trillat, J. J.) Paris 1962 – [595] Roosild, S.; Dolan, R.; Brickmanan, B.: J. Electrochem. Soc. **115** (1968) 307 – [596] Rosendahl, K.: Rad. Effects **7** (1971) 95 – [596a] Roth, J.: In: [30], 280 – [597] Rothemund, W.; Fritsche, C. R.: J. Electrochem. Soc. **121** (1974) 586 – [598] Roughan, P. E.; MacDougall, J. D.; Clark, A. H.; Manchester, K. E.; Anderson, F. W.: Electrochem. Soc., Boston Meeting (1968) – [599] Rourke, F. M.; Sheffield, J. C.; White, F. A.: Rev. Sci. Instrum. **32** (1961) 455 – [600] Ruegg, H. W.: IEEE Trans. Electron Devices **ED-14** (1967) 239

[601] Runge, H.; Krimmel, E. F.: Solid-State Electronics **18** (1975) 149 – [602] Runge, H.: In: [24], 703 – [603] Runyan, W. R.: Silicon Semiconductor Technology. New York 1965 – [604] Rutherford, E.: Phil. Mag. **21** (1911) 669 – [605] Ryding, G.; Wittkower, A. B.: IEEE Trans. Manufacturing Technology **MFT-4** (1975) 21 – [606] Ryssel, H.: Dissertation, TU München (1973) – [607] Ryssel, H.; Kranz, H.: Appl. Phys. **7** (1975) 11 – [608] Ryssel, H.; Kranz, H.; Eichinger, P.: In: [30], 1 – [609] Ryssel, H.; Müller, H.; Schmid, K.; Ruge, I.: In: [23], 215 – [610] Ryssel, H.; Kranz, H.; Schmid, K.; Ruge, I.: In: [24], 169 – [611] Ryssel, H.; Schmid, K.; Müller, H.: J. Phys. E: Sci. Inst. **6** (1973) 492 – [611a] Ryssel, H.; Kranz, H.; Biersack, J.; Müller, K.; Henkelmann, R.: In: [25], 727 – [612] Ryssel, H.: nicht veröffentlicht – [613] Sah, C. F.; Reddi, V. G. K.: IEEE Trans. Electron Devices **ED-11** (1964) 345 – [614] Sah, C. T.; Noyce, R. N.; Shockley, W.: Proc. IRE **45** (1957) 1228 – [615] Sanders, J. B.: Can. J. Phys. **46** (1968) 445 – [616] Sandhu, J. S.; Reuter, J. L.: IBM J. Dev. **15** (1971) 464 – [617] Sansbury, J. D.; Gibbons, J. F.: Appl. Phys. Lett. **14** (1969) 311 – [618] Sansbury, J. D.; Gibbons, J. F.: Rad. Effects **6** (1970) 269 – [619] Sato, H.: Jap. J. Appl. Phys. **12** (1973) 242 – [620] Sattler, A. R.; Vook, F. L.: Rad. Effects in Semiconductors. (Ed. Vook, F. L.) New York 1968, 243 – [621] Satya, A. V. S.; Palanki, H. R.: In: [24], 405 – [622] Schiøtt, H. E.: Kgl. Danske Videnskab. Selskab, Mat. Fys. Medd. **35** (1966) No. 9 – [623] Schiøtt, H. E.: Rad. Effects **6** (1970) 107 – [623a] Schmid, K.: persönliche Mitteilung – [624] Schmid, K.; Fischer, G.; Müller, H.; Ryssel, H.: Rad. Effects **23** (1974) 145 – [625] Schmid, K.; Kranz, H.; Ryssel, H.; Müller, W.; Dathe, J.: Phys. Stat. Sol. (a) **23** (1974) 523 – [626] Schmidt, P. F.; Owen, A. E.: J. Electrochem. Soc. **111** (1964) 682 – [627] Schnable, G. L.; Kern, W.; Comizzeli, R. B.: J. Electrochem. Soc. **122** (1975) 1093 – [628] Schneider, J.: Diplomarbeit, TU München (1974) – [629] Schneider, I.; Marrone,

M.; Kabler, M. N.: Appl. Opt. **9** (1970) 1163 – [630] Schottky, W.: Naturwissenschaften **26** (1938) 843 – [631] Schottky, W.: Z. Phys. **113** (1939) 367 – [632] Schroeder, J. B.; Dieselmann, H. D.: Proc. IEEE **55**, (1967) 125 – [633] Schroen, W.: In: [216], 235 – [634] Schulz, M.: Appl. Phys. Lett. **23** (1973) 31 – [635] Schulz, M.; Goetzberger, A.; Franz, I.; Langheinrich, W.: Appl. Phys. **3** (1974) 275 – [636] Schumann, jr., P. A.; Gardner, E. E.: Solid-State Electronics **12** (1969) 371 – [637] Schumann, jr., P. A.: J. Electrochem. Soc. **115** (1968) 1197 – [638] Schwartz, B.: J. Electrochem. Soc. **123** (1976) 1089 – [639] Schwettmann, F. N.: Appl. Phys. Lett. **22** (1973) 570 – [640] Schwettmann, F. N.: J. Appl. Phys. **45** (1974) 1919 – [641] Schwuttke, G. H.; Brack, K.; Gorey, E. F.; Kahan, A.; Lowe, L. F.: Rad. Effects **6** (1970) 103 – [642] Schwuttke, G. H.; Brack, K.; Gorey, E. F.; Kahan, A.; Lowe, L. F.; Euler, F.: Phys. Stat. Sol. **14** (1972) 107 – [643] Schwuttke, G. H.; Brack, K.: In: Silicon Carbide 1973. Proc. 3rd Int. Conf. SiC. (Eds. Marshall, R. C.; Faust, jr., J. W.; Ryan, C. E.) Columbia, S. C. 1974, 626 – [644] Schwuttke, G. H.; Brack, K.: Trans. Met. Soc. A. I. M. E. **245** (1969) 475 – [645] Sealy, B. J.; Hemment, P. L. F.: Thin Solid Films **22** (1974) 539 – [646] Sealy, B. J.; D'Cruz, A. D. E.: Electronics Letters **11** (1975) 323 – [647] Sealy, B. J.; Surridge, R. K.: Thin Solid Films **26** (1975) L19 – [648] Seeger, A.; Chik, K. P.: Phys. Stat. Sol. **29** (1968) 455 – [649] Seidel, T. E.: In: [22], 47 – [650] Seidel, T. E.; Gibson, W. C.: IEEE Trans. Electron Devices **ED-20** (1973) 744

[651] Seidel, T. E.; Iglesias, D. E.; Niehaus, W. C.: IEEE Trans. Electron Devices **ED-21** (1974) 523 – [652] Seidel, T. E.; MacRae, A. U.: In: [21], 149 – [653] Seidel, T. F.; Meek, R. L.; Cullis, A. G.: In: [365], 494 – [654] Seidel, T. F.; Meek, R. L.; Cullis, A. G.: J. Appl. Phys. **46** (1975) 600 – [655] Seliger, R. L.; Fleming, W. P.: J. Appl. Phys. **45** (1974) 1416 – [656] Seliger, R. L.: J. Appl. Phys. **43** (1972) 2352 – [657] Senechal, R. R.; Basinsky, J.: J. Appl. Phys. **39** (1968) 3723, 4581 – [658] Séquin, C. H.: Bell Syst. Techn. J. **51** (1972) 1923 – [659] Seshan, K.; Washburn, J.: Rad. Eff. **26** (1975) 31 – [660] Severin, P. J.: Phillips Res. Repts. **26** (1971) 279 – [661] Severin, P. J.; Bulle, H.: J. Electrochem. Soc. **122** (1975) 134 – [662] Shannon, J. M.; Ford, R. A.; Gard, G. A.: Rad. Effects **6** (1970) 217 – [663] Shannon, J. M.; Stephen, J.; Freeman, J. H.: Electronics **42** (1969) 96 – [664] Shaw, D.: Phys. Stat. Sol. (b) **72** (1975) 11 – [665] Shaw, D. (Ed.): Atomic Diff. in Semiconductors. London 1973 – [666] Shifrin, G. A.; Jamba, D. M.; Jones, W. R.; Marsh, O. J.; Wauk, M. T.; Wilson, R. G.: Tech. Bericht 2, NR 251-001, AD 702778 (1969) – [667] Shifrin, G. A.; Zanio, K. R.; Jamba, D. M.; Jones, W. R.; Marsh, O. J.; Wilson, R. G.: Bericht N00014-69-C-0171, AD 693154 (1969) – [668] Shiraki, Y.; Shimada, T.; Ikezu, T.; Komatsubara, K. F.: Suppl. J. Jap. Soc. Appl. Phys. **42** (1973) 269 – [669] Shiraki, Y.; Shimada, T.; Ono, Y.; Komatsubara, K. F.: Jap. J. Appl. Phys. **14** (1975) 1495 – [670] Shimada, T.; Shiraki, Y.; Kato, Y.; Komatsubara, K. F.: In: [365], 446 – [671] Shimizu, S.; Iwamatsu, S.; Ono, M.: Appl. Phys. Lett. **22** (1973) 286 – [672] Shimizu, T.; Hasegawa, S.; Karimoto, H.: In: [24], 525 – [673] Shockley, W.: U. S. Patent No. 2787, 564 (1957) – [674] Shockley, W.: Bell Syst. Tech. J. **28** (1949) 435 – [675] Shockley, W.; Read, W. T.: Phys. Rev. **87** (1952) 835 – [676] Sidenius, G.: Nucl. Instr. & Methods **38** (1965) 19 – [677] Sigmon, T. W.; Chu, W. K.; Müller, H.; Mayer, J. W.: Appl. Phys. **5** (1975) 347 – [678] Sigmon, T. W.; Chu, W. K.; Müller, H.; Mayer, J. W.: In: [24], 633 – [679] Sigmon, T. W.: Int. Electron Devices Meeting, Techn. Digest Washington (1973), 387 – [680] Sigmon, T. W.: Proc. IEEE **63** (1975) 1619 – [681] Sigmund, P.; Mathies, M. T.; Phillips, D. L.: Rad. Effects **11** (1971) 39 – [682] Sigmund, P.: Appl. Phys. Lett. **14** (1969) 114 – [683] Sigmund, P.: Phys. Rev. **184** (1969) 383 – [684] Sigmund, P.: Rev. Roum. Phys. **17** (1972) 823, 969, 1079 – [685] Sigmund, P.; Sanders, J. B.: In: [19], 215 – [686] Sigournay, N.: IEE Colloqu. MOS Integr. Circuits

(1971) – [687] Sigurd, D.; Fladda, G.; Eriksson, L.; Björkquist, K.: Rad. Effects **3** (1970) 145 – [688] Singer, B. M.; Kostelec, J.: IEEE Trans. Electron Devices **ED-21** (1974) 84 – [689] Sirtl, E.; Adler, A.: Z. Metallkunde **52** (1961) 529 – [690] Skolnik, L. M.; Spitzer, W. G.; Kahan, A.; Hunsperger, M. G.: J. Appl. Phys. **42** (1971) 5223 – [691] Smith, B. J.; Stephen, J.; Hammersley, P. J.: Rad. Effects **26** (1975) 17 – [692] Smits, F. H.: Bell Syst. Tech. J. **37** (1958) 711 – [693] Somekh, S.; Garmire, E.; Yariv, A.; Garvin, H. L.; Hunsperger, R. G.: Appl. Phys. Lett. **22** (1973) 46 – [694] Sosin, A.; Bauer, W.: Studies in Radiation Effects, Bd. 3. New York 1969 – [695] Spenke, E.: Elektronische Halbleiter. Berlin–Heidelberg–New York 1965 – [696] Spitzer, W. G.: In: Festkörperprobleme XI (Ed. Madelung, O.) Braunschweig 1971, 1 – [697] Spitzer, S. M.; Schwartz, B.; Weigle, G. D.: J. Electrochem. Soc. **122** (1975) 391 – [698] Spitzer, S. M.; North, J. C.: J. Appl. Phys. **44** (1973) 214 – [699] Spiwak, R. R.: IEEE Trans. Inst. & Measurements **IM-18** (1969) 197 – [700] Standley, R. D.; Gibson, W. M.; Rodgers, J. W.: Appl. Optics **11** (1972) 1313

[701] Starodubtsev, S. V.; Romanov, A. M.: The Passage of Charged Particles through Matter. Israel Programm for Scientific Translation. Jerusalem 1965 – [702] Steffen, K. G.: High Energy Beam Optics. New York 1965 – [703] Stein, H. J.; Vook, F. L.; Borders, J. A.: Appl. Phys. Lett. **16** (1970) 106 – [704] Stephen, J.; Grimshaw, G. A.: Rad. Effects **7** (1971) 73 – [705] Stephen, J.; Smith, B. J.; Ninder, G. W.: In: [24], 665 – [706] Stoll, H.; Yariv, A.; Hunsperger, R. G.; Tangonam, G. L.: Appl. Phys. Lett. **23** (1973) 664 – [707] Stolte, C. A.: IEEE Int. Electron Devices Meeting, Techn. Digest Washington (1975), 585 – [708] Strack, H.: J. Appl. Phys. **34** (1963) 2405 – [709] Streetman, B. G.; Anderson, R. E.; Wolford, D. J.: J. Appl. Phys. **45** (1974) 574 – [710] Stritzker, B.: In: [30], 160 – [711] Stroud, P. T.: Thin Solid Films **9** (1972) 273 – [712] Swanson, R. S.; Meindl, J. D.: IEEE J. Solid-State Circuits **SC-7** (1972) 146 – [712a] Sze, S. M.; Wei, L. Y.: Phys. Rev. **124** (1961) 84 – [713] Sze, S. M.: Physics of Semiconductor Devices. New York 1969 – [713a] Takagi, T.; Yamada, I.; Kimura, H.: In: [24], 335 – [714] Takai, M.; Gamo, K.; Masuda, K.; Namba, S.: Jap. J. Appl. Phys. **12** (1973) 1926 – [715] Takai, M.; Gamo, K.; Masuda, K.; Namba, S.: Jap. J. Appl. Phys. **14** (1975) 1935 – [716] Takusagawa, M.; Funayama, T.; Nishizawa, J.; Demizu, K.; Nakano, T.: J. Appl. Phys. **38** (1967) 4084 – [717] Tamura, M.: Appl. Phys. Lett. **23** (1975) 51 – [718] Tamura, M.; Ikeda, T.; Yoshihiro, N.: Suppl. J. Jap. Soc. Appl. Phys. **40** (1971) 9 – [719] Tamura, M.; Yoshihiro, N.; Ikeda, T.: Appl. Phys. Lett. **27** (1975) 427 – [720] Tanoue, H.; Tsurushima, T.: In: [24], 285 – [721] Tarui, Y.; Komiya, Y.; Teshima, H.; Takahashi, R.: In: [26], 99 – [722] Templeton, L. F.: Solid State Technology **18** (1975) 46 – [723] Tenney, A. S.; Ghezzo, M.: J. Electrochem. Soc. **120** (1973) 1091 – [724] Thomas, G. O.; Kahng, D.; Manz, R. C.: J. Electrochem. Soc. **109** (1962) 1055 – [725] Thomas, L. H.: Proc. Cambr. Phil. Soc. **23** (1927) 524 – [726] Thompson, M. W.: Phil. Mag. **18** (1968) 377 – [726a] Thompson, W. M.: In: [20], 109 – [727] Thurmond, C. D.: In: Properties of Elemental and Compound Semiconductors (Ed. Gatos, H. C.) New York 1960 – [728] Tinsley, A. W.; Jones, K. C.: In: [20], 187 – [729] Tinsley, A. W.; Grant, W. A.; Carter, G.; Nobles, M. J.: In: [22], 199 – [730] Tinsley, A. W.; Stephens, G. A.; Nobles, M. J.; Grant, W. A.: Rad. Effects **23** (1974) 165 – [730a] Towler, C.; Collins, R. A.; Dearnaley, G.: J. Vac. Sci. Technol. **12** (1975) 520 – [730b] Trillat, J. J.; Haymann in: Trillat, J. J.: Le bombardement ionique. Theories et applications. Paris 1961 – [731] Trumbore, F. A.: Bell Syst. Techn. J. **39** (1960) 205 – [732] Tsai, J. C. C.; Marabito, J. M.: Surface Sci. **44** (1974) 247 – [733] Tsai, J. C. C.; Marabito, J. M.; Lewis, R. K.: In: [23], 87 – [734] Tsuchimoto, T.; Tokuyama, T.: In: [21], 237 – [735] Tsuchimoto, T.; Tokuyama, T.: Rad. Effects **6** (1970) 121 – [736] Tsukada, T.; Nakashima, H.; Umeda, J.; Nakamura, S.; Chinone, N.; Ito, R.; Nakada, O.: Appl. Phys. Lett. **20** (1972)

344 – [737] Tsurushima, T.; Tanoue, H.; Gibbons, J. F.: Electrochem. Soc. Meeting, Los Angeles (1970) – [738] Tsurushima, T.; Tanoue, H.: In: [24], 429 – [739] Tsurushima, T.; Tanoue, H.: J. Phys. Soc. Jap. **31** (1971) 1965 – [740] Tokuyama, T.; Ikeda, T.; Tsuchimoto, T.: 4th Int. Conf. Microelectronics, München (1970) – [741] Tung-ho, C.; Hsien-tsan, T.: In: [30], 96 – [742] Upadhyayula, L. I.; Naraya, S. Y.; Douglas, E. C.: Electr. Lett. **11** (1975) 201 – [743] Valdes, L. B.: Proc. IRG **42** (1954) 420 – [744] Van der Pauw, L. J.: Philips Tech. Rdsch. **20** (1958/59) 230 – [745] Van der Pauw, L. J.: Philips Res. Repts. **13** (1958) 1 – [745a] Verbeck, H.; Eckstein, W.: In: [29], 597 – [745b] Verheijke, M. L.: Philips tech. Rev. **34** (1974) 330 – [746] Vermilyea, D. A.: J. Electrochem. Soc. **112** (1965) 1232 – [748] Vodicka, V. W.; Zuleeg, R.: IEEE Int. Electron Devices Meeting, Technical Digest Washington (1975), 625 – [748a] Vogg, H.: Halbleiter-Gammaspektren zur Neutronen-Aktivierungsanalyse. München 1971 – [749] Vook, F. L.: Radiation Damage and Defects in Semiconductors (Ed. Whithouse, J. E.) I. Phys. Conf. Ser. **16** (1973) 60 – [750] Vook, F. L.; Stein, J. H.: Rad. Effects **2** (1969) 23

[751] de Waand, H.; Feldman, L. C.: In: [24], 317 – [752] Wada, Y.; Ashikawa, M.: Jap. J. Appl. Phys. **15** (1976) 389 – [753] Wagner, S.: J. Electrochem. Soc. **119** (1972) 1570 – [754] Walker, R. S.; Thomson, D. A.: Nucl. Instr. & Methods **135** (1976) 489 – [755] Wallace, R.; Litton, G. M.; Steward, P. G.: 2nd Symp. on Accelerator Dosimetry and Experience. Standford (1969) – [756] Wang, K. L.; Gray, P. V.: IEEE Trans. Electron Devices **ED-22** (1975) 354 – [757] Wang, P. P.; Spencer, O. S.: IBM J. Res. Dev. **19** (1975) 530 – [758] Wash, A. G.; Sarma, N.; Bhattacharya, P. K.: Phys. Stat. Sol. (a) **32** (1975) 63 – [759] Watanabe, M.; Tooi, A.: Jap. J. Appl. Phys. **5** (1966) 737 – [760] Watkins, G. D.: J. Phys. Soc. Jap. Suppl. II. **18** (1963) 22 – [761] Waycoat, Firmenunterlagen – [762] Weber, M.: Diplomarbeit, TU München (1973) – [762a] Webber, R. F.; Thorn, R. S.; Large, L. N.: Int. J. Electronics **26** (1969) 163 – [763] Wei, D. T. Y.; Lee, W. W.; Bloom, L. R.: Appl. Phys. Lett. **25** (1975) 329 – [764] Welch, B. M.; Eisen, F. H.; Higgins, J. A.: J. Appl. Phys. **45** (1974) 3685 – [765] Werner, H. W.: ACTA Electronica **19** (1976) 53 – [766] Westmoreland, J. E.; Mayer, G. W.; Eisen, F. H.; Welch, B.: Appl. Phys. Lett. **15** (1969) 308 – [767] Westmoreland, J. E.; Marsh, O. J.; Hunsperger, R. G.: Rad. Effects **5** (1970) 245 – [768] Whalin, W.: In: Handbuch der Physik, Bd. 34. Berlin–Göttingen–Heidelberg 1958 – [769] Whitton, J. L.; Bellavance, G. R.: Rad. Effects **9** (1971) 127 – [770] Whitton, J. L.; Carter, G.; Baruah, J. N.; Grant, W. A.: Rad. Effects **16** (1972) 101 – [771] Whitton, J. L.; Carter, G.; Freeman, J. M.; Gard, G. A.: J. Mat. Science **4** (1969) 208 – [772] Whitton, J. L.; Davies, J. A.: J. Electrochem. Soc. **111** (1964) 1347 – [773] Whitton, J. L.: J. Appl. Phys. **36** (1965) 3917 – [774] Wiemer, K. C.; Dexter, R. J.; Morgan, I. H.: Int. Electron Devices Meeting, Washington (1972) – [775] Wien, W.: Verhandlungen Physik. Gesellsch. **16** (1897) 165 – [776] Williams, E. J.: Rev. Mod. Phys. **17** (1945) 217 – [777] Wilmsen, C. W.; Vasbinder, G. C.; Chau, Y. K.: J. Vac. Sci. & Technol. **12** (1975) 56 – [778] Wilson, R. G.; Jamba, D. M.: J. Appl. Phys. **38** (1967) 1967 – [779] Winterbon, K. B.: Rad. Effects **13** (1972) 215 – [780] Wittkower, A. B.; Rose, P. H.; Ryding, G.: Solid State Technology **18** (1975) 41 – [781] Wittmaack, K.; Schulz, F.; Hietel, B.: In: [24], 193 – [782] Wittmaack, K.; Maul, J.; Schulz, F.: Int. J. Mass. Spectron. & Ion Phys. **11** (1973) 23 – [783] Wohlleben, K.; Beck, W.: Z. Naturforschung **21a** (1966) 1057 – [784] Wolfe, R.; North, J. C.; Barns, R. L.; Robinson, M.; Levenstein, H. J.: Appl. Phys. Lett. **19** (1971) 298 – [785] Wolfe, R.; North, J. C.: Bell Syst. Tech. J. **51** (1972) 1436 – [785a] Wolfstirn, K. B.: J. Phys. Chem. Sol. **31** (1970) 601 – [786] Wollnick, H.: Nucl. Instr. & Meth. **53** (1967) 197 – [787] Woodcock, J. M.; Shannon, J. M.; Clark. D. J.: Solid-State Electronics **18** (1975) 267 – [788] Wu, C. P.; Douglas, E. C.; Mueller, C.

W.: IEEE Trans. Electron Devices **ED-22** (1975) 319 – [788a] Yamaguchi, M.; Hirayama, T.: Jap. J. Appl. Phys. **15** (1976) 365 – [788b] Yarbrough, D. W.: Solid State Technol. **11** (1968) 23 – [788c] Yarbrough, D. W.: Research and Development Technical Report, ECOM-2692 (1968) – [789] Yariv, A.: Laser Focus Magazine, Dez. (1972) 40 – [790] Yen, E. T.; Masters, B. J.; Kastl, R.: In: [24], 501 – [791] Yoshihiro, N.; Ikeda, T.; Tamura, M.; Tokuyama, T.; Tsuchimoto, T.: Proc. 3rd Conf. on Solid State Devices, Tokyo (1971). Suppl. Oyo Buturi **41** (1972) 225 – [791a] Young, D. B. Y.; Pearson, G. L.: Phys. Chem. Sol. **21** (1970) 517 – [792] Yuba, Y.; Gamo, K.; Masuda, K.; Namba, S.: Jap. J. Appl. Phys. **13** (1974) 641 – [793] Zelevinskaya, V. M.; Kachurin, G. A.; Pridachin, N. B.: Sov. Phys. Sem. **8** (1974) 252 – [793a] Ziegler, J. F. (Ed.): New Uses of Ion Accelerators. New York 1975 – [794] Ziegler, J. F.; Cole, G. W.; Baglin, J. E. E.: Appl. Phys. Lett. **21** (1972) 177 – [795] Ziegler, J. F.; Crowder, B. L.; Kleinfelder, W. J.: IBM J. Res. Dev. **15** (1971) 452 – [796] Zölch, R.: Dissertation, TU München (1976) – [797] Zorin, E. I.; Pavlov, P. V.; Tetel'baum, D. I.: Sov. Phys. Sem. **2** (1968) 111

Sachverzeichnis

Abbremsung durch Kernstöße *18*, 23
–, elektronisch 16, 21, 23, 28, 33, 170
Abdeckschichten 232
Abrieb 293
Abschirm|funktion 20
– parameter 20
Aktivierung, elektrische 56, 193, 199, 207, 220
Aktivierungs|analyse *182*, 190
– energie 58
Aktivität 182
Aluminium als Maskierungsschicht 66
– implantiert in GaAs 243
– – – Germanium *227*, 229
– – – HgCdTe 250
– – – SiC 251
– – – Silicium *195*
– nitrid als Maskierungsschicht 65
– oxid als Maskierungsschicht 65
amorphe Schicht 26, *32*, 44, 208
amorphisierende Dosis 32, 44, 46, 57
anodische Oxidation 64, 158, 175
Anreicherungstransistor 259
Antimon implantiert in Germanium 228, 230
– – – PbTe 250
– – – SiC 251
– – – Silicium 195, 226
Argon implantiert in CdTe 249
– – – Silicium 224, 226
Arsen implantiert in CdTe 250
– – – Germanium *227*, 229, 231
– – – SiC 251
– – – Silicium *199*, 224
Ätzen 66, 138, 161
Auger-Spektroskopie 189, 190
Ausbreitungswiderstand 147, *161*, 190
Ausdiffusion 71, 86

ausheilen 56, 194
–, inert *85*
–, isochronal 57, 197, 207, 209, 220, 236, 240, 278
–, isothermisch 60
–, oxidierend *92*

Bauelemente *253*
–, bipolare Transistoren 278
–, Dioden *268*
–, ladungsgekoppelte Schaltkreise 263
–, magnetische Blasen 298
–, MOS-Transistoren 254
–, Widerstände 265
Beryllium implantiert in GaAs 232, 241
– – – GaAsP 245
– – – InSb 246
– – – SiC 251
Beschleunigung von Ionen *113*
Beweglichkeit 47, *154*, 158, 194
bipolare Transistoren 278
Blasen 288, 298
Blei|selenid, Implantation in 250
– sulfidselenid, Implantation in 250
– zinntellurid, Implantation in 250
Blistering 288
Bohrradius 20
Bor implantiert in Germanium 227, 229
– – – SiC 251
– – – Silicium 207
Brems|querschnitt der elektronischen Abbremsung 17, 21
– – – Kernabbremsung 17, 21
– strahlung 16, 174
– vermögen 20, 170
Bubbles 288, 298
buried layers 199, 224

Sachverzeichnis

Cadmium implantiert in GaAs 232, 235, 239
– quecksilbertellurid, Implantation in 263
– tellurid, Implantation in 249
CCD-Schaltungen 263
Cerenkov-Strahlung 16
Channeling 26, 33, 125, 217
–, Dechanneling 37
–, Dosisabhängigkeit 36
–, Gitterplatzlokalisation 171
–, kritischer Winkel 34
–, Orientierungsabhängigkeit 36, 130
–, Profile 35, 201, 211, 221, 239
–, Temperaturabhängigkeit 37
chemische Effekte der Implantation 243, 252, 299
Chlor implantiert in Si 209
– – – ZnTe 249
Cluster 25, 27, 32, 42, 50
CMOS-Transistoren 261
Coulombpotential 19

Dampfdruckkurven 307
Debye-Länge 141
Dechanneling 37
Defekte 25, 26, 42, 43, 55, 204, 215, 223
Detektoren 178, 272, 284
Dichte, atomare 32, 81
Diffusion 84
–, beschleunigte 84, 219
–, Konzentrationsabhängigkeit 89
–, oxidierend 92
–, strahlungsbeschleunigt 96
–, thermisch 85, 231
Diffusions|koeffizient 32, 85, 87, 91, 302, 312
– strom 164
Dioden 268
–, IMPATT- 269
–, Kapazitäts- 268
–, Laser- 276
–, Lumineszenz- 245, 276
–, Photo- 273, 284
–, Silicium-Multidioden-Target 270
Dosis 24, 82
–, amorphisierende 32, 44, 46, 57
–, kritische 32, 142, 290
– rate 44
Dotierungskonzentration 25, 141, 156, 194

Duoplasmatronquelle 105
Durchbruch|feldstärke 145
– spannung 144

Eigenschaften implantierter Schichten 193
Einsatzspannung 256
elektrische Aktivierung 56, 193, 199, 207, 220
Elektronensuppression 129, 134
elektronische Abbremsung 16, 21, 23, 28, 33, 170
Energie, Beschleunigungs- 18
–, kritische 28
Energie|verlust durch elektronische Abbremsung 15, 21
– – – Kernstöße 18, 29
– verteilungsfunktion 31
Epitaxie 55, 75, 204
error function 307, 340

Fehlerfunktion 307, 340
Fehlorientierung 36
Feinfokus 115, 181
Feldeffekttransistoren 281
Flächenladungsträgerkonzentration 154
Fluor implantiert in Silicium 209
– – – ZnTe 249
Fokussierung von Ionen 113, 114
Frenkel-Defekt 25
Funkenionenquelle 109

Gallium|arsenid, Implantation in 232
– – phosphid, Implantation in 244
– implantiert in Germanium 227
– – – SiC 251
– – – Silicium 217
– phosphid, Implantation in 244
Gaußsches Profil 17, 25, 86, 142
Generation-Rekombinationstrom 164
Germanium, Implantation in 227
Gesamtreichweite 18, 22
Getterung 224
Gitterplatzlokalisation 171, 173, 229
Glühkathodenquelle 106
Gold als Maskierungsschicht 66
– implantiert in Silicium 224

Halbleiter|bauelemente 253
– daten 310

Halleffekt *152*, 190
-, Profilbestimmung 156
-, Streufaktor 154
-, van-der-Pauw-Methode 153
Helium implantiert in SiC 251
- - - Quarz 300
-, Rückstreutechnik 168
Hochfrequenzionenquelle 108
Hochstromimplantation 119, 134

IMPATT-Dioden 269
Implantation bei erhöhter Temperatur 235, 237
- in Halbleiter 284
- - Metalle 285
- - Nichthalbleiter 285
- - optische Materialien 296
-, sekundär 73
- von Reaktormaterialien 288
Implantations|apparaturen *104*
- dosis 280
- kammern *131*
Indium|antimonid, Implantation in 246
- arsenid, Implantation in 246
- - phosphid, Implantation in 246
- implantiert in CdTe 249
- - - GaAs 243
- - - Germanium 230
- - - SiC 251
- - - Silicium 218
integrierte Optik 284, 296
Ionen|beschleuniger *117*
- dosis 24, 182, 280
- geschwindigkeit 16
- implantation, Grundlagen 15
ioneninduzierte Röntgenstrahlung 174
Ionen, mehrfach geladen 105, 127
Ionenquellen *104*
-, Ausgangssubstanzen 110
-, Duoplasmatron 105
-, Funkenionen- 109
-, Glühkathode 106
-, Hochfrequenz- 108
-, Penning- 109
Ionen|reichweite 15
- spektrum 112
Ionenstrahl|ablenkung 124
- analyse 120

Ionenstrahl|aufheizeffekte 134
- energie 113
- erzeugung 104
- homogenität 124
- strommessung *128*
Ionen|verteilung *22*, 24, 29
- zerstäubung 79, 187
- -, Ionisierungsrate 79, 187
- -, Profilveränderung 82
Isotope 182, 184
-, natürliche Häufigkeit *305*

Kaltkathodenquelle 109
Kanal, s. Channeling
Kapazitätsdioden 268
Kapazität-Spannung-Messung *140*, 190, 211, 221
Kern|reaktionen 16, *177*, 190
- strahlungsdetektoren 272
- wechselwirkung 16, 26, 28
knock-on 73, 187
Kohlenstoff implantiert in Silicium 224, 226
Korrosion 286
kritischer Winkel 34

Ladungsaustausch 127
Laserdioden 276
laterale Streuung 69
Lebensdauer 164, 167
Leckstrom 145, 165
Leerstellen 26, 28, 32, 42, 90, 98, 216
Lichtleiter 283, 296
Löslichkeit 194, *303*
LSS-Theorie 17, 29, *304*
Lumineszenzdioden 245, 276

Magnesium implantiert in GaAs 232, 241
- - - GaP 245
magnetische Blasen 298
Magnet zur Separation 121
- - Strahlanalyse *122*
Maskierungsschichten 63
Maximaldotierung 24
Meßmethoden, Dotierung 141
-, Leitungstyp 139
-, Minoritätsträgerlebensdauer 167
-, pn-Tiefe 138
-, Schichtwiderstand 147

Minoritätsträgerlebensdauer 46, *167*
Mischkristalle 243
Molekülimplantation 214
Molybdän als Maskierungsschicht 66
Monte-Carlo-Rechnung 29
MOS-Transistoren *254*
– –, Einstellung der Einsatzspannung 256
– –, p-Wanne 261
– –, Selbstjustierung 254

Neutralstrahl 126
Neutronen 182
Nickel als Maskierungsschicht 66

Oberflächenhärtung 292
Oszillationen in der elektronischen Abbremsung 34
Oxidation, anodisch 64, 158, 175
–, Beschleunigung durch Implantation 225
–, thermisch 64, 76, 225, 286

Passivierung gegen Ausdiffusion 76
Passivierungsschichten *71*, 76, 232
Passivierung von Metallen 286
– während der Implantation *71*
Penningquelle 109
Phosphor|glas als Maskierungsschicht 65
– implantiert in CdS 250
– – – CdTe 250
– – – GaAs 243
– – – Germanium 227, 231
– – – SiC 251
– – – Silicium *219*, 224, 226
Photodioden 273
pn-Übergang 163, 202, 214, 223
Potential 20, 34
Potenzpotential 20
Proben|erwärmung *101*, 134, 149
– heizung 130
– kammer 128
– kühlung 130
– orientierung 129
Profil, Gaußsches 17, 25, 142
– messung *156*
– veränderung durch Diffusion *84*
– – – Ionenzerstäubung 82
Protonen|dotierung 246, 250, 274
– isolation 247, 277

Quecksilber implantiert in HgCdTe 250

Radiotracer 182
Random 171, 173
Raumladungs|weite 165
– zone 145
Reaktionskinetik 58
Recoil-Implantation 73
Reibungskoeffizient 292
Reichweiteverteilung, Edgeworth-Verteilung 25
–, Einfluß von Ionenzerstäubung 82
–, Gaußsches Profil 17, 24, 82
–, Interpolation 23
–, laterale Streuung 69
–, Messungen 91, 95, 97, 200, 221
–, mittlere projizierte Reichweite 17, 23, 209
–, Monte-Carlo-Berechnung 23, 62, 76
–, Pearson-Verteilung 211, 213
–, Reichweitestreuung 23
–, Tabellen 304, *313*
– von Ionen 15, 22, 29, 31, 67, 200, 238
– – Strahlenschäden *28*, 52
– – –, laterale Streuung 71
–, Zweischichtstrukturen 23, 62
Rekombinationszentren 164, 166
Rekristallisation, epitaktische 49
–, Orientierungsabhängigkeit 51
– von Strahlenschäden 41, *48*
Röntgenstrahlung, ioneninduziert *174*
Rückstreumessung 33, 190, 233
Rutherford-Rückstreuung *169*
Rydbergenergie 27, 81

Sauerstoff implantiert in GaAs 247
– – – Silicium 224, 226
Schicht, amorphe 208
– abtragetechnik *158*, 175
– hallbeweglichkeit 154
– widerstand 152, 190, 194
Schichtwiderstandsmessung *147*
– durch van-der-Pauw-Messung 153
– – Vierspitzenmessungen 148
– – Widerstandsstrukturen 152
Schneepflugeffekt 95
Schrägschliff 138, 161
Schwefel implantiert in GaAs 232, 235
– – – InAs 246

Schwefel implantiert in InAsP 247
– – – InSb 246
Segregation 50, 88, 94
Sekundär|elektronensuppression 129
– implantation 73
– ionen-Massenspektroskopie *187*
selbstjustierendes Gate 254
Selen implantiert in GaAs 232, 235
– – – PbSSe 250
Separation 121
Silicium|dioxid als Abdeckschicht 232
– – – Maske 63, 65
– –, anodische Oxidation 64, 158, 175
– –, Herstellung durch Implantation 299
– –, thermische Oxidation 64, 76, 225, 286
Silicium, Implantation in *194*
– implantiert in GaAs 232, 235
– – – InAsP 247
– karbid, Herstellung durch Implantation 252, 299
– –, Implantation in 251
– Multidioden-Target 270
– nitrid als Abdeckschicht 65, 233
– –, Herstellung durch Implantation 299
SIMS *187*, 190, 210
Solarelemente 271
spezifischer Widerstand 148, 158, 161
Spreading Resistance 147
Sprungtemperatur 293
Sputtering *79*
Standardabweichung 17, 23
Stickstoff implantiert in CdS 250
– – – GaAsP 246
– – – InAsP 246
– – – SiC 251
Strahl|ablenkung *124*
– analyse 120
– durchmesser 116
Strahlenschäden *25*
– cluster 25, 27, 32
–, Kompensation 46
– konzentration 26, 45
–, laterale Streuung 71
–, n-Dotierung 47
–, optische Wirkung 47
–, Rekristallisation 26, 41, 48, 211, 215
– verteilung 18, *28*
–, Volumenänderung 47, 188

Streu|faktor 154
– funktion 21
– oxid 38
Streuung von Ionen 15
– – –, lateral *69*
Strom|messung 128
– -Spannung-Messung *163*, 190
Supertails 92
Supraleitung 293

Targetkammern 128
Tellur implantiert in CdTe 249
– – – GaAs 232, 235
– – – PbSnTe 250
– – – SiC 251
Temperaturkoeffizient 267
Temperung 56
–, inert *85*
–, oxidierend *92*
Thermosonde 90, *139*
Thomas-Fermi-Potential 20, 28, 34
Transistoren, Anreicherungs- 259
–, bipolare 229, *278*
–, CMOS- 261
–, Feldeffekt- *281*
–, MOS- 254
–, Verarmungs- 259

Vakuumsystem 135
Van-de-Graaff-Beschleuniger 113, 168
Van-der-Pauw-Struktur 147, *153*, 177
Verarmungstransistoren 259
Versetzte Atome 27
Versetzungen 27, 50, 54, 73, 215, 223
Versetzungsenergie 27
Vierspitzenmessung *148*
voids 291

Wasserstoff implantiert in GaAs 247
– – – SiC 251
– – – Silicium 224
–, Protonendotierung 246, 250, 274
–, Protonenisolation 247, 277
–, Rückstreutechnik 168
Wechselwirkungspotential 23
Widerstand 152, 164
–, implantiert 152, 197, *265*, 267, 299
–, spezifisch 158, 161

Wienfilter 122
Winkel, kritischer *34*
Wirkungsquerschnitt 18, 126, 175, 179, 185
Wismut implantiert in CdS 250
– – – CdTe 249
– – – Germanium 230
– – – SiC 251
– – – Silicium 224

Zerstäubungsausbeute 79, 187, 290

Zerstäubungsrate 79, 187, 290
Zink implantiert in GaAs 232, 239, 243
– – – GaAsP 244
– – – GaP 245
– – – InSb 246
– oxid, Implantation in 249
– tellurid, Implantation in 249
Zinn implantiert in GaAs 232, 235
Zwischengitter|atom 26
– diffusion 92, 97

Printed by Books on Demand, Germany